全国高职高专建筑类专业规划教材

高层建筑施工

主　编　吴　瑞　刘全升
副主编　曹　磊　冀小辉　杨海平
主　审　钟汉华

黄河水利出版社
·郑州·

内 容 提 要

本书是全国高职高专建筑类专业规划教材，是根据教育部对高职高专教育的教学基本要求及全国水利水电高职教研会制定的高层建筑施工课程教学大纲编写完成的。书中针对高层建筑施工技术的迅速发展，从介绍高层建筑发展的简况、各种高层建筑结构体系等开始，结合国内高层建筑施工实践经验，系统地介绍了高层建筑施工测量放线、基础工程、主体结构工程、防水工程的施工及高层建筑安全专项施工方案的设计，并对新技术、新工艺作了重点介绍。

本书可作为高职高专土建类专业及相关专业教材，也可作为成人教育土建类及相关专业的教材，还可供从事建筑工程等技术工作的人员参考。

图书在版编目(CIP)数据

高层建筑施工/吴瑞，刘全升主编. —郑州：黄河水利出版社，2012.9

全国高职高专建筑类专业规划教材

ISBN 978-7-5509-0300-5

Ⅰ.①高… Ⅱ.①吴… ②刘… Ⅲ.①高层建筑-工程施工-高等职业教育-教材 Ⅳ.①TU974

中国版本图书馆 CIP 数据核字(2012)第 136947 号

组稿编辑：王路平 电话：0371-66022212 E-mail：hhslwlp@163.com

简 群 66026749 w_jq001@163.com

出 版 社：黄河水利出版社

地址：河南省郑州市顺河路黄委会综合楼 14 层 邮政编码：450003

发行单位：黄河水利出版社

发行部电话：0371-66026940、66020550、66028024、66022620(传真)

E-mail：hhslcbs@126.com

承印单位：黄河水利委员会印刷厂

开本：787 mm×1 092 mm 1/16

印张：18.75

字数：430 千字 印数：1—4 100

版次：2012 年 9 月第 1 版 印次：2012 年 9 月第 1 次印刷

定价：38.00 元

前 言

本书是根据《教育部、财政部关于实施国家示范性高等职业院校建设计划,加快高等职业教育改革与发展的意见》(教高[2006]14号)、《教育部关于全面提高高等职业教育教学质量的若干意见》(教高[2006]16号)等文件精神,由全国水利水电高职教研会拟定的教材编写规划,在中国水利教育协会指导下,由全国水利水电高职教研会组织编写的建筑类专业规划教材。本套教材以学生能力培养为主线,具有鲜明的时代特点,体现出实用性、实践性、创新性的教材特色,是一套理论联系实际、教学面向生产的高职高专教育精品规划教材。

我国由于实行改革开放政策,经济得到飞速发展,因而近年来高层和超高层建筑的建设规模日益扩大,有的大城市一年施工的高层建筑达数百幢,不少中小城市亦开始建造高层建筑。在高层建筑施工领域中的新技术、新工艺、新材料不断涌现,传统的高层钢筋混凝土结构施工方法有了很大的改进和发展,钢结构和钢与钢筋混凝土组合结构的高层施工方法有了系统的积累和创新。

本书是编者结合多年高层建筑施工教学经验和工程实践经验,在编写上严格遵守国家现行建筑工程施工及验收规范,结合高职高专教育特点,做到理论联系实际,注重科学性、实用性和先进性,体系完整,内容精练,文字表达通畅,所附图力求准确、直观,以帮助学生充分理解所学内容,并本着高职高专实践型人才培养模式的特点,同时参考一定的资料编写而成的。本书介绍了我国在高层建筑施工方面成熟的技术和新技术、新工艺、新规范等,吸取了国内外近年来建筑领域在高层建筑施工方面的先进成果,从高层建筑施工测量、地下水控制、土方开挖、基坑支护、大体积混凝土基础施工、施工机械、脚手架、高层混凝土结构工程施工、高层钢结构施工、高层建筑防水施工及高层建筑安全专项施工方案设计等方面系统阐述、层层深入。

全书力求反映目前我国施工领域新技术的水平,可作为高职高专院校土木类专业教学用书,也可为广大工程技术人员工程实践提供参考。

本书编写人员及编写分工如下:安徽水利水电职业技术学院吴瑞编写第一、五章,黄河水利职业技术学院曹磊编写第二章,浙江同济科技职业学院杨海平编写第三章,华北水利水电学院水利职业学院刘全升编写第四章,华北水利水电学院水利职业学院冀小辉编写第六章。本书由吴瑞、刘全升担任主编,吴瑞负责全书统稿;由曹磊、冀小辉、杨海平担任副主编;由湖北水利水电职业技术学院钟汉华教授担任主审。

由于编写时间仓促,书中不当之处敬请读者指正。

编 者

2012年5月

目　录

第一章　概　述

【学习要点】

通过本章学习，要求学生理解高层建筑的定义，熟悉高层建筑按建筑高度的分类，了解高层建筑的发展，掌握高层建筑的结构及施工特点，熟悉高层建筑的结构体系及其选择，了解高层建筑施工技术发展情况。

第一节　高层建筑发展简况

一、高层建筑的定义

高层建筑是指超过一定层数或高度的建筑。高层建筑的起点高度或层数，各国规定不一，且多无绝对、严格的标准。在美国，把24.6 m或7层以上的建筑视为高层建筑；在日本，把31 m或8层及以上的建筑视为高层建筑；在英国，把等于或高于24.3 m的建筑视为高层建筑。

联合国教科文组织所属的世界高层建筑委员会1972年召开的国际高层建筑会议将9层和9层以上的建筑定义为高层建筑，并建议按建筑的高度将高层建筑分成四类：

第一类：9～16层（最高到50 m）；

第二类：17～25层（最高到75 m）；

第三类：26～40层（最高到100 m）；

第四类：40层以上（高度在100 m以上）。

我国《民用建筑设计通则》（GB 50352—2005）将住宅建筑依层数划分为：1层至3层为低层住宅，4层至6层为多层住宅，7层至9层为中高层住宅，10层及10层以上为高层住宅。除住宅建筑外的民用建筑高度不大于24 m者为单层和多层建筑，大于24 m者为高层建筑（不包括建筑高度大于24 m的单层公共建筑）；建筑高度大于100 m的民用建筑为超高层建筑。

对建筑物建筑高度的计算规定是：当为坡屋面时，应为建筑物室外设计地面到其檐口的高度；当为平屋面（包括有女儿墙的平屋面）时，应为建筑物室外设计地面到其屋面面层的高度；当同一座建筑物有多种屋面形式时，建筑高度应按上述方法分别计算后取其中的最大值。对局部突出屋顶的瞭望塔、冷却塔、水箱间、微波天线间或设施、电梯机房、排风和排烟机房以及楼梯出口小间等，可不计入建筑高度内。

二、高层建筑的发展

人类自古不但有建造高层建筑的愿望，而且有建造高层建筑的实践。埃及于公元前280年建造的亚历山大港灯塔，高100多m，为石结构（今留残址）。中国建于公元523年的河南登封嵩岳寺塔,高 40 m,为砖结构;建于 1056 年的山西应县佛宫寺释迦塔,高 67 m 多,为木结构,均保存至今。

美国是近代高层建筑的发源地。1885 年在芝加哥建成的 11 层、高 55 m 的国内保险公司大楼(见图 1-1),被认为是最早全部采用金属框架结构承重的高层建筑,但外墙仍用砖墙自承重。1889 年在芝加哥又修建了 9 层的第二个雷特大楼,全部采用钢框架结构承重,被认为是世界上第一幢钢框架结构的高层建筑。进入 20 世纪后,美国的经济中心逐渐从芝加哥转移到纽约,纽约的高层建筑也开始得到很大的发展。1910 年建成 24 层的纽约市政府大楼,1913 年建成 45 层的伍尔沃斯大楼(Woolworth Building)。1931 年建成的 102 层帝国大厦(Empire State Building),以优雅而简洁的造型成为大都市象征的第一座办公大楼,执摩天大楼之牛耳达 40 年之久(见图 1-2)。

图 1-1　芝加哥国内保险公司大楼

图 1-2　美国纽约的帝国大厦

第二次世界大战以后,高层建筑在欧洲、日本、加拿大、澳大利亚、新加坡、中国香港等国家和地区也得到迅速的发展。1991 年竣工的德国法兰克福交易大厦(Messe Turm),高 259 m,是欧洲的最高建筑,这座用红色花岗石装饰的方形尖顶大厦曾被比喻为一支口红(见图 1-3)。1993 年竣工的日本横滨兰马克大厦,高 296 m,是横滨向作为日本都市中心东京挑战的计划中的第一座建筑,见图 1-4。

我国近代的高层建筑始建于 20 世纪 20 ~ 30 年代。1934 年在上海建成国际饭店,共 22 层。50 年代在北京建成 13 层的民族饭店、15 层的民航大楼。60 年代在广州建成 18 层的人民大厦、27 层的广州宾馆。70 年代末期起,全国各大城市兴建了大量的高层住宅,如北京前三门、复兴门、建国门和上海漕溪北路等处,都建起 12 ~ 16 层的高层住宅建筑群,以及大批高层办公楼、旅馆。进入 80 年代,我国高层建筑进入了高速发展阶段,其中,北京的京广大厦 53 层、高 208 m;广州的广东国际大厦 63 层、高 200 m;北京的京城大厦 52 层、高 184 m;上海商城主楼 48 层、高 165 m;深圳国贸中心 50 层、高 160 m 等,都是目前国内著名的超高层建筑。我国目前已有大批高层、超高层建筑正在建设中,还有一些更高、更先进的高层建筑正计划兴建,可以预期,我国高层建筑将会以更快的速度向前发展。

图 1-3　德国法兰克福交易大厦

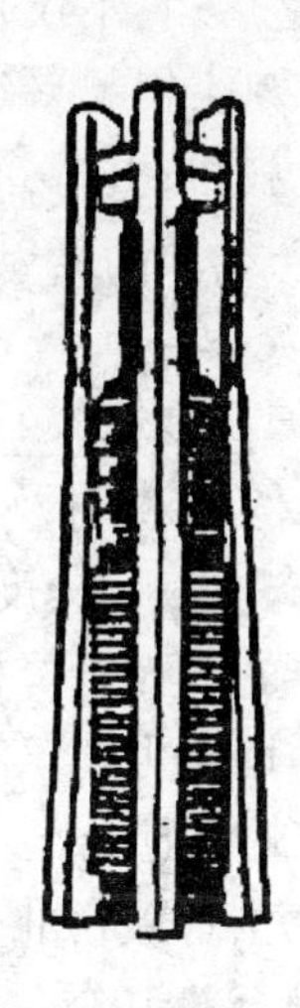

图 1-4　日本横滨兰马克大厦

三、世界十大高层建筑介绍

随着社会的不断进步、物质文明的极大提高,以及建筑设计和施工技术水平的日臻成熟与完善,同时,也因土地资源日渐减少与人口增长之间日益突出的矛盾,高层及超高层建(构)筑物越来越多,“世界第一高度”争夺异常激烈。环顾全球,建筑师们纷纷提出各自雄伟的建筑工程设想,向迪拜塔的纪录挑战,其中有的追求高度,有的追求气概,有的正视环保,但这些建筑有一个共同的特色,就是设计新奇、新颖,让人过目不忘。截至 2011 年 11 月,已建成的世界十座最具特色的摩天大楼有:

第一名:哈利法塔(Burj Khalifa Tower)项目,见图 1-5。原名迪拜塔(Burj Dubai),又称迪拜大厦或比斯迪拜塔,是位于阿拉伯联合酋长国迪拜的一幢已经建成的摩天大楼,有 162 层,总高 828 m,比台北 101 大楼足足高出 320 m。迪拜塔由韩国三星公司负责营造,2004 年 9 月 21 日开始动工,2010 年 1 月 4 日竣工启用,同时正式更名为哈利法塔。

图 1-5　哈利法塔

哈利法塔项目由美国芝加哥公司的美国建筑师阿德里安·史密斯(Adrian Smith)设计,韩国三星公司负责实施,景观部分则由美国 SWA 进行设计。建筑设计采用了一种具有挑战性的单式结构,由连为一体的管状多塔组成,具有太空时代风格的外形,基座周围采用了富有伊斯兰建筑风格的几何图形——六瓣的沙漠之花。哈利法塔加上周边的配套项目,总投资超过 70 亿美元。哈利法塔 37 层以下是世界上首家 ARMANI酒店,45 层至 108 层则作为公寓。第 123 层是一个观景台,站在上面可俯瞰整个迪拜市。建筑内有1 000套豪华公寓，周边配套项目包括龙城、迪拜MALL及配套的酒店、住宅、公寓、商务中心等项目。为了修建哈利法塔，共调用了大约4 000名工人和100台起重机。建成之后，它不仅是世界第一高楼，还是世界第一高建筑。

哈利法塔自2004年起兴建，其承建商Emaar集团一直都保持神秘，没有透露任何建筑计划。根据高层建筑暨都市集居委员会（CTBUH）的国际准则，无论是建筑物结构高度、顶层地面高度、楼顶高度，还是包括天线或旗杆之类的高度，竣工后的哈利法塔都可谓举世无双。

哈利法塔不但高度惊人，连建筑材料和设备也“分量十足”。哈利法塔总共使用33万 m^3 混凝土、3.9万t钢材及14.2万 m^2 玻璃。大厦那么高，当然需要先进的运输设备。大厦内设有56部升降机，速度最高达17.4 m/s，是世界上速度最快且运行距离最长的电梯，另外还有双层的观光升降机，每次最多可载42人。

此外，哈利法塔也为建筑科技掀开新的一页。为巩固建筑物结构，目前大厦已动用了超过31万 m^3 的强化混凝土及6.2万t的强化钢筋，而且是史无前例地把混凝土垂直泵上逾460 m的地方，打破台北101大厦建造时的448 m纪录。

第二名：中国台北101大楼（TAIPEI 101），见图1-6。原名台北国际金融中心（Taipei Financial Center），设计师李祖原，为台北市政府的BOT开发案，业主是台北金融大楼股份有限公司，是位于台湾台北市信义区的一幢摩天大楼，楼高508 m，地上101层，地下5层。其英文名称TAIPEI 101除代表台北，还有“Technology、Art、Innovation、People、Environment、Identity”（科技、艺术、创新、人性、环保、认同）的意义。101，除代表楼层是101层外，也代表了超越满分，再上层楼的吉祥含义。数字0与1，也表现了大楼的高科技视野。

台北101大楼目前保持的纪录有：高度508 m（1 667 ft），取代马来西亚吉隆坡双峰塔的452 m（1 483 ft）。楼顶高度448 m（1 470 ft），取代美国芝加哥西尔斯大楼的442 m（1 454 ft）。楼板最高438 m（1 437 ft），取代西尔斯大楼。只有顶端高度（天线）仍然由西尔斯大楼的527.3 m（1 730 ft）保持。

图1-6　台北101大楼

建筑师李祖原崇尚东方古典艺术，擅长将东方元素与西方建筑融合为一，TAIPEI 101便是此种概念下的代表作。第27层至第90层共64层中，每8层为一节，一共8节，每8层所组成的倒梯形方块形状来自中国的“鼎”；每节顶楼向上展开的弧线，带来蓬勃向上的气氛；而向上开展花蕊式的造型，象征中华文化节节高升及蓬勃发展的经济；裙楼顶楼的采光罩，外形就是中国的“如意”；为了突出“金融中心”的主题，24～27层的位置有直径近4层楼的方孔古钱币装饰。此外，还有处处可见的中国传统风格装饰物，也表现出将中华文化与西方科技融合的理念。

TAIPEI 101地上结构包括一幢101层塔楼及一幢6层裙楼，两幢结构的地上部分以伸缩缝完全断开；地下室共五层，且塔、裙楼相连。地上结构除塔楼钢柱大部分以高强混凝土灌注外，其余为纯钢骨结构；地下室负一层为梁柱结构，负二至负四层为预应力无楼板结构。楼层中混凝土直接承载于兼具模板及结构用途的钢承板上,并与钢承板结合成复合楼板,剪力钉则将钢梁及混凝土联结成合成梁,荷载传递路径则经由复合楼板、合成梁至柱及基础。101 层塔楼的结构体系以井字形的巨型构架为主,巨型构架每 8 层楼设置一或两层楼高的巨型桁架梁,并与巨型外柱及核心斜撑构架组成近似 11 层楼高的巨型结构。

为防止强台风和地震带来的灾害,台北 101 大楼的地基设计非常特殊,总数达 380 支的基桩一直深入到地下 80 m,具有较好的抗倾覆作用。据说,这幢建筑物的设计使它能够抵挡 2 500 年一遇的最强烈的地震。

第三名:上海环球金融中心(Shanghai World Financial Center),见图 1-7。上海环球金融中心是位于中国上海陆家嘴的一幢摩天大楼,2008 年 8 月 29 日竣工,是中国目前第二高楼、世界第三高楼、世界最高的平顶式大楼。楼高 492 m,地上 101 层,地下 3 层,楼层总面积约 377 300 m^2。开发商为上海环球金融中心公司。

上海环球金融中心是以办公为主,集商贸、宾馆、观光、会议等设施于一体的综合型大厦。建筑物的 94 层至 101 层为观光层,79 层至 93 层是超五星级的宾馆,7 层至 77 层为写字楼,3 层至 5 层为会议室,地下 2 层至 3 层为商业设施,地下 3 层至地下 1 层规划了约 1 100 台停车位。在 100 层、距地面 472 m 处设计了长度约为 55 m 的观光天阁,这一高度将超过世界最高观光厅——高度为 447 m 的加拿大 CN 电视塔。此外,在 94 层还设计了面积为 750 m^2、室内净高 8 m 的观光大厅。以上海的都市全景为背景,观光天阁和观光大厅将成为世界新的观光景点。

图 1-7　上海环球金融中心

上海环球金融中心主楼采用钢筋混凝土劲性结构,外围结构由巨型柱、巨型斜撑和带状桁架组成,核心筒由内埋钢骨及桁架和钢筋混凝土组成。从第 6 层开始,每 12 层设置一道一层高的带状桁架,在 28 ~ 31 层、52 ~ 55 层、88 ~ 91 层设置 3 道伸臂桁架连接核心筒和外围结构。上海环球金融中心的建筑成就主要有:塔楼核心筒和巨型柱结构施工中采用自行开发研制的整体提升钢平台模板体系和进口的液压自动爬模体系;高强度、高耐久、高流态、高泵送混凝土技术在上海环球金融中心施工中见奇效,刷新了一次连续 40 h 浇筑主楼底板 3 万余 m^3 混凝土的国内房建领域新纪录和混凝土一次泵送至 492 m 高空的世界纪录;吊装中采用的 2 台 M900D 塔吊,是目前国内房建领域中起重量最大、高度可达 500 m 的巨型变臂塔吊,塔吊总质量达 225. 40 t。大厦封顶后,该塔吊将在 500 m 高空拆卸,这在世界范围内尚无先例;为提高遭遇强风时大厦酒店和办公人员使用环境的舒适性,上海环球金融中心在 90 层安装了 2 台用来抑制建筑物由于强风引起摇晃的风阻尼器,该装置通过使用传感器,能够探测强风时建筑物的摇晃程度,抑制建筑物的摇晃。

上海环球金融中心创出的"施工之最"还有:国内首次运用工程质量远程验收系统,在办公室轻点鼠标,小至钢结构焊缝都能清晰可见;国内首次采用预制组合立管技术,均在外加工成型后分段整体吊装，在楼板钢结构安装完成后安装预制组合立管，随结构同步攀升；国内首次在450 m的垂直竖井内进行电缆敷设；采用国内少见的工厂拼装、现场预留管口对接的整体卫生间施工工艺，使安装和拆卸非常方便；采用10 m/s的世界上最快的双轿厢电梯。

第四名：香港环球贸易广场(International Commerce Centre，简称ICC)，见图1-8。位于香港西九龙柯士甸道西1号。它是九龙站第七期发展计划，亦是整个规划最后一期发展项目。环球贸易广场是一座118层高的综合式大楼，可用楼层的水平高度达484 m，总楼面面积为356 838.00 m^2。大楼顶层设有六星级的香港丽思卡尔顿酒店。于100楼设有天际100公众观景层，游客可以从高处欣赏维多利亚港景色。大厦由建筑事务所Kohn Pedersen Fox Associates(KPF)设计，新鸿基地产负责发展及兴建，于2011年落成，成为全球第4高建筑物。

大楼标准层为59.9 m×59.9 m的多边形，立面为逐渐向上收缩的塔形。主体结构采用钢筋混凝土核心筒、巨型混凝土柱和钢框架结构。为了加强结构刚度，设置了1道外伸巨型混凝土桁架和3道外伸巨型钢桁架。

图1-8　香港环球贸易广场大楼

香港环球贸易广场主要特色有：全幢采用双层玻璃幕墙建造，达天然采光的环保效果；48楼及49楼设有空中大堂；设有30部分别可同时容纳21人的升降机，穿梭地面及各层办公室，另有14部直达高层的升降机及2部贵宾升降机；办公室、升降机和大堂均设置无线手提电话通信装置，配备卫星电视接收器；大楼装有12台发电机，以应付紧急事故。

大楼落成后，与对岸的国际金融中心二期组成巍峨的“维港门廊”，构成独特的海港景观，成为香港的新地标，并进一步巩固香港作为国际商业、贸易及金融中心的地位。

第五名：马来西亚国家石油公司双塔大楼(Petronas Towers)，见图1-9。马来西亚国家石油公司双塔大楼位于吉隆坡市中心美芝律，共88层，是当今世界名冠的超级建筑。它巍峨壮观，气势雄壮，是马来西亚的骄傲。它曾以451.9 m的高度打破了美国芝加哥西尔斯大厦保持了22年的最高纪录。这个工程于1993年12月27日动工，1996年2月13日正式封顶，1997年建成使用。登上双塔大楼，整个吉隆坡市的秀丽风光尽收眼底，夜间城内万灯齐放，景色尤为壮美。

这两座88层塔楼包含800万 ft^2(74.32万 m^2)以上办公面积，150万 ft^2(13.935万 m^2)购物与娱乐设施，4 500辆车位的地下停车场，一个石油博物馆，一个音乐厅，以及一个多媒体会议中心。整个建筑融合了马来西亚的各种色调、图案、传统和工艺，它们不是以异国情调来显示，而是成为马来西亚生机勃勃的新成员。双塔形状立足于伊斯兰传统，一如其从简单到复杂形式的发展。其伊斯兰建筑的特点还表现在强烈的阳光效果所激发的灵感，强调出凹陷、中空、阴影、刀锋般的边缘和突出的地方，而使双塔展现出更加绝妙惊人的华丽外观。

双塔的外檐为直径 152 ft(46.36 m)的混凝土外筒，中心部位是 74.8 ft×75.4 ft 高强钢筋混凝土内筒，18 in 高轧制钢梁支托的金属板与混凝土复合楼板将内外筒连系在一起。4 架钢筋混凝土空腹格梁在第 38 层内筒四角处与外筒结合。塔楼由一个筏式基础和长达 340 ft 但达不到基岩层的 4 ft×9 ft 截面长方形摩擦桩（或称做发卡桩）承托。

值得一提的是在第 42 层处的天桥。如建筑师所称，这座有人字形支架的桥像一座“登天门”。双塔的楼面构成以及其优雅的剪影给它们带来了独特的轮廓。其平面是两个扭转并重叠的正方形，用较小的圆形填补空缺，这种造型可以理解为来自伊斯兰的灵感，而同时又明显是现代的和西方的。

第六名：南京紫峰大厦（Nanjing Zifeng Tower），见图 1-10。南京紫峰大厦地处中国南京市鼓楼广场西北角，是南京城区的中心点和城市制高点，也是南京市的行政中轴线和商业中轴线的交汇点。工程于 2010 年 9 月竣工。南京紫峰大厦主楼总高 450 m，混凝土结构高 380.95 m，地下 4 层，地上到灯塔是 381 m、89 层，占地面积 18 721 m^2，总建筑面积 261 075 m^2。其中，地上建筑面积 197 147 m^2，地下建筑面积 63 928 m^2。工程由一高一低 2 幢塔楼（主楼、辅楼）和裙房组成，其中，主楼地上 69 层。

图 1-9　马来西亚国家石油公司双塔大楼

图 1-10　南京紫峰大厦

南京紫峰大厦主楼为钢框架－钢筋混凝土核心筒结构，外围的框架柱为劲性结构。主楼在 10 层、35 层、60 层分别设有 3 道钢结构桁架，每道桁架层的高度均为 8.4 m。该工程主要的钢结构为劲性钢柱与相应楼层钢梁组成的常规楼层钢结构和 10～11 层、35～36 层、60～61 层 3 道伸臂桁架、带状桁架以及屋顶达 150 m 高的钢天线（钢天线外包铝板幕墙结构）。整个工程钢结构总吨位约 16 000 t。

南京紫峰大厦是集商业、酒店、办公于一体的多功能综合建筑群，由美国 SOM 建筑事务所首席设计师 Adrian D. 史密斯亲自担纲。在历史悠久的南京，身为美国人的史密斯同样开始回归元文化，在查阅了大量南京的史料，深刻解读城市文化之后，史密斯在建筑中融入了中国古老的蟠龙文化、蜿蜒流淌的扬子江以及花园城市的意象，独特的单元结构三角玻璃幕墙如龙鳞延建筑盘旋而上,阳光下巨龙奋起,辉映南京的城市气质。

第七名:芝加哥西尔斯大厦(Sears Tower),见图 1-11。美国芝加哥西尔斯大厦高 1 450 ft(442 m),共 113 层,建于 1974 年。其高度超过原纽约世贸中心,是美国最高的建筑物。西尔斯大厦曾稳坐世界最高建筑物宝座 20 余年,直到 1997 年马来西亚吉隆坡的双塔大楼落成。

西尔斯大厦总建筑面积 418 000 m^2,地上 110 层,地下 3 层。底部平面 68.7 m×68.7 m,由 9 个 22.9 m 见方的正方形组成。在这些正方形的范围内都不另设支柱,租用者可按需要分隔。整个大厦平面随层数增加而分段收缩。在 51 层以上切去两个对角正方形,67 层以上切去另外两个对角正方形,91 层以上又切去三个正方形,只剩下两个正方形到顶。

大厦的造型有如 9 个高低不一的方形空心筒子集束在一起,挺拔利索,简洁稳定。不同方向的立面,形态各不相同,突破了一般高层建筑呆板对称的造型手法。这种束筒结构体系是建筑设计与结构创新相结合的成果。

西尔斯大厦用钢材 76 000 t,每平方米用钢量比采用框架剪力墙结构体系的帝国大厦降低 20%,仅相当于采用 5 跨框架结构的 50%。这种束筒结构体系概念的提出和应用是高层建筑抗风结构设计的明显进展。

第八名:广州国际金融中心(Guangzhou International Finance Centre),见图 1-12。广州国际金融中心亦称广州西塔,位于中国广州市珠江新城西南部,毗邻花城大道和珠江西路。它由套间式办公楼、裙楼、主塔楼三部分组成,建筑总面积约 44.8 万 m^2,是集办公、酒店、休闲娱乐于一体的综合性商务中心。广州国际金融中心有 437.51 m 高,103 层,是目前中国大陆第三高楼及广州的最高楼。

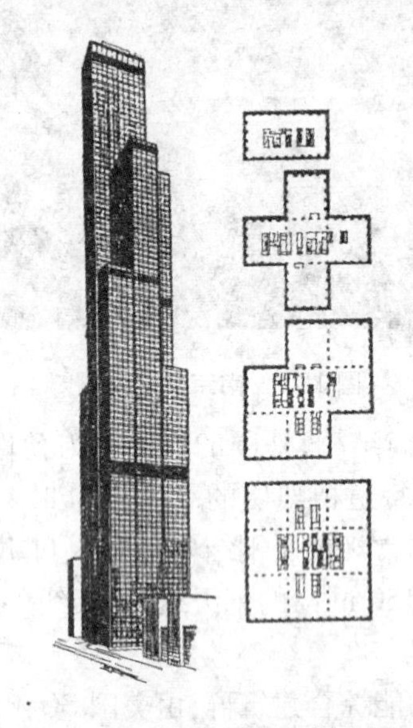

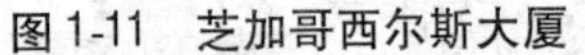

图 1-11　芝加哥西尔斯大厦

图 1-12　广州国际金融中心

广州国际金融中心的设计方案,是经由广州市城市规划局于 2004 年组织的国际邀请竞赛征集的 12 个方案中选出的,由威尔金森艾尔建筑设计有限公司(Wilkinson Eyre Architects)设计,其设计意念为"通透水晶"。建筑结构采用钢管混凝土巨型斜交网格外筒与钢筋混凝土剪力墙内筒的结构体系,在世界超高层建筑中是唯一的一例。该结构具有足够的抗侧刚度和优异的抗震性能,能有效抵御强风、地震的侵袭。外墙采用全隐框玻璃幕墙系统,主体幕墙面积达到 8.5 万 m^2。站在广州国际金融中心脚下向上仰望,巨大的水晶体直插云霄,多达 30 根钢筋混凝土圆筒环绕在塔身四周,每根圆筒直径达 1.8 m,向上斜交搭建,编织出楼宇整齐的筋骨。站在广州国际金融中心脚下向上仰望,巨大的水晶体直插云霄,多达 30 根钢筋混凝土圆筒环绕在塔身四周。

第九名:上海金茂大厦,见图 1-13。金茂大厦高 421 m,共 88 层,于 1998 年落成,是中国大陆最高的建筑。被誉为中华第一高楼的上海金茂大厦,堪称国际上后现代建筑艺术的佳作,融现代气派、民族风格于一体。高耸入云的塔尖,如绽放的上海市花白玉兰。

金茂大厦的设计师是美国芝加哥著名的 SOM 设计事务所。设计师以创新的设计思想,巧妙地将世界最新建筑潮流与中国传统建筑风格结合起来,成功设计出世界级的、跨世纪的经典之作,成为海派建筑的里程碑,并已成为上海著名的标志性建筑物,1998 年 6 月荣获伊利诺斯世界建筑结构大奖,1999 年 10 月容膺新中国成立 50 周年上海十大经典建筑金奖首奖。

图 1-13　上海金茂大厦

金茂大厦的设计令人联想起中国古代的宝塔造型,随着楼高往上,一步步渐渐地向里退缩,形成一个有韵律的构图。大厦充分体现了中国传统文化与现代高新科技相融合的特点,既是中国古老塔式建筑的延伸和发展,又是海派建筑风格在浦东的再现。金茂大厦主楼 1 ~ 52 层为办公用房,53 ~ 87 层为五星级宾馆,88 层为观光层。大堂内的办公区专用候梯厅造型独特,犹如金碧辉煌的古埃及金字塔。专为办公设置的五组 26 台高速电梯采用独特的玻璃轿厢、玻璃门厅,宽敞明亮,可迅速而又舒适地把客人送达各办公楼层而又不必中转。每十层 5 ~ 6 部电梯的配置可保证客人在上下班高峰时,候梯时间不超过 35 s,给人提供便捷的交通。

金茂大厦主楼结构形式是框筒结构,中间的核心筒为八角形的现浇钢筋混凝土,在 53 层下内设井字形隔墙,外侧有 8 根钢巨型柱和 8 根复合式巨型柱,在 24 ~ 26 层、51 ~ 53 层、85 ~ 87 层设 3 道钢结构的外伸桁架将核心筒与复合式巨型柱连成整体,以提高塔楼侧向刚度。5 层裙房采用一般的多层框架钢结构体系。整体结构高宽比达 9:1,总用钢量 18 500 t。

工程主楼、裙房与广场地面之下都为 3 层地下室,地下室为钢筋混凝土结构,主楼下部为满堂 4 m 厚基础板,裙房及广场下部为普通筏式基础。由于本工程基础底部采用盲沟集流、人工排水系统,因此基底不考虑浮力,基础板相对较薄。本工程主楼桩采用 900 mm 钢管桩一直打到地质构造中的第 9 层土,即地下 83 m 处,裙房采用小型钢管桩,打到第7层土。

第十名:香港国际金融中心(二期),见图1-14。位于香港中环的国际金融中心一期1998年竣工,高180 m,39层,自建成后便吸引了不少国际金融机构进驻。国际金融中心二期2003年落成,高420 m,共88层,为香港最高建筑物。香港国际金融中心二期位于香港岛的中西区,由新鸿基地产、恒基兆业、香港中华煤气及中银集团属下新中地产发展、世界著名美籍建筑师Cesar Pelli设计而成,总楼面面积达47万m^2,是恒基兆业集团及香港金融管理局的总部。

图1-14 香港国际金融中心二期

香港国际金融中心二期以简洁、稳固及具代表性的意念设计,巨型尖顶式建筑环抱城市及海港全景,顶部具雕刻美感的皇冠式设计标志着大楼与无边天际相接,晚上亮灯后更俨如维多利亚港旁的火炬,闪烁璀璨。

香港国际金融中心二期采用框架-核心筒体系,用8条大柱来支撑,并由三组强化层紧扣大厦的巨大核心筒,形成极其坚固的大厦结构。大柱及核心筒的建筑采用水压式自动攀爬模壳。大楼亦注入不少环保元素,包括低散热表层的双层玻璃、海水冷却系统及大量自然采光等。

第二节 高层建筑的特点

高层建筑并不是低层、多层建筑的简单叠加,它在建筑、结构、防火、设备和施工上都有突出的特点和不同的要求,需要认真研究解决。

一、建筑特点与要求

(1)由于建筑高度增加,电梯已成为高层建筑内部主要的垂直交通工具,利用它组织方便、安全、经济的公共交通系统,从而对高层建筑的平面布局和空间组合产生了重大影响。

(2)高层建筑需要在底层和不同的高度设置设备层,在楼层的顶部设电梯间和水箱间。建筑平面、立面布置要满足高层防火规范的要求。

(3)由于高层建筑地下埋深嵌固的要求,一般要有一层至数层的地下室,作为设备层及车库、人防、辅助用房等。

(4)由于楼层高、体型大,需要更好地处理建筑造型和外饰面。

(5)对不同使用功能的高层建筑需要解决各自的问题。例如,高层住宅需要解决好厨房排烟、垃圾处理、走廊布置、阳台防风、安全管理以及住户信箱、公用电话、儿童游乐场所等问题。高层旅馆需要解决好接待、住宿、就餐、公共活动和后勤管理等内部功能关系。

二、结构特点与要求

(一)强度

低层、多层建筑的结构受力,主要考虑垂直荷载,包括结构自重和活荷载、雪荷载等。高层建筑的结构受力,除要考虑垂直荷载作用外,还必须考虑由风力或地震力引起的水平荷载。

垂直荷载使建筑物受压,其压力的大小与建筑物高度成正比,由墙和柱承受。受水平荷载作用的建筑物,可视为悬臂梁,水平力对建筑物主要产生弯矩。弯矩与房屋高度的平方成正比(见图1-15),即

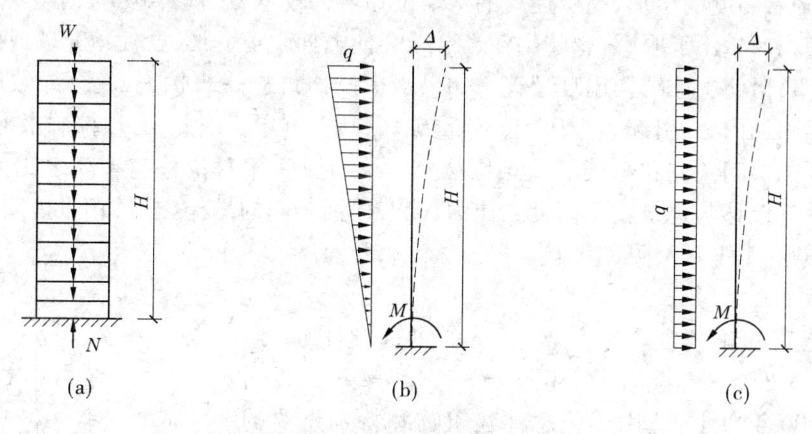

图1-15　高层建筑的受力简图

垂直压力

$$N = WH \tag{1-1}$$

当水平荷载为倒三角形分布时,弯矩为

$$M = \frac{1}{3}qH^2 \tag{1-2}$$

当水平荷载为均匀分布时,弯矩为

$$M = \frac{1}{2}qH^2 \tag{1-3}$$

式中　W——垂直荷载;

q——水平荷载;

H——建筑物高度。

弯矩对结构产生拉力和压力,当建筑物超过一定的高度时,由水平荷载产生的拉力就会超过由垂直荷载所产生的压力,建筑物的一侧就会由于风力或地震力的作用而处于周期性的受拉和受压状态。

不对称及复杂体型的高层建筑还需要考虑结构的受扭。因此,高层建筑必须充分考虑结构的各种受力情况,保证结构有足够的承载力。

(二)刚度

高层建筑不仅要保证结构的承载力,而且要保证结构的刚度和稳定性,控制结构的水平位移。由水平荷载产生的楼层水平位移,与建筑物高度的4次方成正比。当水平荷载

为倒三角形分布时：

$$\Delta = \frac{11qH^4}{120EI} \tag{1-4}$$

当水平荷载为均匀分布时：

$$\Delta = \frac{qH^4}{8EI} \tag{1-5}$$

式中　Δ——水平位移；

E——弹性模量；

I——截面惯性矩。

因此，随着高度的增加，高层建筑的水平位移增大较承载力增大更为迅速。过大的水平位移会使人产生不舒服感，影响生活、工作，会使电梯轨道变形，会使填充墙或建筑物装修开裂、剥落，会使主体结构出现裂缝。如果水平位移再进一步扩大，就会导致房屋的各个部件产生附加内力，引起整个房屋的严重破坏，甚至倒塌。因此，必须控制水平位移，包括相邻两层的层间位移和全楼的顶点位移。建筑物层间相对位移与层高之比为 δ/h，建筑物顶点水平位移与建筑物总高度之比为 Δ/H，根据不同的结构类型和不同的水平荷载，控制在 1/400 ~ 1/1 200，见图 1-16。

（三）耐久性

高层建筑的耐久性要求较高，《民用建筑设计通则》（GB 50352—2005）将建筑耐久年限分为四个等级，四级耐久年限为 100 年以上，适用于纪念性建筑物和特别重要的建筑。

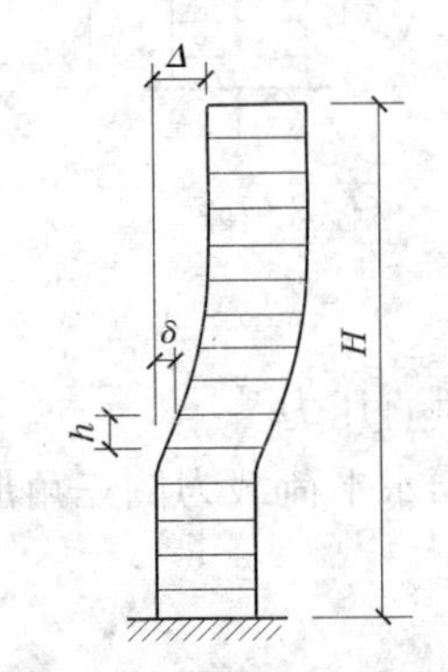

图 1-16　建筑物的水平位移

三、施工特点与要求

（1）工期长，季节性施工（雨施、冬施）不可避免。据统计资料分析，多层建筑单幢工期平均为 10 个月左右，高层建筑平均为 2 年左右。因此，必须充分利用全年的时间，合理部署，才能缩短工期。

（2）高空作业。高空作业要突出解决好材料、制品、机具设备和人员的垂直运输问题。要认真做好高空安全保护、防火、用水、用电、通信、临时厕所等问题，防止物体坠落，发生打击事故。

（3）深基础施工。高层建筑基础一般较深，地基处理复杂，基础方案有多种选择，造价和工期影响很大，还需要研究解决各种深基础开挖支护技术问题。

（4）一般在市区施工，施工用地紧张。要尽量压缩现场暂设工程，减少现场材料、制品、设备储存量，根据现场条件合理选择机械设备，充分利用工厂化、商品化成品。

（5）要研究以钢筋混凝土和钢为主要结构材料的相关施工技术。高层建筑多以钢筋混凝土和钢为主，钢筋混凝土又以现浇为主。需要着重研究解决各种工业化模板、钢筋连接、高强度等级的混凝土、建筑制品、结构安装等施工技术问题。

（6）防水、装修、设备要求较高。深基础、地下室、墙面、屋面、厨房、卫生间的水和管道冷凝水要处理好。由于设备繁多、高级装修多,因此从施工前期就要安排好加工订货,结构施工阶段就要提前插入装修施工,保证施工工期。

(7)标准层占主体工程的主要部分,设计基本相同,便于组织逐层循环流水作业。层数多、工作面大,可充分利用时间和空间,进行平行流水立体交叉作业。

(8)工程项目多,工种多,涉及单位多,管理复杂。特别是一些大型复杂高层建筑,往往是边设计、边准备、边施工,总、分包涉及许多单位,协作关系涉及许多部门,必须精心施工,加强集中管理。

第三节　高层建筑的结构体系及选择

一、高层建筑竖向承重结构体系

国内常用的钢筋混凝土高层建筑结构体系有框架结构、剪力墙结构、框架－剪力墙结构、筒体结构、其他结构。

(一)框架结构

框架结构体系是由梁、柱构件通过节点连接构成,既承受竖向荷载,也承受水平荷载的结构体系,如图1-17所示。框架结构的优点是建筑平面布置灵活,可以做成有较大空间的会议室、餐厅、车间、营业厅、教室等。高层框架侧向刚度较小,结构顶点位移和层间相对位移较大,使得非结构构件如填充墙、建筑装饰、管道设备等在地震时破坏较严重,这是它的主要缺点,也是限制框架高度的原因,一般控制在10~15层。

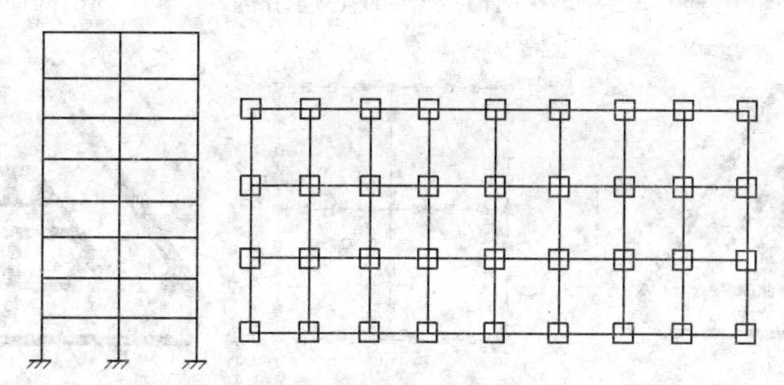

图1-17　框架结构

(二)剪力墙结构

剪力墙结构是由纵向和横向钢筋混凝土墙体组成的抗侧力体系,如图1-18所示。剪力墙结构刚度大,空间整体性好,用钢量较省,还可以避免在室内露出梁柱,便于房间使用。但在剪力墙结构内难以布置大房间,使用不十分灵活,只适用于高层住宅和旅馆。剪力墙结构的抗震性能很好,所以剪力墙又称抗震墙。还应当指出,由于剪力墙除承担水平剪力外,还承担竖向荷载,在国外也把它称为结构墙。

(三)框架－剪力墙结构

在框架结构中适当布置剪力墙即组成框架－剪力墙结构,如图1-19所示。这种结构既具有框架结构在使用上的灵活性,又具有较强的抗震能力和较好的刚度,因而在公共建筑和旅馆建筑中得到了广泛的应用。

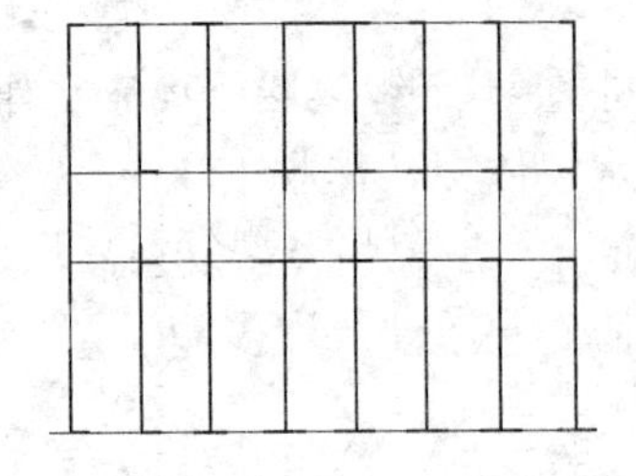

图 1-18　剪力墙结构

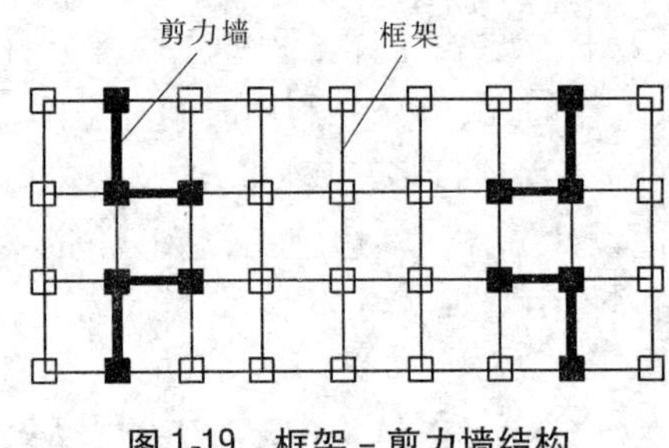

图 1-19　框架 - 剪力墙结构

(四)筒体结构

筒体结构的种类很多,有筒中筒结构、框架 - 核心筒结构、框筒 - 框架结构、多重筒结构、成束筒结构和多筒体结构等多种形式,见图 1-20。

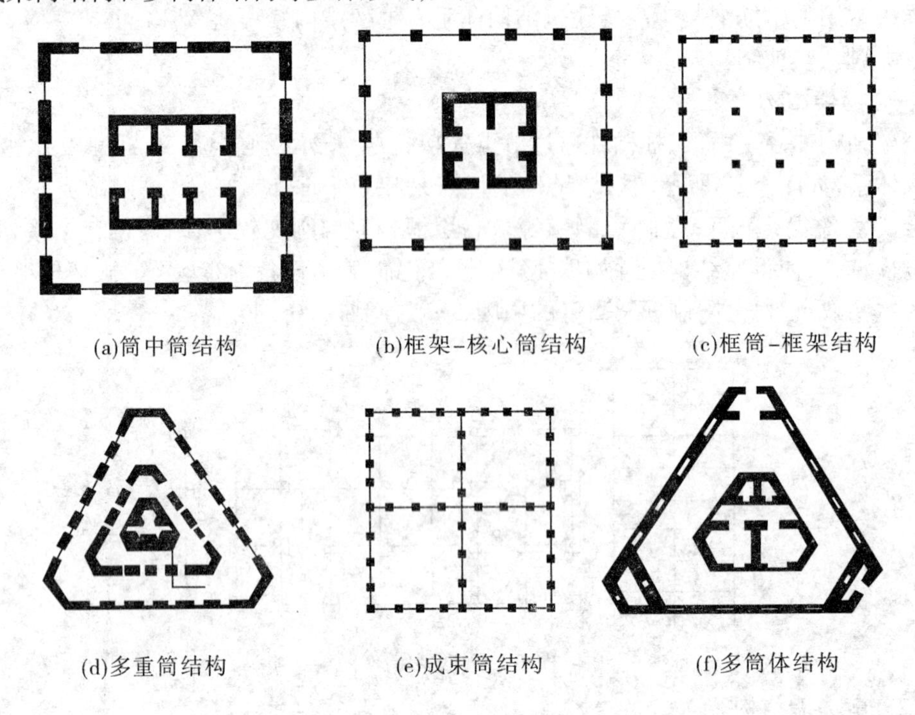

图 1-20　筒体结构的形式

框架 - 核心筒结构由钢筋混凝土核心筒(薄壁筒)和周边框架组成,框架柱距比较大,一般为 5 ~ 8 m,主要抗侧力结构为核心筒。筒中筒结构的内筒一般是由钢筋混凝土剪力墙和连梁组成的薄壁筒,外筒为密柱和裙梁组成的框筒,框筒柱距较密,一般为 3 ~ 4 m。当框架 - 核心筒结构或筒中筒结构的外围框架或框筒,根据建筑需要,在底部一层或几层通过结构转换层抽去部分柱子,但上部的核心筒贯穿转换层落地,即形成所谓的底部大空间筒体结构,核心筒成为整个结构中抗侧力的主要构件。当外围框架或框筒由钢框架或型钢混凝土框架组成时,形成钢框架或型钢混凝土框架与钢筋混凝土筒体组成的结构体系,称为高层混合结构。

筒体结构是空间结构，其抵抗水平作用的能力更大，因而特别适合在超高层结构中采用。目前，世界最高的100幢高层建筑中约有2/3采用筒体结构。

(五)其他结构

较为新颖的竖向承重结构有悬挂结构、巨型框架结构、巨型桁架结构、高层钢结构中的刚性横梁或刚性桁架结构等多种形式，见图1-21。这些结构形式已经在实际工程中得到应用，如香港汇丰银行大楼采用的是悬挂结构，深圳香格里拉大酒店采用的是巨型框架结构，香港中国银行采用的是巨型桁架结构。

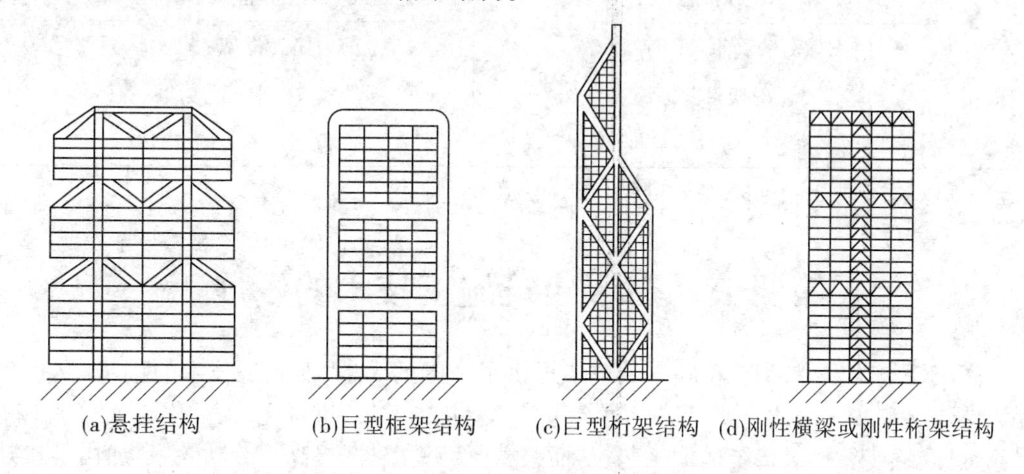

图1-21 新的竖向承重结构体系

巨型结构的特点是结构分两级：第一级结构承受全部水平荷载和竖向荷载；第二级为一般框架，只承受竖向荷载，并将其传递给第一级结构。巨型结构适合于超高层建筑采用。

一些较新颖的结构体系，如巨型框架结构、巨型桁架结构、悬挂和悬挑结构及隔震减振结构等，目前工程中采用较少，经验还不多，宜针对具体工程进一步研究其设计方法，因此暂未将它们列入《高层建筑混凝土结构技术规程》(JGJ 3—2010)中。

二、结构体系的选择

选择结构体系通常应考虑两个主要因素：房屋的高度及其用途。

由于不同结构体系的承载力和刚度不同，因此其适用的高度范围也不一样。一般来说，框架结构适用于设防烈度低、多层房屋及层数较少的高层房屋；框架-剪力墙结构和剪力墙结构可适用于各种高度的房屋；在层数很多或设防烈度高时，可以采用筒体结构和混合结构等。

钢筋混凝土高层建筑结构按最大的适用高度和高宽比不同，《高层建筑混凝土结构技术规程》(JGJ 3—2010)将其分为A级和B级。B级高层建筑结构的最大适用高度和高宽比可较A级适当放宽，但是应遵守规程规定的更严格的计算和构造措施，并需经过专家的审查复核。

选择结构体系应考虑的第二个因素是建筑物的用途。目前，国内高层建筑大体上可分为住宅、旅馆、公共性建筑和部分工业建筑，按不同用途可参照表1-1选择结构体系。住宅建筑一般考虑采用剪力墙结构，因为住宅本身要求很多的分隔墙，采用剪力墙结构可以兼作非承重隔墙，用钢量也比框剪结构少，而且室内无外露梁柱，用户比较欢迎；某些情况下（如用框架轻板结构）也可以用框架－剪力墙结构。

表1-1 不同用途适宜采用的结构体系

用途	房屋高度	
	50 m以下	50 m以上
住宅	剪力墙、（框架－剪力墙）	剪力墙、（框架－剪力墙）
旅馆	剪力墙、框架－剪力墙、（框架）	剪力墙、框架－剪力墙、筒体
公共建筑	框架－剪力墙、（框架）	框架－剪力墙、筒体

注：带括号表示少用。多层住宅一般采用框架结构。

第四节 高层建筑施工技术的发展

高层建筑的发展，为施工技术的进步提供了广阔的天地，而施工技术的进步，又是确保高层建筑顺利发展的重要条件。随着建筑工业化的发展，机械化、工厂化施工水平不断提高，已经逐步替代了传统的旧工艺，从而改善了劳动条件，提高了劳动效率，加快了建设速度。

一、基础工程施工技术的发展

高层建筑的基础工程，为了确保建筑物的稳定性，都有地下埋深嵌固的要求。高度越高，要求基础越深，这就给施工带来很大的困难。在高层建筑基础工程施工中应结合具体情况，积极采用有效的新工艺、新设备，对加快工程施工进度、缩短施工工期和降低工程造价均有很大的作用，特别是地质条件复杂、施工条件较差的施工现场，更需要如此。

高层建筑除各种预制和现浇桩基础外，主要是采用筏形基础和箱形基础。有时亦采用复合基础，如桩基础和箱形基础联合使用等。为了提高单桩承载能力，已逐步由小直径向大直径发展，并开发了桩端压力注浆方法，对孔底虚土起到渗透、填充、压实、固结和加强附近土层的作用。另外，随着钻孔灌注桩的发展，目前水下钻孔和混凝土灌注以及扩孔等技术，均有新的突破。

高层建筑的深基坑开挖，尤其是在闹市区施工，因场地十分狭窄，不宜放坡。为了能够做到垂直开挖，挡土支护技术有了很大的发展。常用的有挡土灌注桩、钢板桩、土钉支护及地下连续墙等。有的还可以配合土层锚杆工艺进行加固，以提高其挡土支护能力。为了把挡土支护结构与地下结构工程结合起来，一些工程采用了桩墙合一技术，其效果十分显著，如北京新世纪饭店等工程均已采用这种技术。

在深基坑施工降低地下水位方面，不仅成功地应用了真空井点、喷射井点、电渗井点、深井泵等技术，还试点采用了冻结法。对于因降水而引起附近地面严重沉降的问题，也研究了防止措施。另外，在基础大体积混凝土施工方面，除满足其承载力、整体性和耐久性要求外，在控制温度变形、裂缝开展等方面均已取得了经验。

二、结构工程施工技术的发展

在剪力墙结构中，已形成现浇大模板、滑动模板和爬模等成套工艺。大模板工艺，不仅已形成了“内浇外预”和“全现浇”成套施工技术，而且由小开间向大开间发展。楼板亦采用预制、现浇和用各种配筋预制成薄板叠合楼板三种方法。全现浇剪力墙结构的兴起，也使曾用于高耸构筑物施工的滑动模板工艺移植到高层房屋建筑施工成为可能。如深圳的国贸大厦和武汉的国际贸易中心等50多层的超高层建筑，都采用了滑动模板，并成功地采用了大吨位千斤顶。如今滑模工艺亦可用于框架和筒体结构施工。爬模工艺也是用于高层剪力墙结构施工的一种主要工艺技术，其特点是既具有大模板一次能浇筑一个楼层墙体混凝土的长处，又具有滑动模板可以随楼层升高而连续爬升，不需要每层拆卸和拼装模板的特点。上海88层的金茂大厦的核心筒体就是采用这种施工方法，最快达到两天一层。

高层建筑的内隔墙，已向多样化、标准化、预制装配化方面发展。在公共建筑中，广泛采用了轻钢龙骨石膏板组装隔墙。在住宅建筑中，则广泛采用各种新型板材拼装，如石膏珍珠岩圆孔板、陶粒珍珠岩板、玻璃纤维混凝土空心板等。一些标准设计的高层住宅，则采用在现场利用成组立模生产整间的预制钢筋混凝土板材，其表面平整，不需要抹灰，造价较低。南方地区则多采用空心砖、砌块。

三、预拌混凝土和混凝土施工机械化水平的发展

随着现浇钢筋混凝土高层建筑的发展，施工现场混凝土用量大幅度增加，加上高层建筑的施工现场一般都比较狭窄，砂石堆放困难，且混凝土搅拌噪声大，严重扰民，因此近年来在大城市都大力发展了预拌混凝土。如北京、上海、广州等地均已建成了预拌混凝土搅拌站，产量已达数百万立方米，并装备了成套的运送设备，如搅拌车、混凝土输送泵、布料泵车等，从而使混凝土施工的机械化水平有了迅速提高。特别是在泵送混凝土方面，不仅利用带布料杆的泵车进行地下大体积混凝土基础工程的浇筑，而且在不少超高层建筑中已开始广泛使用泵送混凝土。

进入2000年以后，我国高强度混凝土发展很快，到2002年底，超过C50的混凝土已普遍得到推广应用，有的单体工程混凝土用量达近300 000 m^3，全部采用了C50和C50以上的混凝土。随着泵送混凝土的大量推广使用，混凝土中掺加粉煤灰得到推广，实践证明，混凝土中掺加粉煤灰可以较大幅度地提高混凝土的后期强度。

四、装饰、防水工程的发展

大批高级公共建筑和宾馆、饭店，其装饰要求具有高标准和高水平，外装饰表面要不易积灰、不易污染，以保持持久的光泽；内装饰要求美化、舒适、典雅。为此，各类高级石材装饰蓬勃兴起，除花岗石及大理石块材大量用于地面和墙面外，装饰陶瓷，包括高级釉面墙、地砖、大型陶瓷饰面板、陶瓷彩釉装饰砖和变色釉面砖等，已被广泛采用。另外，集外墙围护和装饰功能于一体的玻璃幕墙，从北京长城饭店第一个使用以来，全国各地陆续使

用,推动了我国铝合金和玻璃幕墙的生产。玻璃幕墙可以预制成大块整体安装,也可以在现场直接拼装。此外,金属幕墙也得到广泛应用。

高层建筑的屋面和楼层防水材料近年来发展很快,品种繁多,主要有橡胶改性沥青卷材、高分子防水卷材及防水涂料和嵌缝密封材料等。此外,还有诸如“永凝液”等具有渗透性的防水涂料,这类涂料涂在混凝土表面以后,很快就渗入混凝土内,填充了混凝土中的微小孔隙,形成结晶体堵塞了孔隙,从而起到防水作用。

五、施工机械化水平的发展

高层建筑的发展和施工机械化水平的提高是紧密相关的。高层建筑的施工,需要高和大吨位的起重设备,目前常用的仍是塔式起重机。从使用塔吊的形式来看,基本上可分为两种:一种是内爬塔,另一种是外立塔。另外,外用施工电梯已广泛应用于高层建筑施工中,近几年外用电梯已由单笼发展到双笼,高度可达到250 m。

高层建筑基础的加深,促进了基础、地下工程施工机械化水平的提高。各种大型土方机械、打桩机、钻孔机和扩孔钻机、土层锚杆钻孔机、振动拔桩机等都被大量推广应用。

六、现代科学技术在高层建筑施工中的应用

目前,在高层建筑施工中运用现代科学技术已日趋广泛。例如,采用激光技术作为导向进行对中和测量,使施工的精确度得以提高;采用计算机编制施工网络进度计划,使数据的输入和修改、时间参数的计算、关键线路的确定更方便、迅速;利用相关的软件,能迅速完成清晰完整的网络图;在钢结构施工中,应用磁粉探伤(MT)、渗透探伤(PT)和超声波探伤(UT)等无损检测技术检验其焊接质量,已取得成功。

复习思考题

1. 高层建筑及超高层建筑是如何定义的?高层建筑有哪些特点?
2. 高层建筑施工有哪些特点?
3. 高层建筑常见的结构体系有哪些?在结构选型时应考虑哪些因素?
4. 高层建筑结构工程的施工有哪些成套技术?

第二章　高层建筑施工测量

【学习要点】

本章主要介绍高层建筑施工测量中常用的测量仪器,介绍高层建筑物的定位放线、标高测量、轴线引测及变形观测的方法。学完本章要做到会使用测量仪器,能够进行高层建筑物的施工测量放样,能够进行高层建筑物的沉降观测、倾斜观测、水平位移观测、裂缝观测等。

第一节　高层建筑施工常用测量仪器概述

一、工程水准仪

水准仪是用来进行水准测量的仪器,按其所能达到的精度分为 DS_{05}、DS_1、DS_3、DS_{10} 等几种等级。"D"和"S"分别是中文的"大地"和"水准仪"的汉语拼音第一个字母,下标"05"、"1"、"3"、"10"分别表示水准仪的精度等级。DS_3 和 DS_{10} 型水准仪称为普通水准仪,用于国家三、四等水准测量及普通水准测量,DS_{05} 和 DS_1 型水准仪称为精密水准仪,用于国家一、二等精密水准测量。

根据水准测量原理,水准仪的主要作用是提供一条水平视线,并能照准水准尺进行读数。水准仪主要由望远镜、水准器和基座三部分构成。如图 2-1 所示为我国生产的 DS_3 型微倾式水准仪。

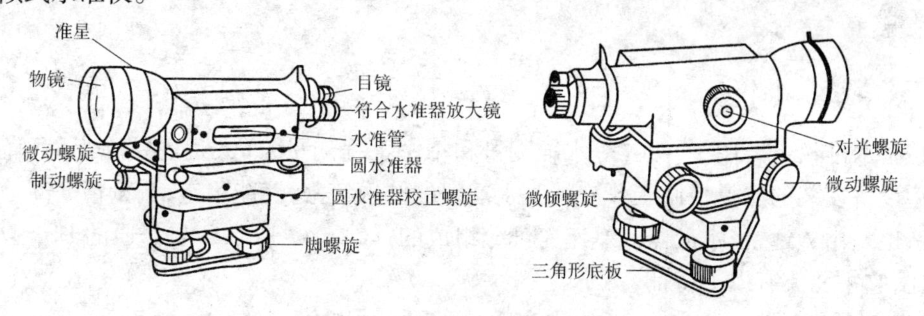

图 2-1　DS_3 型微倾式水准仪

仪器竖轴与仪器基座相连,望远镜和水准管连成一个整体,转动微倾螺旋可以调节水准管连同望远镜一起相对于支架作上下微小转动,使水准管气泡居中,从而使望远镜视线精确水平。由于用微倾螺旋使望远镜上下倾斜有一定限度,可以先调整脚螺旋,使圆水准器气泡居中,粗略整平仪器。

水准仪上部可以绕竖轴沿水平方向旋转,水平制动螺旋和微动螺旋用于控制望远镜在水平方向转动,松开制动螺旋,望远镜可以在水平方向任意转动。当拧紧制动螺旋后,可通过微动螺旋使望远镜在水平方向上作微小转动，以精确瞄准目标。

二、自动安平水准仪

自动安平水准仪是在望远镜内安装一个自动补偿器代替水准管。仪器经粗平后，由于补偿器的作用，无须精平即可通过中丝获得视线水平时的读数，简化了操作，提高了观测速度，同时还补偿了如温度、风力、震动等对测量成果一定限度的影响，从而提高了观测精度。如图 2-2 所示。

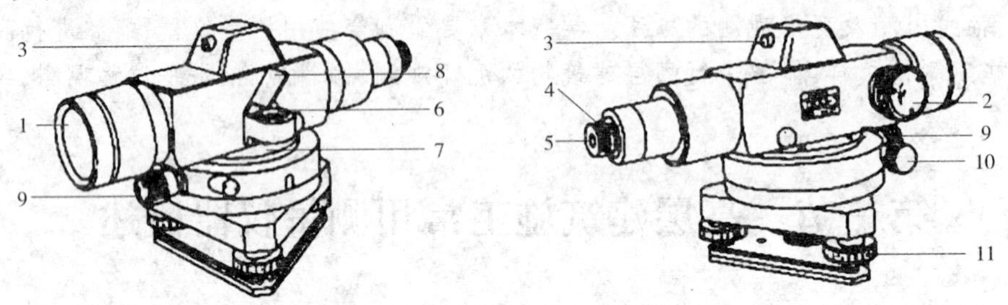

1—物镜；2—物镜调焦螺旋；3—粗瞄器；4—目镜调焦螺旋；5—目镜；6—圆水准器；
7—圆水准器校正螺钉；8—圆水准器反光镜；9—制动螺旋；10—微动螺旋；11—脚螺旋

图 2-2 自动安平水准仪

自动安平水准仪经过认真粗平、照准后，即可进行读数。由于补偿器相当于一个重力摆，无论采用何种阻尼装置，重力摆静止都需要几秒，故照准后过几秒钟读数为好。

补偿器由于外力作用（如剧烈振动、碰撞等）和机械故障，会出现“卡死”失灵，甚至损坏，所以务必当心，使用前应检查其工作是否正常。装有检查按钮（同锁紧钮共用）的仪器在读数前，轻触检查按钮，若物像位移后迅速复位，表示补偿器工作正常；否则应维修。无检查按钮的仪器，可将望远镜转至任一脚螺旋的上方，微转该脚螺旋，即可检查物像的复位情况。

三、精密水准仪

精密水准仪主要用于一、二等水准测量和精密工程测量，如大型建筑施工、沉降观测和大型设备安装的测量控制工作。精密水准仪的结构精密，性能稳定，测量精度高。其基本构造也是由望远镜、水准器和基座三部分组成的，如图 2-3 所示。与普通的 DS_3 型水准仪相比，它主要具有以下特征：

（1）望远镜的光学性能好，放大率高，一般不小于 40 倍。

（2）水准管的灵敏度高，如 DS_1 型水准仪的分划值为 10″/2 mm，较 DS_3 型水准仪的分划值提高 1 倍。

（3）仪器结构精密，水准管轴和视准轴关系稳定，受温度影响较小。

（4）精密水准仪采用光学测微器读数装置，提高了读数的精度。

（5）精密水准仪配有专用的精密水准尺，这种尺一般是在木质尺身的凹槽内安装一根铟钢合金尺带，在尺带上标有间隔 5 mm 或 10 mm 两种分划，左边为基本分划，右边为辅助分划，分米或厘米注记刻在木尺上。两种分划相差常数 K，供读数与检核用。有的尺

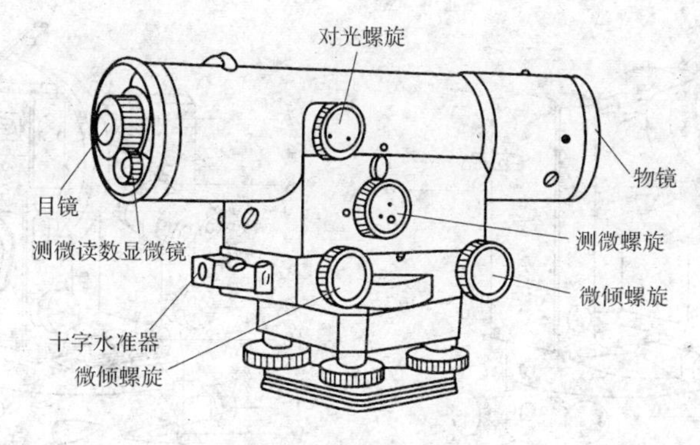

图 2-3　精密水准仪

无辅助分划,基本分划按左右分奇偶排列,便于读数。

精密水准仪的操作方法与普通 DS_3 型水准仪基本相同,不同之处主要是读数方法有所差异。在水准仪精平后,十字丝中丝往往不会恰好对准水准尺上某一整分划线,这时,需要转动测微轮,使视线上下平移,十字丝的楔形丝正好夹住一个整分划线,如图 2-4 所示。现以分划值为 5 mm 分划、注记为 10 mm 的精密水准尺为例说明读数方法,被夹住的分划线读数为 1.97 m,此时视线上下平移的距离则由测微器读数窗中读出,其读数为 1.54 mm,所以水准尺上的全读数应为 1.971 54 m,实际读数应为全读数的一半,即 0.985 77 m。对于 10 mm 分划的精密水准尺,读数即为实际读数,无须除以 2。

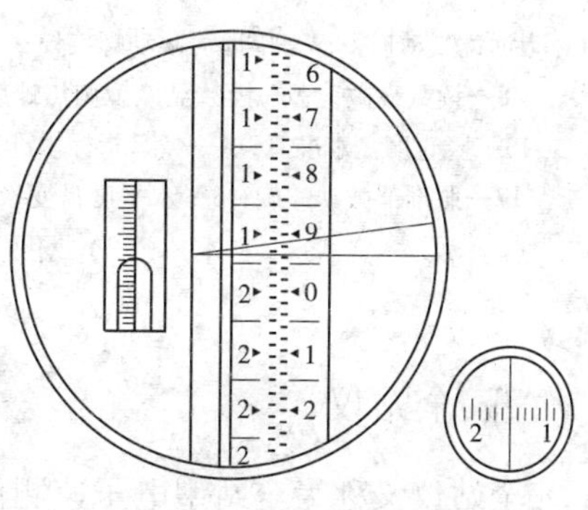

图 2-4　精密水准仪读数

四、经纬仪

经纬仪分为光学经纬仪和电子经纬仪两类。两类仪器的基本构造是一样的,只有读数系统和读数的方式不同,光学经纬仪利用几何光学的放大、反射、折射等原理进行度盘读数,电子经纬仪则利用物理光学、电子学和光电转换等原理显示光栅度盘读数。

光学经纬仪按测角精度划分有 DJ_{07}、DJ_1、DJ_2、DJ_6、DJ_{15} 等不同的级别。其中"D"、"J"分别为"大地测量"和"经纬仪"的汉语拼音第一个字母,下标数字 07、1、2、6、15 表示仪器的精度等级,单位为秒(″),表示该等级的经纬仪测回方向观测中误差的大小。目前,在工程中最常用的是 DJ_6 型和 DJ_2 型光学经纬仪。本节主要介绍 DJ_6 型光学经纬仪。

DJ_6 型光学经纬仪主要由照准部、水平度盘和基座三部分组成,如图 2-5 所示。照准部主要由竖轴、望远镜、竖直度盘、读数设备、照准部水准管和光学对中器等组成。水平度盘与照准部是分离的,当照准部转动时,水平度盘并不随之转动。如果需要改变水平度盘的位置,可以通过照准部上的水平度盘变换手轮,将度盘变换到所需要的位置。基座用于支承整个仪器,并通过中心连接螺旋将经纬仪固定在三脚架上。基座上有三个脚螺旋,用于整平仪器,竖轴轴套用于控制照准部和基座之间的衔接。

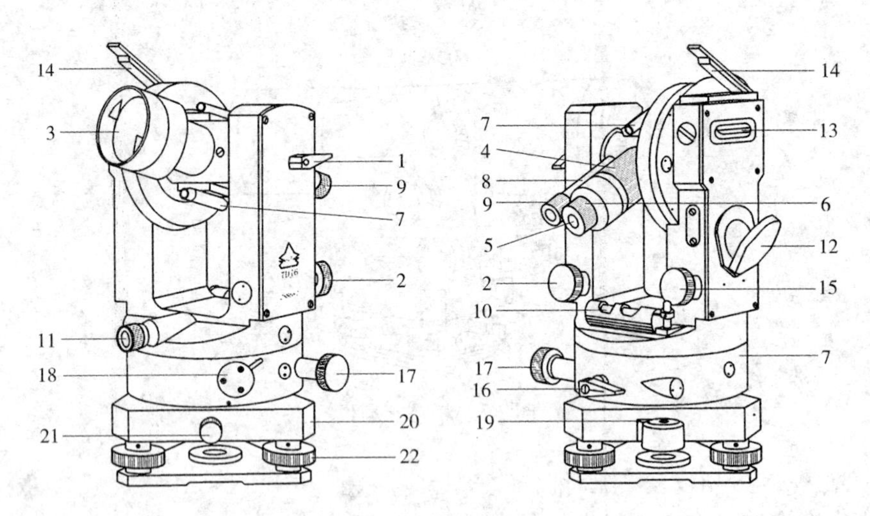

1—望远镜制动扳手;2—望远镜微动螺旋;3—物镜;4—物镜调焦螺旋;5—目镜;6—目镜调焦螺旋;7—光学瞄准器;8—读数显微镜;9—读数显微镜调焦螺旋;10—照准部水准管;11—光学对中器目镜;12—反光照明镜;13—竖直度盘水准管;14—竖盘指标水准管反光镜;15—竖盘指标水准管微动螺旋;16—照准部制动扳手;17—照准部微动螺旋;18—水平度盘变换手轮;19—圆水准器;20—基座;21—轴套固定螺旋;22—脚螺旋

图 2-5　DJ_6 型光学经纬仪

五、全站仪

全站仪又称为全站型电子速测仪,可以同时进行水平角、竖直角、斜距、平距、高差测量。在测站上安置好仪器后,除照准需要人工操作外,其余工作均可以自动完成。全站仪具备自动记录、存储和某些固定的测量程序。

全站仪由电子测角、电子测距、电子补偿和微机处理装置四大部分组成,如图 2-6 所示。其本身就是一台带有特殊功能的计算机控制系统,由微处理器对获取的斜距、水平角、竖直角、视准轴误差、竖盘指标差、棱镜常数、气温和气压等信息加以处理,从而获得各项改正后的观测数据和计算数据。

全站仪在只读存储器中固化了一些常用的测量程序,如坐标测量、导线测量、放样测量、后方交会等,只要进入相应的测量程序模式并输入已知数据,便可依据程序进行测量和获取观测数据,同时还可以得出测量结果。

一般全站仪的功能组合框架如图 2-7 所示。

电源:电源部分采用可充电电池,为仪器供电。

测角部分:测角部分为电子经纬仪,可以测定水平角、竖直角,设置方位角。

测距部分:测距部分为光电测距仪,可以测定两点之间的距离。

补偿部分:补偿部分可以实现仪器竖直轴倾斜误差对水平角、竖直角测量影响的自动补偿改正。

中央处理器:中央处理器接收命令的输入、控制各种观测作业方式、进行数据处理等。

输入输出部分:包括键盘、显示屏、双向数据通信接口。

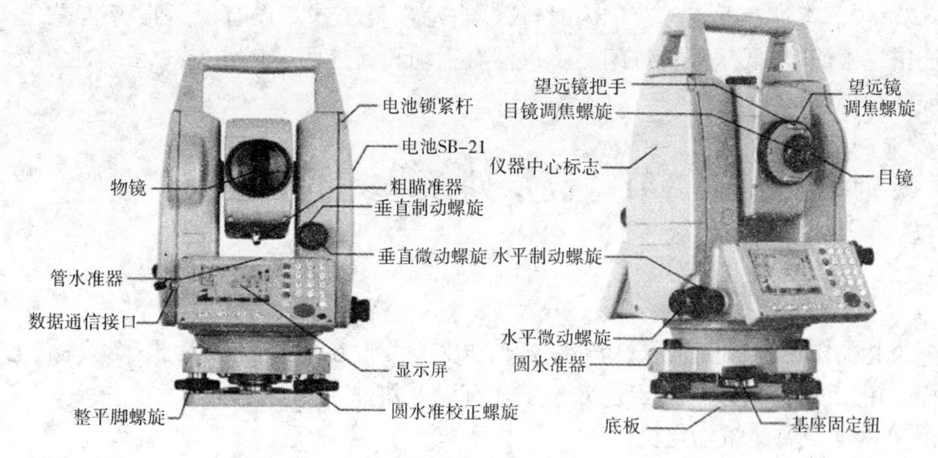

图 2-6　全站仪

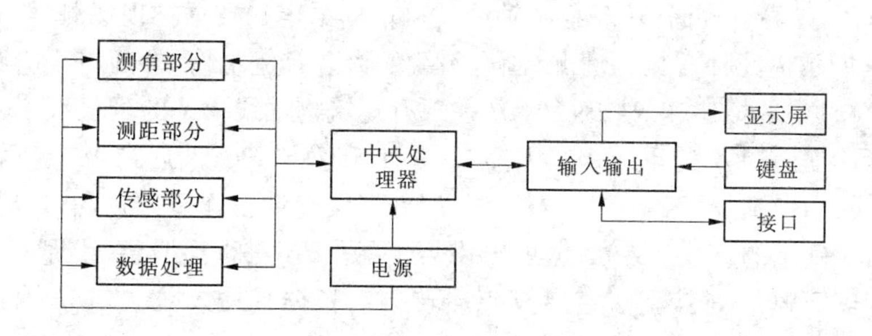

图 2-7　全站仪组合框架

六、激光扫平仪

激光扫平仪是一种新型的平面定位仪器。它采用金属吊丝补偿器，使仪器具有自动安平功能，即使处于振动干扰下，也能保持作业精度，不需人员监视、维护。这种仪器采用激光二极管作为激光光源，出射光为可见红光。在室内作业时，激光平面与墙壁相交，可以得到显眼的扫描光迹，从而形成一个可见的激光水平面，使测量更为直观、简便。

图 2-8 所示是我国生产的 SJZ1 型自动安平激光扫平仪。安平精度为 ±1″，激光水平精度为 ±20″，采用 635 nm 波长的激光二极管作为激光光源，出射光为可见红光，测量半径为 150 m，工作电源为 4 节一号充电电池，工作温度为 -10 ~ +40 ℃，仪器质量为 3 kg；可将扫描速度设为 0、400、600 r/min 三种，通过旋转仪器底部的手轮，可使激光指向任意方向或连续扫描出可见的激光水平面。若用专用标尺，还可在扫描范围内测出任意点的标高。

图 2-8　SJZ1 型自动安平激光扫平仪

该仪器设有补偿器自动报警装置，当仪器倾斜超出补偿器工作范围（±8′）时，激光停止扫描，补偿器报警灯闪亮，当调整仪器至补偿器工作范围内时，仪器自动恢复工作。设有低压报警装置，当电源电压低于正常值时，低压报警灯闪亮。仪器有手动和遥控两种操作方式，在作业中不需人员监视和维护。

第二节　高层建筑物定位放线

一、高层建筑物定位

建筑物的定位，就是把建筑物外廓各轴线交点测设在地面上，然后根据这些点进行细部放样。由于实际条件不同，定位方法主要有以下几种。

(一) 根据原有建筑物定位

在现有建筑群内新建或扩建时，设计图上通常会给出拟建的建筑物与原有建筑物或道路中心线的位置关系数据，建筑物主轴线就可根据给定的数据在现场测设。

如图 2-9 所示为几种常见的情况，画有斜线的为现有建筑物，未画斜线的为拟建的建筑物。图 2-9(a)中的拟建建筑物轴线 AB 在现有建筑物轴线 MN 的延长线上。测设轴线 AB 的方法如下：先作 MN 的垂线 MM' 及 NN'，并使 $MM' = NN'$，然后在 M' 处架设经纬仪作 $M'N'$ 的延长线 $A'B'$（使 $N'A' = d_1$），再在 A'、B' 处架设经纬仪作垂线可得 A、B 两点，其连线 AB 即为所要确定的直线。一般也可以用线绳紧贴 MN 进行穿线，在线绳的延长线上定出 AB 直线。图 2-9(b)是按上法定出 O 点后转 90°，根据有关数据定出 AB 直线。

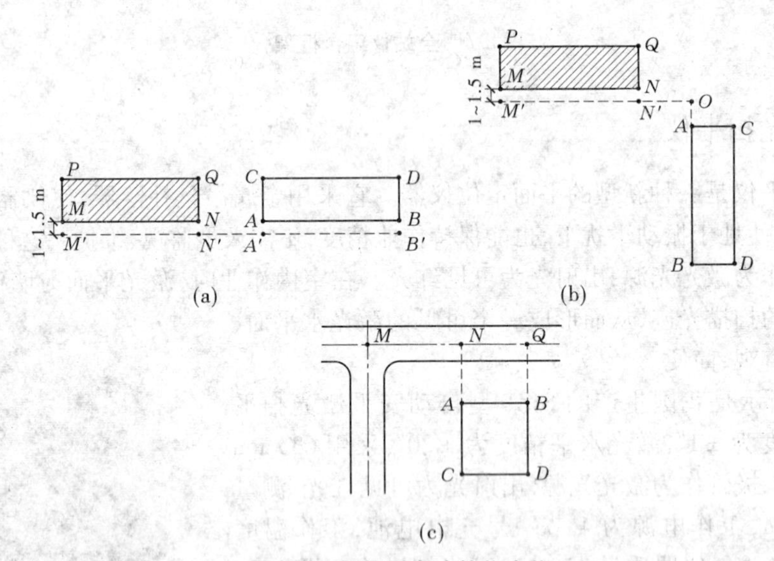

图 2-9　根据原有建筑物定位

图 2-9(c)中，拟建的建筑物平行于原有的道路中心线，测设方法是：先定出道路中心线位置，然后用经纬仪测设垂线并量距，定出拟建建筑物的主轴线。

(二) 根据建筑方格网定位

当施工现场已经测设有建筑方格网时，可根据建筑物和附近方格网点的坐标，用直角坐标法来测设主轴线。

(三)根据测量控制点坐标定位

在建筑场地附近如果提供有测量控制点可以利用,则应根据控制点及建筑物定位点的设计坐标,反算出交会角或距离后,因地制宜地采用极坐标法或角度交会法将建筑物主要轴线测设到地面上。

二、高层建筑物放线

高层建筑物的放线是根据已经定位的建筑物主要轴线交点桩(角桩),测设出建筑物的其他各轴线的交点桩(中心桩),并用木桩(桩上需钉小钉)标定出来。根据交点桩,用白灰撒出基坑开挖边界线。基坑开挖前,应引测轴线控制桩,以作为开挖后恢复各轴线的依据。轴线控制桩应引测到基坑外不受施工干扰并便于引测的位置,并做好轴线控制桩标志。

轴线控制桩应设置在基坑范围外且沿基础轴线的延长线上,作为开挖后各施工阶段恢复轴线位置的依据。轴线控制桩离开基坑开挖边线的距离应根据施工现场条件确定,一般设置在离开开挖边线 2 ~4 m 且不受施工扰动、便于引测的位置。如果场地附近有已建的建筑物或围墙,也可以将轴线投测在建筑物的墙体上并做标志,作为恢复轴线的依据。

为了保证控制桩的精度,施工中将控制桩与定位桩一起测设,精度要求高时应先测设控制桩,再测设定位桩。具体测设方法如下:

将经纬仪安置在轴线交点处,对中、整平,将望远镜十字丝纵丝照准地面上的轴线,再抬高望远镜把轴线延长到离开基坑开挖范围规定的距离位置处,钉设轴线控制桩,在桩上钉一个小钉作为轴线钉,并用混凝土固定木桩,如图 2-10 所示。注意,应保证小钉位置与仪器十字丝交点一致。倒转望远镜,将另一端的轴线控制桩测设到地面上,将照准部转动 90°,可测设相互垂直轴线的轴线控制桩。用钢尺沿控制桩检查轴线钉的间距,经检核合格后以轴线为准,将基坑开挖边界线画在地面上,拉线并撒石灰定出开挖边界线。

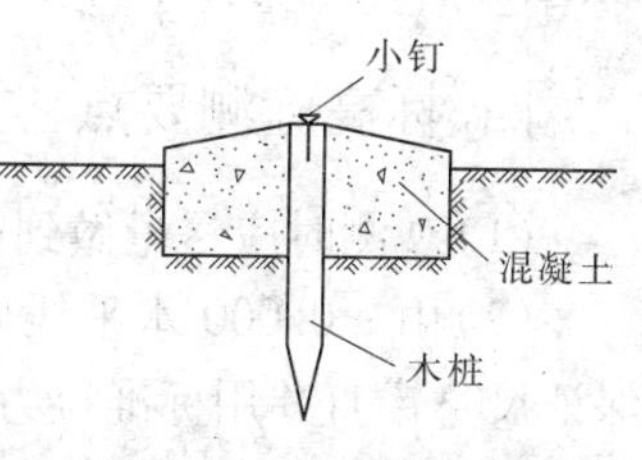

图 2-10 轴线控制桩

第三节 高层建筑标高测量

一、高层建筑标高测量的允许误差

高层建筑层间标高测量偏差不应超过 ±3 mm,建筑全高(H)测量偏差应满足:

(1)$H \leqslant 30$ m 时, ±5 mm;

(2)30 m < $H \leqslant 60$ m 时, ±10 mm;

(3)60 m < $H \leqslant 90$ m 时, ±15 mm;

(4)90 m < $H \leqslant 120$ m 时, ±20 mm;

(5)120 m < $H \leqslant 150$ m 时, ±25 mm;

(6)150 m < H 时, ±30 mm。

通常,测量允许误差等于 2 倍的测量中误差。建筑物标高误差由测量误差、施工误差组成,而建筑物标高误差的允许值可查阅相关结构施工规范。

二、±0.000以下标高测量

为控制基础和±0.000以下各层的标高，在基础开挖过程中，应在基坑四周的护坡钢板桩或混凝土桩上各涂一条宽度为100 mm的竖直白漆带。用水准仪根据附近建筑物的水准点或±0.000水平线，测设各白漆带顶部标高，然后用钢尺在白漆带上量出±0.000以下整米数的水平标志线，最后将水准仪安置在基坑内，校测四周护坡桩上每条白漆带底部同一标高的水平线，当误差在±5 mm以内时，则认为合格。在施测基础标高时，应后视两条白漆带上的水平线，以作校核。

三、±0.000以上标高测量

(1)用水准仪根据水准点或±0.000水平线，在向上引测处准确地测出相同的起始标高线(一般多测+1.000 m标高线)。

(2)用钢尺沿铅直方向向上量至施工楼层，并画出正米数的水平线，各层的标高线均应由各处的起始标高线向上直接量取。

(3)将水准仪安置到各施工楼层，校测由下面传递上来的各水平线，误差应在±6 mm以内，在各层进行抄平时，应后视两条水平线，以作校核。

四、标高施测要点

(1)观测时应尽量做到前、后视线等长。

(2)由±0.000水平线向下或向上量取高差时，所用钢尺应经过检核，量取高差时应保证尺身铅直并用标准拉力，同时要进行尺长和温度改正。

(3)采用预制构件的高层结构施工时，注意每层的高差不要超限，同时更要注意控制各层的标高，防止偏差积累，导致建筑物总高度偏差超限。

(4)为保证竣工时±0.000和各层标高的准确性，应由建设单位和设计单位明确：在测定±0.000水平线和基础施工时，如何对待地基开挖后的回弹与整个建筑在施工期间的下沉影响；在钢结构工程施工中，钢柱负荷后对层高的影响。不少高层建筑在基础施工中，将总下沉量在基础垫层的设计标高中预留出来，取得了良好的效果。

第四节　高层建筑轴线引测

高层建筑层数多，高度大，结构复杂，设备和装修标准较高。在高层建筑施工测量中的主要问题是控制垂直度，就是将建筑物的基础轴线准确地向高层引测，并保证各层相应轴线位于同一竖直面内，控制竖向偏差，使轴线向上投测的偏差值不超过限值。

进行轴线投测时，要求层间标高测量偏差和竖向测量偏差均不超过±3 mm，建筑全高测量偏差和竖向偏差不超过$3H/10\ 000$，且$30\ \text{m} < H \leqslant 60\ \text{m}$时，不应超过±10 mm；$60\ \text{m} < H \leqslant 90\ \text{m}$时，不应超过±15 mm；$90\ \text{m} < H$时，不应超过±20 mm。

由于高层建筑工程量大，地下工程复杂，工期较长，施工现场变化大，为保证工程的整体性和局部施工的精度要求，进行高层建筑施工测量需事先制订测量方案，选用精度高的仪器，并拟定控制和检测措施，以确保测量精度。高层建筑地下部分多为箱形基础或桩基础，上部结构多为现浇框架等。常采用的方法为外控法和内控法。无论采用哪种方法进行轴线投测，都必须在基础工程完工后，根据建筑场地平面控制网，校测建筑物轴线控制桩后，将建筑四廓和各细部轴线精确地弹测到 ±0.000 首层地面上，作为向上投测轴线的依据。

一、外控法

外控法是利用经纬仪，在建筑物外部根据建筑物轴线控制桩来进行轴线的竖向投测，具体的操作方法如下。

（一）在建筑物底部投测中心轴线位置

高层建筑的基础工程完工后，将经纬仪安置在轴线控制桩上，把建筑物主轴线精确地投测到建筑物的底部，并设立标志，以供下一步施工与向上投测之用，如图 2-11 所示。

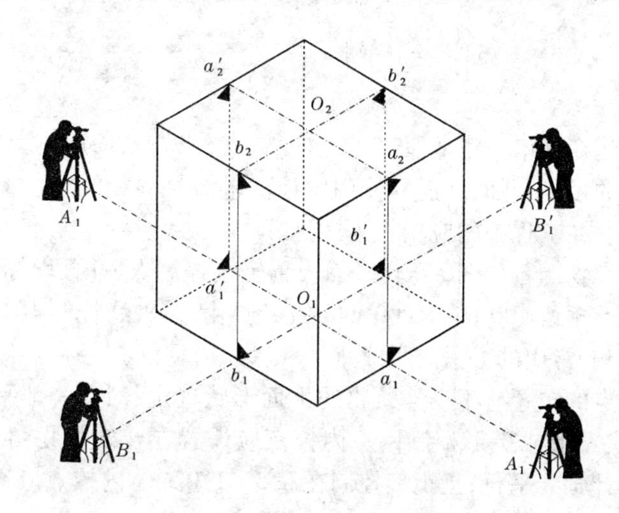

图 2-11　经纬仪投测中心轴线

（二）向上投测中心线

随着建筑物的建造高度增大，要逐层将轴线向上传递，将经纬仪安置在中心轴线控制桩上，用望远镜瞄准建筑物底部已经标出的轴线点，用盘左和盘右分别向上投测到每层楼板上，并取其中点作为该层中心轴线的投影点。

（三）增设轴线引桩

轴线控制桩距离建筑物较近时，施工楼层越高，经纬仪的望远镜仰角越大，操作越不方便，投测精度也会降低。所以，要将原中心轴线控制桩引测到更远的安全位置，或者附近建筑物的屋面上。

首先将经纬仪安置在已经投测的较高楼层轴线上，瞄准地面上原有的轴线控制桩标志点，用盘左、盘右分中投点法，将轴线延长到远处开阔地面上或附近建筑物屋面上，并用标志固定其位置，即可得到新增设的轴线控制桩。此时，在建工程更高楼层的轴线即可通过增设的轴线引桩进行投测，如图 2-12 所示。

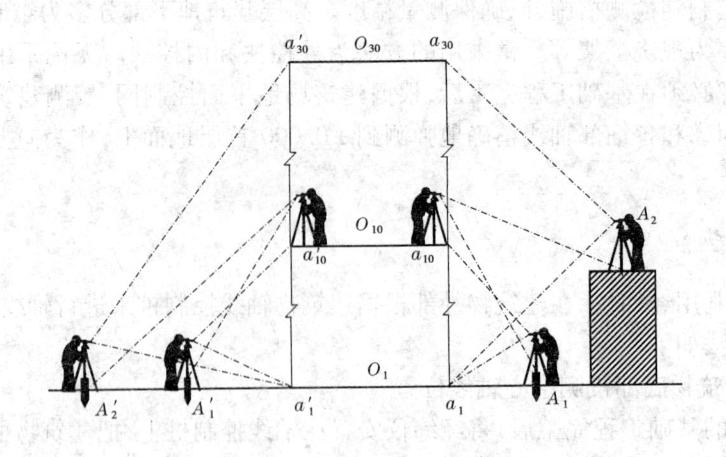

图 2-12　经纬仪引桩投测

二、内控法

高层建筑大多建在城市繁华地段，建筑密度较大，当施工场地较为狭小时，无法在建筑物外部进行轴线的投测，此时就需要使用内控法进行轴线投测。内控法不受施工场地限制，不受气候影响，在工程中的应用较为广泛。

内控法是在建筑物的首层 ±0.000 平面设置轴线控制点，并预埋标识，施工过程中在各层楼板相应位置上预留 200 mm×200 mm 的传递孔，在轴线控制点上采用垂准线原理进行轴线的竖向投测，常用的方法有吊线垂法和激光铅垂仪法。

室内轴线控制点的布置应根据建筑物的平面形状确定，对于一般平面形状不复杂的建筑物，可以布置成 L 形或矩形控制网。内控点应设置在建筑物拐角柱子旁边，设置的辅助轴线与柱子设计轴线平行，且距离控制在 0.5～1.0 m。内控点应选择在能够保持通视的位置。当基础施工完毕后，根据建筑物场地平面控制网，校核建筑物轴线控制桩无误后，将轴线内控点测设到建筑物首层平面上，并埋设标识点，作为竖向投测轴线的依据。

(一) 吊线垂法

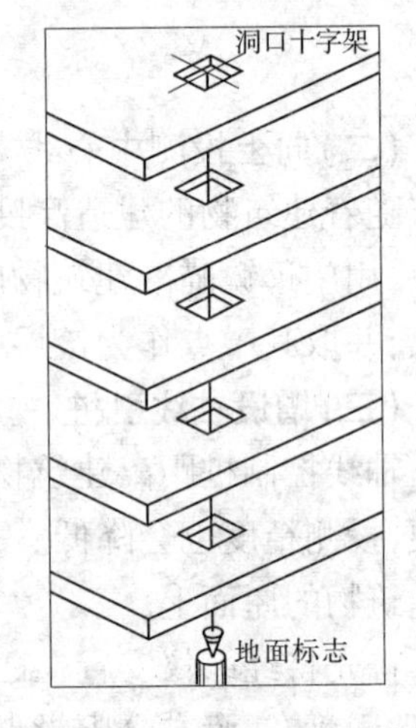

图 2-13　吊线垂法投测

吊线垂法是利用钢丝悬挂重垂球的方法，进行轴线竖向投测，如图 2-13 所示。适用于建筑物高度在 50～100 m 的高层建筑施工。垂球的质量为 10～20 kg，钢丝的直径为 0.5～0.8 mm。具体的投测方法如下：首先在施工楼层的预留孔上安置十字架并悬挂垂球，对准首层预埋标识点，当垂球线静止时，固定十字架，并在预留孔四周作出标记，作为以后恢复轴线及放样的依据。此时，十字架中心即为轴线控制点在该楼层的投测点。一般每个点的投测应进行两次，两次投测的偏差，在投点高度小于 5 m 时不大于 3 mm，在投点高度大于 5 m

时不超过 5 mm。最后根据投测上来的轴线控制点加密其他轴线。在利用吊线垂法进行实测时,应采取必要措施减少垂球的摆动,如可以将垂线穿过铅直的塑料套管保持稳定,或将垂球沉浸在油中减少摆动。

(二)激光铅垂仪法

激光铅垂仪是一种专用的铅直定位仪器,适用于高层建筑物、烟囱及高塔架的铅直定位测量。激光铅垂仪主要由氦氖激光管、精密竖轴、发射望远镜、水准器、基座、激光电源及接收屏等部分组成,如图 2-14 所示。

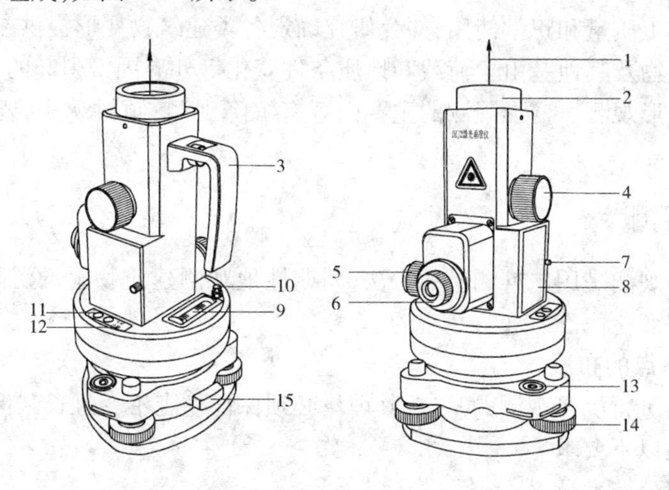

1—激光束;2—物镜;3—提手;4—调焦螺旋;5—对点调焦螺旋;6—目镜;7—固定钮;
8—电池盒盖;9—长水准泡;10—保护塞;11—垂准激光开关;12—对点激光开关;
13—圆水准器;14—脚螺旋;15—基座固定钮

图 2-14 激光铅垂仪构造

激光器通过两组固定螺钉固定在套筒内。激光铅垂仪的竖轴是空心筒轴,两端有螺扣,上下两端分别与发射望远镜和氦氖激光器套筒相连接,二者位置可以对调,构成向上或向下发射激光束的铅垂仪。仪器上配置有两个互成 90° 的管水准器以及专用激光电源。

利用激光铅垂仪进行轴线竖向投测时,应先在首层的轴线控制点上安置仪器,利用激光器所发射的激光束进行对中,通过调节基座整平螺旋,使管水准器气泡居中。在上部施工楼层的预留孔处安置接收靶。接通激光电源并发射铅直激光束,利用发射望远镜调焦,使激光束聚成红色光斑,投射到接收靶上。移动接收靶,使靶心与红色光斑重合,固定接收靶,并在预留孔四周作出标记,此时,靶心位置即为轴线控制点在该施工楼层的投测点。如图 2-15 所示。

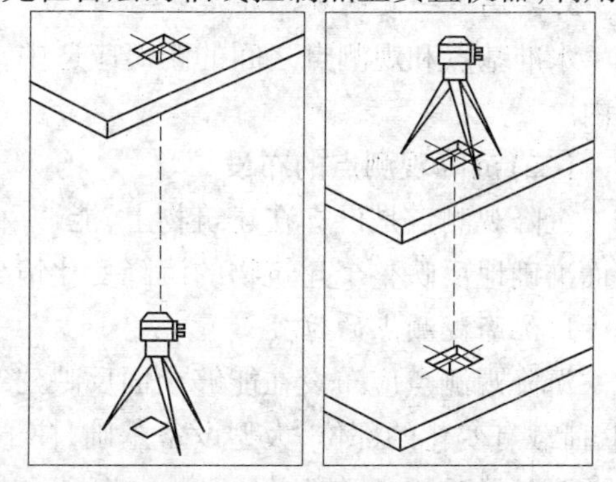

图 2-15 激光铅垂仪投测示意图

第五节 变形观测

随着建筑物的施工,基础所承受的荷载不断增加,加上地基受力不均和建筑物本身应力等作用,可能会导致建筑物发生变形。这种变形在一定范围内不会影响建筑物的正常使用,可视为正常现象,但其变形超过一定限度就会导致建筑物发生破坏。为使建筑物能够在规定年限内正常使用,在其施工及使用过程中,应对建筑物进行针对性的变形观测,确保建筑物的施工质量和正常使用,并为研究确定各类建筑物变形提供参考资料。

这种对建筑物及其地基由于荷载和地质条件变化等外界因素引起的各种变形进行的观测活动称为变形观测。变形观测的主要内容有沉降观测、倾斜观测、裂缝观测、位移观测等。

一、沉降观测

建筑物沉降观测是用水准测量的方法,周期性地观测建筑物上的沉降观测点和水准基点之间的高差变化值。

(一)水准基点的布设

水准基点是进行沉降观测的基准,其埋设必须保证稳定不变且长久保存,因此水准基点的布设应满足以下要求。

1. 要有足够的稳定性

水准基点必须设置在沉降影响范围以外,冰冻地区水准基点应埋设在冰冻线以下0.5 m。水准基点可利用已有的、稳定性好的二、三等水准点标石埋设标志,也可以选择区域内基础稳定且修建时间长的建筑物上设置墙脚水准点。

2. 要具备检核条件

水准基点应选择在隐蔽性好且通视良好、确保安全的地方埋设。为保证水准基点高程的准确性,最少应设置三个水准基点,以便于相互检核。每次观测都要测定水准基点之间的高差,以判断它们之间是否相对稳定,并且应定期与远离建筑物的高等级水准点联测,以检核其本身的稳定性。

3. 要满足一定的观测精度

水准基点和观测点之间的距离应适中,相距太远会影响观测精度,一般应在100 m范围内。

(二)沉降观测点的布设

沉降观测点是设立在建筑物上,能够反映建筑物沉降量变化的标志性观测点。为了全面准确地反映整个建筑物的沉降变化情况,沉降观测点的布设应满足以下要求。

1. 沉降观测点的位置

沉降观测点应布设在能够全面反映建筑物沉降情况的部位,如建筑物四角、沉降缝两侧、荷载有变化的部位、大型设备基础、柱子基础和地质条件变化处。

2. 沉降观测点的数量

沉降观测点一般是均匀布置的,它们之间的距离一般为10~20 m。

3. 沉降观测点的设置形式

沉降观测点的高度、方向要便于立尺和观测，不易受到破坏。具体设置形式如图2-16所示。

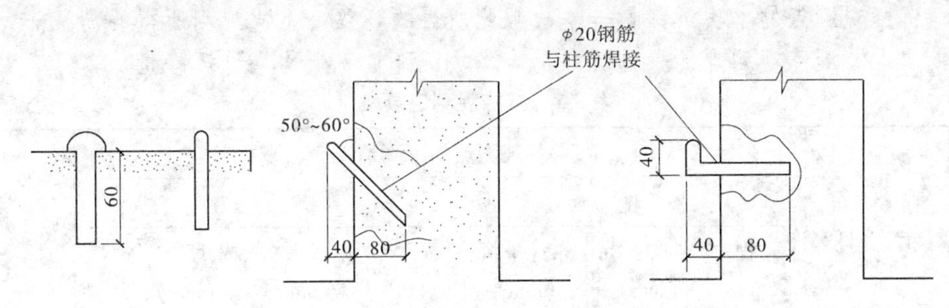

图2-16 沉降观测点的设置形式

(三)沉降观测

1. 观测周期

沉降观测的时间和次数应根据工程的性质、施工进度、地基地质情况及基础荷载的变化情况而定。

(1)当埋设的沉降观测点稳固后，在建筑物主体开工前应进行首次观测。

(2)在建筑物主体施工过程中，一般每建造1~2层需观测一次，若中途停工时间较长，应在停工时和复工时进行观测。

(3)发生大量沉降或严重裂缝时，应立即进行连续性的观测。

(4)建筑物封顶或竣工后，一般每月观测一次，如果沉降速度减缓，可改为2~3个月观测一次，直至沉降稳定。

2. 观测方法

一般性建筑物可采用三等水准测量的方法进行沉降观测。对于高层建筑，应采用精密水准测量的方法进行观测，按照国家二等水准测量要求进行观测，观测时应先后视水准基点，然后依次前视各沉降观测点，最后再次后视水准基点，两次后视读数之差不应超过±1 mm。另外，沉降观测的水准路线(从一个水准基点到另一个水准基点)应为闭合水准路线。为了提高观测精度，不同周期的观测应遵循“五定”原则：水准基点、沉降观测点要稳定；仪器设备要稳定；观测人员要稳定；观测时的环境条件要基本一定；观测路线、镜位、程序和方法要固定。

3. 精度要求

沉降观测的精度要求是根据建筑物的重要程度及对变形的敏感程度来确定的。对于高层建筑、建造在不均匀沉降地基上的重要建筑物、连续生产型设备基础、动力设备基础，沉降观测的水准测量容许高差闭合差为$\pm0.6\sqrt{n}$ mm(n为测站数)，同一后视点两次后视读数之差不应超过±1 mm。对于一般多层建筑、工业厂房和构筑物的沉降观测，其容许高差闭合差为$\pm1.4\sqrt{n}$ mm，同一后视点两次后视读数之差不应超过±2 mm。

4. 成果整理

(1)整理计算。每次沉降观测之后，首先应检查数据的记录和计算是否正确，检验精度是否符合要求，然后调整高差闭合差，继而推算各观测点的高程，最后计算各观测点的本次沉降量和累计沉降量，并将计算结果、观测时间和荷载情况一并记入沉降观测记录表内，如表2-1所示。

沉降观测点的本次沉降量 = 本次观测所得的高程 - 上次观测所得的高程

沉降观测点的累计沉降量 = 本次沉降量 + 上次累计沉降量

表2-1 沉降观测记录表

观测次数	观测时间（年-月-日）	各观测点的沉降情况							施工进度
		1			2			…	
		高程（m）	本次下沉（mm）	累计下沉（mm）	高程（m）	本次下沉（mm）	累计下沉（mm）	…	
1	2005-01-10	72.454	0	0	72.473	0	0	…	一层平口
2	2005-02-23	72.448	-6	-6	72.467	-6	-6		三层平口
3	2005-03-16	72.443	-5	-11	72.462	-5	-11		五层平口
4	2005-04-14	72.440	-3	-14	72.459	-3	-14		七层平口
5	2005-05-14	72.438	-2	-16	72.456	-3	-17		九层平口
6	2005-06-04	72.434	-4	-20	72.452	-4	-21		主体完
7	2005-08-30	72.429	-5	-25	72.447	-5	-26		竣工
8	2005-11-06	72.425	-4	-29	72.445	-2	-28		使用
9	2006-02-28	72.423	-2	-31	72.444	-1	-29		
10	2006-05-06	72.422	-1	-32	72.443	-1	-30		
11	2006-08-05	72.421	-1	-33	72.443	0	-30		
12	2006-12-25	72.421	0	-33	72.443	0	-30		

（2）绘制沉降曲线。为了更加形象地表达沉降、荷载和时间的相互关系，可以根据表2-1中的数据绘制沉降曲线，如图2-17所示。图中横坐标为观测时间，纵坐标上部为荷载变化情况，下部为对应的沉降变形情况。从沉降曲线图中可以预估下一次观测点的大约沉降量和沉降过程是否趋于稳定状态。

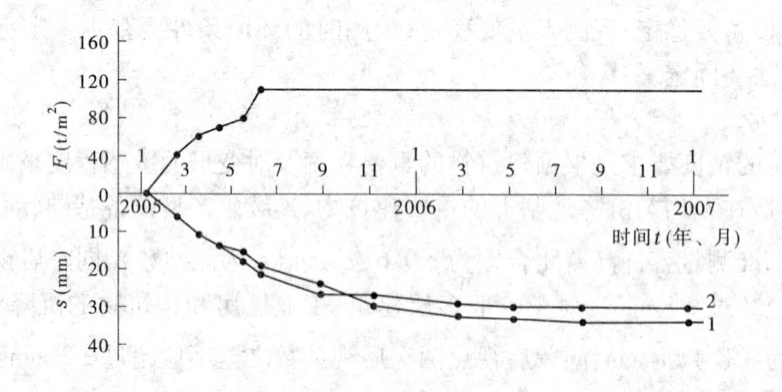

图2-17 沉降曲线

二、倾斜观测

由于建筑物基础不均匀沉降和外界不利因素的影响，建（构）筑物会产生倾斜，为了掌握建筑物的倾斜情况，需要对其进行倾斜观测。

（一）一般建筑物的倾斜观测

1. 确定观测点和投测点

进行倾斜观测应先在建筑物外墙的顶部布设观测点 M，在距该墙面大于建筑物高度 1.5 倍的位置处设置测站点，安置经纬仪并对中、整平，利用盘左和盘右的方法精确瞄准 M 点，并将 M 点向下投测得到 N 点，作出标记。在与投测方向垂直的另一方向，利用同样的方法确定建筑物上部观测点 P 和其投测点 Q。如图 2-18 所示。

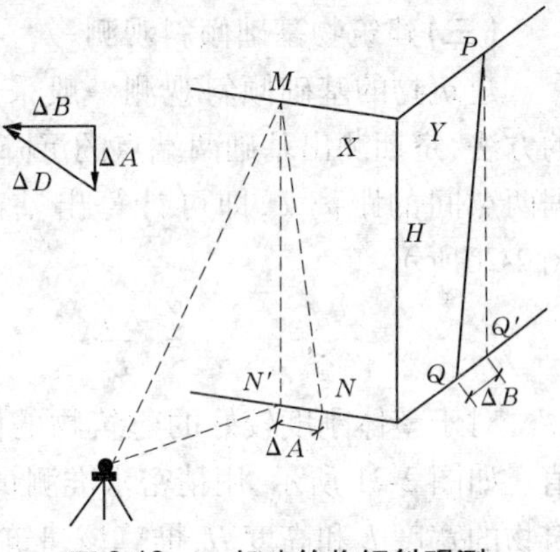

图 2-18　一般建筑物倾斜观测

2. 倾斜检测

相隔一段时间后，在原来布设的测站上重新安置经纬仪，利用上述投测方法，分别对观测点 M、P 向下投测得到 N' 和 Q'。如果处于同一水平线上的点 N 与 N'、Q 与 Q' 不重合，则说明建筑物发生了倾斜。

3. 倾斜度计算

用尺子量出投测点的倾斜位移量，并设 $\Delta A = NN'$，$\Delta B = QQ'$，然后用矢量相加的方法，即可计算出建筑物的总倾斜位移量 ΔD，即

$$\Delta D = \sqrt{\Delta A^2 + \Delta B^2} \tag{2-1}$$

设建筑物的总高度为 H，倾斜角为 α，则建筑物的倾斜度为

$$i = \tan\alpha = \frac{\Delta D}{H} \tag{2-2}$$

（二）塔式构筑物的倾斜观测

高耸塔式构筑物如水塔、电视塔、烟囱等的倾斜观测是测定其顶部中心与底部中心的偏心距和倾斜度。具体观测方法如下：

现以烟囱的倾斜观测为例进行介绍，首先在烟囱底部横放一根标尺，在标尺的中垂线方向上安置经纬仪。经纬仪距离烟囱的距离应大于烟囱高度的 1.5 倍。用望远镜观测与烟囱顶部和底部边缘点 A 和 A'、B 和 B' 分别投测到标尺上，得到点 y_1、y_1'、y_2、y_2' 四点，如图 2-19 所示。烟囱顶部中心点 O 对底部中心点 O' 在 y 轴方向上的偏移值 Δy 为

$$\Delta y = \frac{y_1 + y_1'}{2} - \frac{y_2 + y_2'}{2} \tag{2-3}$$

同法可以测得与 y 轴方向垂直的 x 轴方向上，烟囱顶部中心点 O 的偏移值 Δx 为

$$\Delta x = \frac{x_1 + x_1'}{2} - \frac{x_2 + x_2'}{2} \tag{2-4}$$

用矢量相加的方法，计算出顶部中心点 O 对底部中心点 O' 的总偏移量 ΔD，即

$$\Delta D = \sqrt{\Delta x^2 + \Delta y^2} \tag{2-5}$$

最后,根据总偏移量 ΔD 和塔式构筑物的高度 H,利用式(2-2)即可计算出其倾斜度。另外,也可以采用激光铅垂仪或悬吊垂球的方法,直接测定建(构)筑物的倾斜量。

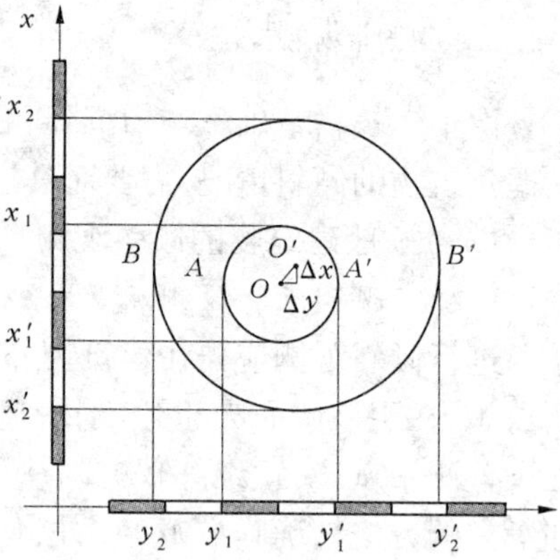

图 2-19　圆形建筑物倾斜观测

(三)建筑物基础倾斜观测

建筑物的基础倾斜观测一般采用精密水准测量的方法,定期测出基础两端点的沉降量差值 Δh,再根据两点间的距离 L,即可计算出基础的倾斜度。如图 2-20所示。

$$i = \frac{\Delta h}{L} \tag{2-6}$$

对于整体刚度较好的建筑物的倾斜观测,也可采用基础沉降量差值,推算主体偏移值。如图 2-21 所示,用精密水准测量测定建筑物基础两端点的沉降量差值 Δh,再根据建筑物的宽度 L 和高度 H,推算该建筑物主体的偏移值 ΔD。

$$\Delta D = \frac{\Delta h}{L} H \tag{2-7}$$

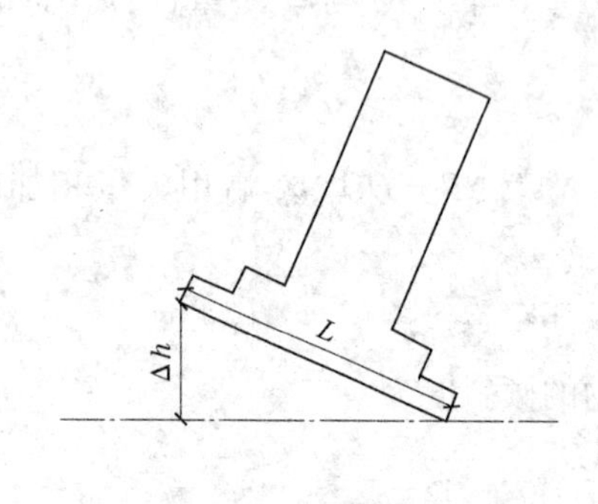

图 2-20　基础倾斜观测

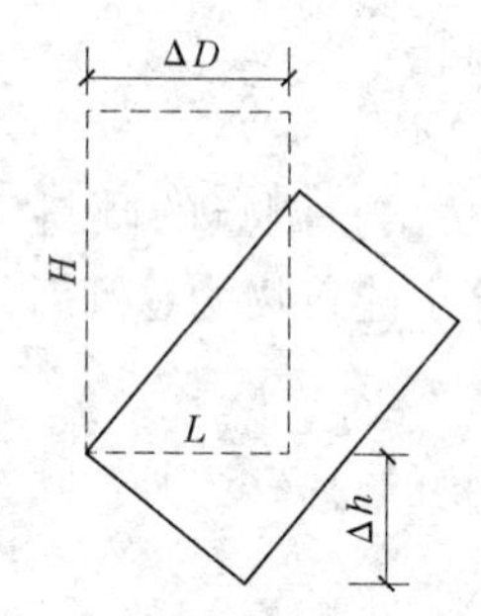

图 2-21　测定建筑物偏移值

三、裂缝观测

当建筑物出现裂缝后,应及时进行裂缝观测。常用的裂缝观测方法有以下两种。

(一)石膏板标志

将厚 10 mm、宽 50 ~ 80 mm 的石膏板(长度根据裂缝大小确定),固定在裂缝的两侧,当裂缝继续发展时,石膏板也会随之开裂,从而可以观察建筑物裂缝的发展情况。

(二)白铁皮标志

用两块白铁皮,其中一块为边长 150 mm 左右的正方形,固定在裂缝的一侧,另一片为 50 mm × 200 mm 的长方形,固定在裂缝的另一侧,并使其中的一部分紧贴在正方形铁皮上,然后在两片铁皮上涂刷红色油漆。当裂缝继续发展时,两片涂有红色油漆的铁皮随着裂缝发展而逐渐被拉开,在固定的正方形铁皮上就会露出底色,其宽度即为裂缝增加的宽度,可用钢尺直接量取,如图 2-22 所示。裂缝观测的周期应根据裂缝变化速度确定,通常开始可半个月观测一次，以后一个月观测一次，若发现裂缝增大，则需相应增加观测次数。

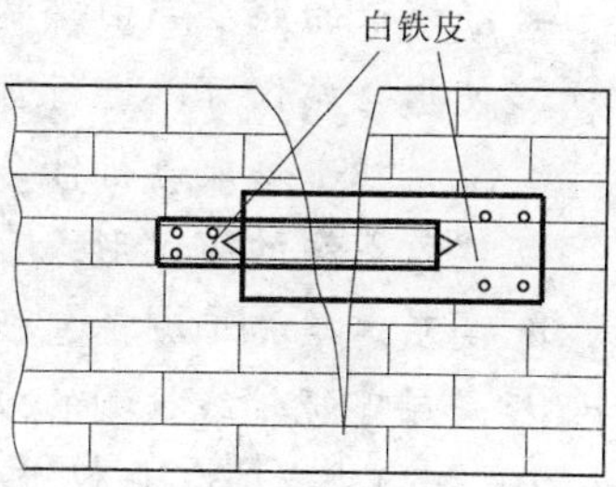

图 2-22　建筑物的裂缝观测

四、位移观测

根据平面控制点测定建筑物的平面位置随时间而移动的大小及方向，称为位移观测。位移观测首先要在建筑物附近埋设测量控制点，并在建筑物上设置位移观测点。

（一）小角法

首先在建筑物纵横方向上布设控制点和观测点，如已知建筑物位移方向，则只需在此方向上进行观测即可。观测点与控制点最好位于同一直线上，同样控制点至少布设 3 个，控制点之间的距离不宜小于 30 m。如图 2-23 所示，A、B、C 三点为控制点，M 为观测点，可用红色油漆在墙上涂三角符号作为标志。将经纬仪安置于 A 点，用测回法观测 $\angle BAM$ 的角度值，设第一次观测角度值为 β，第二次观测角度值为 β'，两者之差 $\Delta\beta=\beta'-\beta$，则建筑物的水平位移值为：

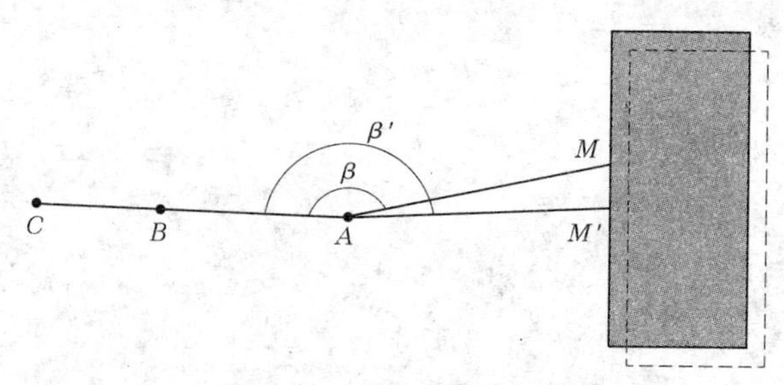

图 2-23　建筑物位移观测

$$\delta=\frac{\Delta\beta}{\rho}D \tag{2-8}$$

式中　ρ——$\rho=206\ 265''$；

D——A、M 两点之间的水平距离。

（二）基准线法

基准线法就是以垂直于位移方向建立一条基线，在建筑物上布设一些观测点，定期测定各观测点标志偏离基准线的距离，以计算其位移值。在基线上确定不少于 3 个基点作为控制点，控制点与观测点位于同一直线上。观测时将经纬仪安置在一个控制点上，瞄准另一个控制点，此视线方向即为基准线方向。通过基准线在与观测点等高度处作标志，用测微尺测定观测点偏离基准线的水平距离，便可得到水平位移量。

复习思考题

1. 工程水准仪主要由哪几部分组成？DS_{05} 中的字母及数字表示什么？

2. 自动安平水准仪有什么特点？

3. 简述用望远镜瞄准水准尺的步骤。

4. 经纬仪的照准部由哪些部分组成?

5. 使用全站仪可以进行哪些工作?

6. 激光扫平仪能进行什么工作?

7. 建筑基线的布设形式有哪几种?

8. 高层建筑施工测量包括哪些主要工作?

9. 高层建筑轴线投测的方法有哪些?

10. 如何用激光铅垂仪进行轴线引测?

11. 何谓建筑物的沉降观测? 在建筑物的沉降观测中,水准基点和沉降观测点的布设要求分别是什么?

12. 何谓建筑物的倾斜观测? 倾斜观测的方法有哪几种?

第三章　高层建筑基础工程施工

【学习要点】

高层建筑对地基基础的稳定性和坚固性要求很高。通过本章学习,要求学生掌握支护结构的作用、类型及选型;熟悉深基坑支撑体系;掌握钢板桩支护结构施工工艺;掌握地下连续墙施工工艺和质量检验;掌握水泥土挡墙施工工艺;掌握土钉支护的施工工艺及土钉支护结构的监测;掌握钢支撑与钢筋混凝土支撑的施工工艺、质量检验;熟悉轻型井点降水、喷射井点降水、电渗井点降水、管井井点降水的施工方法;了解回灌技术;熟悉降水施工中应注意的问题及常见的故障处理;熟悉深基坑土方开挖的机械的性能,掌握施工方法;掌握大体积混凝土基础施工的方法。

高层建筑随着高度的增加和地下空间的开发利用,基础的埋深越来越大,施工复杂性日益突出,造价进一步提高,其中深基坑支护技术已成为地基基础工程领域的一个难点、热点问题。据统计,高层建筑基础工程的造价一般为整幢建筑总造价的20%～30%,而深基坑支护结构的费用约占工程总造价的10%。

基础工程施工应符合《建筑地基基础工程施工质量验收规范》(GB 50202—2002)、《建筑基坑支护技术规程》(JGJ 120—1999)等有关规范的规定。

本章主要介绍钢支撑与混凝土支撑、锚杆与土钉墙、连续墙与逆作法等几种深基坑支护技术及大体积混凝土基础施工。

第一节　深基坑支护结构施工

为进行建筑物(包括构筑物)基础与地下室的施工所开挖的地面以下空间称为建筑基坑。基坑开挖的施工工艺一般有两种:放坡开挖(无支护开挖)和在支护体系保护下开挖(有支护开挖)。前者既简单又经济,在施工场地空旷、周边环境许可、土体边坡稳定的条件下应优先采用。但是,在城市及建筑密集地区,施工场地狭小,周边环境复杂,为了保证地下结构施工及基坑周边环境的安全,则无法采用较经济的放坡开挖,需对基坑侧壁及周边环境采取支挡、加固与保护措施,在支护结构的保护下进行开挖,称为基坑支护。

一、基坑支护工程的主要内容

基坑支护工程的主要内容包括基坑勘测、支护结构的设计和施工、基坑土方的开挖和运输、控制地下水位、土方开挖过程中的工程监测和环境保护等。

基坑工程是一个系统工程,一般要经过前期技术经济资料调研、支护结构的方案讨论、设计、施工、降低地下水位、基坑土方开挖及地下结构施工等过程。在基坑施工过程中,影响支护结构安全和稳定的因素众多,主要有支护结构设计计算理论、计算方法、土体物理力学性能参数取值的准确度等，它们对支护结构安全具有决定性的影响；同时，地下水位变化影响基坑土方开挖的难度、支护结构荷载及周边环境；土体开挖工况的变化相应引起支护结构内力和位移的变化，而支护结构的内力和变形又随着工程的进展是一个动态的变化过程。为了及时掌握支护结构的内力和变形情况、地下水位变化、基坑周围保护对象（邻近的地下管线、建筑物基础、运输道路等）的变形情况，对重要的基坑工程都要进行监测。

二、基坑支护工程的特点

基坑支护工程具有以下主要特点。

（一）临时性

基坑支护结构大多为临时性结构，其作用仅是在基坑开挖和地下结构施工期间保证基坑周边建筑物、道路、地下管线等环境的安全及本工程地下结构施工的顺利进行，其有效使用期一般为一年左右（在特殊情况下，支护结构也可成为固定结构的一部分）。由于是临时结构，建设、施工单位往往不愿投入太多的资金，为了省钱，存有侥幸心理，在短期内冒风险。但基坑支护工程一旦出现工程事故，处理十分困难，造成的危害一般较大，且常常会对人员造成伤害，处理事故的费用和经济损失比节省下来的支护工程费用要大得多，这样的惨痛教训很多。因此，临时性结构也要确保安全。

（二）技术综合性

基坑支护工程是岩土、结构、施工、测试、环境保护等学科知识的综合应用，因而对从事基坑工程的技术人员的业务知识水平要求较高，同时要具有相当的工程经验和对当地地质情况的深入了解。

（三）复杂性

基坑开挖过程中，由于开挖面上的卸载作用，围护结构土壁产生侧土压力差，土壁向坑内产生水平位移，使墙后土体作用于墙身，产生主动土压力，同时引起墙后地面下沉，而墙前（开挖一侧）开挖面的土体作用于墙身，产生被动土压力。由于开挖面上的卸载作用又引起基坑底面隆胀，当墙后土柱重量超过坑底面地基承载力时，也会产生坑内隆胀。另外，深基坑开挖遇到地下水，也将会受到水压作用的影响。因此，深基坑开挖产生的主要问题是：

一种影响——围护结构前后水头差很大，在土的渗透性较好时，要考虑渗流力计算土压力和水压力。

二种土压力——主动土压力与被动土压力。

三种变形——围护结构向坑内位移变形，围护结构后地面下沉变形和坑底隆胀变形。

支护结构的土压力计算是个复杂问题，影响因素很多，诸如土体性质、开挖深度、围护结构后超载、支护结构刚度、支撑预加应力、锚杆预应力、施工顺序以及土体孔隙水的渗流等，因此现有理论不能完全解决基坑支护结构的设计计算和开挖问题。

现实的做法是：根据工程具体条件和地区工作经验确定有关参数；加强实际工程的检测工作，进行研究分析；对发生的事故作详细分析，吸取教训；对工程实践提出应注意的问题。

（四）地域性

由于不同地区具有不同的水文地质、工程技术经济条件，经过大量的基坑工程实践，能逐渐形成具有地域特色的基坑支护技术。如上海地区，属长江三角洲相和河口滨海相沉积，在 20 m 深度内主要为淤泥质粉质黏土和淤泥质黏土，含水量一般在 40% 左右，孔隙比为 1.2 ~ 1.6，土的压缩性高，抗剪强度低，在外荷载作用下，承载力低，变形大，不均匀沉降也较大，沉降历时长，周围建筑密集。所以在上海地区，根据不同的基坑开挖深度，形成了地下连续墙、钻孔灌注桩、深层搅拌桩等具有特色的基坑支护技术。同样在，深圳、武汉等地，也形成了具有地域特色的基坑支护技术。

三、支护结构的作用

为了高层建筑的整体稳定与开发地下空间，一般要做多层地下室，基础深度达 6 m 甚至 10 m 以上，这给施工带来了困难，因此深基坑支护结构技术是深基础施工的关键。由于在建筑物密集的大城市，土地紧张，场地狭窄，很难放坡施工，尤其相邻建筑物必须保证其地基的稳定和安全，所以必须针对不同的地质条件，选用不同的支护结构，才能安全地进行深基础施工。

支护结构的主要作用是挡土、挡水，使基坑开挖和基础结构的施工能够安全顺利地进行，并保证在基坑开挖到设计深度进行基础施工期间，维持基坑侧压力与坡土支护结构的平衡状态。

支护结构通常是临时性结构，当基础施工完毕即失去作用。有些支护结构的材料可以重复利用，如钢板桩及其工具式支撑。但也有一些支护结构就永久埋在地下，如钢筋混凝土灌注桩、旋喷桩、深层搅拌水泥土挡墙和地下连续墙等。还有一些在基础施工时作为基坑支护结构，施工完毕即为基础结构的一个组成部分，成为复合式地下室外墙，如地下连续墙。

四、深基坑支护结构的类型

高层建筑基坑具有深、大的特点，挖深一般为 15 ~ 20 m，宽度与长度达 100 m；基坑邻近多有建筑物、道路和管线，施工场地拥挤，在环境安全上又有很高要求，所以过去对基坑支护结构的选型比较单一，基本上采用柱列式灌注桩排桩或连续墙作为围护结构，当用明挖法施工时通常采用多道支撑（多道内支撑或土层锚杆）。其他的支护形式如钢板桩挡墙或桩板（分离式 H 型钢加衬板）挡墙，由于刚度较弱、易透水以及打桩振动和挤土效应对城市环境的危害，已很少用于很深的基坑中。近年来兴起的土钉支护尤其是复合土钉支护，在合适的地质条件下有望成为建筑深基坑支护的首要选型。在我国，逆作法施工也已日趋成熟。

（一）排桩墙支护

排桩墙支护结构包括钢板桩、灌注桩、预制桩等类型桩构成的支护结构。

1. 钢板桩支护

钢板桩支护是用打桩机（或液压千斤顶）将带锁口或钳口的钢板打（压）入地下，互相连接形成的围护结构。钢板桩常用的截面形式有 U 形（拉森式）、Z 形和直腹板式等，如

图 3-1 所示。

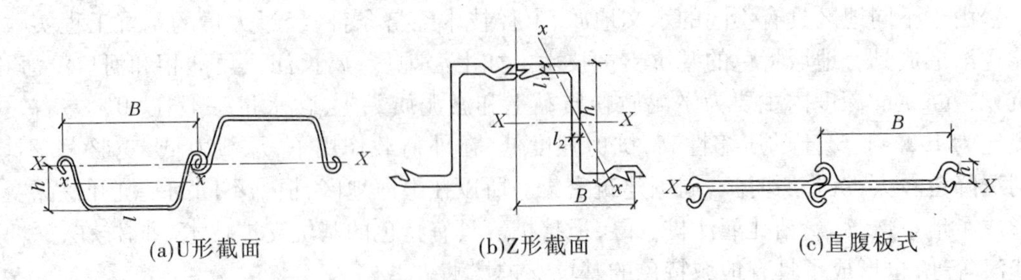

图 3-1　常用锁口的钢板桩截面形式

钢板桩施工简便，有一定的挡水能力，可重复使用，但其刚度不够大，用于较深的基坑时需设置多道支撑或拉锚系统；在透水性较好的土层中不能完全挡水；在砂砾层及密实砂中施工困难；拔除时易引起地基土和地表土变形，危及周围环境。因此，钢板桩一般多用于周围环境要求不高、深 5 ~ 8 m 的软土地区基坑。

2. H 型钢（工字钢）桩加挡板支护

H 型钢（工字钢）桩加挡板支护，是用打桩机将 H 型钢（工字钢）桩打入土中预定深度，基坑开挖的同时在桩间加横挡板用以挡土，如图 3-2 所示。这种档土桩适用于地下水位较低的黏土、砂土地基。在软土地基中要慎用，在卵石地基中较难施工。其优点是桩可以拔出，造价低，施工简便。缺点是打、拔桩噪声大、扰民，并且桩拔出后留下的孔洞要处理。这种桩除悬臂外，常与锚杆或锚拉相结合作支护结构。

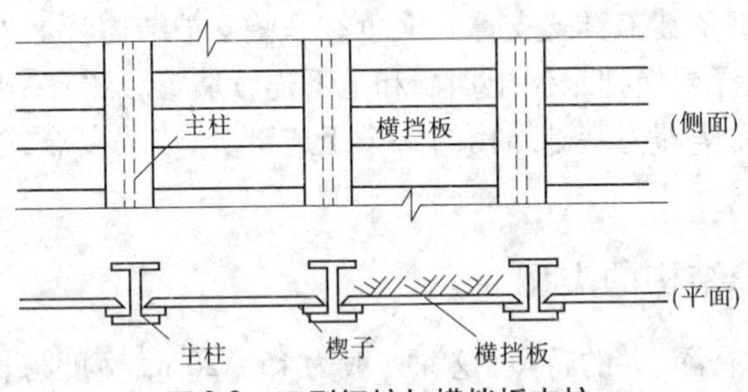

图 3-2　H 型钢桩加横挡板支护

3. 柱列式灌注桩排桩支护

柱列式灌注桩排桩根据施工工艺不同，可分为钻孔灌注桩和挖孔灌注桩，是我国应用广泛的一种桩排式围护结构。它具有成本低、施工方便、刚度较好、无噪声、无振动、无挤压、无须大型机械等优点，人工挖孔施工费用低，可以多组并行作业，成孔精度（垂直中心偏差）高，当坑底下卧坚硬岩层时，还可在底部设置竖向锚杆将桩体与岩层连成整体而减少嵌入深度。但各桩之间的联系差，必须在桩顶浇筑较大截面的钢筋混凝土冠梁加以可靠连接。

柱列式灌注桩排桩多为间隔布置，分为桩与桩之间有一定净距的疏排布置形式和桩与桩相切的密排布置形式。由于不具备挡水功能，在地下水位较高的地区应用，需采取挡水措施，如在桩间桩背采用高压注浆、设置深层搅拌桩、旋喷桩等，或在桩后专门构筑挡水帷幕。柱列式灌注桩排桩支护如图 3-3 所示。

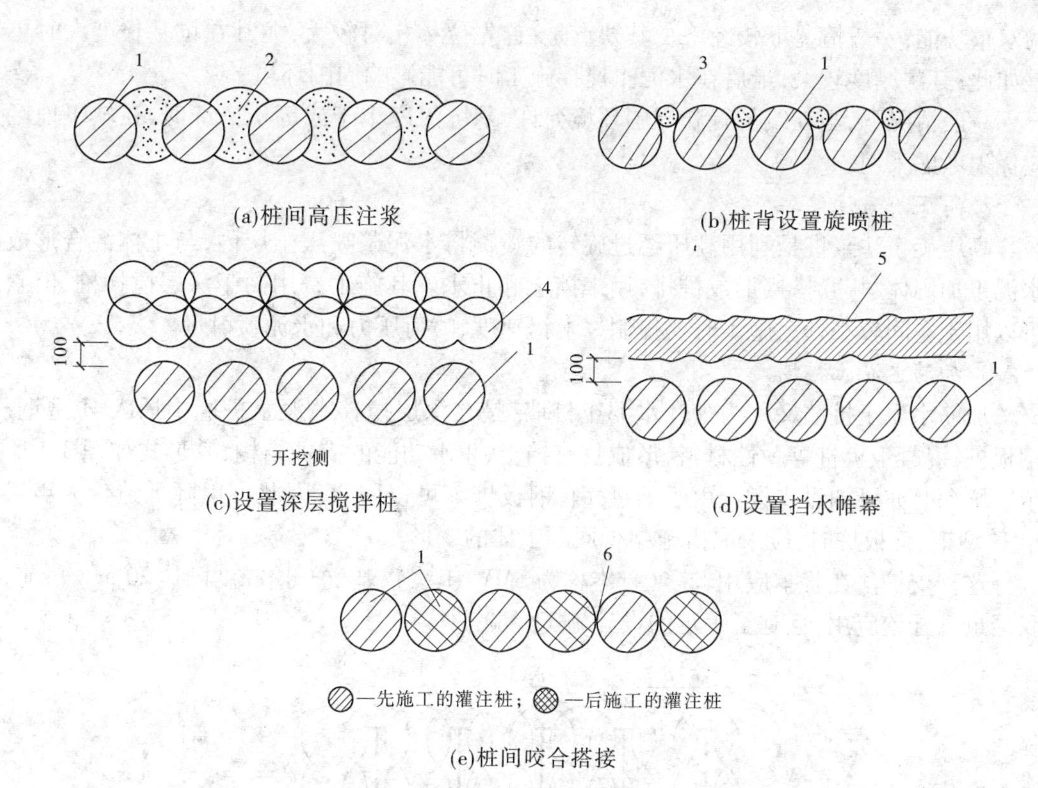

(a)桩间高压注浆

(b)桩背设置旋喷桩

(c)设置深层搅拌桩

(d)设置挡水帷幕

(e)桩间咬合搭接

1—灌注桩;2—高压灌浆;3—旋喷桩;4—水泥搅拌桩;5—注浆帷幕;6—桩间搭接部分

图 3-3　柱列式灌注桩排桩支护

柱列式灌注桩排桩支护形式分为悬臂式排桩支护和拉锚(或内支撑)式排桩支护。在大多数情况下,悬臂式柱列桩适用于安全等级为三级的基坑支护工程,拉锚(或内支撑)式柱列桩适合于安全等级为一、二级的基坑支护工程。但在地下水位以下的砂层或软土中施工且出水量丰富时,人工挖孔就比较困难,而且很容易引起土体流失,造成地层沉陷,这时应采用套管钻孔、泥浆护壁和水下浇筑混凝土。在做好隔水防渗的前提下,钻孔灌注桩围护结构也可用于深层软土中的支护,如上海港广场基坑工程采用直径 1 000 mm 钻孔灌注桩,用两排深层搅拌桩止水,开挖深度为 15 m。

(二)水泥土桩墙支护

水泥土桩墙支护结构是指由水泥土桩相互搭接形成的格栅状、壁状等形式的重力式结构。常用的水泥土桩有水泥土搅拌桩(包括加筋水泥土桩墙)、高压喷射注浆桩等。

1. 深层搅拌水泥土围护墙

深层搅拌水泥土围护墙是采用深层搅拌机就地将土和输入的水泥浆强行搅拌,利用水泥和软土之间所产生的物理化学反应,形成连续搭接的水泥土柱状加固体挡墙,利用其本身的质量和刚度来进行挡土的围护墙。同时,水泥土加固体的渗透系数一般不大于 7 ~ 10 cm/s,能止水防渗,因此水泥土围护墙具有挡土和防渗的双重作用,可兼作隔水帷幕。

水泥土围护墙的优点是:由于坑内一般无支撑,便于机械化快速挖土;具有挡土、防渗的双重功能;一般情况下较经济。其缺点是:首先位移相对较大,尤其在坑基长度大时更是如此;其次厚度较大;最后在水泥土搅拌施工时可能影响周围环境。

一般情况下,当红线位置和周围环境允许,基坑深度小于或等于 7 m 时,在软土地区应优先考虑采用。

2. 高压旋喷注浆桩

高压旋喷注浆桩是利用高压经过旋转的喷嘴将水泥浆喷入土层内,与土体混合形成水泥土加固体,相互搭接形成桩排,用来挡土和止水。其施工费用高于深层搅拌桩,但它可以用于空间较小处。施工时要控制好上提速度、喷射压力和水泥喷射量。

3. 加筋水泥土桩墙

加筋水泥土桩墙又称为劲性水泥土桩墙,是在深层搅拌水泥土桩墙中插入 H 型钢、钢板桩、混凝土板桩等劲性材料,形成具有挡土、止水功能的支护结构,其形式如图 3-4 所示。坑深时亦可加设支撑。由于 H 型钢、钢板桩等可以回收,因此可以降低造价。当拔出 H 型钢、钢板桩时,应采取措施减少周围土体的变形。

这种支护法在日本应用较多(日本称为 SMW 工法),基坑开挖深度已达 20 m。目前,我国也已开始应用,且有了一定的设计施工经验。

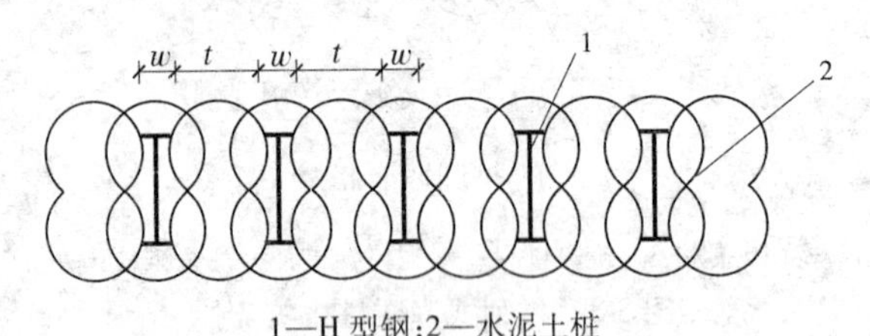

1—H 型钢;2—水泥土桩

图 3-4 加筋水泥土桩墙

(三)土钉墙支护

所谓土钉,就是置入现场原位土体中以较密间距排列的细长杆件,如钢筋或钢管等,通常还外裹水泥砂浆或水泥净浆浆体(注浆钉)。土钉的特点是通长与周围土体接触,以群体起作用,与周围土体形成一个组合体,在土体发生变形的条件下,与土体接触面的黏结力或摩擦力使土钉被动受拉,以此给土体约束加固或使其稳定。

土钉墙就是采用土钉加固基坑侧壁土体与护面等组成的结构(见图 3-5)。它不仅提高了土体的整体刚度,而且弥补了土体抗拉和抗剪低的弱点,通过相互作用,土体自身结构强度的潜力得到充分的发挥,还改变了边坡变形和破坏性状,显著提高了整体稳定性。土钉支护是以土钉和它周围加固了的土体一起作为挡土结构,类似于重力式挡土墙,是一种原位加固土技术。

土钉墙主要用于土质较好地区,基坑深度不宜大于 12 m。我国华北和华东北部地区一带应用较多。

(四)逆作拱墙

沿基坑周边分层、分段将基坑开挖成圆、椭圆及其他曲线平面,并沿基坑侧壁分层、分段逆作钢筋混凝土拱墙,利用拱体承受土的侧压力的拱墙,称为逆作拱墙。这种支护结构体系结构受力以受压为主,能充分发挥混凝土材料的受力性能,构造简单,采取分层分段开挖、分层分段逆作支护的方法,水平位移小,适用于非超软土、低地下水场地。

逆作拱墙可根据基坑平面形状及周边条件,采用全封闭或局部拱墙,拱墙轴线的矢跨比不宜小于1/8,开挖深度一般不宜超过12 m,当地下水位高于基坑底面时,应采取降水措施或截水措施。混凝土强度等级不宜低于C25。拱墙截面宜为Z形,拱壁的上、下端宜加肋梁。当基坑较深且一道Z形拱墙的支护高度不够时,可由数道拱墙叠合而成。沿拱墙高度设置数道肋梁,其竖向间距不宜大于2.5 m。当基坑边坡场地较窄时,可不加肋梁,但应加厚拱壁,如图3-6所示。

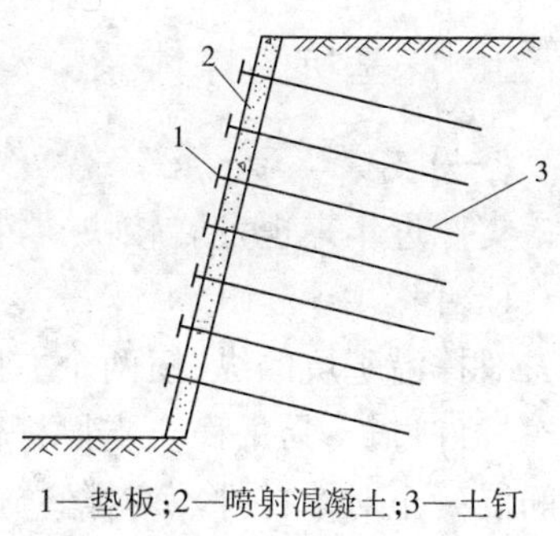

1—垫板;2—喷射混凝土;3—土钉

图3-5 土钉墙

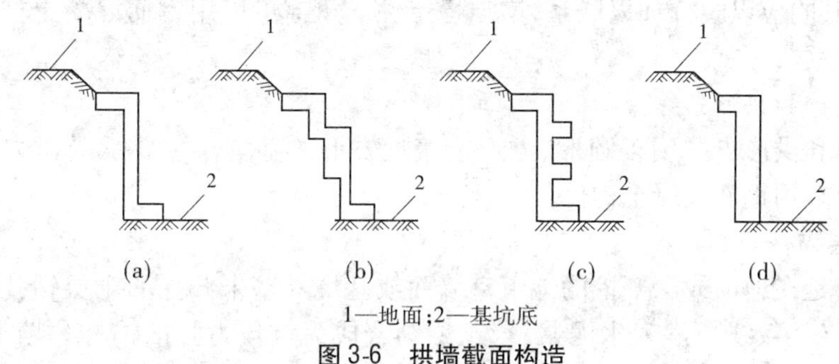

1—地面;2—基坑底

图3-6 拱墙截面构造

拱墙在垂直方向应分道施工,每道施工的高度视土层的直立高度而定,不宜超过2.5 m;水平方向施工的分段长度不应超过12 m,通过软弱土或砂土层时分段长度不宜超过8 m;施工宜连续作业,每道拱墙施工时间不宜超过36 h;上道拱墙合拢且混凝土强度达到70%以后才能进行下道拱墙施工。

(五)地下连续墙

在地面上沿着外挖工程的周边,用特制的挖槽机械,在泥浆护壁的情况下开挖一定长度的沟槽,然后将钢筋笼放入沟槽,最后用导管在充满泥浆的沟槽中浇筑混凝土。随着混凝土由沟槽底部开始逐渐向上浇筑,泥浆被置换出来。各个单元槽段用特制的接头连接,这样就形成了地下连续墙。它的特点是具有挡水、防水抗渗和承重三种功能,能适应任何地质,特别是软土地基,而对相邻地基影响甚小,可在距离很近的已有建筑物处施工。地下连续墙与逆筑法结合应用,可省去挖土后地下连续墙的内部支撑,能减少用做挡土支护结构的地下连续墙的深度,还能使上部结构及早投入施工或使道路等及早恢复使用,对深度大、地下结构层数多的深基础的施工十分有利,目前已成为深基坑的主要支护结构之一。

(六)放坡开挖

当基坑深度较浅,周围无紧邻的重要建筑且施工场地允许时,无须进行基坑支护,可采取此开挖方法。此时坑内无支撑,坑内土方机械作业面宽敞无障碍,但地下水位较高时,必须采取降低地下水位的措施。

五、深基坑支撑体系

(一)支撑

支撑近年来也发展较快,常用的支撑形式有对撑、角撑、圆形支撑和拱形支撑等。

1. 对撑

对撑沿基坑的纵、横两个方向用杆件支撑挡墙,如基坑尺寸大,还需设中间立柱,避免支撑杆件过长,易失稳。支撑杆件常用圆钢管和大规格的型钢(多为工字钢),也有采用钢筋混凝土对撑杆件。对撑宜施加预应力(在支撑杆件的一端设小型液压千斤顶),以减小挡墙的变形。

2. 角撑

角撑用于方形或接近方形的基坑四角处,以承受围檩传来的荷载。当并排设两道或多道角撑时,其间应以腹杆加以联系,增强稳定性。角撑可以用钢筋混凝土杆件、圆钢管或大规格的型钢。

3. 圆形支撑和拱形支撑

圆形支撑和拱形支撑用于圆形、方形或接近方形的基坑。主要承受压力,因而较节约。这种支撑多用钢筋混凝土构件。

(二)土层锚杆

土层锚杆是在地面或深开挖的地下室墙面或基坑立壁未开挖的土层钻孔,达一定深度后放入钢筋(钢绞线),灌入水泥浆,与土层结合成为抗拔力强的锚杆。挡土支护结构采用土层锚杆后开挖土方效率高,施工方便,但水泥及钢材用量相对较多。

(三)地面拉结

地面拉结是在挡土桩、墙上端采用水平拉结,其一端与挡土桩、墙连接,另一端与锚梁或锚桩连接。连接可用预应力或花篮螺栓拉紧,拉结长度根据土的内摩擦角及桩的入土深度计算,必须在稳定区内。适用于有场地但无土层锚杆施工设备的情况。

(四)补强护坡技术

补强护坡是以钢筋(钢绞线)插入土体为主要手段,使土体得到补强,提高整个边坡的稳定性。它是在加筋土挡墙、土层锚杆技术基础上发展起来的一种施工简单、费用节省的新技术。

六、支护结构选型

根据《建筑基坑支护技术规程》(JGJ 120—1999)的规定,各种支护结构选型条件如表3-1所示。

七、支护结构施工

(一)钢板桩施工

钢板桩是带锁口的热轧型钢,利用沉桩设备将钢板桩沉入土中,依靠钢板桩锁口相互咬口连接,形成连续的钢板桩墙,用来挡土和挡水。钢板桩具有强度高、结合紧密、不易漏水、具有一定的防水能力、施工简便、速度快、可多次重复使用等优点,但与灌注桩、地下连续墙相比，也有抗弯刚度小、开挖后挠度变形大、不利于环境保护，沉桩时有挤土、噪声和振动，拔桩时扰动土层、带土等缺点，因此需在软弱地基、地下水位较高和基坑深度较浅的条件下使用才会取得较好的效益。此外，也可与多道钢支撑配合使用，适用于较深的基坑。

表 3-1　支护结构选型

结构类型	适用条件
排桩或地下连续墙	1. 适用于基坑安全等级一、二、三级； 2. 悬臂结构在软土场地中不宜大于 5 m； 3. 当地下水位高于基坑底面时，宜采用降水、排桩加截水帷幕或地下连续墙
水泥土墙	1. 基坑侧壁安全等级宜为二、三级； 2. 水泥土桩施工范围内地基土承载力不宜大于 150 kPa； 3. 基坑深度不宜大于 6 m
土钉墙	1. 基坑侧壁安全等级宜为二、三级的非软土场地； 2. 基坑深度不宜大于 12 m； 3. 当地下水位高于基坑底面时，应采取降水措施或截水措施
逆作拱墙	1. 基坑侧壁安全等级宜为二、三级； 2. 淤泥和淤泥质土场地不宜采用； 3. 拱墙轴线的矢跨比不宜小于 1/8； 4. 基坑深度不宜大于 12 m； 5. 地下水位高于基坑底面时，应采取降水措施或截水措施
放坡	1. 基坑侧壁安全等级宜为三级； 2. 施工场地应满足放坡条件； 3. 可独立使用或与上述其他结构结合使用； 4. 当地下水位高于坡脚时，应采取降水措施

1. 钢板桩的打设

钢板桩的施工方法和预制桩施工方法基本相同。施工前应进行钢板桩检验矫正、吊运及堆放、选择沉桩设备、抄平放线。钢板桩支护施工过程为：打设、挖土、支撑（如有）、地下结构施工、支撑拆除及板桩的拔除。下面主要讲述钢板桩的打设方法。常用的打设方法有单独打入法和屏风式打入法两种。

1）单独打入法

单独打入法是从板桩墙的一角开始，逐块（或以两块为一组）打设，直至结束。这种方法桩机行走路线短，施工简便迅速，不需要其他辅助支架，但是易使板桩向一侧倾斜，且误差累积后不易纠正，因而此方法只适用于板桩墙长度较小的情况。

2)屏风式打入法

为保证钢板桩墙轴线位置的正确和桩的竖直,应控制桩的打入精度,防止板桩的屈曲变形和提高桩的贯入能力。在打设钢板桩之前,设置由水平导梁和竖向围檩桩组成的导架,也称为施工围檩。一般用单层双面导架,围檩桩的间距一般为2.5~3.5 m,双面围檩的间距一般比板桩墙厚度大8~15 mm。围檩桩不能随着钢板桩的打设而下沉或变形。导架的高度要适宜,要有利于控制钢板桩的施工高度并提高工效。

打桩时将10~20块钢板桩组成一个施工段,成排插入导架内,呈屏风状,先将屏风墙两端1~2块钢板桩严格控制其垂直度,打至设计标高或一定深度,使之成为定位板桩,然后在中间按顺序分别以1/3和1/2板桩高度呈阶梯状打入,如此逐组进行,直至结束(见图3-7)。

屏风式打入法的优点是可减小钢板桩的倾斜误差累积,防止过大倾斜,对要求闭合的板桩墙,常用此方法。其缺点是插桩的自立高度较大,要注意插桩的稳定和施工安全。

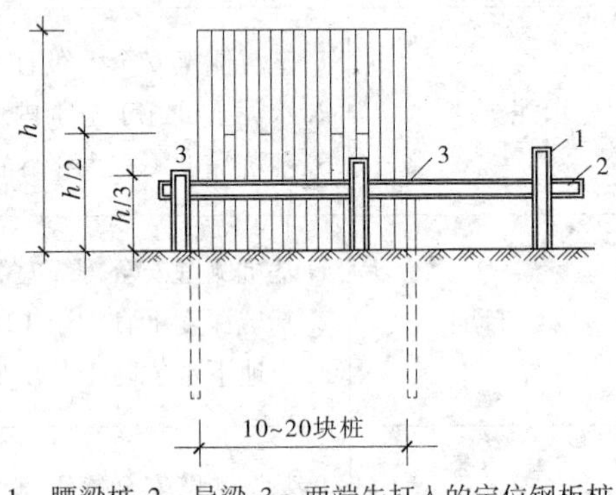

1—腰梁桩;2—导梁;3—两端先打入的定位钢板桩

图3-7 导架及屏风式打入法

2.钢板桩的转角和封闭合拢

板桩墙的设计长度有时不是钢板桩标准宽度的整数倍,或板桩墙的轴线较复杂,或钢板桩打入时倾斜且锁口部有空隙,这些都会给板桩墙的最终封闭合拢带来困难,往往要采用异形板桩法、轴线修整法等来解决。

1)异形板桩法

在板桩墙转角处为实现封闭合拢,往往要采用特殊形式的转角桩——异形板桩,如图3-8所示。它是将钢板桩从背面中心线处切开,再根据选定的断面进行组合而成的。由于该法加工质量难以保证,打入和拔出也较困难,所以应尽量避免采用。

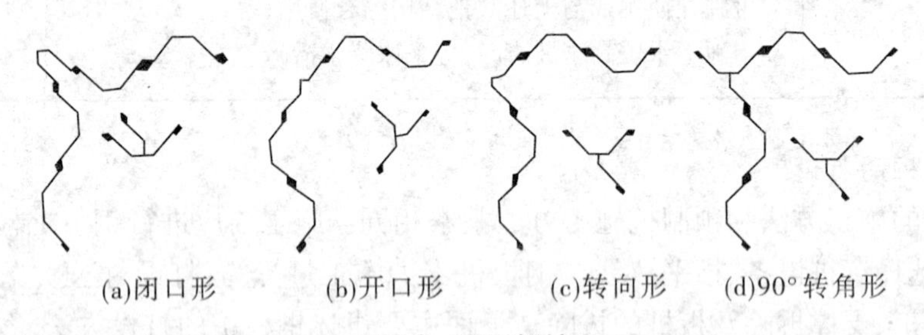

图3-8 异形板桩

2)轴线修整法

轴线修整法是通过对板桩墙闭合轴线设计长度和位置的调整,实现封闭合拢的方法,如图3-9所示。封闭合拢处最好选在短边的角部。轴线调整的具体方法如下:

(1)沿长边方向打至离转角桩约尚有8块钢板桩时暂时停止,量出至转角桩的总长度和增加的长度。

(2)在短边方向也照上述办法进行。

(3)根据长、短两边水平方向增加的长度和转角桩的尺寸,将短边方向的围檩与围檩桩分开,用千斤顶向外顶出,将轴线外移,经核对无误后再将围檩和围檩桩重新焊接固定。

(4)在长边方向的围檩内插桩,继续打设,插打到转角桩后,再转过来接着沿短边方向插打两块钢板桩。

(5)根据修正后的轴线沿短边方向继续向前插打,最后一块封闭合拢的钢板桩设在短边方向从端部算起的第三块板桩的位置处。

3. 钢板桩的拔除

在进行基坑回填土时,要拔除钢板桩,以便修整后重复使用。拔除钢板桩要研究拔除顺序、拔除时间以及桩孔处理方法。

1)拔桩顺序

对于封闭式钢板桩墙,拔桩的开始点宜离开角桩5根以上,必要时还可以用跳拔的方法间隔拔除。拔除的顺序一般与打设顺序相反。

2)拔桩方法

可先用振动锤将锁口振活,以减小拔桩的阻力,然后边振边拔。拔除钢板桩宜用振动锤或振动锤与起重机共同拔除。

3)桩孔处理

对拔桩产生的桩孔需及时回填,以减少对邻近建筑物等的影响。处理方法有振动法、挤密法和填入法。也可采用在振拔时回灌水,边振边拔并回填砂子的方法。

(二)地下连续墙施工

1. 施工工艺原理

地下连续墙施工工艺原理和泥浆护壁钻孔灌注桩施工相同,施工工艺也有许多相同之处,其施工过程为:划分单元槽段→修筑导墙→成槽机械就位→泥浆制备→槽体施工→泥浆护壁、清渣→清槽→下钢筋笼→水下浇筑混凝土成墙。

由于地下连续墙单元墙体尺寸较大、单元之间需进行连接等特点,和泥浆护壁钻孔灌注桩相比,地下连续墙又具有独特的施工内容。

2. 地下连续墙优、缺点

1)地下连续墙的优点

(1)地下连续墙刚度大,能承受较大的侧压力,在基坑开挖时变形小,因而周围地面沉降少,不会危害邻近建筑物或构筑物。如地下连续墙与锚杆配合拉结或地下结构支撑,则可抵抗更大的侧向压力,基坑亦能筑得更深。

(2)施工时振动噪声小,“公害”较少,在城市施工易于推广。

(3)防水抗渗性能好,近年来改进了地下连续墙的接头构造,提高了地下连续墙的防渗性能,除特殊情况外,施工时不需降低地下水位。

(4)将地下连续墙与逆筑法施工结合起来,以地下连续墙为基础墙,地下室梁板作支撑,地下部分可自上而下与上部建筑同时施工。将地下连续墙筑成挡土、防水及承重的墙,形成一种深基础多层地下室施工的有效方法。

2)地下连续墙的缺点

(1)施工完后对废泥浆要进行处理,管理不善时会造成现场泥泞。

(2)墙面虽可保证垂直度,但比较粗糙,尚须加工处理或作衬壁。

(3)只作挡土抗渗用则造价较高。如能挡土、防水抗渗及承重,则造价将降低。

3.地下连续墙施工前准备

1)地质勘探调查报告

地下连续墙的设计、施工和完成的工作性能,取决于地质水文条件,必须对地层、土质、水文情况作详细勘探,对地下障碍物情况等进行查勘,作出可靠的地质报告。

2)施工现场调查

对施工现场应进行详细调查,诸如附近建筑物、构筑物、管道及周围交通、槽段挖土土渣处理和废泥浆处理去向,水、电供应情况等。

3)制订施工方案

由于地下连续墙的特点,施工时应编制单项施工组织设计及施工平面布置图,其内容为:

(1)地质、水文情况与施工有关条件说明。

(2)挖掘机械等施工设备的选择。

(3)导墙设计。

(4)单元槽段划分及施工作业计划。

(5)泥浆循环利用及废泥浆处理方法。

(6)钢筋笼加工、运输及吊装的方法和计划。

(7)预埋件和地下连续墙内部结构连接施工图。

(8)泥浆配合比、泥浆循环管路布置和泥浆管理。

(9)混凝土配合比、供应方法和水下浇筑方法。

(10)供水及供电计划。

(11)平面布置应包括挖掘机的运行路线、挖掘机和混凝土浇灌机架布置、出土运输路线和堆土场地、泥浆搅拌站和循环系统、钢筋加工场地及堆放场地、混凝土搅拌站或商品混凝土运输车运行路线。

(12)安全措施、质量管理措施以及劳动力安排。

(13)工程施工进度计划。

4)现场准备

(1)按单项施工组织设计,设置临时设施,修筑导墙,安装机械设备、泥浆管路等。

(2)对泥浆进行配制及试验。

(3)场地平整清理,三通一平。

4.施工工艺流程

施工工艺流程见图3-9。

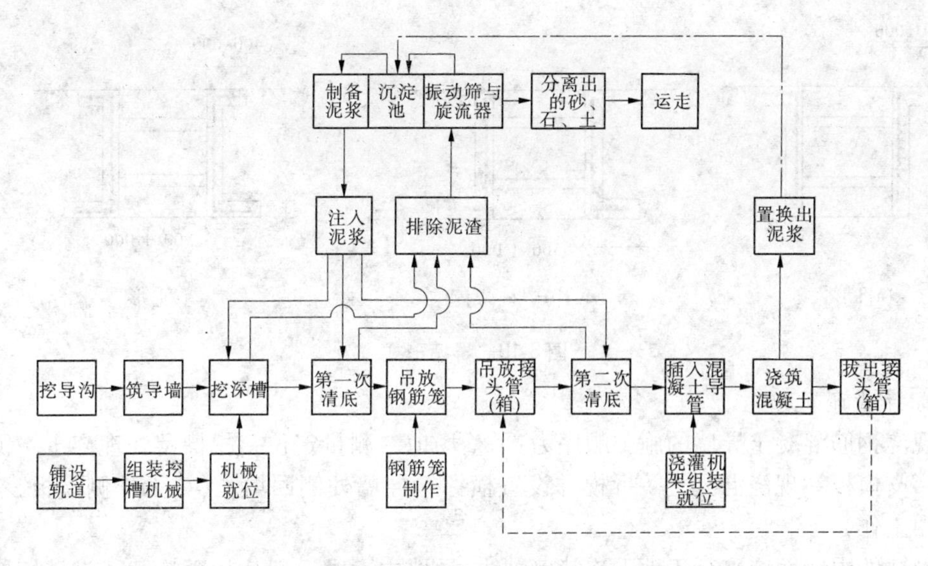

图 3-9　地下连续墙的施工工艺流程

5. 地下连续墙施工

1) 修筑导墙

在地下连续墙挖槽之前,类似于泥浆护壁钻孔灌注桩埋设护筒,应在地面修筑导墙。导墙施工是确保地下连续墙轴线位置及成槽质量的关键工序,导墙是不可缺少的临时结构,一般为现浇的钢筋混凝土结构,也有钢制的或预制钢筋混凝土装配式结构(可重复使用)。现场浇筑的钢筋混凝土导墙底部易与土层贴合,可防止泥浆流失,而预制导墙则较难做到。导墙必须有足够的强度、刚度和精度,必须满足挖槽机械的施工要求。在挖槽施工中,导墙具有非常重要的作用。

A. 导墙的作用

(1)作为测量的基准,控制地下连续墙的施工精度。导墙确定了沟槽的位置,可作为测量挖槽标高、垂直度和精度的基准。

(2)挡土作用。在挖掘地下连续墙沟槽时,接近地表的土极不稳定,容易出现槽口坍塌,此时导墙就起到挡土墙的作用。为防止导墙在土压力和水压力作用下产生位移,在导墙的内侧每隔 1 m 左右加设上下两道木支撑(其规格多为 5 cm × 10 cm 和 10 cm × 10 cm),当附近地面有较大荷载或有机械运行时,还可以在导墙中每隔 20 ~ 30 m 设一道钢闸板支撑,以防止导墙位移和变形。

(3)支撑荷载。它既是挖槽机械轨道的支撑,又是钢筋笼、接头管等搁置的支点,有时还承受其他施工设备的荷载。

(4)维持泥浆液面稳定。泥浆液面应始终保持在地下水位 1.0 m 以上,以稳定槽壁。

B. 常用导墙的断面

常用导墙断面如图 3-10 所示。图 3-10(a)多用于土质较好的土层,开挖后略作修整即可用土体做侧模板,再立另一侧模板浇混凝土;图 3-10(b)多用于土质较差的土层;图 3-10(c)也多用于土质较差的土层。

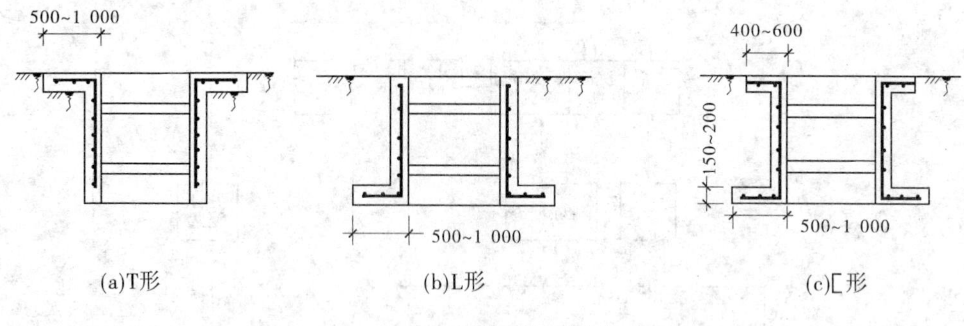

图 3-10　导墙形式

C. 导墙施工

现浇钢筋混凝土导墙的施工顺序为:平整场地→测量定位→挖槽及处理弃土→绑扎钢筋→支模板→现浇混凝土→拆模并设置横撑→导墙外侧回填土(如无外侧模板,不进行此项工作)。

导墙的内墙面应平行于地下连续墙轴线,导墙内净宽一般比地下连续墙设计墙厚大40 mm。导墙顶面应至少高出地面约100 mm,以防止地面水流入槽内污染泥浆。导墙的深度一般为1.0~2.0 m,具体深度与表层土质有关,如遇有未固结的杂填土层,导墙深度必须穿过此填土层,特别是松散的、透水性强的杂填土必须挖穿,使导墙坐落在稳定性较好的老土层上。

另外,导墙基底和土面密贴,可以防止槽内泥浆渗入导墙后面。导墙的厚度一般为150~300 mm。配筋多为12@200,水平钢筋必须连接起来,使导墙成为整体。导墙的混凝土强度等级多为C20。在导墙混凝土达到设计强度并加好支撑之前,严禁任何重型机械和运输设备在其近旁行驶,以防导墙受压变形。

2)泥浆制备

A. 泥浆的作用

在地下连续墙施工中,泥浆的作用和泥浆护壁钻孔灌注桩中泥浆的作用是一致的,具有护壁、携渣、对钻头冷却及润滑作用。

B. 泥浆的材料

组成护壁泥浆的主要材料有以下几种:

(1)黏土。黏土是制备泥浆的主要材料,一般采用酸性陶土粉。它有淡粉红色、浅白色、暗灰色三种。

(2)纯碱(Na_2CO_3)。在泥浆中加入纯碱,可除去黏土中部分钙离子,把钙质土转变为钠质土,使土颗粒水化作用加强,加速黏土分散,提高黏土的造浆率。

(3)羧甲基纤维素(CMC)。CMC溶于水,能增加泥浆黏度,使泥浆失水率下降,同时又能使泥皮质密而坚韧。除此之外,可根据需要掺入少量硝基腐殖酸碱剂(简称硝腐碱)或铁铬木质素硫酸盐。前者在泥浆中有稀释、降低失水、抗盐和钙等污染的作用,使泥浆皮薄而坚韧、失水小。后者作为稀释剂,也有抗盐、抗钙的能力,其降低黏度效果显著,同时有降水作用,在泥浆的pH值为9~10时最适宜使用。

(4)水。拌制泥浆应采用无不纯物质的自来水。一般以pH值接近中性水为好。自来水以外的水在配制以前应检测有关指标,不允许采用盐水或海水拌制泥浆。

C. 泥浆的配合比

泥浆的配合比应考虑泥浆的护壁、携渣效果和经济性,根据土的性质,通过不断地试配和修正最后确定。新拌制的泥浆配合比可参见表 3-2。

表 3-2 新拌制的泥浆配合比

序号	材料名称	规格	配合比(%)	说明
1	酸性陶土粉	粉泥	7~8	一般情况下二氧化硅含量达 68% 为佳
2	纯碱	工业用	0.3~0.4	
3	羧甲基纤维素	高黏度	0.025~0.05	
4	硝基腐殖酸碱剂	溶液	0.1	一般情况可不用
5	水	自来水	100	

D. 泥浆的质量控制指标

对一般软土地基,新拌制的泥浆质量控制指标可参见表 3-3。

表 3-3 软土地基泥浆质量控制指标

测定项目	新制泥浆	使用过的循环泥浆	试验方法
黏度	19~21 s	19~25 s	500 mL/700 mL 漏斗法
相对密度	<1.05	<1.20	泥浆密度秤
失水量	<10 mL/30 min	<20 mL/30 min	失水量仪
泥皮	<1 mm	<2.5 mm	失水量仪
稳定性	100%	—	500 mL 量筒
pH 值	接近 9	<11	pH 试纸

E. 泥浆的拌制

泥浆的拌制数量取决于单元槽段的大小、同时施工的槽段数、泥浆的各种损失和回收处理泥浆的机械能力,一般可参考类似工程的经验确定。按式(3-1)可估算出泥浆的总需要量。

$$Q = \frac{V}{n} + \frac{V}{n}\left(1 - \frac{K_1}{100}\right)(n-1) + V \times \frac{K_2}{100} \tag{3-1}$$

式中 Q——泥浆的总需要量,m^3;

V——设计总挖土量,m^3;

n——单元槽段数量;

K_1——浇筑混凝土时的泥浆回收率(%),一般为 60% ~80%;

K_2——泥浆的消耗率(%),一般为 10% ~20%,包括泥浆循环、排土、形成泥皮、漏浆等泥浆损失。

泥浆拌制设备包括储料斗螺旋输送机、磅秤、定量水箱、泥浆搅拌机、药剂储液筒等。

搅拌前应先制备药剂。纯碱液配制浓度为1∶5或1∶10。CMC液对高黏度泥浆的配制浓度为1.5%。拌制时先加水至1/3，再把CMC粉缓慢加入，然后用软轴搅拌器将大块CMC搅拌成小颗粒，继续加水搅拌。CMC配制后需静置6 h才可使用。硝腐碱液的配合比为硝基腐殖酸∶烧碱∶水＝15∶1∶300，配制时先将烧碱或烧碱液和一半左右的水在储液筒中搅拌，待烧碱全部溶解后，放入硝基腐殖酸，继续搅拌15 min。

泥浆搅拌前先将水加至搅拌筒1/3后开动搅拌机。在定量水箱不断加水的同时，加入陶土粉、纯碱液搅拌3 min后，加入CMC液及硝腐碱液继续搅拌。

一般情况下，泥浆应静置24 h后才能使用。

F. 泥浆的循环

泥浆的循环同泥浆护壁钻孔灌注桩，可分为泥浆的正循环和反循环两种。

G. 泥浆的处理

在成槽施工中，对于粉质砂土、粉细砂土，存在砂土对泥浆的污染问题。由于砂土颗粒细，悬浮在泥浆中，泥浆密度、含砂率、失水率明显增加，泥皮变厚，稳定性差。遇此情况，在加水的同时加适量CMC或加强循环处理，将砂土从泥浆中沉淀清除。

当泥浆pH值大于10.5时，则应予废弃。废弃泥浆不能直接倾倒或排入河流或下水道，必须用密封箱、真空车将其运至专用填埋场进行填埋或进行泥水分离处理。

3）槽段开挖

槽段开挖是地下连续墙施工中的重要环节，约占工期的一半，挖槽精度又决定了墙体的制作精度，所以是决定施工进度和质量的关键工序。地下连续墙施工是分单元槽段进行的。

A. 单元槽段的划分

地下连续墙施工时，预先沿墙体长度方向把地下连续墙划分为多个一定长度的施工单元，这种施工单元称为单元槽段。挖槽是按照一个个单元槽段进行挖掘的，在一个单元槽段内，挖掘机械可以挖一个或几个挖掘段。划分单元槽段，就是将各种单元槽段的形状和长度标明在墙体平面图上，它是地下连续墙施工组织中的一个重要内容。

单元槽段的最小长度不得小于一个挖掘段，即不得小于挖掘机械的挖土工作装置的一次挖土长度。从理论上讲，单元槽段愈长愈好，因为这样可以减少槽段接头数量，增加地下连续墙的整体性和截水防渗能力，并且简化施工，提高工效。但是在实际工作中，单元槽段的长度又受到诸多因素的限制，必须根据设计、施工条件进行综合考虑。一般决定单元槽段长度的因素如下：

（1）水文地质条件。当土层不稳定时，为防止槽壁倒坍，缩短挖槽时间，应减小单元槽段的长度。

（2）地面荷载。较大的地面荷载及相邻高大建（构）筑物，会增大槽壁受到的侧向压力，影响槽壁稳定性。在这种情况下，应缩短单元槽段长度，以缩短槽段开挖与暴露时间。

（3）起重机的起重能力。地下连续墙钢筋笼多为整体吊装，要根据施工单位的起重机械的起重能力，估算钢筋笼的质量及尺寸，以此推算单元槽段的长度。

（4）单位时间内混凝土的供应能力。一般情况下，一个单元槽段长度内的全部混凝土宜在4 h内浇筑完毕，所以

$$单元槽段长度(m)=\frac{4\ h内混凝土的最大供应量(m^3)}{墙宽(m)\times墙深(m)} \tag{3-2}$$

(5)工地上具备的泥浆池容积。一般情况下,泥浆池的容积应不小于每一单元槽段挖土量的2倍。

此外,划分单元槽段时尚应考虑单元槽段之间的接头位置。一般情况下,接头避免设在转角处及地下连续墙与内部结构的连接处,以保证地下连续墙有较好的整体性,如图3-11所示。单元槽段划分还与接头形式有关。单元槽段的长度多取5~7 m,但也有取10 m,甚至更长的情况。

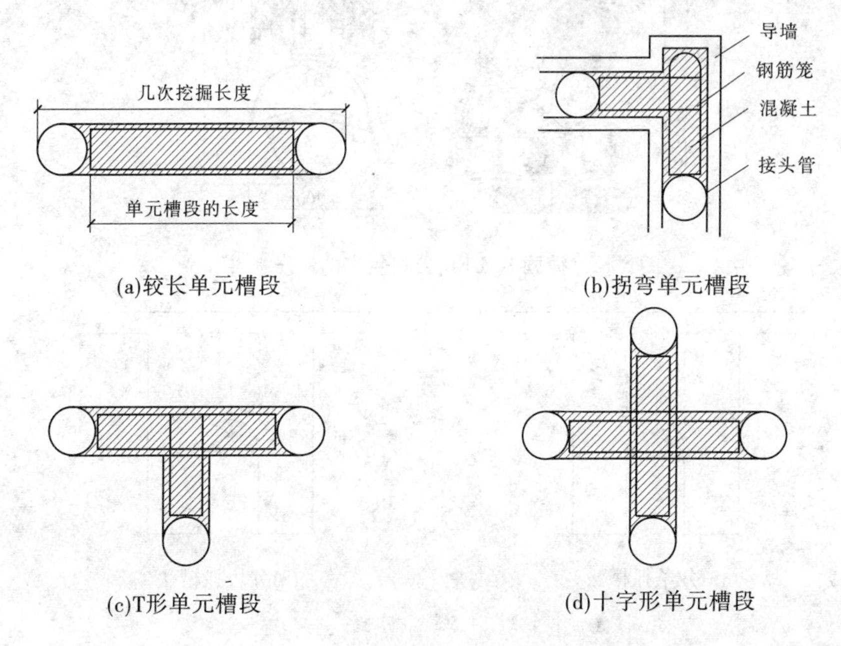

图3-11　按结构物形状划分单元槽段

B. 挖槽工艺

根据土质条件和现场情况,选择不同的成槽设备。目前国内使用的成槽机,按成槽机制可分为抓斗式、多头回转潜水钻式和排桩式三种。

(1)抓斗式成槽机。

①目前,液压蛤式抓斗成槽机应用较多。按升降方式的不同,分为导杆式和导板式(钢索提升)两种。液压抓斗可直接破碎挖土,将土渣运出槽外。代表机型有日本产KH-180型、德国产BS655型、意大利产HB240型等。一般液压导板抓斗的施工宽度为60~120 cm,挖掘深度为30~70 m。有的液压导板抓斗带有纠偏液压推板装置,成槽的垂直精度较高。图3-12为德国BAUER公司生产的液压抓斗挖掘钻机。

②采用液压导板抓斗成槽,泥浆护壁,现浇混凝土或钢筋混凝土成墙。适合于在$N\leqslant40$击的黏性土、砂土以及冲填土等软土层中挖掘成槽。挖槽方法如图3-13所示。

③当土层较硬时,为提高挖掘效率和精度,可采用"两钻一抓"的成槽工艺。即预先在每一个挖掘单元的两端用钻机钻两个直径与槽段宽度相同的垂直导孔,然后用导板抓

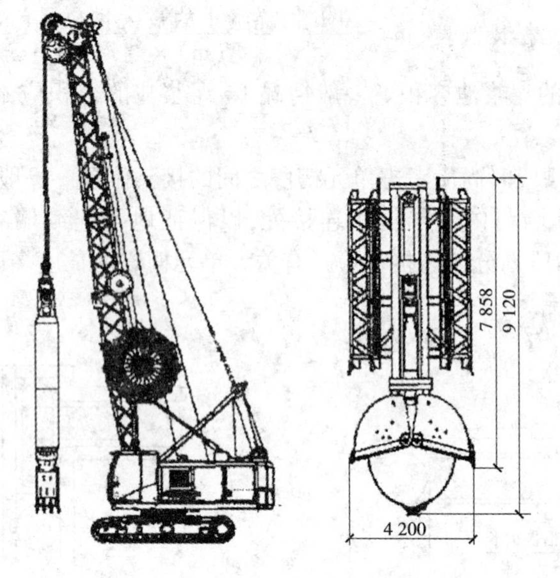

图 3-12　德国 BAUER 公司生产的液压抓斗

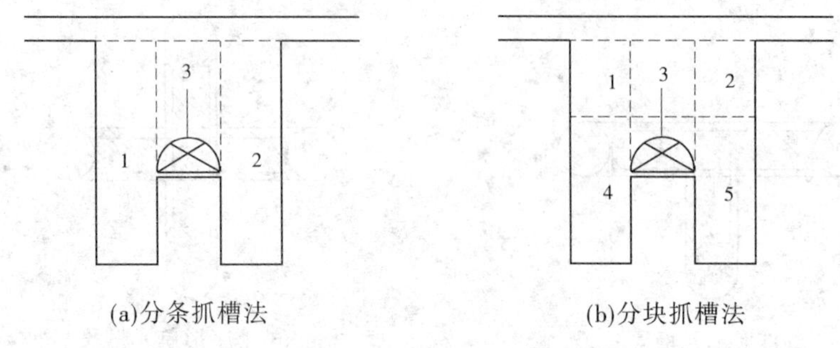

(a)分条抓槽法　　(b)分块抓槽法

1、2、3、4、5—抓槽顺序

图 3-13　抓斗挖槽方法

斗依次挖除导孔之间的土体，使之形成槽段。这是一种钻、抓结合式的成槽工艺。

(2)多头回转潜水钻式成槽机。

多头回转潜水钻式成槽机属无杆钻机(见图 3-14)，一般由组合多头钻机(由 4 ~ 5 台潜水钻机组成)、机架和底座组成。钻头采取对称布置、正反向回转，使扭矩相互抵消，旋转切削土体成槽。掘削的泥土混在泥浆中，以反循环方式排出槽外，一次下钻形成有效长度 1.3 ~ 2.0 m 的圆形掘削单元。采用专用潜水砂石泵或空气吸泥机排泥，不断地将吸泥管内泥浆排出。下钻时应使吊索处于张力状态，保持钻机头适当压力，引导机头垂直成槽。下钻速度取决于泥渣排出能力和土质硬度，应注意下钻速度均匀。一般采用吸力泵排泥时，下钻速度为 9.6 m/h，采用空气吸泥法及砂石泵排泥时，下钻速度为 5 m/h。

液压滚铣式成槽机(见图 3-15)是依据反循环原理，由液压运转的滚铣式破碎机械。这种成槽机有两个带有切削齿的铣削轮，由重型液压马达单独驱动，铣削轮本身又驱动一切削链条，以保证在整个槽宽范围内进行铣削。该液压滚铣式成槽机在铣削轮附近装有一台大功率的潜水泵，它可将土层及岩石的碎屑连同槽内的稳定液一起输送到地表，以清洗槽底并重复循环。两个铣削轮可以被独立驱动,其速度可以调节,以适应土层的变化或借此来校正墙的垂直度。液压滚铣式成槽机挖槽深度可达 100 m,并确保槽的垂直度在 2% 以下。

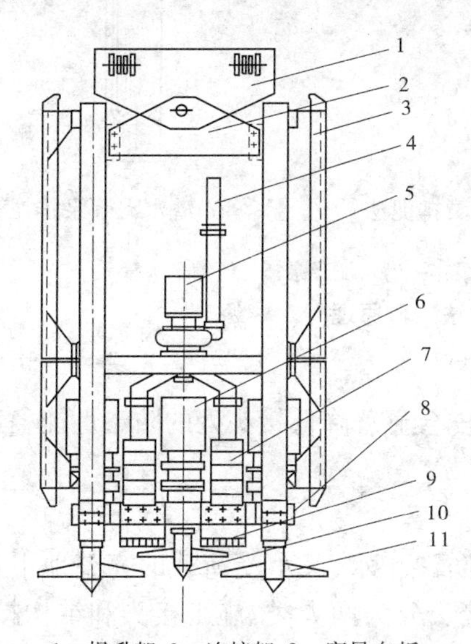

1—提升架;2—连接架;3—宽导向板;
4—5 in(1 in = 0.025 4 m)胶管;5—潜水泵;
6—潜水电机;7—配重;8—机座;
9—宽切刀;10—短钻头;11—长钻头

图 3-14 KQ950L 钻机钻具示意图

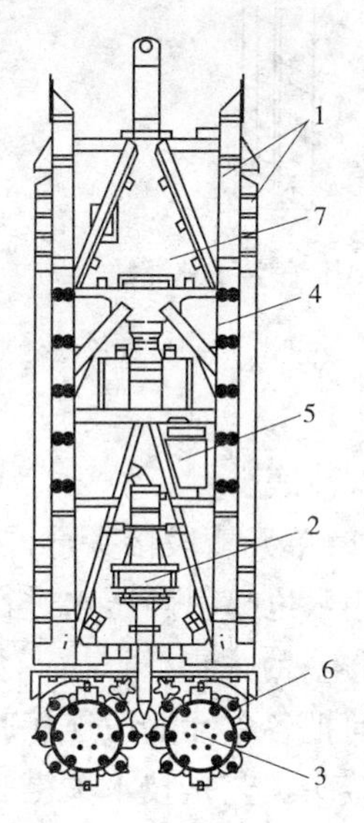

1—调整板;2—泥浆泵;3—齿轮箱;
4—机架;5—电子倾斜角度测量仪;
6—切削轮;7—配重

图 3-15 液压滚铣式成槽机

(3)排桩式成槽机。

排桩式成槽机成槽时每相隔 1 个桩孔单独成孔并浇筑混凝土,然后在两桩之间钻孔并浇筑混凝土(桩相切),完工后连成一排。成孔的设备和方法可采用传统的回转式钻机、冲击式钻机,亦可用比较先进的旋挖斗钻机。其工艺方法等可参照同类桩基施工的工艺。

C. 清槽

悬浮在泥浆中的土颗粒及未被排出的土渣都会向槽底沉淀,造成槽段内下层泥浆比重大于上层,并在槽底淤积。如不清底,残留在槽底的沉渣会使地下连续墙底部与持力层地基之间形成夹层,使地下连续墙的沉降量增大,承载力降低,削弱墙体底部的截水防渗能力,而且,沉渣混入混凝土中会使混凝土流动性下降、强度降低,因此必须认真做好清底工作,减少沉渣带来的危害。

常用的清底方法有压缩空气升液法、砂石吸力泵排泥法及潜水泥浆泵排泥法。图 3-16为其工作原理。清底后,槽内泥浆的相对密度应在 1.15 以下。沉渣厚度:对于永久结构应小于等于 100 mm,对于临时结构应小于等于 200 mm。为了给下道工序(如安装接头管、钢筋笼、浇筑混凝土)提供良好条件,确保墙体质量,应对残留在槽底的土渣、杂物进行清除。

清底一般安排在插入钢筋笼之前进行。如采取泥浆反循环法进行挖槽施工,可在挖槽后立即进行清底工作。如果清底后到混凝土浇筑前的时间间隔较长,也可在下笼后再

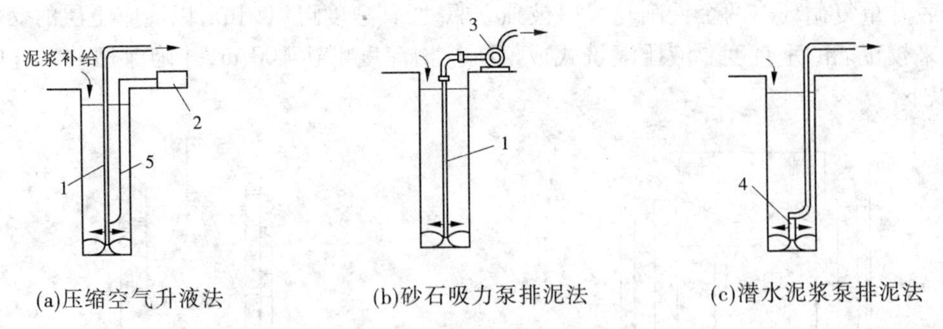

(a)压缩空气升液法　(b)砂石吸力泵排泥法　(c)潜水泥浆泵排泥法

1—导管;2—空气压缩机;3—砂石吸力泵;4—潜水泥浆泵;5—压缩空气管

图 3-16　清底方法工作原理

进行一次清底。

另外,单元槽段接头部位附着的土渣和泥皮会显著降低接头处的防渗性能,宜用刷子刷除或用水枪喷射高压水进行冲洗。

4)接头的施工

如何把各单元墙段连接起来,形成一道既防渗止水,又承受荷载的完整地下连续墙,特殊的接头工艺是技术关键。地下连续墙的接头分为两大类:施工接头和结构接头。施工接头是浇筑地下连续墙时横向连接两相邻单元墙段的接头,结构接头是已竣工的地下连续墙在水平方向与其他构件(地下连续墙和内部结构如梁、柱、墙、板等)相连接的接头。

A.施工接头

施工接头是指单元墙段间的接头。它使地下连续墙成为一道完整的连续墙体,连接部位既要防渗止水,又要承受荷载,同时便于施工。

常用的施工接头有以下几种(见图 3-17):

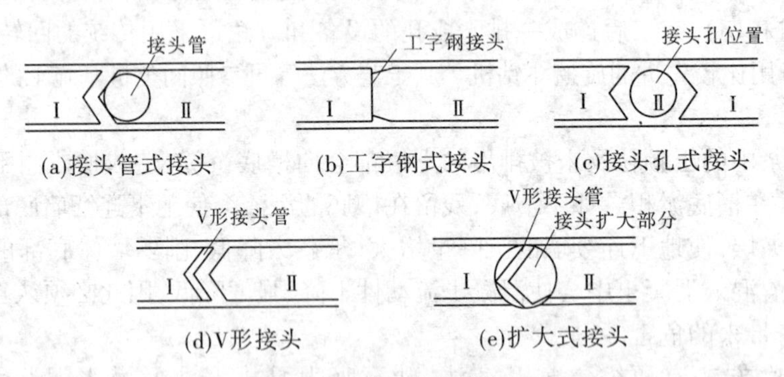

(a)接头管式接头　(b)工字钢式接头　(c)接头孔式接头

(d)V形接头　(e)扩大式接头

图 3-17　地下连续墙施工接头

(1)接头管式接头(见图 3-17(a)),又称锁口管接头。这是当前地下连续墙施工应用最多的一种。施工时,待一个单元槽段土方挖好后,于槽段端部放入接头管,然后吊放钢筋笼并浇筑混凝土,待混凝土强度达到 0.05 ~0.20 MPa 时(一般在混凝土浇筑后 3 ~5 h,视气温而定),开始用吊车或液压顶升机提拔接头管,上拔速度应与混凝土浇筑速度、混凝土强度增长速度相适应,一般为 2 ~4 m/h,应在混凝土浇筑结束后 8 h 以内将接头管全都拔出。接头管直径一般比墙厚小 50 mm,可根据需要分段接长。接头管拔出后,单元槽段的端部形成半圆形,继续施工即形成相邻两单元槽段的接头,它可以增强墙体的整体性和防渗能力,其施工过程如图 3-18 所示。接头管式接头的优点是接头刚性较大,可以承受较大的剪力,而且渗径也较长,抗渗性能较好。缺点是接头管须拔出,施工复杂,钢管的拔出时机难以掌握。

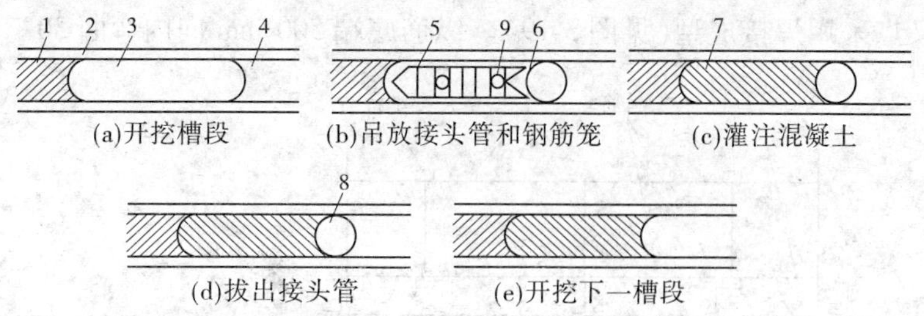

1—上一单元槽段;2—导墙;3—开挖槽段;4—未开挖槽段;5—钢筋笼;
6—接头管;7—混凝土;8—拔出接头管的孔洞;9—混凝土灌注导管

图 3-18 接头管施工过程

(2)工字钢式接头(见图 3-17(b))。优点是结构简单,施工方便,速度快。缺点是接头刚度比较小,不能承受过大的横向剪切力,而且渗径较短,抗渗性能较差。

(3)接头孔式接头(见图 3-17(c))。因接头部位独立于邻近的墙体,故接头位置刚度较小,抗剪性能差,而且两端先施工槽段的端头位置难以保证垂直。接头结构与墙体之间可能存在渗水通道,其抗渗性能在以上几种接头形式中是最差的。优点是不必采用钢材。

(4)V 形接头(见图 3-17(d))。结合了工字钢式接头和接头管式接头的优点,具有接头刚度大、抗剪能力强、渗径比较长的特点,同时具备了工字钢式接头施工速度快、施工简便的优点,是一种较好的接头形式。

(5)扩大式接头(见图 3-17(e))。在 V 形接头形式的基础上进一步扩大了接头位置的尺寸,从而加大了接头位置的刚度和渗径,进一步提高了接头位置的抗剪能力和抗渗能力。

B. 结构接头

当地下连续墙作为主体结构时,地下连续墙与内部结构的楼板、柱、梁等进行连接,为保证地下结构的整体性,必须采用钢筋进行刚性连接,钢筋的连接可以用以下方式:

(1)预埋钢筋方式。这种方式把预埋钢筋处的墙面混凝土凿掉,弯出预埋的钢筋,通过搭接方式与内部结构钢筋连接,连接钢筋直径宜小于 22 mm。

(2)预埋中继钢板方式。把预埋在钢筋笼上的钢板凿露出来,使钢板与内部结构中的钢筋连在一起,从而使地下连续墙与内部结构连成一体。

(3)预埋剪力连接件。把预埋在钢筋笼上的剪力连接件凿露出来,通过焊接的方式加以连接。施工中为保证混凝土易于流动,剪力件形状越简单越好,但承压面积要大。

除此之外,还可在墙体上预留或凿出槽孔,将预制构件插入孔洞内,填筑干硬性混凝土,使墙体与内部结构连接在一起。

5)钢筋笼的制作与吊放

A. 钢筋笼的制作

(1)钢筋材质、规格、根数应全部符合设计要求。钢筋笼加工一般在工厂平台上放样成型,以保证钢筋笼的几何尺寸和相对位置正确,外形平直规则。在制作平台上,按钢筋笼设计图纸的钢筋长度和排列间距从下到上,按横筋→纵筋→桁架→纵筋→横筋顺序铺设钢筋,交叉点采用焊接成型(见图3-19)。纵筋底端500 mm向内弯曲30°。

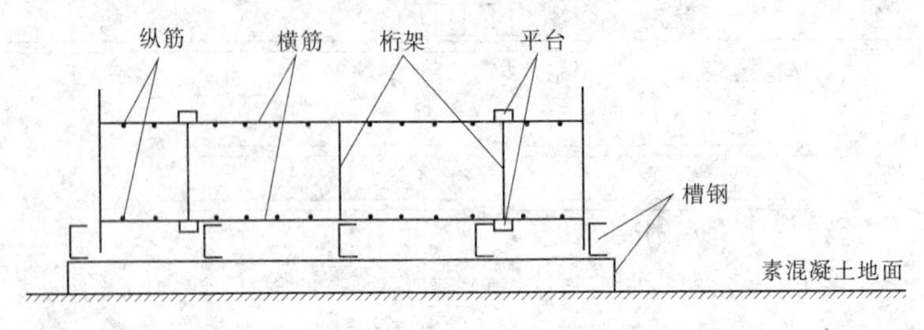

图3-19 钢筋笼制作

(2)钢筋笼的尺寸应根据单元槽段、接头形式及现场起重机能力等确定,并应在制作台模上成型。分节制作的钢筋笼,应在制作台上预先进行试装配。接头处纵向钢筋的预留搭接长度应符合设计要求,并预留插放混凝土导管的位置。

(3)钢筋笼根据地下连续墙墙体设计尺寸和单元槽段的划分制作,在墙转角处做成L形。

(4)主筋接头一般用闪光接触对焊,下端纵向钢筋宜略向内弯折一点,以防止钢筋笼吊放时损伤槽壁。

(5)制作钢筋笼时,要预先确定插入混凝土导管的位置,钢筋笼内净空尺寸应比混凝土导管连接处的外径大10 cm以上,使该部位的空间上下贯通,同时在周围增设箍筋、连接钢筋进行加固。钢筋笼纵向钢筋距槽底应留20~30 cm。

(6)为保证钢筋笼有足够刚度、吊放时不发生变形,钢筋笼除结构受力筋外,一般还设纵向钢筋挂架,与主筋平面内的水平和斜向拉筋以及闭合箍筋点焊成骨架。所有钢筋骨架皆应焊接,临时绑扎的铁丝在焊接后全部拆除,以免挂泥。

(7)主筋保护层厚度一般为7.8 cm,水平筋端部距接头管和混凝土接头面应有10~15 cm间隙。一般在主筋上焊50~60 cm高钢筋耳环或扁钢板作定位垫块。其垂直方向每隔2~5 m设一排,每排每个面不少于2块,垫块与壁面间留有2~3 cm间隔,防止吊钢筋笼时擦伤槽壁。

B. 钢筋笼吊放

(1)钢筋笼单节起吊最大长度的确定与钢筋笼的重量有关,必须综合分析并进行起吊验算后确定。

(2)钢筋笼必须有足够的刚度。一般是在钢筋笼中布设纵横向桁架(有些采用刚性接头、止水接头的钢筋笼,本身刚度较大,经验算满足后也可不设纵向桁架)。

(3)钢筋笼随着长度、宽度的不同,分别可采用6点、9点、12点、15点等多种布点起吊形式。起吊中动作必须稳、慢。

(4)为保证钢筋笼的保护层厚度和钢筋笼在吊运过程中具有足够的刚度，可采取保护层垫块、纵向钢筋桁架及主筋平面的斜向拉条等措施。

(5)钢筋笼应在清孔换浆合格后立即安装，在运输及入槽过程中，不应产生不可恢复的变形，不得强行入槽，浇筑混凝土时钢筋笼不得上浮。

C. 钢筋笼的吊装

钢筋笼吊运、安装是将钢筋笼由水平状态转成悬吊垂直状态，运输、安装在槽段内的过程，一般由两台吊车完成(见图3-20)。步骤如下：

(1)根据钢筋笼的重量、长度，选择合适的履带式吊车。主吊车能力应满足承受钢筋笼重量，能使钢筋笼由水平转为竖直，悬离地面500 mm以上，并可使钢筋笼在空中转向。

(2)选择有足够强度的横担、滑轮、钢丝绳等起吊器具。

(3)主吊车通过横担、滑轮、钢丝绳四点吊于钢筋笼顶端。副吊车通过横担、滑轮组、钢丝绳六点吊于钢筋笼中、下部。

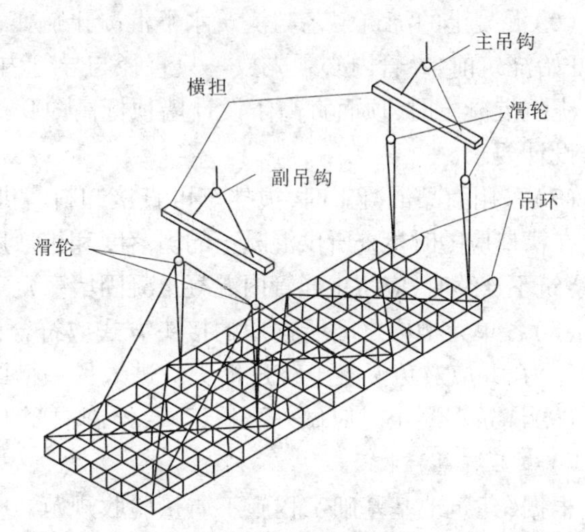

图3-20 钢筋笼起吊

(4)主、副吊车同时将钢筋笼水平吊起；离开平台后，主吊车逐步提升，副吊车在提升的同时，向主吊车平移靠近，使钢筋笼由水平状态翻转成垂直状态。待主吊车承受钢筋笼全部重量后，卸去副吊车挂钩。

(5)由主吊车将钢筋笼提离地面500 mm，负重自行运输至槽段处，调整吊车及吊臂位置，对中槽段，平稳下放。安放过程中要注意辨别钢筋笼的开挖面，即迎土面，保证安装正确。此时可卸去副吊的横担、滑轮组及钢丝绳。

(6)当主吊点接近导墙顶面时，用插杠将钢筋笼悬挂在导墙上；主吊改为笼顶吊环起吊后，继续下放。使用两根钢制方杆，用螺杆锁紧夹住吊筋。钢筋笼安装位置调整准确后，将钢筋笼安放在导墙上，卸去主吊的横担、滑轮组及钢丝绳。

6)混凝土灌注

(1)混凝土的配合比应按设计要求的强度等级，由法定资格的实验室做配合比试验，并出具报告书。水灰比不应大于0.6，水泥用量不宜少于370 kg/m^3，坍落度宜为18～22 cm，扩散度宜为34～38 cm。配制混凝土的骨料宜选用中、粗砂及粒径不大于40 mm的卵石或碎石。水泥宜采用普通硅酸盐水泥或矿渣硅酸盐水泥，可根据需要掺外加剂。

(2)永久性结构的地下连续墙，接头管和钢筋笼沉放后，应进行二次清孔，再检查沉渣厚度和泥浆密度一次，沉渣厚度及泥浆指标符合要求后，应在4 h内浇筑混凝土，超过时应重新清底。

(3)浇筑混凝土应采用导管法，槽内混凝土面上升速度不应小于2 m/h。浇筑混凝土速度宜控制在 30 ~ 35 m^3/h；导管埋入混凝土内的深度不得小于 1.5 m，亦不宜大于 6 m。在浇筑过程中，应在导墙口设置盖板，防止混凝土掉入槽内，污染槽内泥浆。混凝土浇筑不得中断，要控制在 6 h 内浇完。

(4)在单元槽段内，同时使用两根以上导管时，其间距一般不应大于 3 m，导管距槽段端部不宜大于 1.5 m。槽内混凝土应均匀上升，各导管处混凝土表面的高差不宜大于 0.3 m。

(5)导管在钢筋笼中的通道应设有导向钢筋。必须特别注意，通道内四壁的钢筋接头处必须平滑，防止在浇筑混凝土中出现导管勾住筋头的事故。

(6)混凝土的浇筑工艺与浇筑水下混凝土施工基本相同。混凝土导管的内径不宜太小，开始浇筑前，导管内必须先放一只直径与导管内径相符的球胆。首批混凝土要经过计算。浇筑混凝土时，顶面宜高于设计墙顶标高 300 ~ 500 m。凿去浮浆层后的墙顶标高应符合设计要求。

(7)采用商品混凝土时，搅拌车可直接卸料。供料应连续且满足每小时 20 m^3 的供应量。在槽口应随时检查所供混凝土的坍落度和扩散度，保证所供混凝土具有良好的和易性(在浇筑不连续时，应防止导管内混凝土凝固堵塞)。搅拌好的混凝土应在 1.5 h 内用完。

(8)各单元槽段之间所选用的接头方式应符合设计要求。接头管(箱)应能承受混凝土的压力，并应避免混凝土绕过接头管进入另一槽段。

(9)浇筑混凝土时应做好浇筑记录，绘制混凝土浇筑指示图。

7)施工质量验收

根据《建筑地基基础工程施工质量验收规范》(GB 50202—2002)规定，地下连续墙施工应符合下列要求：

(1)施工前应检验进场的钢材、焊条。已完工的导墙应检查其净空尺寸、墙面平整度与垂直度。检查泥浆用的仪器，泥浆循环系统应完好。地下连续墙宜使用商品混凝土。

(2)施工中应检查成槽的垂直度、槽底的淤积物厚度、泥浆密度、钢筋笼尺寸、浇筑导管位置、混凝土上升速度、浇筑面标高、地下墙连接面的清洁程度、混凝土的坍落度、锁口管或接头箱的拔出时间及速度等。

(3)成槽结束后应对成槽的宽度、深度及倾斜度进行检验，重要结构每段槽段都应检查，一般结构可抽查总槽段数的 20%，每槽段应抽查 1 个段面。

(4)永久性结构的地下墙，在钢筋笼沉放后，应做二次清孔，沉渣厚度应符合要求。

(5)每 50 m^3 地下墙应做 1 组试件，每槽段不得少于 1 组，在强度满足设计要求后方可开挖土方。

(6)作为永久性结构的地下连续墙，土方开挖后应进行逐段检查。

(7)地下连续墙的质量标准应符合表 3-4 的规定。

(三)水泥土挡墙施工

水泥土挡墙是由水泥土搅拌桩两两相互搭接而形成的连续墙状的加固块体，并以其自重来平衡土压力，形成重力式的挡土结构。水泥土搅拌桩的布置可采用密排布置，也可采用格栅式布置，一般以后者居多。

1. 水泥土的加固机制

水泥土加固的物理化学反应过程与混凝土的硬化机制不同。混凝土的硬化主要是水

表 3-4　地下连续墙的质量检验标准

检查项目		允许偏差或允许值	检查方法
墙体强度		设计要求	查试件记录或取芯试压
垂直度	永久结构	1/300	测声波测槽仪或成槽机上的监测系统
	临时结构	1/150	
导墙尺寸	宽度	(W+40) mm	用钢尺量,W 为地下墙设计厚度
	墙面平整度	<5 mm	用钢尺量
	导墙平面位置	±10 mm	用钢尺量
沉渣厚度	永久结构	≤100 mm	重锤测或沉积物测定仪测
	临时结构	≤200 mm	
槽深		+100 mm	重锤测
混凝土坍落度		180 ~ 220 mm	坍落度测定仪
钢筋笼尺寸		同混凝土灌注桩钢筋笼质量检验标准	
地下墙表面平整度	永久结构	<100 mm	此为均匀黏土层,松散及易塌土层由设计决定
	临时结构	<150 mm	
	插入式结构	<20 mm	
永久结构时的预埋件位置	水平向	≤10 mm	用钢尺量
	垂直向	≤20 mm	水准仪

泥在粗细填充料中进行水解和水化作用,所以凝结速度较快。而在水泥加固土中,由于水泥的掺量较小,水泥的水解和水化反应完全是在具有一定活性的介质——土的围绕下进行的,所以硬化速度缓慢且作用复杂,因此水泥加固土的强度增长缓慢,时间较长,28 d 以后,强度仍有明显增长,3 个月以后,水泥土的强度增长才减缓。

水泥土中水泥和土混合以后,发生了一系列的化学反应而逐步硬化。主要的反应有水泥的水解和水化反应、黏土颗粒与水泥水化物的作用、碳酸化作用。水泥的水解和水化反应是水泥颗粒表面的硅酸三钙、硅酸二钙、铝酸三钙等与土中的水发生水解和水化反应,生成氢氧化钙、含水硅酸钙、含水铝酸钙等化合物。当水泥的水化物生成以后,有的自身继续硬化,形成水泥石骨架,有的则与其周围具有一定活性的黏土颗粒发生反应。水泥水化物中游离的氢氧化钙能吸收水中和空气中的二氧化碳,发生碳酸化反应,生成不溶于水的碳酸钙。

2. 水泥土的性能

水泥土一般使用 32.5 MPa 普通硅酸盐水泥或矿渣水泥,水泥浆水灰比为 0.4 ~0.5,水泥掺入量:浆喷深层搅桩宜为 15% ~18%,粉喷深层搅拌桩宜为 13% ~16%。土体掺入水泥经过一系列的反应以后,形成水泥土。水泥土的容重略大于软土,比软土大 0.7% ~2.3%,含水量小于软土。无侧限抗压强度 q_u 一般为 0.5 ~4.0 MPa,抗拉强度

$\sigma = (0.15 \sim 0.2) q_u$，内聚力 $= (0.2 \sim 0.3) q_u$，内摩擦角 $\varphi = 20° \sim 30°$，变形模量 $E_{50} = (120 \sim 150) q_u$（$E_{50}$为水泥土的应力达到50%时的变形模量），渗透系数 $k = 10^{-7} \sim 10^{-6}$ cm/s。

水泥土的无侧限强度比天然软土大几十至数百倍，变形特征随强度的不同而介于脆性体与弹性体之间。

3. 影响水泥土质量的因素

影响水泥土质量的因素有水泥掺入比、龄期、土质、土的化学成分、粉煤灰、外掺剂等。

1）水泥掺入比的影响

水泥掺入比 α_w 是指掺加的水泥质量与被加固的软土质量之比，即

$$\alpha_w = \frac{\text{掺加的水泥质量}}{\text{被加固的软土质量}} \times 100\% \tag{3-3}$$

水泥土的强度随着水泥掺入比的增加而增大，低于7%的水泥掺量对土体的固化作用小，强度离散大，故一般掺量不低于7%，常选用12%～16%。

在水泥土墙设计前，一般应针对现场土层性质，通过试验提供各种配合比下的水泥土强度等性能参数，以便设计时选用合理的配合比。在有工程经验且地质条件较为简单的情况下，也可以参考类似工程的经验。

2）龄期的影响

水泥土中水泥的反应速度较慢，强度增长时间较长，28 d以后，强度仍然有明显的增长。当龄期超过3个月以后，水泥土的强度增长才减缓，因此在《建筑地基处理技术规范》（JGJ 79—2002）中用3个月龄期的强度作为水泥土的标准强度，但是基坑支护结构中，往往由于工期关系，水泥土养护不可能达到90 d，故仍用28 d强度，因此在设计中应考虑该因素。

3）土类的影响

不同的土类对水泥土的强度有很大的影响。在同样的水泥掺入比和龄期下，砂质粉土加固后的强度明显高于淤泥质黏土。

4）土的化学成分的影响

水泥土的加固效果和土体化学成分有关。一般认为，土中含有高岭石、多水高岭石、蒙脱石等黏土矿物的软土加固效果较好；含有伊利石、氯化物的黏土以及有机质含量高、pH值较低的黏土的加固效果较差。

5）粉煤灰对强度的影响

在水泥土加固时，在掺入比不变的条件下，用同量的粉煤灰代替水泥，水泥土的强度比不掺时提高10%。因此，在水泥土加固时掺入粉煤灰，不仅可以利用工业废料，还可稍稍提高水泥土的强度。

6）外加剂的影响

不同的外加剂对水泥土强度有不同的影响，可以根据工程需要选用早强、缓凝及减水等性能的外加剂。常用的外加剂有木质磺酸钙、石膏、碳酸钠等。

4. 水泥土挡墙的施工

水泥土挡墙主要由水泥搅拌桩组成。水泥搅拌桩的施工方法有两种：搅拌法成桩及

高压喷射法(旋喷法)成桩。高压喷射注浆法是以高压将水泥浆从注浆管喷射出来,喷嘴在喷射浆液时一边缓慢旋转,一边徐徐提升,高压水泥浆不断切削土体并与之混合而形成圆柱状桩体。该工艺施工简便,喷射注浆施工时只需在土层中钻一个 50 ~ 300 mm 的小孔,便可在土中喷射成直径 0.4 ~ 2 m 的加固水泥土桩,因而能在狭窄施工区域或靠近已建基础施工。但此法水泥用量大、造价高,一般当场地受限制,搅拌法无法施工时才选用此法。

搅拌法成桩又分为湿法(水泥浆搅拌)和干法(水泥干粉喷射搅拌)两种,均用机械强力将水泥与土搅拌形成水泥土桩。湿法施工时注浆量较易控制,成桩质量较为稳定,桩体均匀性好,大部分水泥土桩都采用此法,下面重点讲述湿法施工。

1)施工机械

(1)深层搅拌机。深层搅拌机是水泥土桩施工的主要机械。目前应用的有中心管喷浆和叶片喷浆两类。前者水泥浆从两根搅拌轴之间的另一根管子输出,可适用于多种固化剂;后者是使水泥浆从叶片上若干个小孔喷出,使水泥浆与土体混合均匀,适用于大直径叶片和连续搅拌,但因喷浆小孔易被堵塞,只能使用水泥浆而不能采用其他固化剂。图 3-21所示为 SJB－1 型深层搅拌机,它采用的是双轴搅拌中心输浆方式。图 3-22 所示为 GZB－600 型深层搅拌机,它采用的是单轴搅拌、叶片喷浆方式。

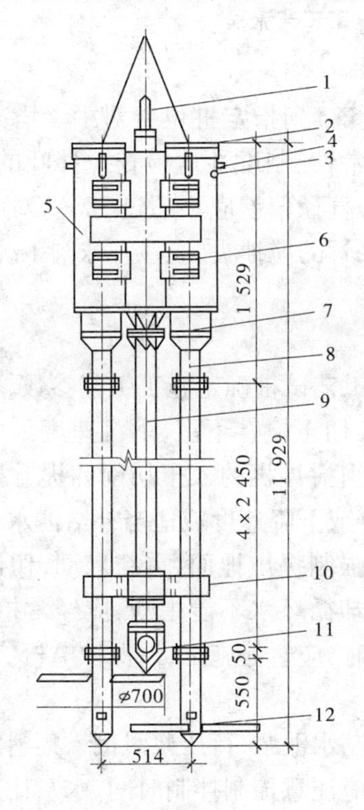

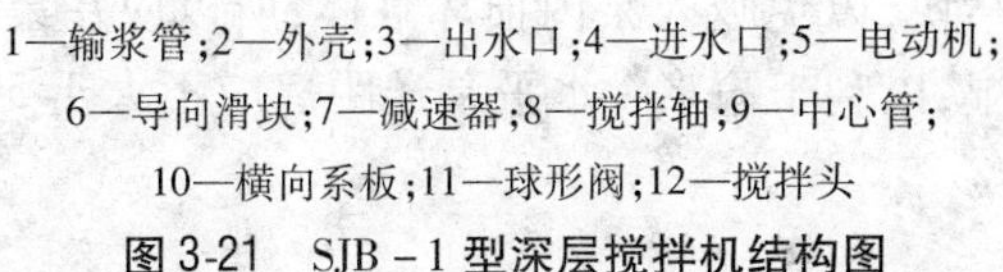
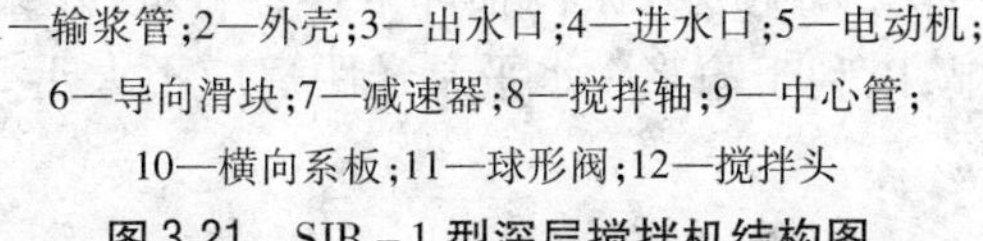
1—输浆管;2—外壳;3—出水口;4—进水口;5—电动机;
6—导向滑块;7—减速器;8—搅拌轴;9—中心管;
10—横向系板;11—球形阀;12—搅拌头

图 3-21　SJB－1 型深层搅拌机结构图

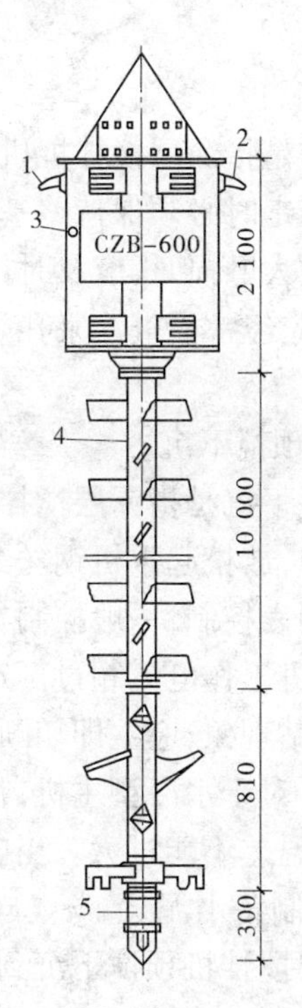

1—电缆接头;2—进水口;3—电动机;
4—搅拌轴;5—搅拌头

图 3-22　CZB－600 型深层搅拌机结构图

(2)配套机械。主要包括灰浆搅拌机、集料斗、灰浆泵。

2)施工工艺流程

深层搅拌桩施工工艺流程一般如图3-23所示。

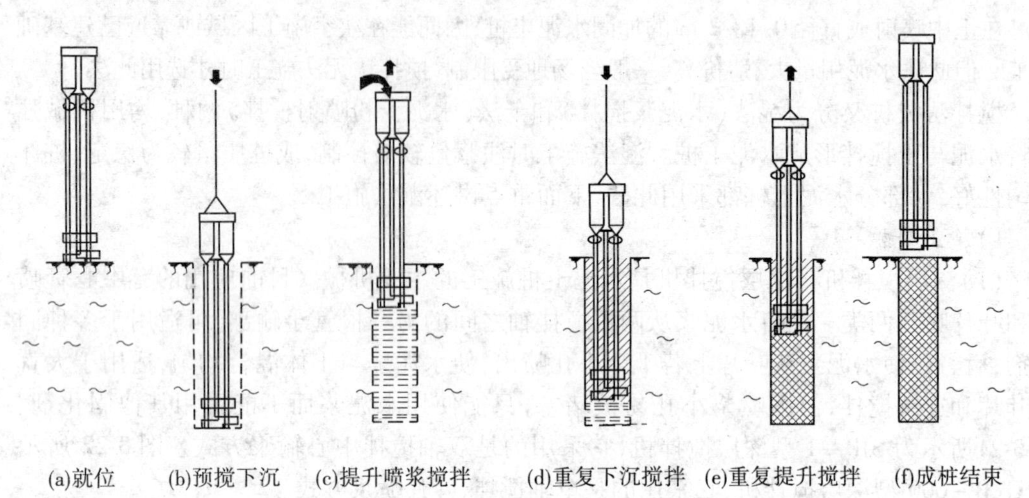

图3-23 深层搅拌桩施工工艺流程

(1)就位。

就位是指深层搅拌桩机开行(或利用起重设备)到指定桩位并对中。塔架式或桅杆式机架行走时必须保持路基平整、行走稳定。经常性、制度性地检查搅拌叶的磨损情况,当发生过大磨损时,应及时更换或修补钻头,钻头直径偏差应不超过3%。对叶片注浆式搅拌头,应经常检查注浆孔是否堵塞;对中心注浆管的搅拌头,应检查球阀工况,使其正常喷浆。

(2)预搅下沉。

预搅下沉是指深层搅拌机运转正常后,根据工艺试桩确定施工工艺参数,启动搅拌机的电动机,放松起重机钢丝绳,使搅拌机沿导向架切土搅拌下沉,下沉速度可由电动机的电流监测表控制,一般控制在0.8 m/min左右。当搅拌机的入土切削和提升搅拌负荷太大、电动机工作电流超过额定电流时,应降低提升或下降速度或适当补给清水。万一发生卡钻、停钻现象,应立即切断钻机电源,将搅拌机强制提出地面,重新启动,切记不得在土中启动。对于水冷型主机,在整个施工过程中冷却循环水不能中断,应经常检查进水、出水温度,温差不能过大。当电网电压低于350 V时,应暂停施工,以保护电机。

(3)制备水泥浆。

深层搅拌机预搅下沉到一定深度后,开始拌制水泥浆,待压浆时倒入集料斗中。水泥应采用新鲜、未受潮、无结块的合格水泥,拌制时应注意控制拌制时间、水灰比及外加剂的掺量,严格称量下料。水泥浆内不得有硬结块,以免吸入泵内损坏缸体,所以应在集料斗上部加细筛过滤。泵送前,管道应保持潮湿,以利于输浆。水平泵送距离应不大于50 m,以确保注浆压力。

(4)喷浆、搅拌、提升。

深层搅拌机下沉到设计深度后,开启灰浆泵,将水泥浆压入地基土中,此后边喷浆、边旋转、边提升,直至设计桩顶标高。此时应严格控制喷浆速率与提升速度,以确保水泥浆均匀分布,并使提升至桩顶后集料斗中的水泥浆正好排空,搅拌提升速度一般应控制在0.5 m/min,喷浆和搅拌提升速度的误差不得超过 ±0.1 m/min。当施工中发生意外,中断注浆或提升过快现象时,应立即暂停施工,重新下钻至停浆面或少浆桩段以下0.5 m 的位置,重新注浆提升,以保证桩身完整,防止断桩。

(5)重复上、下搅拌。

为使土和水泥浆搅拌均匀,可再次将搅拌机边旋转、边搅拌沉入土中,至设计深度后再提升,重复搅拌至桩顶标高,并将钻头提出地面,以便移机,对新的桩体进行施工。相邻桩体的搭接长度要符合设计要求,施工间歇时间宜小于10 h,以保证挡墙的整体性要求。

(6)清洗。

每根桩的灰浆即将压完时,应向集料斗内注入适量清水,以压送管内残留灰浆。每日完工后必须彻底清洗灰浆管路,严防水泥浆结块。灰浆泵及灰浆管路应定期拆开清洗。

(7)移位。

移位是指吊装(开行)深层搅拌桩机至新的桩位。同时重复(1)~(6)步骤,进行下一根桩的施工。

3)施工注意事项

(1)抄平放线。

抄平放线是指施工前应平整场地,并测量施工范围的自然地面标高,放出水泥土墙位置的灰线,以确定桩位。

在铺设好道轨或滚管后,应测出桩机底盘标高,以此确定搅拌桩机悬吊提升及下降的起始位置,控制桩顶、桩底的标高。若采用步履式机架,则可根据立柱底标高确定。

(2)样槽开挖。

由于水泥土墙由水泥土桩密排(格栅型)布置,桩的密度很大,施工中会出现较大的涌土现象,即在施工桩位处土体涌出高于原地面,一般会高出1/8~1/15桩长。这会给桩顶标高的控制及后期混凝土面板的施工带来麻烦。因此,在水泥土墙施工前应先在成桩施工范围开挖一定深度的样槽,样槽宽度可比水泥土墙宽增加300~500 mm,深度应根据土的密度等确定,一般可取桩长的1/10。

(3)清除障碍。

施工前应清除搅拌桩施工范围内的一切障碍,如旧建筑基础、树根、枯井等,以防止施工受阻或成桩偏斜。当清除障碍范围较大或深度较深时,应做好覆土压实工作,防止机架倾斜。清障工作可与样槽开挖同时进行。

(4)机架垂直度控制。

机架垂直度是决定成桩垂直度的关键,因此必须严格控制,垂直度偏差应控制在1%以内。

(5)试块制作。

一般情况下,每一台班应做一组试块(3块),试模尺寸为70.7 mm×70.7 mm×70.7 mm,试块水泥土可在第二次提升后的搅拌叶边提取,按规定的养护条件进行养护。

(6)成桩记录。

施工过程中必须及时做好成桩记录，不得事后补记或事前先记，成桩记录应反映真实的施工状况。成桩记录主要内容包括水泥浆配合比、供浆状况、搅拌机下沉及提升时间、注浆时间、停浆时间等。

（四）土钉墙施工

1. 土钉支护概述

土钉支护是用于土体开挖和边坡稳定的一种新的挡土技术，由于其经济、可靠且施工快速简便，已在我国得到迅速推广和应用。在基坑开挖中，土钉支护已成为继桩、墙、撑、锚支护之后又一项较为成熟的支护技术。

所谓土钉，就是置入现场原位土体中以较密间距排列的细长杆件，如钢筋或钢管等，通常还外裹水泥砂浆或水泥净浆浆体（注浆钉）。土钉的特点是沿通长与周围土体接触，以群体起作用，并与周围土体形成一个组合体，在土体发生变形的条件下，与土体接触面的黏结力或摩擦力使土钉被动受拉，并主要通过受拉给土体以约束加固或使其稳定。土钉的设置方向与土体可能发生的主拉应变方向大体一致，通常接近水平并向下呈不大的倾角。

土钉墙就是采用土钉加固基坑侧壁土体与护面等组成的结构。它不仅提高了土体整体刚度，而且弥补了土体抗拉和抗剪低的弱点，通过相互作用，土体自身结构强度的潜力得到了充分的发挥，还改变了边坡变形和破坏性状，显著提高了整体稳定性。土钉支护是以土钉和它周围加固了的土体一起作为挡土结构，类似于重力式挡土墙，是一种原位加固土的技术。

土钉墙是在土层锚杆技术和加筋土墙技术的基础上发展起来的。法国于 1972 年首次将该技术应用于凡尔赛市铁路边坡开挖工程，国外较早应用此技术的国家还有德国、美国等。1980 年，我国在山西柳湾煤矿的边坡工程中首次应用该技术，自 20 世纪 90 年代以后，国内高层建筑和基础设施建设大规模兴起，基坑开挖项目越来越多，土钉技术得到很快的发展和应用，现已有数百项工程应用了土钉支护技术。现在，除不良土层如软土和降水困难的地区外，只要存在允许设置土钉的地下空间，土钉支护已成为基坑支护的首选方案。

2. 土钉墙的构造

除土体外，土钉支护通常由土钉、面层和排水系统三部分组成。

1）土钉

最常用的土钉类型是钻孔注浆钉，即先在土中成孔，置入变形钢筋，然后沿全长注浆填孔，形成由土钉钢筋和外裹水泥砂浆（有时用细石混凝土或水泥净浆）组成的土钉体。土钉的长度宜为开挖深度的 0.5 ~ 1.2 倍，间距宜为 1 ~ 2 m，与水平面夹角宜为 5° ~ 20°。土钉钢筋宜采用Ⅱ、Ⅲ级钢筋，直径宜为 16 ~ 32 mm，钻孔直径宜为 70 ~ 120 mm，为了保证土钉钢筋处于孔的中心位置，周围有足够的浆体保护层，需沿钉长每隔 2 ~ 3 m 设置对中定位用的支架。注浆材料宜采用水泥浆或水泥砂浆，其强度等级不宜低于 M10。土钉应与面层可靠连接。钻孔注浆钉构造如图 3-24 所示。

除钻孔注浆钉外，还有将角钢、圆钢、钢管直接击入土中的击入钉、注浆击入钉、高压喷射注浆击入钉、气动射击钉等。

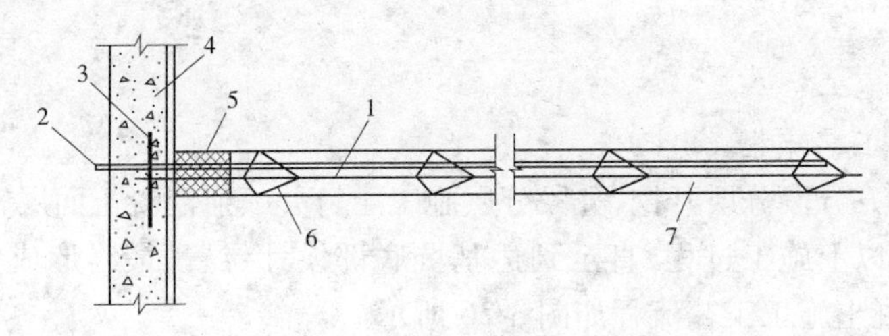

1—土钉钢筋;2—注浆排气管;3—井字钢筋(或垫板);4—喷射混凝土面层(配钢筋网);

5—止浆塞;6—土钉钢筋对中支架;7—注浆体

图 3-24 钻孔注浆钉构造

2)面层

土钉支护的面层为喷射混凝土面层,内配钢筋,墙面坡度不宜大于 1:0.1,厚度不宜小于 80 mm;当为永久性支护时,面层厚度大于 150 mm。混凝土强度等级不低于 C20,3 d 强度不低于 10 MPa。钢筋直径宜用 6 ~ 10 mm,间距宜用 150 ~ 300 mm。当面层厚度大于 120 mm 时,宜设置两层钢筋网;在土钉位置,可与土钉等间距设置水平、垂直或斜向交叉加强钢筋,其直径为 12 ~ 18 mm,加强钢筋宜采用焊接连接。

土钉端部和面层连接宜采用螺母和垫板的连接方法。当为高度不大的临时支护且无水压或重大地表压力作用时,也可将土钉伸出孔口的一端钢筋弯折,与钢筋网片上的加强钢筋焊接,或紧贴土钉钢筋侧面,沿纵向对称焊上短钢筋,再将后者与钢筋网上的加强钢筋焊接,如图 3-25 所示。在土钉和面层连接处,混凝土面层中宜设置局部钢筋网片,以增加混凝土的局部抗压能力。在混凝土面层顶部,宜在地表延续,形成混凝土护顶,以防止混凝土面层下坠变形。

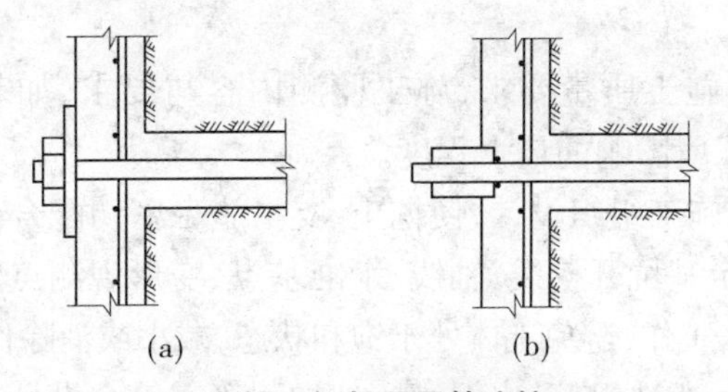

图 3-25 钉与面层的连接

喷射混凝土面层施工应做好施工缝处的钢筋网搭接和混凝土之间的连接,钢筋网搭接长度应大于 300 mm,到达支护底面以后,宜将面层插入土钉与面层的连接底面以下 300 ~ 400 mm。

3)排水系统

为防止地表水渗透对混凝土面层产生压力,降低土体强度及土体与土钉之间的界面黏结力,土钉支护必须有良好的排水系统。施工开挖前应做好地面排水,设置排水沟引走地表水,或设置不透水的混凝土地面,防止近处的地表水向下渗透;沿基坑边缘应垫高地面,防止地表水流入基坑;随着向下开挖和支护,可从上向下设置浅表排水管,即用直径为 60 ~ 100 mm、长为 300 ~ 400 mm 的短塑料管插入坡面,以便将混凝土面层背后的水排走,其间距和数量应随水量而定。在基坑底部应设排水沟和集水井,排水沟需防渗漏,并宜离开面层一定距离。

3. 土钉墙的施工

1) 土钉施工工艺流程

随着基坑土方分段分层开挖,分段分层施工土钉并喷射混凝土面层,逐步形成阶段性支护结构。重复以上施工过程,直至到达基坑底部设计位置,最终形成整体土钉支护结构,土钉喷射混凝土施工工艺流程如图 3-26 所示。

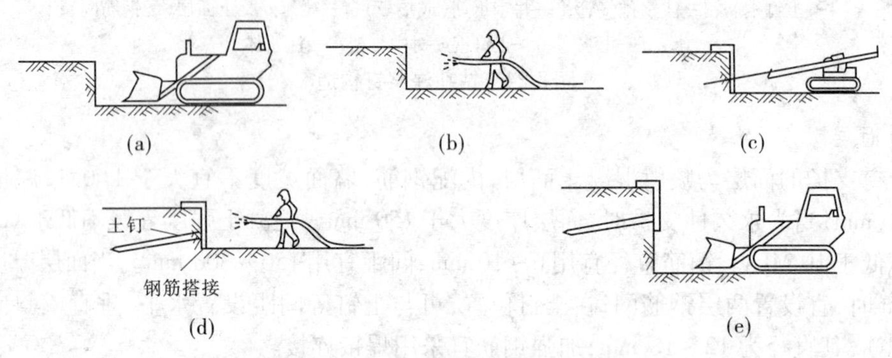

图 3-26　土钉喷射混凝土施工工艺流程

(1) 按设计要求开挖第一层土,并修正边坡。

(2) 设钢筋网,喷射第一层薄混凝土。

(3) 钻孔、插筋并注浆,安装好土钉。

(4) 土钉与面层锚固后喷射第二层混凝土。

(5) 开挖第二层土,重复以上工作。

2) 土钉施工准备

(1) 了解支护结构施工质量要求、施工监测内容与要求,如基坑支护尺寸的允许误差、最大变形、对周边环境影响的最大程度。

(2) 制定基坑支护施工组织设计,使挖土、支护施工密切配合,保证连续快速施工。

(3) 测量放线,确定基坑开挖线、轴线、水准基点、变形观测点,并妥善保护。

(4) 做好排水、降水工作,避免土体处于饱和状态,减小或消除作用于面层的静水压力。

(5) 准备施工材料,所选钢筋、水泥、砂、外加剂等需符合设计要求。

(6) 根据基坑条件、地质特点及环境状况和施工单位现有机械情况选择施工机械,主要有成孔机械、注浆泵、混凝土喷射机、空压机等。成孔机械要保证在钻进和抽出过程中不塌孔,其他施工机械应满足施工要求。

3) 土钉墙具体施工措施

A. 开挖工作面,修整边坡

基坑开挖应按设计要求分段、分层进行。分层开挖深度主要取决于暴露坡面的自立能力,一次开挖高度宜为 0.5 ~ 2.0 m。考虑到土钉施工设备,开挖宽度至少要 6 m,开挖长度取决于交叉施工期间能保护坡面稳定的坡面面积。

开挖基坑时,应最大限度地减少对支护土层的扰动。在机械开挖后,应辅以人工修整坡面,坡面平整度应达到设计要求。对松散或干燥的无黏性土,尤其是受到外来振动时,应先进行灌浆处理。

B. 设置土钉

开挖出工作面后，就可在工作面上进行土钉施工。

(1)成孔。根据土层条件以及具体的设计要求，选择合理的钻机与机具。土钉施工机具可采用地质钻机、螺旋钻以及洛阳铲等。

成孔质量标准：①孔位偏差不超过 ±100 mm；②孔深误差不超过 ±5 mm；③孔径误差不超过 ±5 mm；④倾斜度偏差不大于 5%；⑤土钉钢筋保护层厚度不小于 25 mm。

(2)清孔。采用 0.5 ~ 0.6 MPa 压缩空气将孔内残渣消除干净。孔内土层的湿度较低时，常采用润孔花管，由孔底向孔口方向逐步湿润孔壁。润孔花管内喷出的水压不应超过 0.15 MPa。

(3)置筋。清孔完毕后，应及时安放钢杆件，以防塌孔。钢杆件一般采用Ⅱ级螺纹钢筋或Ⅳ级精轧螺纹钢筋，钢筋尾部设置弯钩。为保证土钉钢筋的保护层厚度，应设定位器，使钢筋位置居中。另外，土钉钢拉杆使用前要保证平直，并进行除锈、除油。

(4)注浆。注浆是保证土钉与周围土体紧密结合的一个关键工序。注浆前，在钻孔孔口设置止浆塞(见图 3-27)，并旋紧，使其与孔壁贴紧。由注浆孔插入注浆管，使其距孔底 0.5 ~ 1.0 m。注浆管与注浆泵连接后，开动注浆泵，边注浆边向孔口方向拔管，直到注满。放松止浆塞，将注浆管与止浆塞拔出，用黏性土或水泥砂浆充填孔口。

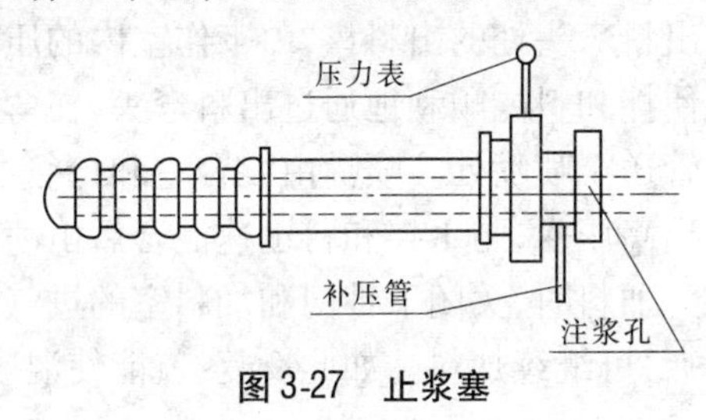

图 3-27　止浆塞

注浆压力应保持在 0.4 ~ 0.6 MPa，当压力不足时，从补压管口补充压力。

注浆材料宜用 1∶0.5 的水泥净浆或水泥砂浆。水泥砂浆配合比宜为 1∶1 ~ 1∶2(质量比)，水灰比控制在 0.4 ~ 0.45。

注浆过程中因故停工超过 30 min 时，应用水或稀水泥浆润滑注浆泵及其管路。

为防止水泥砂浆(细石混凝土)在硬化过程中产生干缩裂缝，提高其防腐性能，保证浆体与周围土壁的紧密结合，可掺入一定量的膨胀剂(具体掺入量由试验确定)，以满足补偿收缩为准。

C. 绑扎钢筋网

钢筋网宜采用Ⅰ级钢筋，钢筋直径 6 ~ 10 mm，钢筋网间距 150 ~ 300 mm。钢筋网应与土钉和横向联系钢筋绑扎牢固，并且在喷射混凝土时不得晃动。

钢筋网与坡面间要留有一定的间隙(宜为 30 mm)。如果采用双层钢筋网，第二层钢筋网应在第一层被埋没后铺设。

D. 喷射混凝土

喷射混凝土面层厚度一般为 80 ~ 200 mm，常用的厚度为 100 mm。第一次喷射混凝土厚度一般为 40 ~ 70 mm，第二次喷射到设计厚度。喷射混凝土强度等级不宜低于 C20。

(1)喷射混凝土的施工机具。

喷射混凝土的施工机具包括混凝土喷射机、空压机、搅拌机和供水设施等。

对各施工机具的要求如下：

①混凝土喷射机应满足：密封性能良好；输料连续、均匀；生产能力（干混合料）为 3～5 m^3/h；允许输送的骨料最大粒径为 25 mm；输送距离（干混合料）水平方向不小于 100 m，垂直方向不小于 30 m。

②选用的空压机应满足喷射机工作风压和耗风量的要求，其中耗风量一般不小于 9 m^3/min，工作风压根据输料管径、输送距离、耗风量及生产能力选择，一般不小于 0.35 MPa。

③混合料的搅拌宜采用强制式搅拌机。

④输料管应能承受 0.8 MPa 以上的压力，并应有良好的耐磨性能。

⑤供水设施应保持喷头处的水压大于 0.2 MPa。

常用的双罐式混凝土喷射机如图 3-28 所示，其工作原理是：通过加料斗向加料室加料后，关闭上钟门和加料室的排气阀门，打开加料室的进气阀门，材料自重使下钟门自动升启，拌和料落入工作室中。在此，由安装在减速器竖轴上的喂料盘将拌和料均匀地带出至出料弯头处的出料口，由工作室内的压缩空气经出料弯头将拌和料压送至输料器。为了使拌和料能顺利地通过出料弯头，在弯头处再加一个吹管，利用压缩空气将拌和料经输送管送至喷嘴处。喷嘴由混合室和枪管（拢料管）组成，混合室内壁有环状小孔，由小孔射出高压水，与干拌和料迅速混合后由喷嘴高速喷出。

加料时，关闭下钟门和加料室的进气阀，同时打开加料室的排气阀门，上钟门则自动开启，可继续加料。如此反复，就能使混凝土喷射机连续工作。

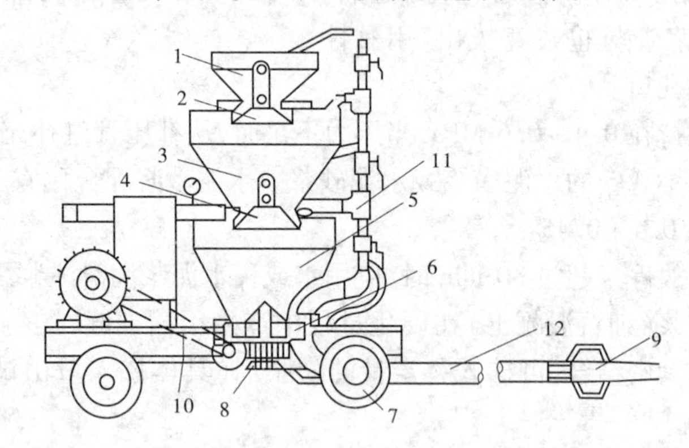

1—加料斗；2—上钟门；3—加料室；4—下钟门；5—工作室；6—喂料盘；
7—出料盘；8—减速箱；9—喷嘴；10—传动装置；11—通气管路；12—输料管

图 3-28 双罐式混凝土喷射机

该混凝土喷射机的优点是结构简单，生产可靠，性能好，经久耐用。缺点为体积较大，易产生反风，粉尘大。

（2）喷射温凝土的主要原材料及配合比。

①水泥：喷射混凝土大多掺有速凝剂，以缩短混凝土的初凝和终凝时间。因此，要注意水泥与速凝剂的相容性问题。水泥选择不当，可能造成急凝或缓凝、初凝与终凝间隔时间长等不利因素而增大回弹量，对喷射混凝土强度的增长产生影响。一般宜选用下列水泥：

a. 硅酸盐水泥和普通硅酸盐水泥，宜选用不低于 42.5 号的硅酸盐水泥和普通硅酸盐水泥。

b. 矿渣硅酸盐水泥,使用前宜进行速凝剂的相容性试验,它不宜用于渗水的基坑。

c. 喷射水泥(亦称速凝水泥),是一种不用掺加速凝剂就能用于喷射混凝土的水泥。

d. 双快水泥(亦称控凝水泥),具有速凝快硬作用,是硅酸盐水泥的新发展,在制造过程中加入了1% ~2%的氟石(氟化钙);使用双快水泥还必须辅以硬化剂和速凝剂,且水温必须保持在38 ℃左右。

e. 超早强水泥,为硫铝酸盐水泥。初凝时间为10 min ~1 h,终凝时间为15 min ~1.5 h。

②砂:宜用细度模数大于2.5的坚硬中、粗砂,或者用平均粒径为0.35 ~0.50 mm的粗砂,或平均粒径大于0.50 mm的粗砂,其中粒径小于0.075 mm的颗粒不应超过20%,否则会影响水泥与骨料表面的良好黏结。最好用天然石英,不宜用细砂,因为细砂能增大喷射混凝土的收缩。

③石子:一般采用卵石和碎石,以卵石为佳(由于卵石表面光滑,便于输送,可减少堵管)。

石子的最大粒径宜不大于输料管道最小断面直径的1/3 ~2/5。

石子中的杂质,硫化物(折算成SO_3)按质量不大于1%,片状颗粒不大于15%,石粉对碎石之比不大于2%。

④水:喷射混凝土制备的用水与普通混凝土相同。

⑤外加剂:常用外加剂有速凝剂、减水剂和早强剂等。速凝剂应符合以下条件:初凝在3 min以内,终凝在12 min以内,8 h后的强度不小于0.3 MPa,28 d强度不应低于不加速凝剂的试件强度的70%。

(3)喷射混凝土配合比及拌制。

混合料的配合比及拌制应满足下列要求:

①水泥与砂石的质量比宜为1:4 ~1:4.5,含砂率宜为45% ~55%,水灰比宜为0.4 ~0.45。

②原材料称量允许偏差:水泥和速凝剂均为±2%,砂、石均为±3%。

③采用容量小于400 L的强制式搅拌机,搅拌时间不少于1 min;采用自落式搅拌机时,搅拌时间不少于2 min,掺有外加剂时,搅拌时间适当延长。

④混合料宜随拌随用,不掺速凝剂时,存放时间不超过2 h;掺速凝剂时,存放时间不应超过20 min。

(4)主要施工作业参数。

①工作空风压:喷射混凝土是以压缩空气作为动力的,故压缩空气的风压值直接影响混凝土的回弹量。当风压适宜时,粗骨料所获取的动能在克服了空气阻力之后,恰好与冲入阻力相适应,这时的回弹量最少,喷射混凝土层的质量最好。风压不足或过量,都会造成回弹量的增加。中国建筑科学研究院发现双罐式喷射机的风压与水平距离之间存在如下的关系:

$$P_{a1} = 0.001\ l_h \tag{3-4}$$

$$P_{a2} = 0.1 + 0.001\ 3\ l_h \tag{3-5}$$

式中　P_{a1}——空载风压,MPa;

P_{a2}——工作风压，MPa；

l_h——输料管长度，m。

②水压：为保证水从环隙射出时能充分湿润瞬间通过喷头的拌和料，水压应比风压大0.1 MPa左右。在工程实践中，供水压力一般大于0.2 MPa。

③水灰比和喷头与受喷面的距离及倾角：一般的，水灰比介于0.38～0.45时，喷射混凝土的强度高且回弹率低。

当工作风压一定时，喷头距受喷面太近将引起回弹率剧增；若距离太远，则嵌固无力，骨料大量回落。如果喷头与受喷面距离适宜，可使回弹率达到最小并获得较高的强度。一般以0.6～1.0 m为宜。当喷头与受喷面垂直时，回弹率最低。

(5)喷射作业要求。

喷射作业应满足以下规定：

①喷射作业前，应对机械设备、风、水管路和电线进行全面的检查及试运转，清理受喷面，埋设控制混凝土厚度的标志。

②喷射作业开始时，应先送风，后开机，再给料；应待骨料喷完后，再关风。

③喷射作业应分段、分片依次进行，同一分段内喷射顺序由上而下进行，以免新喷的混凝土层被水冲坏。

④喷射时，喷头应与受喷面垂直，并保持0.6～1.0 m的距离。

⑤喷射混凝土的回弹率不应大于15%。

⑥喷射混凝土终凝2 h后，应喷水养护。养护时间一般工程不少于7 d，重要工程不少于14 d。

4)土钉支护结构的监测

土钉支护结构的监测项目可参照表3-5。

表3-5　土钉支护结构的监测项目

监测项目		监测仪器
应测项目	坡顶水平位移	经纬仪
	坡顶沉降	水平仪
选测项目	土钉应力	钢筋计、应变仪
	墙体位移	测斜仪
	喷层钢筋应力	应变计
	土压力	土压力盒

在监测期间对监测数据应进行及时处理，达到信息化施工的目的。

(五)钢支撑与钢筋混凝土支撑施工

深基坑支护结构的内支撑主要分为钢支撑与钢筋混凝土支撑等。

钢支撑适用于各种支护墙体，如钢板桩、预制混凝土板桩、灌注桩排桩、地下连续墙等。

钢支撑的优点是安装和拆除速度快，能尽早发挥支撑作用，减小围护墙因时间效应增加的变形；可以重复利用，便于专业化施工；可以施加预紧力，并根据需要加以调整，以限制围护墙变形发展。其缺点是整体刚度相对较弱，支撑的间距相对较小；由于在两个方向施加预紧力，纵、横向支撑的连接处处于铰接状态。

钢筋混凝土支撑是随着挖土的加深，根据设计规定的位置现场支模浇筑的支撑，其优点是构件形状多样，可采用直线、曲线构件；可根据基坑平面形状浇筑成最优化的布置形式；可方便地变化构件截面和配筋，以适应其内力的变化；支撑整体刚度大，围护墙变形小，安全可靠。其缺点是支撑成型时间长，发挥作用慢，围护墙因时间效应而产生的变形增大；不能重复利用；拆除相对困难。

钢筋混凝土支撑在我国软土地区和沿海一带应用较广，但从支撑的发展看，应完善和推广使用钢支撑，使钢支撑施工实现标准化、工具化、专业化。

内支撑体系包括围檩、支撑和立柱。围檩固定在围护墙上，将围护墙承受的侧压力传给支撑（纵、横两个方向）。支撑为受压构件，较长时（一般超过 15 m）稳定性不好，中间需加设立柱。立柱下端应固定在支承桩上。图 3-29 所示为对撑式内支撑。

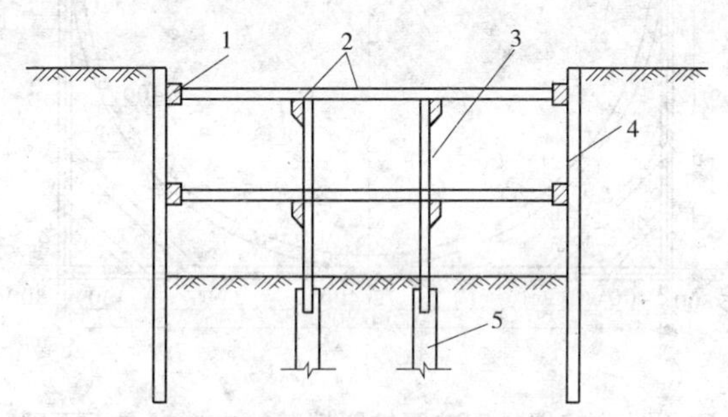

1—围檩；2—支撑；3—立柱；4—围护墙；5—工程桩（临时桩）

图 3-29　对撑式内支撑

1. 支撑系统布置

支护结构的支撑在平面上的布置形式如图 3-30 所示，有角撑、对撑、桁架式、框架式、环形等，有时在同一基坑中混合使用多种布置形式，如环梁加边桁（框）架、对撑加角撑、环梁加角撑等，主要是根据基坑平面形状和尺寸设置最适合的支撑。

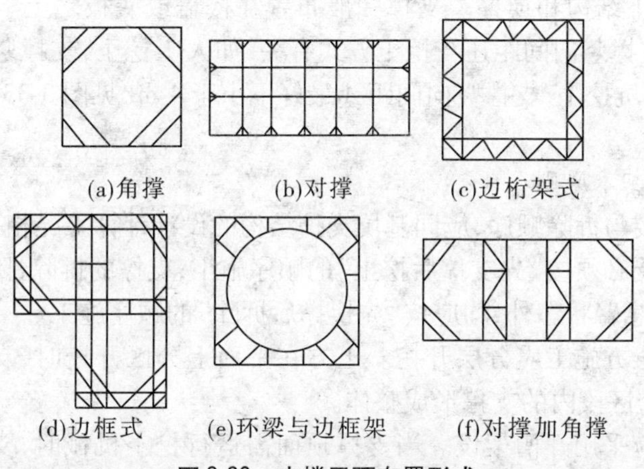

图 3-30　支撑平面布置形式

为使支撑可靠,受力合理,便于控制变形,并能在基坑中间提供较大的空间,方便挖土作业,一般情况下对平面形状接近于方形且尺寸不大的基坑,宜采用角撑;平面形状接近方形但尺寸较大的基坑,宜采用环形、桁架式、边框架式支撑,如图 3-31 所示的深圳益田花园综合楼基坑支撑;长方形的基坑,宜采用对撑或对撑加角撑的形式,如图 3-32 所示上海汽车工业大厦基坑支撑布置即采用此种形式。

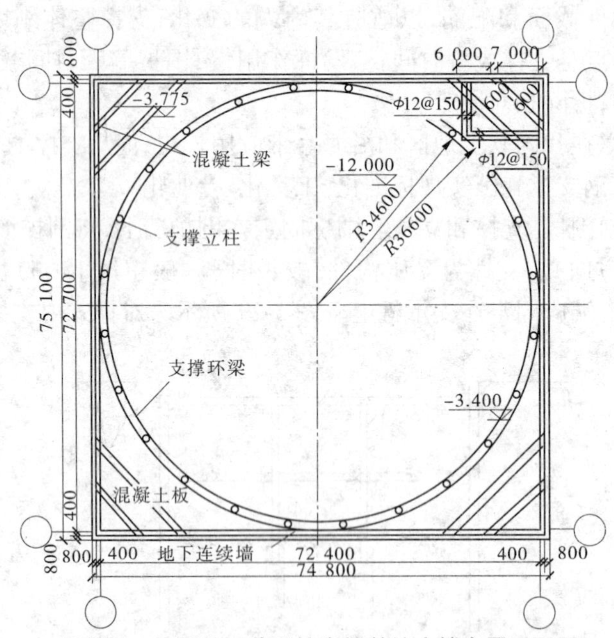

图 3-31　深圳益田花园综合楼基坑支撑布置平面图

钢支撑多为角撑、对撑等直线杆件的支撑。钢筋混凝土支撑为现场浇筑,直线、曲线及各种形式的支撑皆便于施工。

支护结构的支撑在竖向的布置,主要取决于基坑深度、围护墙种类、挖土方式、地下结构各层楼盖和底板的位置等。支撑层数与基坑深度有关,为使围护墙不产生过大的弯矩和变形,基坑深度愈大,则支撑层数愈多。支撑设置的标高要避开地下结构楼盖的位置,以便于支模浇筑地下结构和换撑。支撑一般布置在楼盖或底板之上。其净距离 B 最好不小于 600 mm。支撑竖向间距还与挖土方式有关,如人工挖土,支撑竖向间距 A 不宜小于 3 m;如挖土机下坑挖土,支撑竖向间距 A 最好不小于 4 m(见图 3-33)。

2. 支撑施工

1) 支撑施工的基本原则

(1) 支撑的安装与拆除顺序,应同基坑支护结构的设计计算工况相一致。

(2) 支撑的安装必须按“先支撑后挖土”的顺序施工;支撑的拆除,除最上一道支撑拆除后设计允许处于悬臂状态外,均应按“先换撑后拆除”的顺序施工。

(3) 基坑竖向土方施工应分层开挖。土方在平面上分区开挖时,支撑应随开挖进度分区安装,并使一个区段内的支撑形成整体。

(4) 支撑安装应采用开槽架设。当支撑顶面需运行挖土机械时,支撑顶面的安装标高宜低于坑内土面 200 ~ 300 mm,支撑与基坑挖土之间的空隙应用粗砂回填,并在挖土机

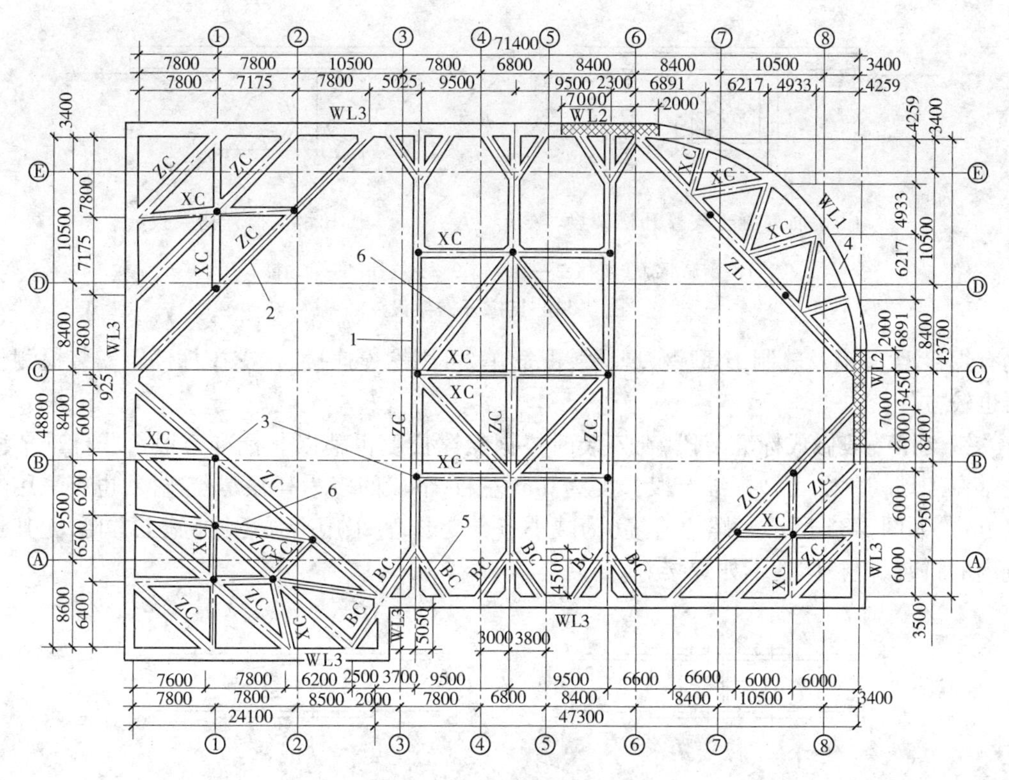

1—对撑;2—角撑;3—立柱;4—拱形支撑;5—八字撑;6—连系杆

图 3-32　上海汽车工业大厦基坑支撑布置平面图

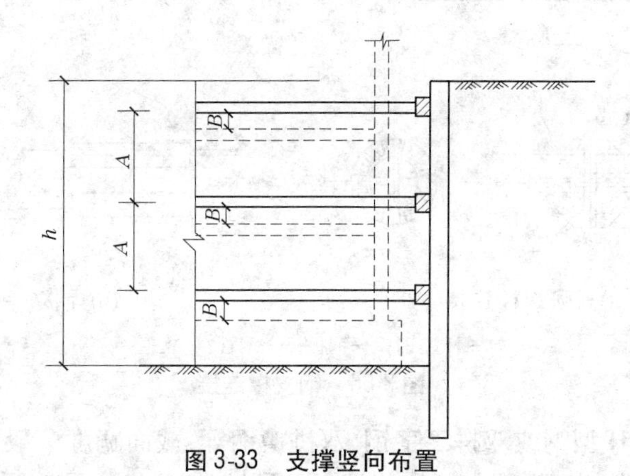

图 3-33　支撑竖向布置

及土方车辆的通道处架设路基箱。见图 3-34。

(5)立柱穿过主体结构底板以及支撑结构穿越土体结构地下室外墙的部位,必须采用可靠的止水构造措施。

2)钢支撑施工

钢支撑常用形式主要有钢管支撑和 H 型钢支撑两种。钢管支撑有ϕ609 mm×16 mm、ϕ609 mm×14 mm、ϕ580 mm×14 mm、ϕ580 mm×12 mm 及直径较小的ϕ406 mm 钢管等,其单根支撑承载力较大,但安装与连接施工要求高,现场拼装尺寸不易精确。H 型

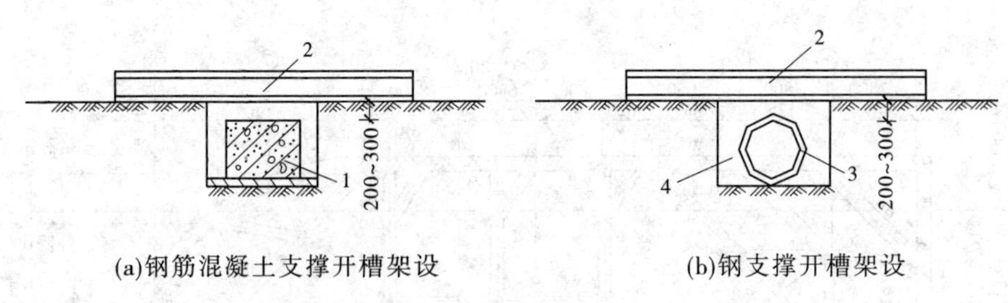

1—钢筋混凝土支撑;2—路基箱;3—钢支撑;4—回填砂

图 3-34　支撑开槽架设

钢有焊接 H 型钢及轧制 H 型钢,现场装配简单,可用螺栓连接,在支撑杆件上安装检测仪器也较方便。

钢支撑一般做成标准节段,在安装时根据支撑长度再辅以非标准节段。非标准节段通常在工地切割加工。标准节段长度为 6 m 左右,节段间多为高强螺栓连接,也有采用焊接方式,如图 3-35 所示。螺栓连接(为减小节点变形,宜采用高强螺栓)施工方便,尤其是坑内的拼装,但整体性不如焊接好。

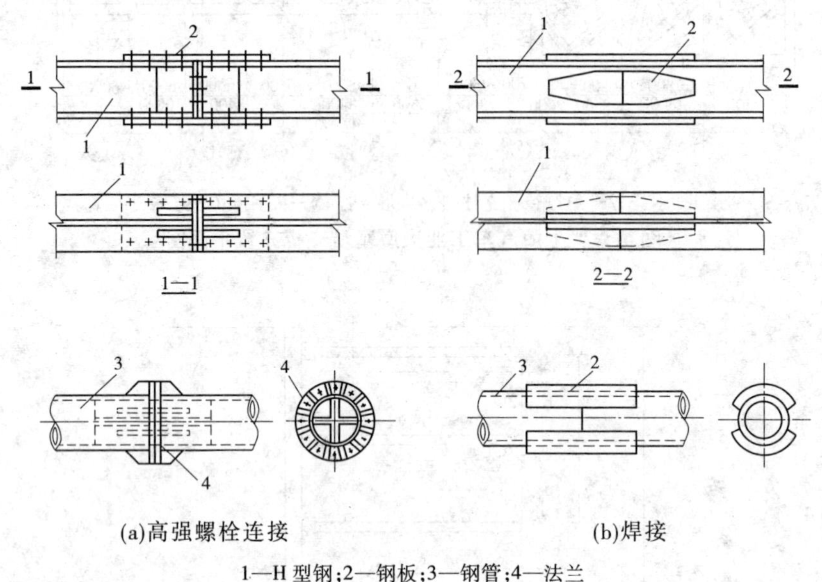

1—H 型钢;2—钢板;3—钢管;4—法兰

图 3-35　钢支撑连接

钢围檩多采用 H 型钢或双拼工字钢、双拼槽钢等,截面宽度一般不小于 300 mm。可通过设置于支护墙上的钢牛腿与墙体连接,或通过墙体伸出的吊筋予以固定,围檩与墙体间的空隙用细石混凝土填塞,见图 3-36。

支撑立柱通常采用格构式钢柱,以利于底板基础钢筋通过。立柱一般支承在专用灌注桩上,见图 3-37。在条件允许的情况下可直接支承在工程桩上。立柱间距应根据支撑的稳定及竖向荷载大小确定,但一般不大于 15 m,其截面及插入深度应按计算确定。立柱穿过基础底板时应采用止水构造措施。

钢支撑安装工艺流程是:在基坑四周支护墙上弹出围檩轴线位置与标高基准线→在

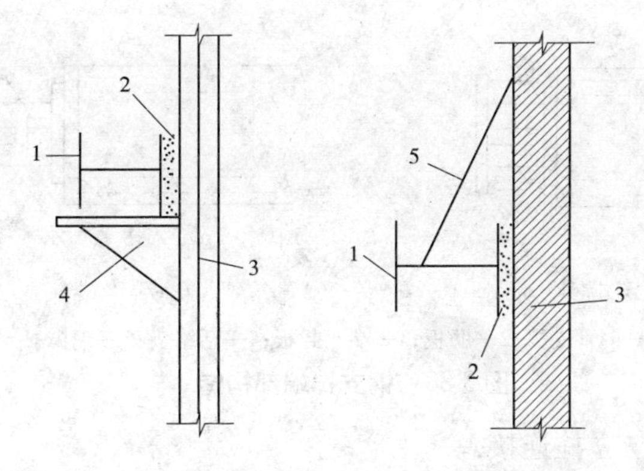

(a)钢牛腿支承钢围檩　　(b)用吊筋固定钢围檩

1—钢围檩;2—填塞细石混凝土;3—支护墙体;4—钢牛腿;5—吊筋

图 3-36　钢围檩与支护墙的固定

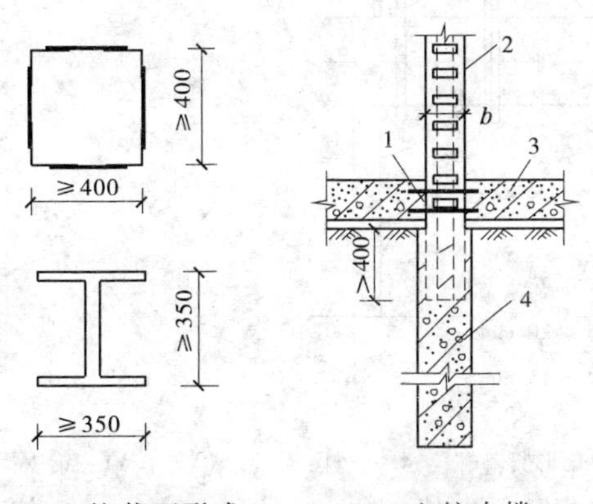

(a)立柱截面形式　　(d)立柱支撑

1—止水片;2—钢立柱;3—地下室底板;4—立柱支撑桩

图 3-37　立柱设置

支护墙上设置围檩托架或吊杆→安装围檩→在基坑立柱上焊支撑托架→安装短向(横向)水平支撑→安装长向(纵向)水平支撑→对支撑预加压力→在纵、横支撑交叉处及支撑与立柱相交处,用夹具或电弧焊固定→在基坑周边围檩与支护墙间的空隙处,用混凝土填充。

钢支撑施工要点如下:

(1)支撑端头应设置厚度不小于 10 mm 的钢板作封头端板,端板与支撑杆满焊,焊缝高度及长度应能承受全部支撑力或与支撑等强度,必要时,增设加劲肋板。肋板数量、尺寸应满足支撑端头局部稳定要求和传递支撑力的要求。为便于对钢支撑预加压力,端部可做成活络头,活络头应考虑液压千斤顶的安装及千斤顶顶压后钢楔的施工。图 3-38 所示为钢支撑端部构造。

(2)施工中要严格控制支撑轴线及交会点的偏心,承压板与垫板要均匀接触,承压板中心与支撑轴线要尽量一致。长支撑中间与立柱的连接构造,应具有三向约束作用而又能使单向或双向支撑预加压力时不致使节点产生不可忽略的强迫位移。图 3-39 所示为

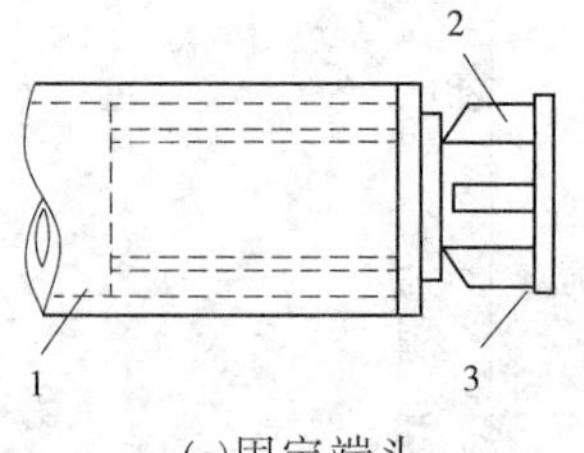

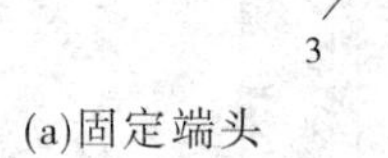

(a)固定端头

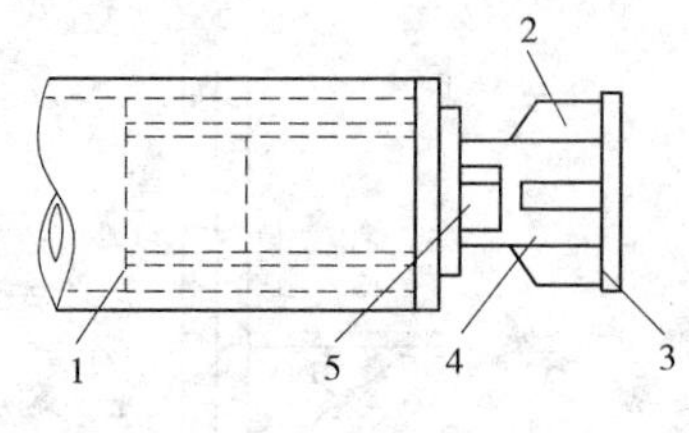

(b)活络端头

1—钢管支撑;2—肋板;3—端头封板;4—活络头;5—钢楔

图 3-38　钢支撑端部构造

钢支撑安装定位及支撑与立柱连接。

(3)钢支撑轴线与围檩轴线不垂直时,应在围檩上设置预埋铁件或采取其他构造措施以承受支撑与围檩间的剪力(见图 3-40)。

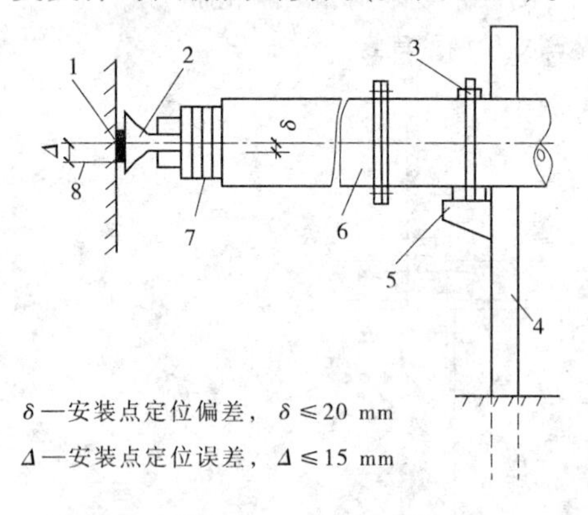

1—垫板;2—活络头;3—U 形紧箍螺栓;4—立柱;
5—支托;6—支撑;7—钢楔;8—设计安装点

图 3-39　钢支撑安装定位及支撑与立柱连接

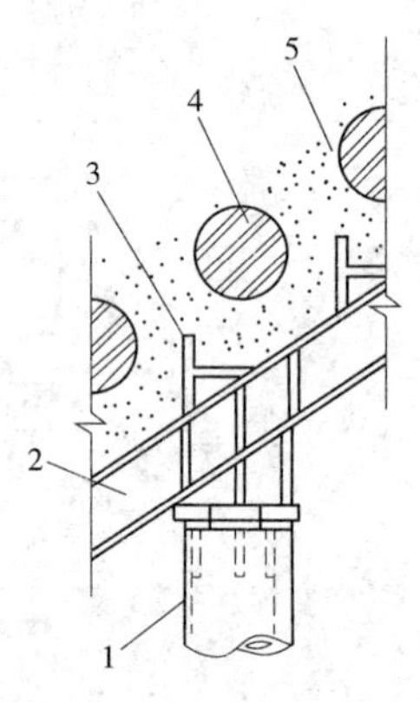

1—钢支撑;2—围檩;3—预埋铁件;
4—支护墙;5—填嵌细石混凝土

图 3-40　支撑与围檩斜角连接

(4)纵横向水平支撑应尽可能设置在同一标高上,宜采用定型的十字节头连接,见图 3-41(a)、(b),这种连接整体性好,节点可靠。重叠连接(见图 3-41(c)、(d))虽然施工安装方便,但支撑结构的整体性较差,应尽量避免采用。重叠连接时,相应的围檩在基坑转角处不在同一平面内相交,需采用叠交连接(见图 3-42)。

(5)钢支撑预加压力。对钢支撑预加压力是钢支撑施工中很重要的措施之一,它可大大减少支护墙体的侧向位移,并可使支撑受力均匀。

施加预应力的方法有两种:一种是用千斤顶在围檩与支撑的交接处加压,在缝隙处塞进钢楔锚固,然后就撤去千斤顶;另一种是用特制的千斤顶作为支撑的一个部件,安装在支撑上,顶加压力后留在支撑上,待挖土结束支撑拆除前卸荷。

支撑安装完毕后,应及时检查各节点的连接状况,经确认符合要求后方可施加预压力。预压力的施加宜在支撑的两端同步对称进行,分组施加,重复进行,加至设计值时,应再次检查各节点的情况,必要时应对节点进行加固,待额定压力稳定后予以锁定。预压力宜控制在支撑力设计值的 40% ~60% 。超过 80% 时,应防止支护结构的外倾、损坏及对坑外环境的影响。支撑端部的八字撑应在主支撑施加压力后安装。千斤顶必须有计量装

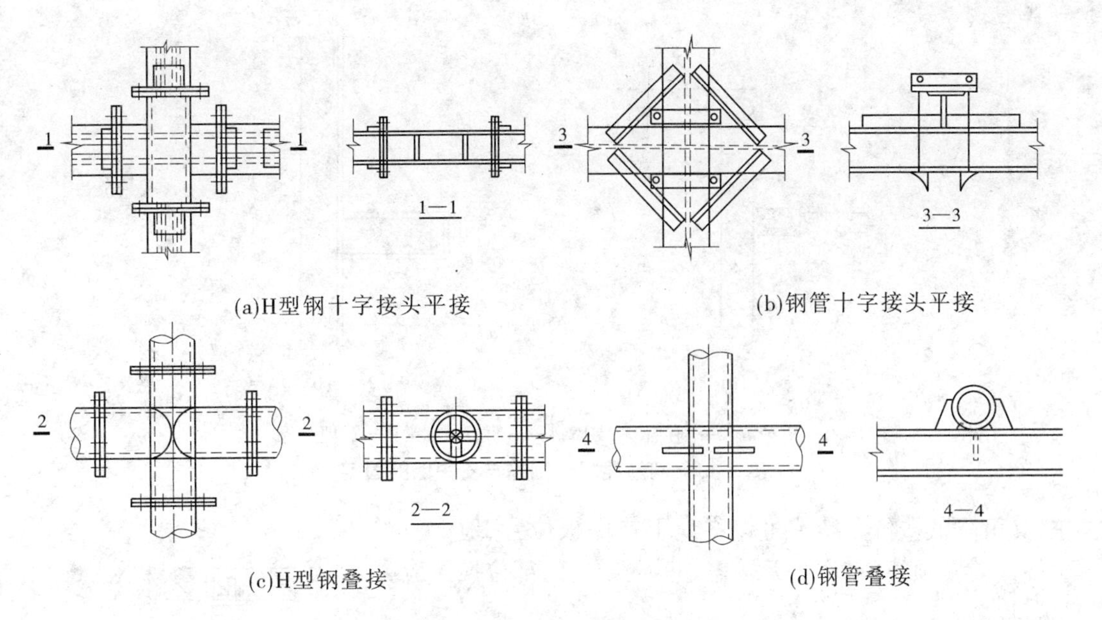

(a)H型钢十字接头平接 (b)钢管十字接头平接

(c)H型钢叠接 (d)钢管叠接

图 3-41 纵横向水平支撑连接

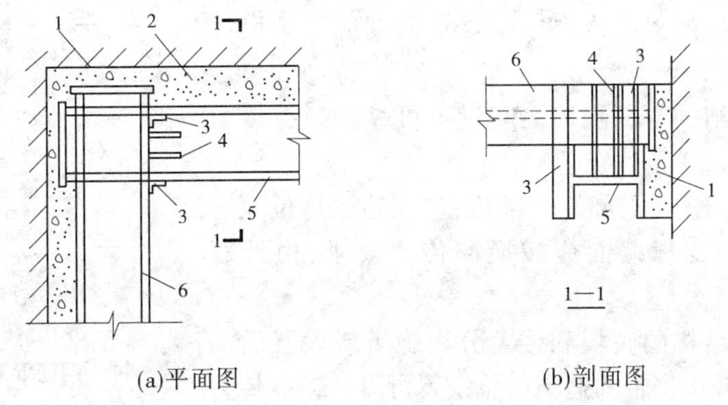

(a)平面图 (b)剖面图

1—支护墙;2—填嵌细石混凝土;3—连接角钢;4—连接肋板;5—下围檩;6—上围檩

图 3-42 围檩叠交连接

置,并定期维护校验,若使用中发现有异常现象,应重新校验。

3. 钢筋混凝土支撑施工

钢筋混凝土支撑与围檩应在同一平面内整体浇筑,支撑与支撑、支撑与围檩相交处宜采用加腋,使其形成刚性节点。位于围护桩墙顶部的围檩常利用桩顶冠梁,并和围护墙体整浇(见图 3-43(a)),桩身处的围檩亦可通过预埋钢筋或钢板固定(见图 3-43(b))。

支撑施工宜用开槽浇筑的方法,底模板可用素混凝土,也可利用槽底作土模,侧模多用钢、木模板。

钢筋混凝土支撑与立柱的连接在顶层支撑处可采用钢板承托方式,在顶层以下的支撑位置,一般可由立柱直接穿过支撑,如图 3-44 所示。立柱设置与钢支撑立柱相同。

4. 换撑

支撑在拆除前一般应先进行换撑,换撑应尽可能利用地下主体结构,这样既方便施

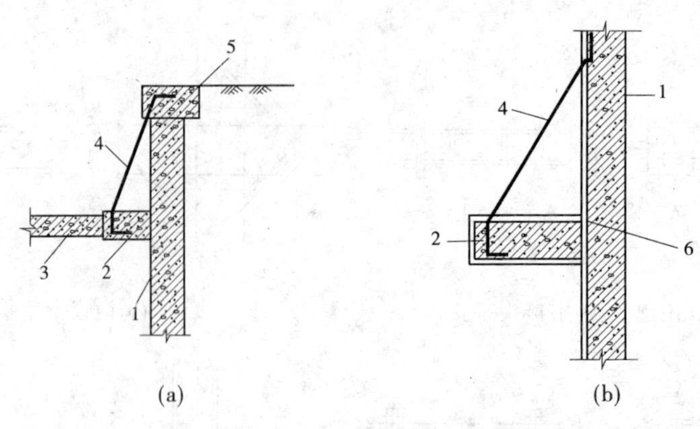

1—支护墙;2—围檩;3—支撑;4—吊筋;5—冠梁;6—预埋钢板

图 3-43　钢筋混凝土围檩与支护墙的固定

工,又可降低造价。换撑可设在地下空底板位置、地下室中间楼盖及顶板位置,在无楼盖等横向结构的部位换撑应另行设置。

在利用主体结构换撑时,应符合下列要求:

(1)主体结构的楼盖或底板混凝土强度应达到设计强度的80%以上。

(2)在主体结构与围护墙之间设置可靠的换撑传力结构。

(3)主体结构楼盖局部缺少部位,应在适当部位设置临时支撑系统。支撑截面应按换撑传力要求,由计算确定。

(4)当主体结构的底板和楼盖分块施工或设置后浇带时,应在分块或后浇带的适当部位设置可靠的换撑传力构件。

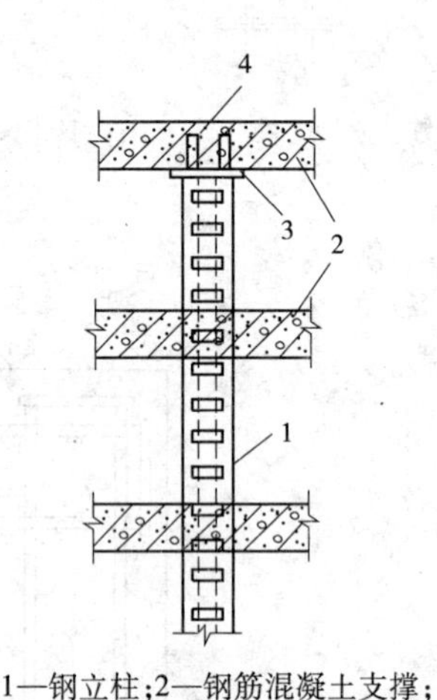

1—钢立柱;2—钢筋混凝土支撑;
3—承托钢板;4—插筋

图 3-44　钢筋混凝土支撑与立柱

地下室底板部位的换撑比较方便,通常在地下室底板边与支护墙间的空隙用砂回填振实,或用素混凝土填实,如图 3-45(a)所示。如底板较厚,可先回填素土,在其上浇筑 200 ~ 300 mm 厚的素混凝土,其上表面与地下室底板面平齐,如图 3-45(b)所示。对钢板桩支护墙,常采用填砂的方法。用填砂的方法支护墙底部会产生位移,用混凝土填实引起的位移则很小。

地下室中间楼盖或顶板部位的换撑,对于混凝土类的支护墙,多采用钢筋混凝土换撑,其形式有两种:一种是采用间隔布置的短撑,如对灌注桩等排桩形式的支护墙可采用一桩一撑的形式,短撑的浇筑可与地下室中间楼盖或顶板整体浇筑,见图 3-46(a);另一种是采用平板式,即在楼盖或顶板处向外浇筑一块平板,厚度 200 ~ 300 mm,平板与支护墙顶紧,起到支撑作用,见图 3-46(b)。这两种方法都可以避免重新设置围檩。平板式换撑还应留出人员及材料、土方的出入口,以便换撑下防水、回填土等工程作业施工。

对于钢板桩支护墙,换撑一般仍需设置围檩,但重新设置不仅施工困难,而且费用增

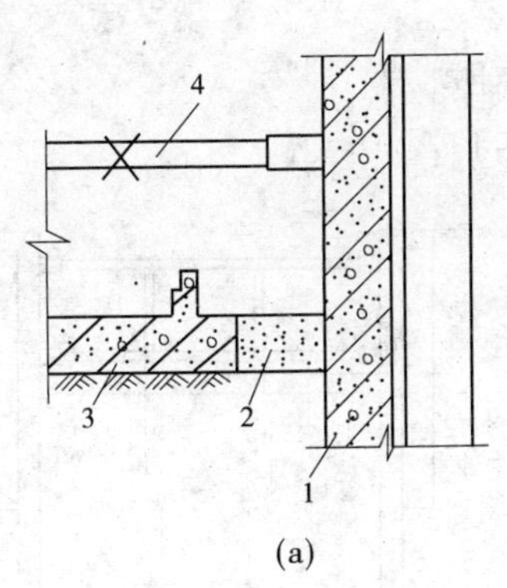

(a)

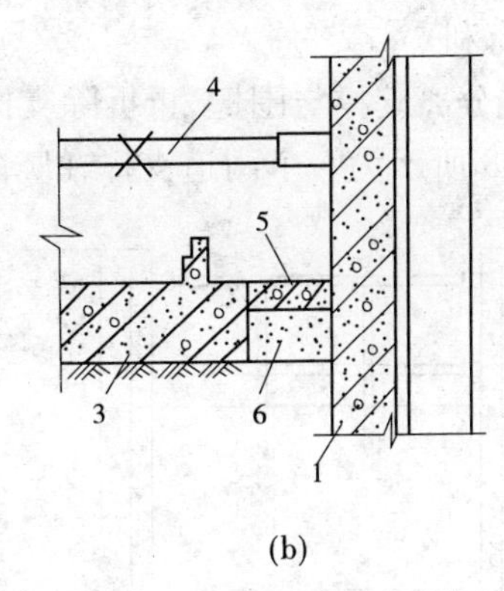

(b)

1—支护墙;2—砂或素混凝土;3—地下室底板;4—待拆除支撑;5—素混凝土;6—砂或素土

图 3-45 地下室底板部位换撑

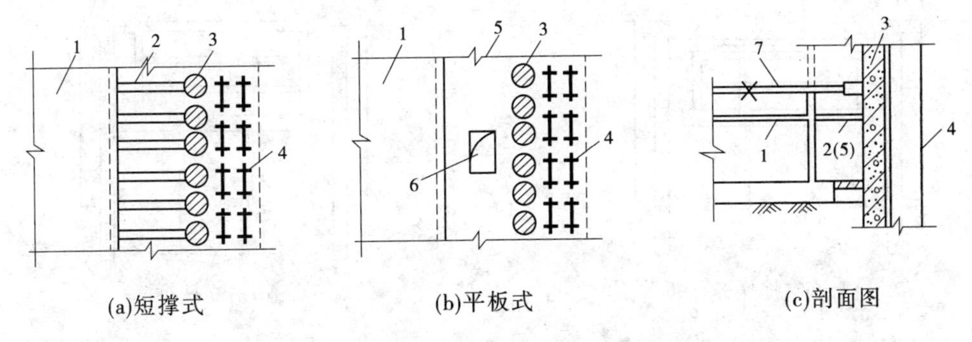

(a)短撑式　(b)平板式　(c)剖面图

1—中间楼盖或顶板;2—短撑(换撑);3—灌注桩支护墙;4—止水帷幕;5—平板(换撑);6—上下人孔;7—待拆支撑

图 3-46 地下室中间楼盖或顶板部位的换撑

加,因此应尽可能利用拟拆除支撑的围檩,此时需调整支撑点,以做到“先换撑,后拆除”。此外,替换的支撑也需倾斜设置,见图 3-47,平面上也应与拟拆除支撑错位布置。替换支撑的材料宜采用型钢、钢管。

5. 支撑的拆除

支撑拆除在基坑工程整个施工过程中也是十分重要的工序,必须严格按照设计要求的程序进行拆除,遵循“先换撑,后拆除”的原则。最上面一道支撑拆除后支护墙一般处于悬臂状态,位移较大,应注意防止对周围环境带来不利影响。

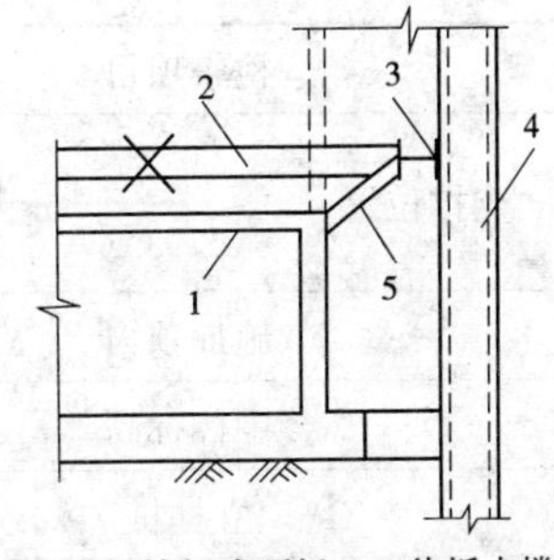

1—中间楼板或顶板;2—待拆支撑;3—围檩;4—钢板桩;5—替换支撑

图 3-47 钢板桩的换撑

钢支撑拆除通常采用起重机并辅以人工进行,钢筋混凝土支撑则可用人工凿除或爆破拆除。爆破拆除必须由专业爆破单位施工,在爆破前还必须对周围环境及主体结构采取有效的安全防护措施。

支撑拆除一般应遵循下列原则:

(1)分区分段设置的支撑,宜分区分段拆除。

(2)整体支撑尤其是最上一道支撑,宜从中央向两边分段逐步拆除,这对减小悬臂段位移较为有利。

(3)先分离支撑与围檩,再拆除支撑,最后拆除围檩。

图 3-48 所示为一个两道支撑在竖向平面的拆除过程。

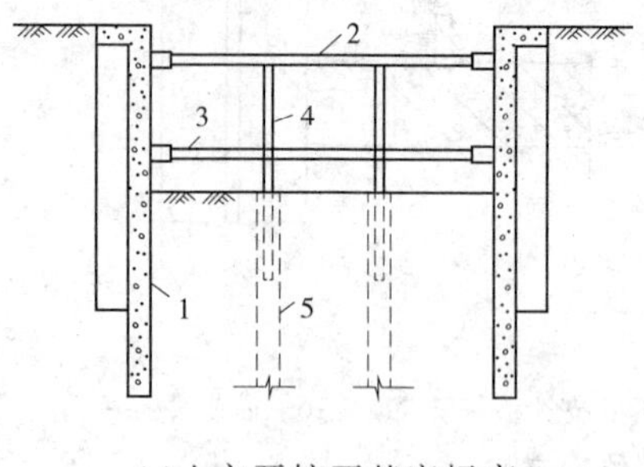

(a)土方开挖至基底标高

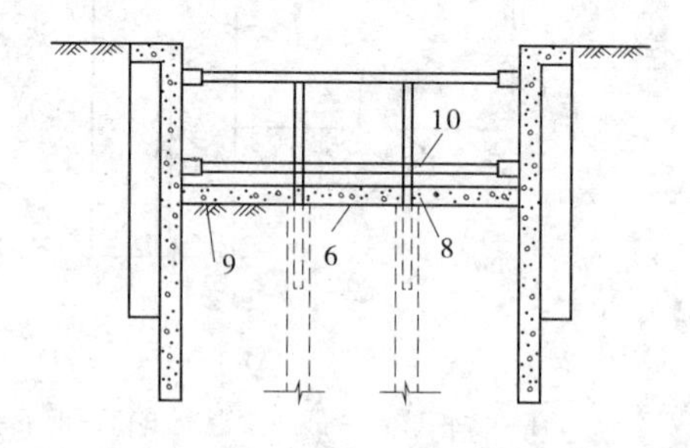

(b)下道支撑换撑、拆除

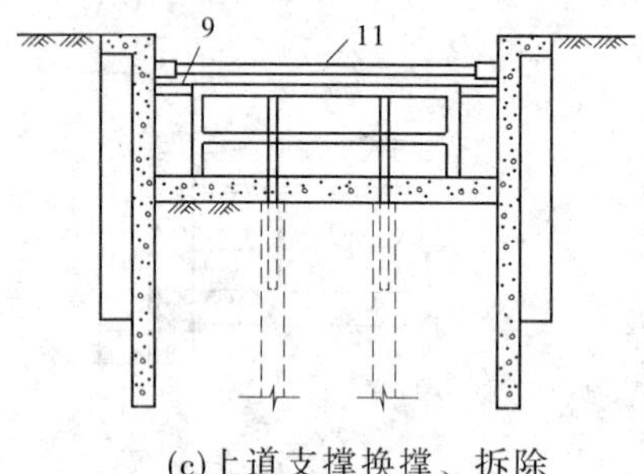

(c)上道支撑换撑、拆除

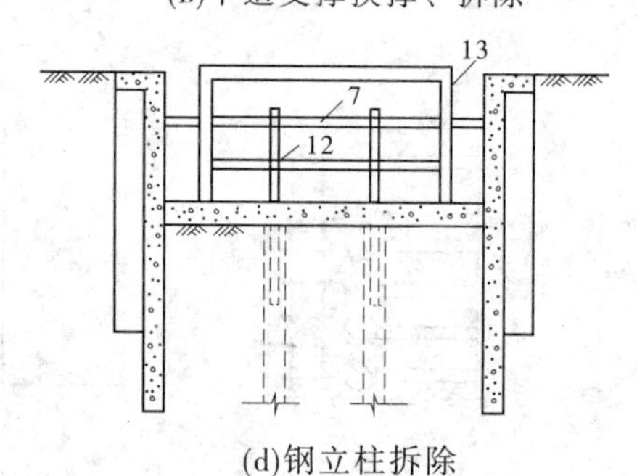

(d)钢立柱拆除

1—支护墙;2—上道支撑;3—下道支撑;4—立柱;5—立柱支撑桩;6—地下室底板;7—中间楼板;8—止水片;9—混凝土换撑梁;10—待拆下道支撑;11—待拆上道支撑;12—待拆钢立柱;13—外墙防水层

图 3-48 支撑拆除过程

6. 质量检验标准

钢及混凝土支撑系统工程质量检验标准应符合表 3-6 的规定。

表 3-6 钢及混凝土支撑系统工程质量检验标准

检查项目		允许偏差或允许值	检查方法
支撑位置	标高	30 mm	水准仪
	平面	100 mm	用钢尺量
施加顶力		± 50 kN	油泵读数或传感器
围檩标高		30 mm	水准仪
立柱桩		符合桩基要求	符合桩基要求
立柱位置	标高	30 mm	水准仪
	平面	50 mm	用钢尺量
开挖深度(开槽放支撑不在此范围)		<200 mm	水准仪
支撑安装时间		设计要求	用钟表估测

第二节　深基坑降水与土方开挖

一、深基坑降水

(一)人工降低地下水位的方法

1. 地下水流的基本特性

进行高层建筑的深基础工程施工时,为了降低地下水位和保证土方工程施工顺利进行,需对地下水流的特点有基本的认识。

1)动水压力和流砂现象

地下水分潜水和层间水两种。潜水是埋藏在地表以下第一层不透水层以上含水层中所含的水,这种水无压力,属于重力水,能作水平方向流动。层间水是两个不透水层之间含水层中所含的地下水。如果层间水未充满含水层,水无压力,称无压层间水;如果水充满此含水层,水则具有压力,称承压层间水,如图 3-49 所示。

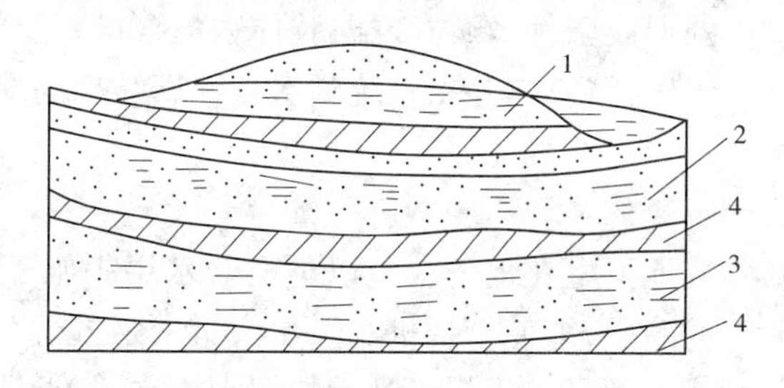

1—潜水;2—无压层间水;3—承压层间水;4—不透水层

图 3-49　地下水

在地下水位下开挖基坑时,由于水头高度不同,常产生渗流。水在渗流过程中受到土骨架的阻力,同时水对土产生一种反力,这种反力叫做动水压力。

动水压力与水力坡度成正比,即水位差愈大,动水压力亦愈大;而渗透路线愈长,则动水压力愈小。动水压力的作用方向与水流方向相同。当水流在水位差的作用下对土颗粒产生向上压力时,动水压力不但使土颗粒受到水的浮力,而且使土颗粒受到向上的压力,当动水压力等于或大于土的浸水容重时,则土颗粒失去自重,处于悬浮状态,土的抗剪强度等于零,土颗粒能随着渗流的水一起流动,这种现象称为流砂。

在一定的动水压力作用下,颗粒均匀、松散而饱和的细颗粒土容易产生流砂现象。降低地下水位,清除动水压力,是防止产生流砂现象的重要措施之一。

我国沿海地区由于地下水位较高,同时在表层土下常有一层粉细砂或亚黏土夹薄层粉砂,因此在基坑开挖时,常产生流砂现象。根据钻孔资料和土工试验的分析,并和常产生流砂地区的工程实践相验证,初步掌握了流砂现象产生的因素,这些因素是:

(1)主要外因取决于该地区的地下水动水压力的差值,随着开挖的加深,压力差值越大,就越容易产生流砂现象。

(2)土的颗粒组成中,黏土含量小于 10%,粉砂含量大于 75%。

(3) 土的不均匀系数$\frac{D_{60}}{D_{10}}<5$(D_{60}称为限定粒径,即小于某粒径的土粒重量累计百分数为60%时;D_{10}称为有效粒径,即小于某粒径的土粒重量累计百分数为10%时),易产生流砂地区工程取得的不均匀系数为1.6~3.2。

(4) 土的含水量大于30%。

(5) 土的孔隙大于43%(或孔隙比 e 大于0.75)。

(6) 在黏性土中有砂夹层的地质构造中,亚砂或砂层的厚度大于25 mm。

2) 渗透系数

渗透系数是计算水井涌水量的重要参数之一。水在土中流动称为渗流,水运动的轨迹称为流线。水在流动时如果流线互不相交,这种流动称为层流;如果水在流动时流线相交,水中发生局部旋涡,这种流动称为紊流。水在土中运动的速度一般不大,因此这种流动属于层流。从渗透定律 $V=KI$ 可以看出渗透系数 K 的物理意义:水力坡度 $I=1$,其渗透速度即为渗透系数 K。渗透系数具有速度的单位,常用 m/d、m/s 等表示。水力坡度为水头差与渗透路程长度之比。

土的渗透性取决于土的形成条件、颗粒级配、胶体颗粒含量和土的结构等因素。

渗透系数的取值是否正确,将影响井点系统涌水量计算结果的准确性,对重大工程应做现场抽水试验来确定。

2. 轻型井点降水法

当高层建筑的深基础或地下室在地下水位以下的含水层中施工时,基坑开挖常遇到地下水涌入或较严重流砂的障碍,即使打板桩和采用大量水泵进行明排水,也不能阻止流砂的涌进,不但坑底不能挖深,而且由于板桩外围的泥土掏空,附近地面下陷,影响邻近建筑等的稳定。这种情况可用井点降低地下水位方法解决。

井点降水有两类:一类为轻型井点(包括电渗井点与喷射井点),另一类为管井井点(包括深井泵)。可根据土的渗透系数、要求降低水位的深度、工程特点及设备条件,参照表3-7选用。

表3-7　各种井点的适用范围

井点类别	土层渗透系数(m/d)	降低水位深度(m)
一级轻型井点	0.1~80	3~6
二级轻型井点	0.1~80	6~9
电渗井点	<0.1	5~6
管井井点	20~200	3~5
喷射井点	0.1~50	8~20
深井泵	10~80	>15

1) 主要设备

轻型井点系统由井点管、连接管、集水总管及抽水设备等组成。轻型井点降低地下水位全貌如图3-50所示。

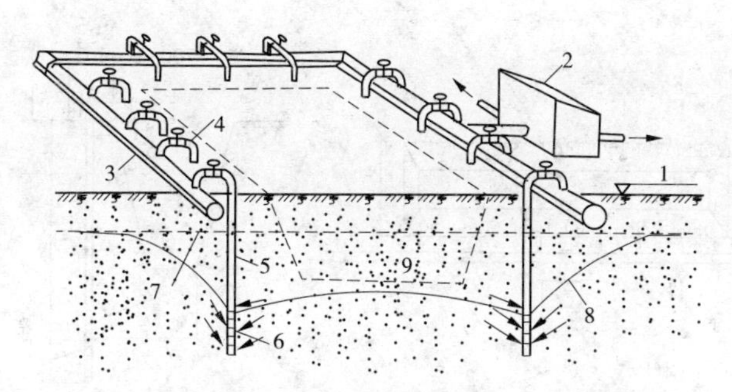

1—地面;2—水泵房;3—总管;4—弯联管;5—井点管;
6—滤管;7—原有地面水位线;8—降低后地下水位线;9—基坑

图 3-50 轻型井点降低地下水位全貌

(1)井点管。用直径 35 ~ 55 mm 的钢管,长度为 5 ~ 7 m。井点管的下端装有滤管,其构造如图 3-51 所示。滤管直径常与井点管直径相同,长度为 1.0 ~ 1.7 m,管壁上钻直径 12 ~ 18 mm 的孔,呈梅花形分布。管壁外包两层滤网,内层为细滤网,采用 30 ~ 50 孔/cm 的黄铜丝布或生丝布,外层为粗滤网,采用 8 ~ 10 孔/cm 的铁丝布或尼龙丝布。为避免滤孔淤塞,在壁与滤网间用铁丝绕成螺旋形隔开,滤网外面再围一层 8 号粗铁丝保护网。滤管下端放一个锥形铸铁头。井点管的上端用弯接头与总管相连。

(2)连接管与集水总管。连接管用胶皮管、塑料透明管或钢管制成,直径为 38 ~ 55 mm。每个连接管均宜装设阀门,以便检修井点。集水总管一般用直径为 100 ~ 127 mm 的钢管分布连接,每节 4 m,一般每隔 0.8 ~ 1.6 m 设一个连接井点管的接头。

(3)抽水设备。通常由一台真空泵、两台离心泵(一只备用)和一台气水分离器组成一套抽水设备机组。射流泵轻型井点设备比较简单,只需两台离心泵与喷射器即可。

2)井点布置

井点系统的布置应根据基坑平面形状与大小、土质、地下水位高低与流向、降水深度等要求而定。

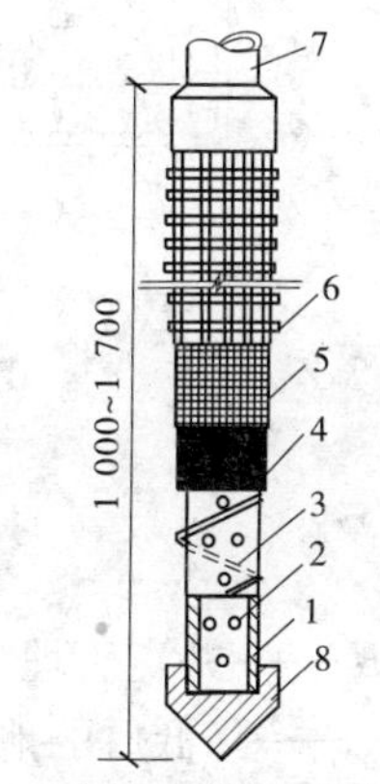

1—钢管;2—管壁上的小孔;
3—缠绕的塑料管;4—细滤网;
5—粗滤网;6—粗铁丝保护网;
7—井点管;8—铸铁头

图 3-51 滤管构造

(1)平面布置。当基坑或沟槽宽度小于 6 m,且降水深度不超过 5 m 时,可用单排线状井点布置在地下水流的上游一侧,两端延伸长度以不小于槽宽为宜(见图 3-52)。如宽度大于 6 m 或土质不良,则用双排线状井点。当基坑面积较大时宜采用环状井点(见图 3-53),有时亦可布置成 U 形,以利于挖土机和运土车辆出入基坑。井管距离基坑壁一般可取 0.7 ~ 1.0 m,以防局部发生漏气。井点管间距一般用 0.8 ~ 1.6 m,由计算或经验确定。为了充分利用泵的抽水能力,集水总管标高宜尽量接近地下水位线,并沿抽水流方向有 0.25% ~ 0.5% 的上仰坡度,在确定井点管数量时,应考虑在基坑四角部分适当增加。

(2)高程布置。轻型井点的降水深度在管壁处一般可达 6 ~ 7 m。井点管需要的埋设深度 H(不包括滤管)可按下式计算(见图 3-53):

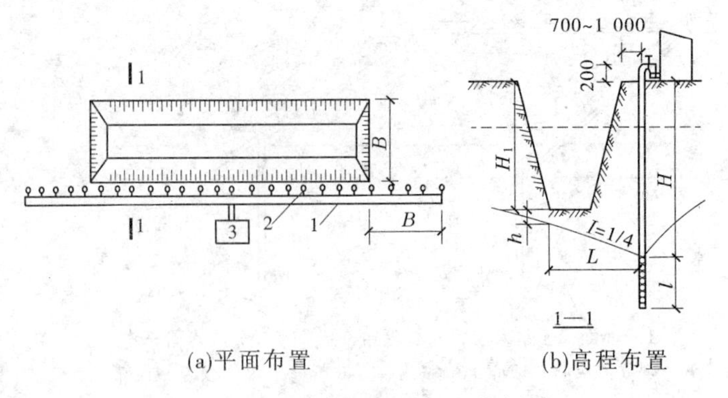

(a)平面布置　　　　　　(b)高程布置

1—总管;2—井点管;3—抽水设备

图 3-52　单排线状井点的布置

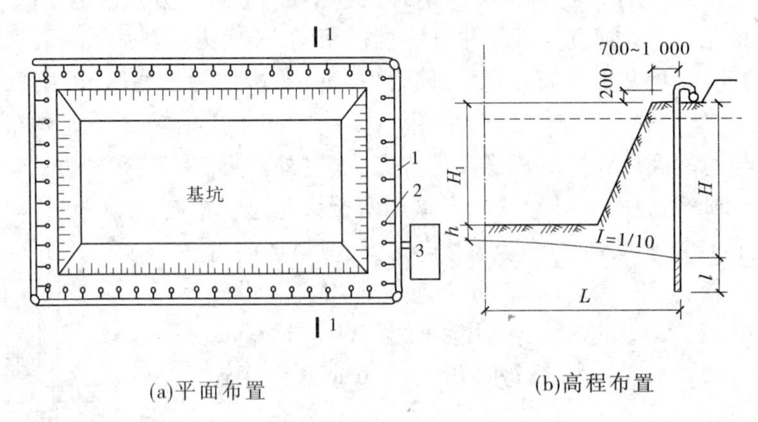

(a)平面布置　　　　　　(b)高程布置

1—总管;2—井点管;3—抽水设备

图 3-53　环状井点的布置

$$H \geqslant H_1 + h + IL \tag{3-6}$$

式中　H_1——井点管埋设面至基坑底面的距离,m;

h——降低后的地下水位至基坑中心底面的距离,一般为 0.5 ~ 1 m;

I——地下水降落坡度,环状井点为 1/10,单排井点为 1/4 ~ 1/5;

L——井点管至基坑中心的水平距离,m。

此外,确定井管埋设深度时,还要考虑到井管一般须露出地面 0.2 m 左右。

根据上述算出的 H 值,如小于降水深度 6 m,则可以用一级井点;H 值稍大于 6 m 时,当降低井点管的埋置面后(要事先挖槽)可满足降水要求时,仍可采用一级井点。当一级井点系统达不到降水深度要求时,可采用二级井点(见图 3-54),即先挖去第一级井点所疏干的土,然后在其底部装置第二级井点。

3)轻型井点的计算

轻型井点计算的目的,是要求出规定的水位降低深度下每昼夜排出的地下水流量,确定井点管数量和间距,选择抽水设备。

井点计算由于受水文地质和井点设备等许多不易确定的因素影响,要求计算结果十分精确是不可能的,假如能仔细地分析水文地质资料和选用适当的数据及计算公式,其误

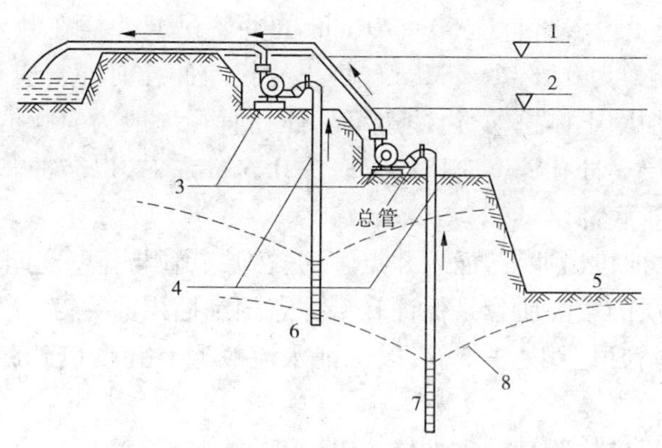

1—原地面线;2—原地下水位线;3—抽水设备;4—井点管;

5—基坑;6—第一级井点;7—第二级井点;8—降低水位线

图 3-54　二级轻型井点降水

差可保持在一定范围内,能满足工程上的应用要求。一些工程经验丰富的地区和单位,掌握了一定的规律,常参照过去实践中积累的资料,不一定通过计算,而按一般常用的间距进行布置。但是,对于多层井点系统,渗透系数较大的或非标准的井点系统,仔细地进行完整的计算就显得很必要。有关单井涌水量计算、井点系统涌水量计算以及确定井点管数量与间距可参阅相关教材。

4)井点管埋设与使用

轻型井点的施工大致分为下列几个过程:准备工作,井点系统的埋设、使用及拆除。

准备工作包括井点设备、动力、水源及必要的材料的准备,排水沟的开挖,附近建筑物的标高观测以及防止附近建筑物沉降措施的实施。

埋设井点管的程序是:先排管,再埋设井点管,用弯联管将井点管与总管接通,然后安装抽水设备。

井点的埋设一般用水冲进行,并分为冲孔与埋管两个过程,如图 3-55 所示。

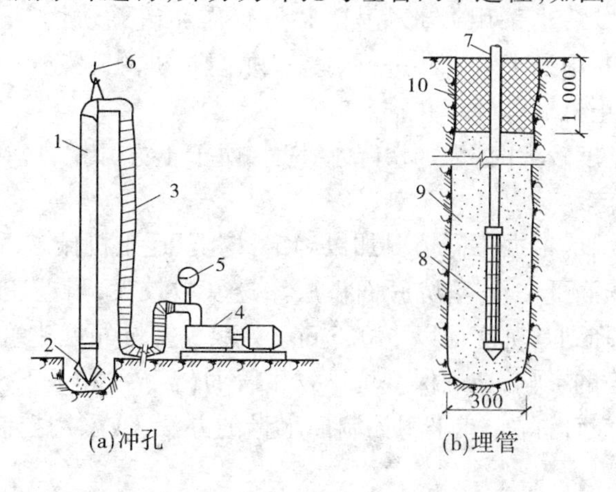

(a)冲孔　　(b)埋管

1—冲管;2—冲嘴;3—胶皮管;4—高压水泵;5—压力表;

6—起重机吊钩;7—井点管;8—滤管;9—填砂;10—黏土封口

图 3-55　井点管的埋设

冲孔时,先用起重设备将直径 50 ~ 70 mm 的冲管吊起并插在井点的位置上,然后开动高压水泵(一般压力为 0.6 ~ 1.2 MPa),将土冲松。冲孔时冲管应垂直插入土中,并作上下,左右摆动,以加剧土体松动,边冲边沉。冲孔直径一般为 300 mm,以保证井管四周有一定厚度的砂滤层。冲孔深度应比滤管底深 0.5 m 左右,以防冲管拔出时部分土颗粒沉于孔底而触及滤管底部。

井孔冲成后,立即拔出冲管,插入井点管,并在井点管与孔壁之间迅速填灌砂滤层,以防孔壁塌土。砂滤层的填灌质量是保证轻型井点顺利插入的关键,一般宜选用干净粗砂,填灌均匀,并填至滤管顶上 1 ~ 1.5 m,以保证水流畅通。井点填砂后,须用黏土封口,以防漏气。

每根井管沉没后应检验其渗水性能,在填粗砂滤料时,管口应有泥浆冒出;管口注水后,管内水位下沉。

井点系统全部安装完毕后,需进行试抽试灌,以检查有无漏气现象。发现“死井”和漏气、漏水现象应补救处理,确保正常运转使用。开始抽水后一般不希望停抽。时抽时停,渗滤网易堵塞,也易投放出土颗粒,使水浑浊,并引起附近建筑物由于土颗粒流失而沉降开裂。井点开始出水应先大后小,先浑后清。正常的排水是细水常流,出水澄清。

井点运行后要求连续工作,应准备双电源。真空度是判断井点系统良好与否的尺度,应经常观测,一般应不低于 53.2 ~ 66.5 MPa。如真空度不够,通常是由于管路漏气,应及时修复。井点管淤塞,可通过听管内水流声,手扶管壁感到振动,夏、冬季用手摸管子冷热、湿干等简便方法检查。当井点管淤塞太多,严重影响降水效果时,应逐个用高压水反复冲洗或拔出重新埋设。

地下构筑物竣工并进行回填土后,方可拆除井点系统。拔出井点管多借助于倒链、起重机等,所留孔洞用砂或土填塞,对地基有防渗要求时,地面上 2 m 应用黏土填实。

放坡开挖的基坑,井点管距坑边不小于 1 m。机房距坑边不小于 1.5 m,地面应夯实填平。抽吸设备排水口应远离边坡,以防止排出的水渗入坑内。

板桩墙支护的基坑,当采用 U 形板桩,井点管需布置在坑内时,应设在板桩的凹挡处。土方开挖时,随时用黏土对砂井进行封盖。平行板桩的井点管如布置在坑内,挖土时应采取措施,防止挖土机械等碰坏井管。

当开挖的基坑宽度较大时,为加快降水速度,便于土方开挖,应在坑中另外布置临时井点,在开挖前拔除。

井点降水的深度,应根据不同情况加以确定:挖土、运土机械需下到坑内施工的,水位应降到支承机械工作面下 1 m;基坑底面土层渗透系数较大,附近建筑物、管线在降水影响范围以外,水位应降到基坑底面以下 0.5 m。为减少基坑邻近建筑物、管线因降低地下水位引起不均匀沉陷的影响,在确保基坑不发生管涌(流砂)和地下水从坑壁渗入的条件下,可适当提高井管设计标高,或采用控制抽水量的办法,或采用控制抽吸设备真空度的办法。

3. 喷射井点降水法

当基坑开挖较深或降水深度超过 6 m 时,必须使用多级轻型井点,才能收到预期效果。这样,会增大基坑的挖土量、延长工期并增加设备数量,不够经济。因此,当降水深度超过 6 m 时,应采用喷射井点。

1)喷射井点设备

喷射井点根据其工作时使用液体和气体的不同,分为喷水井点和喷气井点两种。其设备主要由喷射井管、高压水泵(或空气压缩机)和管路系统组成(见图 3-56(a))。喷射井管 1 由内管 8 和外管 9 组成,在内管下端装有喷射扬水器,与滤管 2 相连(见图 3-56)。在高压水泵的作用下,高压水经进水总管 3 进入井管的外管与内管之间的环形空间,并经扬水器的侧孔流向喷嘴 10。由于喷嘴截面的突然缩小,压力水由喷嘴以很高流速喷入混合室 11(该室与滤管相通),因而该室压力下降而造成一定真空度。此时地下水被吸入喷嘴上面的混合室,与高压水汇合,在强大压力作用下,将地下水经扩散管喷射到地面,经集水总管排入集水池 6 内。此池内的水,一部分用低压水泵 7 排走,另一部分供高压水泵压入井管内,如此循环作业,将地下水位逐步降低。高压水泵一般采用流量为 50 ~ 80 m^3/h 的多级高压水泵,每套能带动 20 ~ 30 根井管。

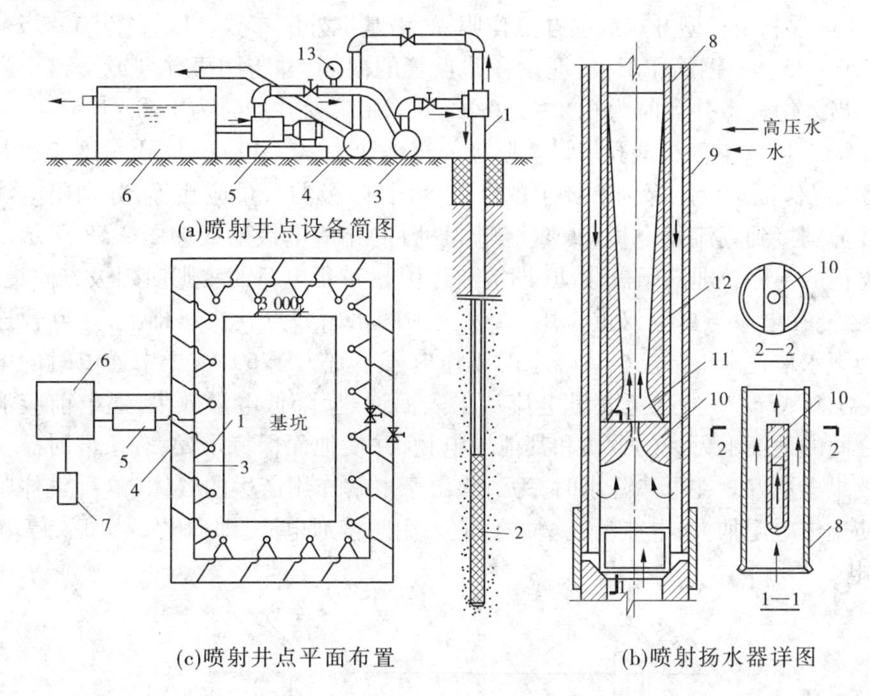

(a)喷射井点设备简图

(c)喷射井点平面布置

(b)喷射扬水器详图

1—喷射井管;2—滤管;3—进水总管;4—排水总管;5—高压水泵;6—集水池;
7—低压水泵;8—内管;9—外管;10—喷嘴;11—混合室;12—扩散管;13—压力表

图 3-56 喷射井点设备及平面布置

2)喷射井点布置与使用

喷射井点的管路布置、井管埋设方法及要求与轻型井点相同。当基坑宽度小于 10 m 时,井点可作单排布置;当基坑宽度大于 10 m 时,可作双排布置。当基坑面积较大时.应采用环形布置(见图 3-56(c))。喷射井管间距一般为 2 ~ 3 m。冲孔直径为 480 ~ 600 mm,深度应比滤管底深 1 m 以上。使用时为防止喷射器损坏,事先应对喷射井管逐根冲洗，开泵时压力要小一些，以后逐步开足。如发现井管周围有翻砂、冒水现象，应立即关闭井管检修。工作水应保持清洁，井点全面试抽两天后，应更换清水，以后视水质浑浊程度定期更换清水。工作水压力要调节适当，能满足降水要求即可，以减轻喷嘴磨耗程度。

4. 电渗井点降水法

电渗井点降水的原理如图 3-57 所示，以井点管作阴极，以打入的钢筋或铁管作阳极。当通以直流电后，土颗粒即自阴极向阳极移动，土颗粒的移动称电泳现象，从而加固了土层；水则自阳极向阴极移动而被集中排出，水的移动称为电渗现象，从而使软土地基排水得到加强，故名电渗井点。

电渗井点适用于细颗粒土壤，其渗透系数小于 0.1 m/d，用于一般井点不可能降低水位的含水层中，尤其适用于淤泥和淤泥质黏土中。一般与轻型井点或喷射井点结合使用，效果较好。

电渗井点常利用轻型井点或喷井点作阴极，沿基坑外围布置。以直径 50 ~ 75 mm 钢管或直径 20 ~ 25 mm 钢筋作阳极，埋设在井点管的内侧，并与阴极并列或交错排列。两者的距离，当采用轻型井点时为 0.8 ~ 1.0 m，当采用喷射井点时为 1.2 ~ 1.5 m。可用 3 in(76.2 mm)旋叶式电动机成孔埋设。阳极外露地面为 20 ~ 40 cm，入土深度应比井点管深约 50 cm，以保证水位能降到所要求的深度。阴、阳极的数量应相等，分别用电线连接成通路，并分别接到直流发电机(或直流电焊机)的相应电极上或如图 3-58 所示。通电后，带负电荷的土颗粒即向阳极移动(即电泳作用)，带正电荷的水则向阴极方向集中，产生电渗现象。在电渗与真空双重作用下，黏土中的水由井点管快速排出，井点管连续抽水，将使地下水位逐渐下降。电渗降水的工作电压不宜大于 60 V，土中通电时的电流密度为 0.5 ~ 1.0 A/m^2。为避免大量电流从土表面通过，降低电渗效果，通电前应清除掉阴、阳极之间的地面上无关的金属和其他导电物，并使地面保持干燥，有条件时涂一层沥青，绝缘效果会更好。在电渗降水时，为清除由于电解作用产生的气体(这种气体附在电极附近，使土体电阻加大，电能消耗增加)，应采用间接通电法，即通电 24 h 后，停电 2 ~ 3 h 后再通电。

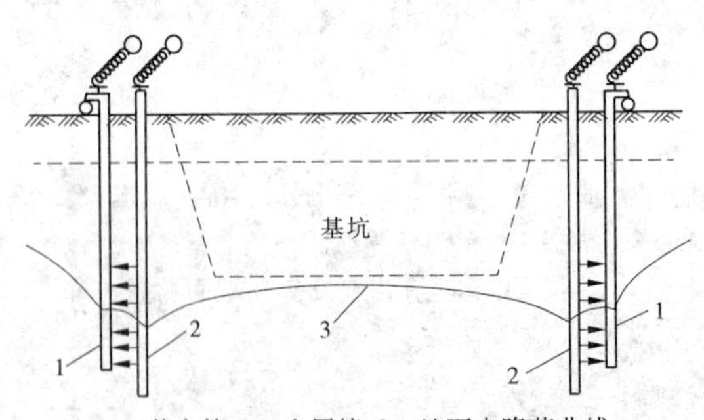

1—井点管;2—金属棒;3—地下水降落曲线

图 3-57　电渗井点

在电渗井点降低水位过程中，应对电压、电流密度、耗电量及观测孔水位等进行量测，并做好记录。

5. 管井井点降水法

管井井点就是沿基坑每隔一定距离设置一个管井，每个管井单独用一台水泵不断抽水来降低地下水位。在土的渗透系数大(20～25 m/d)、地下水丰富的土层，轻型井点不易解决时，宜采用管井井点。

1)管井井点系统主要设备

管井井点由滤水管井、吸水管和抽水机械等组成(见图3-58)。滤水管井的过滤部分可采用钢筋焊接骨架外包孔眼为1～2 mm的滤网，长2～3 m。管身部分宜用直径为150～250 mm的钢管或其他竹木、混凝土等管材。吸水管宜用直径为50～100 mm的胶皮管或钢管，插入滤水管井内，其底端应插到管井抽吸时的最低水位以下，必要时可装设逆止阀。在上端装设带法兰盘的短钢管一节。抽水机械常用4～8 in(100～200 mm)的离心式水泵。

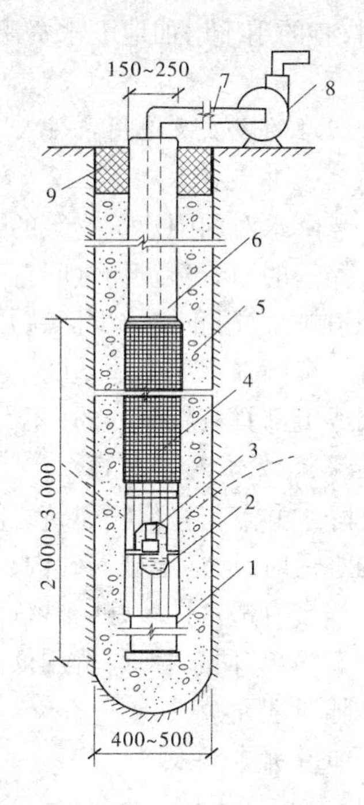

1—沉砂管；2—钢筋焊接骨架；3、7—吸水管；4—滤网；5—小砾石；6—管身；8—水泵；9—黏土

图3-58 管井井点

2)管井的布置

管井一般沿基坑外围四周呈环形或沿基坑(或沟槽)两侧或单侧呈直线形布置。井中心距基坑(或沟槽)边缘的距离，根据所用钻机的钻孔方法而定，当用冲击式钻机并用泥浆护壁时为0.5～1.5 m；当用套管法时不小于3 m。管井的埋设深度和间距，根据需降水面积和深度以及含水层的渗透系数等因素而定，埋设最大深度为5～10 m，间距为10～15 m，降水深度可达5 m。

通常每个滤水管井单独用一台水泵，设置标高尽可能设在最小吸程处(一般为5～7 m)，高度不够时，水泵可设在基坑内。当水泵排水量大于单孔滤水管井涌水量数倍时，则可另设集水总管，把相邻的相应数量的吸水管连成一体，共用一台水泵。

3)滤水管井的埋设与使用

滤水管井的埋设宜采用泥浆护壁套管的钻孔法。钻孔直径的滤水管井外径大于200 mm。管井下沉前应进行清孔并保持滤网畅通，然后将滤水管井居中插入，用圆木堵住管口，管井与土壁之间用3～15 mm砾石填充作为过滤层，地面下0.5 m以内用黏土填夯实。抽水过程中，应对抽水机械的电动机、传动轴、润滑油环等处进行检查，并对管井内水位下降和流量进行观测与记录。

管井使用完毕，用人字拔杆借助钢丝绳和倒链将管井管口套紧徐徐拔出。滤管拔出后，洗净再用。所留孔洞用砂砾填充夯实。

(二)回灌技术

在建(构)筑物密集的地区进行高层建筑的深基础施工时,容易造成周围建筑物的倾斜沉陷或开裂,其原因主要是:深基础施工造成局部地下水位改变,地面下降,因此我们借助于工程措施,可将水引渗于地下含水层,补给地下水,这种施工方式叫回灌。回灌的目的不同,有的用于增加地下水资源,有的为了防止地下水位持续下降造成地面沉降等不良现象。

1. 回灌的方法及适用条件

1)回灌井点技术

井点降水对周围建筑物等的影响是周围地下水流失造成的。回灌井点就是在降水井点和要保护的原有建筑物之间打一排井点,在降水的同时,向土层内灌入一定数量的水,形成一道帷幕,阻止或减少回灌井点外侧建筑物地下水流失,使地下水位保持基本不变,这样就不会因降水而使地基的重力应力增加和地面沉降。此方法适用于埋藏较深的潜水含水层或上部具有较厚的弱(不)透水层的深层承压水(压力水头不高)。

2)采用砂沟、砂井回灌

在降水井点与被保护建筑之间设置砂井作为回灌井,沿砂井面布置一道砂沟,将井点抽出的水适时、适量地排入砂沟,经砂沟至砂井内回灌到地下。此法适用于地表或接近于地表饱气带有透水性较好的砂砾卵石层,并且饱气带厚度较大,一般为 10 ~20 m。其优点是施工简单,便于管理,费用低。其缺点是占地面积大,单位面积的渗入率低,而且渗入量总是随时间而减少。

2. 回灌井布置

(1)基坑回灌量:一般应等于水位低影响限定边界时的基坑涌水量。

(2)回灌井数:回灌井数取决于单井回灌量的大小。单井回灌量理论上应与抽水井一样,但实际上相差很大,国内已有回灌资料表明,二者之差随含水层渗透大小而变化,松散含水层时,单井回灌量是单井出水量的 1/3 ~2/3,粗大颗粒含水量或岩溶裂缝含水层中,单井回灌量可以等于或大于单井出水量。

井点回灌量除取决于水文地质条件外,尚与成井工艺、回灌方法、压力大小等有关,一般宜在现场进行试验确定。

回灌井数计算公式如下:

$$n = \frac{1.1Q_{灌}}{q_{灌}} \tag{3-7}$$

式中 n——回灌井数,个;

$Q_{灌}$——基坑回灌量,m^3/d;

$q_{灌}$——单井回灌量,m^3/d。

(3)布置:一般沿降水井点外围呈均匀等距布置。回灌井点至降水井点距离取决于基坑降水水位下降引起地表变形所允许的最小(距离基坑边界)范围,宜尽可能地远离抽水井点,一般宜大于 6 m,当条件特殊时,可根据环境要求布置。

3. 回灌施工

回灌井点结构及成井构成工艺同降水井点做法,但应该注意回灌压力造成的破坏。

回灌井点的设备安装如图 3-59 所示。

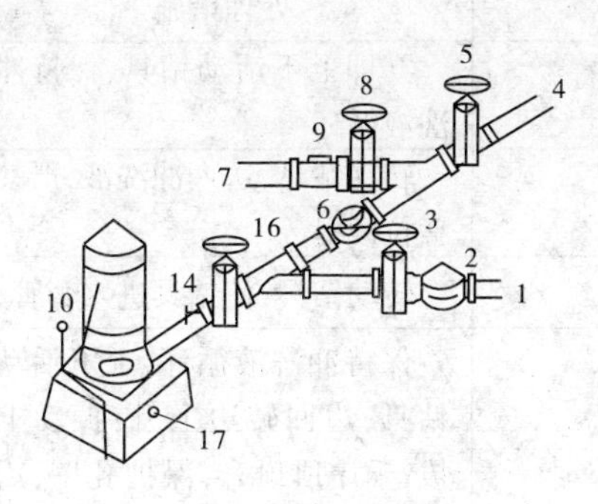

(a)真空回灌法管路装置

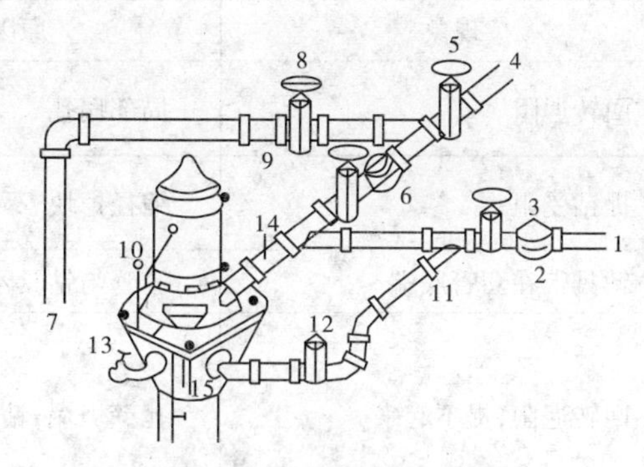

(b)压力回灌法管路装置

1—进水管;2—进水水表;3—进水阀;4—用水管;5—用水阀;6—用水水表;7—扬水管;
8—扬力阀;9—单流阀;10—真空压力表;11—回流管;12—回流阀;
13—放气阀;14—温度计;15—井座管;16—控制阀;17—测水位孔

图 3-59 回灌井点的设备安装

浅层渗水沟渠井坑的施工简单,施工中应注意减少对含水层结构的破坏。坑底可超挖 10 ~ 30 cm,回填砾卵石,并保证沟渠底部不冲不淤。

(三)降水施工中应注意的问题及常见的故障处理

1. 注意问题

(1)降排水工程是岩土工程的内容之一,因此降排水工程必须按岩土工程的要求,具有降排水工程的设计,坚持没有设计不进行降水施工的原则。降排水设计是建立在正确选择水文地质参数的基础上的,由于水文地质参数是随机变量,变异性大,且不同的试验方法会得到不同的测试结果,而且往往差异相当大,故在降排水施工中,不仅应理解设计意图和方法,而且须认识到设计与实际之间的差异,随时与设计人员保持联系,及时在施工中补充和修改设计。

(2)降水工程成井的关键在于单个井点的成井质量。井点施工属于隐蔽工程,必须加强施工过程的质量监控,严格控制成井口径、孔深、井管配置、砾料填筑、选井试抽五道工序。要求做好现场施工记录,坚持现场试抽验收的质量否决制。

(3)降排水工作,由于宏观上的变异性,在施工材料选择、施工机械、操作方法及人员技术水平等方面具有较大的人为性,因此对各道工序要求严格细致,稍有不慎或某些条件变化,就会造成井点的失败。即使熟练工人操作,仍有一定数量(10%左右)的不合格井点产生,在施工中应充分注意这一问题。施工前注意收集已有地下管线管网位置的资料,避免对其产生破坏。

(4)注意施工现场的水、电、路等与其他工种间的协调。

2. 降水工程常见故障与处理

(1)钻探成井常见故障与处理措施见表 3-8。

(2)基坑降水常见异常与处理措施见表 3-9。

表 3-8　钻探成井常见故障与处理措施

现象	原因分析	处理措施
回转遇阻	局部塌孔	立即上下活动钻具,保持冲洗液循环
提钻受阻	缩径掉块	转动钻具,送入冲洗液,严禁猛拉硬提
钻具卡在套管底端	套管与钻具不同心	转动钻具,使钻具进入套管
回转遇阻,提不起来	孔壁坍塌,钻具被埋	保持冲洗液循环,上下活动钻具,边回转边上升;振动上拔;千斤顶顶升,保护孔壁,用反丝工具将钻杆逐根反出
井管内淤粉细砂	滤网颗粒粗,滤网孔隙大	捞砂;继续洗井,洗井强度减弱
井管内淤塞含水层中较粗颗粒砂	滤网破裂,反滤部分设计不合理	局部修补,重新成井
长时间出水浑浊	滤网、滤料设计不合理,止水不好	延长洗井时间,洗井强度应由小逐渐增大,减少停开次数
井点出水量小	泥浆堵塞,滤网密度大,抽水机械安装不合理	加大洗井强度,改变洗井方法,调整抽水机械安装
井点出水量逐渐减少或不出水	过滤器被堵,水位下降,水源不足	重新洗井,调整抽水机械安装

表 3-9　基坑降水常见异常与处理措施

现象	原因分析	处理措施
基坑内水位下降至一定深度后不再下降	降水井点少 抽水设备类型不当 有新的水源补给	增加降水井点 调整或更换抽水设备
基坑内水位下降缓慢	井点较少 井点布置不合理	增加井点 延长抽水时间 增加坑内明排
基坑内水位持续下降,并超过设计降深	井点过多 水源不足	间断关停井点
基坑内水位下降不均匀	含水层渗透性差别 井点出水能力差别 井点布设不合理	调整井点布设 调整更换抽水设备
基坑内出现流砂	基坑开挖速度超过水位下降速度	放慢开挖进度 增大降水能力
基坑外侧地表变形大	水位下降过快过大	在降水井点外侧布设回灌水系统

3. 井点降水预防周围地面沉陷的措施

在井点降水过程中，由于会随水带出部分细微土粒，再加上降水后土层的含水量降低，使土产生固结，因而会引起周围地面的沉降。特别是在周围建筑物密集的地区施工，会带来较严重的后果。为此，在建筑物密集的地区进行降水施工，必须采取措施消除或减少周围地面的沉降。

1）采用井点回灌技术

这部分内容在本章节中已有叙述。

2）采用砂沟、砂井回灌

这部分内容在本章节中已有叙述。

3）使降水速度减缓

在砂质粉土中降水影响范围可达 90 m 以上，降水曲线较平缓，为此可将井点管加长，使降水速度减缓，防止产生不均匀沉降。亦可在井点系统降水过程中，调小离心泵阀，减缓抽水速度。还可在邻近被保护建筑物一侧，将井点管间距加大，必要时甚至停止抽水。

4）防止将土粒带出的措施

根据土的粒径选择滤网，防止抽水过程中将土粒带出。

确保井点管周围砂滤层的厚度和施工质量，井点管上部 1 ~ 5 m 范围内用黏土封孔，亦可防止将土粒带出。

上述措施有时可混合采用，能更有效地防止降水引起的地面沉降。

在支护结构内降水，多为了增加被动土压力和疏干土壤，降低土壤内的含水量，便于挖土机下坑挖土和施工支护结构的钢筋混凝土支撑。滤管的埋设深度要掌握好，既要使地下水位降至基坑底以下 500 ~ 1 000 mm，又不要使降水影响到支护结构外面，造成基坑周围地面产生沉降。

二、深基坑土方开挖

随着基坑土方开挖深度的增加，支护结构所承受的荷载越来越大，变形也不断发展。当支护结构为多层支撑（拉锚）体系时，土方开挖需和支撑（拉锚）施工交叉进行，土体分层开挖后，立即进行本层支撑（拉锚）施工，待支撑（拉锚）达到一定的强度以后，再进行下一层土体开挖，如此重复，直至土方开挖结束，并逐步形成支护结构体系。

土体开挖以后，具有时空效应。所谓时间效应，是指在基坑开挖过程中，当土方开挖停止后，基坑围护墙体的变形、周边土层的位移和沉降并未停止，仍在继续发展，直到达到稳定或因变形过大而引起基坑破坏。所谓空间效应，是指基坑围护墙体的变形、周边土层的位移和沉降与分层、分块开挖的空间几何尺寸、围护墙无支撑暴露面积以及是否均衡开挖有关。分层、分块开挖的空间几何尺寸越大，无支撑暴露面积越大，变形也就越大；开挖中，对称性越差，变形也就越大。时间效应和空间效应是密切相关的，基坑开挖以后受到时间效应和空间效应的共同作用。所以，在确定基坑土方开挖方案时，应考虑基坑开挖的时空效应，确定分层、分块开挖的空间几何尺寸、开挖时间、支撑施工时间，并尽量采用对称均衡开挖工序。

综上所述，在基坑土方开挖过程中，支护结构的受力和变形是一个动态发展增加的过程,且土体开挖具有时空效应,有时还需穿插支撑(拉锚)施工,所以影响施工安全的因素多;再加上一般情况下开挖场地狭小,工程量大,故基坑土方开挖施工组织难度大,在基坑开挖以前,应根据基坑支护结构设计、降排水要求、场地条件、周边环境、水文地质条件、气候条件及土方机械配置情况,编写土方开挖施工组织设计,用于指导基坑土方施工。在基坑土方施工组织设计中,重点解决基坑施工空间的组织、挖土和运土机械的配置以及土方作业与坑内结构作业之间的协调。

基坑土方开挖的主要内容有土方施工机械选择、开挖形式、开挖工艺及土方施工设施。

(一)土方施工机械

常用的基坑土方施工机械有挖土机、推土机、装载机、铲运机及载重汽车等。各种施工机械的机械性能、操作方法、适用范围可参见多层建筑土方施工。

1. 挖土机

在上述土方施工机械中,挖土机为主导施工机械,根据工作装置的不同,挖土机可分为正铲挖土机、反铲挖土机、拉铲挖土机、抓铲挖土机。各种挖土机的施工特点如下。

1)正铲挖土机

正铲挖土机的挖土特点是"前进向上,强制切土"。其挖掘能力大,生产效率高,能开挖停机面以上的一至四类土,但需要载重汽车配合运土。正铲挖土机适用于干、硬底基坑的土方开挖。

2)反铲挖土机

反铲挖土机的挖土特点是"后退向下,强制切土"。其挖掘能力比正铲挖土机小,能开挖停机面以下的一至二类土,挖土时可用载重汽车运土,也可弃土于基坑以外。反铲挖土机广泛应用于软土地区的基坑开挖中,分层开挖、多级传递的反铲挖土施工已成为多层支撑基坑开挖中最有效的挖土工艺。

3)拉铲挖土机

拉铲挖土机的挖土特点是"后退向下,自重切土"。其挖掘半径、深度均较大,但挖掘能力小,只能挖掘一至二类土,且不如反铲挖土机灵活。适用于开挖大而深的基坑或水下挖土。

4)抓铲挖土机

抓铲挖土机的挖土特点是"直上直下,自重切土"。可挖很深的土层,能在地面的工作平台上直接进行挖土作业和装车,但其挖掘能力较小,只能开挖一至二类土,所以在软土基坑中,广泛应用抓铲挖土机进行基坑深层土体的开挖。

2. 土方机械组合

在选择土方施工机械时,应根据土方机械性能、工程水文地质状况、施工条件、围护结构形式、工期等选择主导施工机械——挖土机,然后选择配套施工机械,并进行优化,才能达到最佳施工效果。常见的机械组合形式如下。

1)反铲挖土机加载重汽车

反铲挖土机加载重汽车适用于软土地区基坑开挖作业面位于停机面以下的工程,必要时可以用反铲多级传递挖土。

2）反铲挖土机加推土机及载重汽车

反铲挖土机加推土机及载重汽车适用条件同上，推土机帮助开挖工作面和停机面，或对弃土区进行场地平整。

3）抓铲挖土机加载重汽车

抓铲挖土机加载重汽车适用于较深的基坑，当反铲挖土多级传递比较困难，或支撑比较密反铲挖土不便时，可用抓铲直接挖土并装车运走，挖土机停于地面。

4）正铲挖土机加载重汽车

正铲挖土机加载重汽车适用于较浅的基坑或地质条件好、地下水位低、基底为硬底的基坑。载重汽车能下坑装土，正铲挖土机则停于坑底，开挖停机面以上的土体。

5）铲运机挖土施工

铲运机挖土施工适用于大型硬底浅坑。铲运机自行完成挖土、装土和运土，但施工场地必须有足够的铲运机工作面。

在一个基坑工程中，可以选择一种机械组合，也可以同时选择几种机械组合，主要考虑围护结构的安全及经济可行条件，同时还要考虑施工机械的作业要求。

（二）基坑土方开挖

1. 基坑挖土的形式

基坑土方开挖工程量大，若采用人工开挖，劳动强度大，施工进度慢，严重影响工程进度。所以，除使用适当人工作为辅助开挖外，应尽可能采用生产效率高的大型挖土机和运输机械施工。

采用机械挖土时，可根据基坑的深度、工程地质条件及现场施工条件组织土方开挖施工，常见的挖土方式如下。

1）放坡开挖

如图3-60（a）所示，当基坑深度较浅、周围无紧邻的重要建筑及施工场地允许时，可采取放坡开挖，无须进行支护。此时坑内无支撑，土方机械作业面宽敞无障碍，但如地下水位较高，必须采取降低地下水位的措施。

2）直立壁无支撑开挖

如图3-60（b）所示，当基坑支护结构采用直立壁无支撑时，坑内无支撑，坑内土方机械作业面宽敞无障碍。常用的直立壁无支撑支护结构为重力式挡土结构，一般采用水泥土搅拌桩或粉喷桩，既挡土又止水。

3）直立壁内支撑开挖

如图3-60（c）所示，当基坑支护结构采用直立壁内支撑时，内支撑将基坑空间划分成若干层、若干区格，则土方需分层开挖，机械作业面变小，运输道路布置难度增加。在土方施工过程中还需穿插支撑施工，土方施工的进度受到支撑施工的制约。

4）直立壁拉锚开挖

如图3-60（d）所示，当基坑支护结构采用直立壁拉锚时，坑内无支撑，坑内土方机械作业面宽敞无障碍，容易组织不同的施工方案。但土方需分层开挖，在土方施工过程中还需穿插拉锚施工，施工的进度受到拉锚施工的制约。

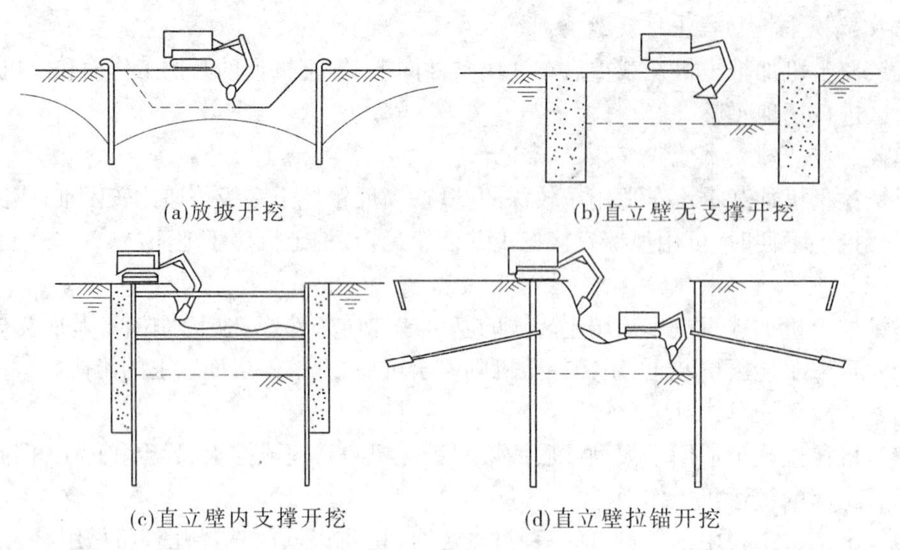

图 3-60　基坑挖土方式

2. 开挖工艺

1) 放坡开挖工艺

采用放坡开挖时,一般基坑深度较浅,挖土机可以一次开挖至设计标高,所以在地下水位高的地区,软土基坑采用反铲挖土机配合运土汽车在地面作业。如果地下水位较低,坑底坚硬,也可以让运土汽车下坑,配合正铲挖土机在坑底作业。

采用放坡开挖时,要求基坑边坡在施工期间保持稳定。基坑边坡坡度应根据土质、基坑深度、开挖方法、留置时间、边坡荷载、排水情况及场地大小确定。当遇有易使边坡失稳的不利情况时,应进行边坡稳定性验算并进行处理。边坡稳定不利情况有:基坑开挖深度大于 5 m,存在可能发生土体滑移的软弱淤泥或含水量丰富的夹层,边坡堆荷超载等。在基坑开挖过程中,为防止基坑边坡的风化、松散以及雨水的冲刷,基坑边坡常采取护面措施,以保护基坑边坡的稳定。如采用钢丝网混凝土护面法或高分子聚合材料覆盖等措施进行护坡。

放坡开挖基坑内作业面大,方便挖土机械作业,也为基础施工提供了足够的工作面,施工程序简单,一般会缩短基础施工工期,经济效益较好。

2) 直立壁无支撑开挖工艺

直立壁无支撑支护结构,一般采用重力式水泥土挡墙,具有挡土和止水双重作用,坑深 5 ~ 6 m,坑内土体可采用反铲挖土机配合运土卡车在地面作业。大多数情况下,地下水位较高,因此很少使用正铲挖土机下坑挖土方案。

3) 直立壁内支撑开挖工艺

采用直立壁内支撑的基坑,内支撑成为组织土方施工的制约因素。内支撑减小了施工机械的作业面,影响挖土机械、运土汽车的效率,增加施工难度。所以,应合理布置支撑,将内支撑对土方施工的制约减到最小。当采用机械挖土时,支撑竖向间距应不小于 4 m。

采用直立壁内支撑的基坑,深度一般较大,超过挖土机的挖掘深度,需分层开挖。在施工过程中,土方开挖和支撑施工需交叉进行。内支撑是随着土方的分层、分区开挖,形成支撑施工工作面,然后施工内支撑,结束后待内支撑达到一定强度以后进行下一层(区)土方的开挖,形成下一道内支撑施工工作面,重复施工,从而逐步形成支护结构体系。所以,基坑土方开挖必须和支撑施工密切配合,根据支护结构设计的工况,确定土方分层、分区开挖的范围,分层、分区开挖基坑土方。在确定基坑土方分层、分区开挖范围时,还应考虑土体的时空效应、支撑施工的时间、机械作业面的要求等。

土方的开挖工艺还必须与支撑的结构形式、平面布置相配套。如采用周边桁架支撑形式,可采取岛式挖土方案,先行挖去周边土层,进行周边桁架支撑结构的架设或浇筑,待周边支撑形成后再开挖中间岛区的土方,利用中间岛区的土方对坑底的压力来有效控制支撑施工前的初始变形。当采用十字对撑时,由于支撑设置后会对下层土方开挖的机械化作业产生制约,所以常采用盆式施工方案,在尽量挖去下层中心区土方以后,架设十字对撑式钢支撑并施加预紧力,或在挖去本层中心区域土体以后,浇筑钢筋混凝土支撑,并逐个区域挖去周边土方,逐步形成对围护壁的支撑。这时一般使用反铲和抓铲挖土机。

进行两层或多层开挖时,挖土机和运土汽车需下至基坑内施工,故在基坑适当位置需留设坡道或搭设施工栈桥,挖土机和运土汽车要能在坡道或栈桥上挖土或装运土方。

挖土一般选用大、中、小型挖土机配合作业,小型挖土机一般在支撑下挖土,中型或大型挖土机一般停在施工栈桥上向上驳运土或装车。对于基坑周边的土,也可以先由小型挖土机集中到抓斗机工作点,再由抓斗机装车运出。

4)直立壁拉锚开挖工艺

采用直立壁拉锚的基坑,深度较大,坑内挖土作业场地宽敞。在土方施工中,需进行分层、分区段开挖,穿插进行拉锚施工。土方分层、分区段开挖的范围应和锚杆的设置位置一致,满足锚杆施工机械的要求,同时也要满足土体稳定性的要求。

(三)坑内施工设施

高层建筑基坑,一般情况下施工场地狭小。在基坑施工阶段,大部分场地已被开挖的基坑占去,周围可供使用的场地更加紧张。所以,施工人员应根据现场条件、工程特点及施工方案,精心组织、合理布置现场平面,以保证施工的顺利进行。在基坑施工阶段,需要在现场合理布置起重机及其基础、开行道路、大型设备(如混凝土泵车)的停放点、挖土栈桥或坡道、临时施工平台、材料堆场仓库、现场办公等。

为了解决施工场地狭小和分层挖土时挖土机、运土汽车的开行问题,可在基坑内适当设置临时施工栈桥或坡道。

1.施工栈桥

设置施工栈桥后,挖土机械及运土车辆可在栈桥上开行并进行下部土体的开挖与运输。当采用抓铲挖土机时,栈桥的作用更为显著。大型基坑挖土施工时,合理设置栈桥,可解决施工场地紧张问题。

挖土栈桥一般与上道支撑合二为一,在支撑表面铺设路基箱,这样既可充分利用支撑结构,又可缩短工期,降低造价。栈桥可采用钢结构或混凝土结构。栈桥的宽度应考虑机车的最大宽度加1~2 m的行车间隙,一般可取5 m左右。栈桥的纵向跨度应根据立柱设置状况确定,一般为6~9 m。主支撑间宜设置联系梁,使其连成整体。专为栈桥设计的立柱桩应进行验算,如果利用工程桩,则一般可不验算。

2. 挖土坡道

在多道支撑条件下开挖土方，由于受支撑的影响，下层土方运输十分困难，有时需用多台反铲挖土机挖运，大大影响施工效率。设置挖土坡道后，使运土车辆下坑，既便于运土，又大大提高运土效率。

挖土坡道可采用土坡道或栈桥式坡道。栈桥式坡道多采用钢结构。在坡道的两侧设置支撑立柱，其上架设钢桁架，再铺设路基箱，由此组成一个挖土坡道。在土方开挖过程中，支撑立柱间加设系杆，以保证坡道的整体稳定。支撑立柱可采用格构式或H型钢等。

挖土坡道过陡，会使卡车爬坡困难，甚至爬不上坡，坡道的坡度不宜大于10°，一般取6°~8°，因此坡道需要一定的长度，故在小型基坑中难以采用。为便于卡车上坡，应在坡面焊接棍肋防滑，在两侧安装防护栏杆，在底端设平台，以便挖土机及卡车停靠及回转。坡道的宽度应保证车辆正常行驶，可取车身宽度加2 m。

第三节　高层建筑基础施工

在高层建筑施工中，基础工程施工在工期、造价和劳动消耗方面都占很大的比重，而且高层和超高层建筑的基础，不论筏形基础、箱形基础，还是桩基复合基础，都有较厚的钢筋混凝土底板，都属于大体积混凝土结构。这种大体积混凝土结构表面系数小、混凝土强度等级高、单位水泥用量大、整体性要求高，其施工技术和施工组织都比一般混凝土结构复杂。

解决大体积混凝土基础施工问题，主要是防止温度裂缝的产生或把裂缝控制在某个界限内。大体积混凝土在施工阶段产生的温度裂缝有表面裂缝、结构内部出现的裂缝和贯穿整个断面的裂缝。

一、高层建筑大体积混凝土基础产生裂缝的原因

混凝土是由多种材料组成的非匀质材料，它具有较高的抗压强度、良好的耐久性、抗拉强度低、抗变形能力差、易开裂的特性。

普通混凝土裂缝的产生主要是由外荷载的直接应力、结构的次应力、变形变化产生的应力(温度、收缩、不均匀沉降、膨胀)等引起的。

高层建筑大体积混凝土的裂缝多由变形变化引起，按裂缝的表面形式和深度一般可分为表面裂缝、深层裂缝和贯穿裂缝(见图3-61)。根据大体积混凝土截面大、水泥用量大、水化热高和变形时受基底约束或结构边界条件的约束等特点来分析，大体积混凝土裂缝产生的原因如下。

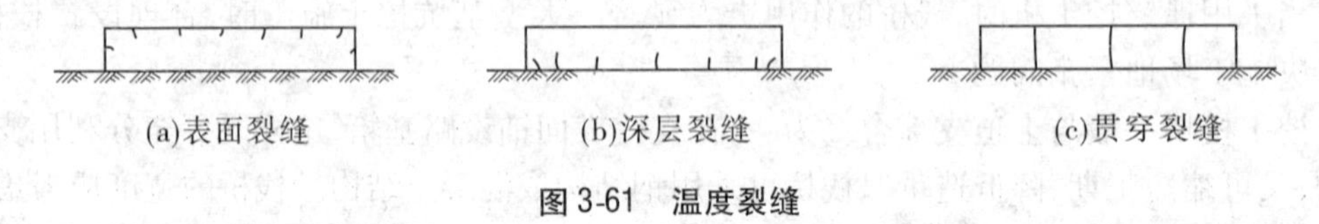

(a)表面裂缝　(b)深层裂缝　(c)贯穿裂缝

图3-61　温度裂缝

(一)水泥水化热的影响

水泥在水化过程中产生大量的水化热，大体积混凝土厚度较大，水化热聚集在混凝土

内部不易散发，因而使混凝土内部的温度升高。水泥水化热产生的热量在1~3 d内放出总量的一半，3~5 d使混凝土内部温度达到最高。虽然水泥水化继续进行并不断放出水化热，但因放热速度减缓和结构的自然散热，6 d后的混凝土内部温度呈逐渐下降趋势。混凝土内部温度的升高使其与混凝土表面温度形成温差，产生温度应力和温度变形，温差越大，温度应力就越大。当混凝土面层产生的拉应力超过混凝土的抗拉强度时，混凝土表面就会产生裂缝。

混凝土内部的温度与混凝土的厚度和水泥用量有关，混凝土愈厚，水泥用量愈大，内部温度就愈高。由温差所产生的温度应力与混凝土结构的尺寸有关，在一定尺寸范围内，混凝土结构尺寸愈大，温度应力也愈大，因而引起裂缝的可能性也愈大。

（二）约束条件的影响

结构在变形变化时，会受到一定的约束或抑制而阻碍其自由变形，这些阻碍因素称为约束条件，不同结构间的变形约束称为外约束，结构内部的变形约束称为内约束。

高层建筑的大体积混凝土主要出现在基础底板（或承台）或转换层的框支梁上。一方面，基础底板（或承台）混凝土与地基（通常设置有低强度等级的素混凝土垫层）浇筑在一起，当温度变化时，受到下部地基的限制而产生外部约束应力。在混凝土浇筑初期，水化热使混凝土内部温度升高，混凝土体积膨胀，在外约束作用下产生压应力。因此时混凝土的弹性模量小，徐变和应力松弛度大，因而压应力较小。当混凝土浇筑数日后，水泥水化热基本上已释放，混凝土开始降温收缩，在地基的约束下产生拉应力，当该应力超过混凝土的抗拉强度时，则从约束面开始向上形成垂直裂缝。如果该温度应力足够大，则会使裂缝的开展不断加深，严重时可能产生贯穿裂缝。另一方面，在混凝土内部由于水泥水化热而形成由中心向四周温度由高向低变化的状态，因中心热膨胀大而产生压应力，在表面产生拉应力。当拉应力超过混凝土的抗拉强度值和钢筋的约束作用时，同样会产生裂缝。

（三）外界气温变化的影响

大体积混凝土在施工期间，温度裂缝的出现程度常受到外界气温变化的影响。混凝土的内部温度是由水泥水化热的绝热温度、浇筑温度和散热降温等叠加而成的。外界气温愈高，混凝土的浇筑温度也愈高。当气温下降，特别是气温骤降时，会增加外层混凝土与内部混凝土的温度梯度，加大温差及温度应力的影响，从而增加了出现温度裂缝的程度。因此，要考虑外界气温变化的影响，采取合理的温度控制措施。

（四）混凝土收缩变形的影响

（1）混凝土塑性收缩变形。在混凝土硬化之前，混凝土处于塑性状态，如果上部混凝土的均匀沉降受到影响，如遇到钢筋或大的混凝土骨料，或者平面面积较大的混凝土，其水平方向的减缩比垂直方向更难时，就容易形成一些不规则的混凝土塑性收缩性裂缝。这种裂缝通常是互相平行的，间距为0.2~1.0 m，并且有一定的深度。它不仅可以发生在大体积混凝土中，而且可以发生在平面尺寸较大、厚度较薄的结构中。

（2）混凝土的体积变形。混凝土在水泥水化过程中要产生一定的体积变形，但多数是收缩变形，少数为膨胀变形。掺入混凝土中的拌和水，约有20%是水泥水化所必需的，其余的80%都要被蒸发，最初失去的自由水几乎不引起混凝土的收缩变形，随着混凝土的继续干燥而使吸附水逸出，就会出现干缩。混凝土干燥收缩的机制比较复杂，主要是混凝土内部孔隙水蒸发引起的毛细管引力所致,这种干燥收缩在很大程度上是可逆的,即混凝土产生干燥收缩后,如再处于水饱和状态,混凝土还可以膨胀恢复到原有的体积。

除上述干缩收缩外,混凝土还会产生碳化收缩,即空气中的二氧化碳与混凝土中的氢氧化钙反应生成碳酸钙和水,这些结合水会蒸发而使混凝土产生收缩。

二、控制温度裂缝的理论计算

(一)混凝土的绝热最高温升

假定在混凝土周围没有任何散热条件、没有任何热损耗的情况下,水泥水化后产生的热量全部转化为温升后的最后温度,称为绝热最高温升,计算公式如下:

$$T_{max} = \frac{WQ}{C\rho} \tag{3-8}$$

式中 T_{max}——混凝土的绝热最高温升,℃;

W——每立方米混凝土中水泥用量,kg/m^3;

Q——每千克水泥水化热量,J/kg(查表 3-10);

C——混凝土的比热,一般可取 0.96×10^3 J/(kg · ℃);

ρ——混凝土的容重,一般可取 2 400 kg/m^3。

不同龄期几种常用水泥在常温下释放的水化热见表 3-10。水泥水化热量与水泥品种、强度等级、施工气温和龄期等因素有关。

表 3-10　水泥水化热值　　　(单位:kJ/kg)

水泥品种	水泥强度等级	混凝土龄期		
		3 d	7 d	28 d
普通硅酸盐水泥	52.5	314	354	375
	42.5	250	271	334
	32.5	208	229	292
矿渣硅酸盐水泥	42.5	180	256	334
	32.5	145	208	271

注:1. 本表数值是按平均硬化温度 15 ℃时编制的,当平均温度为 7 ~ 10 ℃时,表中数值按 60% ~70% 采用。

2. 当采用粉煤灰硅酸盐水泥、火山灰质硅酸盐水泥时,其水化热量可参考矿渣硅酸盐水泥的数值。

(二)混凝土最高温升值

由于大体积混凝土结构都处于一定的散热条件下,故实际的最高温升一般小于绝热温升。根据对大体积混凝土结构的现场实测升温、降温数据资料统计整理分析,得出:凡混凝土结构厚度在 1.8 m 以下,在计算最高温升值时,可以忽略水灰比、单位用水量、浇筑工艺及浇筑速度等次要因素的影响,而只考虑单位体积水泥用量及混凝土浇筑温度这两个主要影响因素,以简便的经验公式进行计算。工程实践证明,其精度完全可以满足指导施工的要求。

$$T'_{max} = T_0 + \frac{W}{10} \tag{3-9}$$

或

$$T'_{max} = T_0 + \frac{W}{10} + \frac{F}{50} \tag{3-10}$$

式中 T'_{max}——混凝土内部的最高温升值,℃;

T_0——混凝土浇筑温度,℃,在计算时若无气温与浇筑温度的关系值,可采用计划浇筑日期的当地旬平均气温;

W——每立方米混凝土中水泥的用量,kg/m^3;

F——每立方米混凝土中粉煤灰的用量,kg/m^3。

(三)温度收缩应力的计算

在进行应力计算时,为了便于将混凝土降温产生的应力与混凝土收缩产生的应力用同一公式计算,将混凝土各龄期的收缩量转换为收缩当量温差。对于二维约束的结构(一般大体积钢筋混凝土基础均属二维结构),其温度收缩应力按下式计算:

$$\sigma_{max} = \sum_{i=1}^{n} \Delta\sigma_i = -\frac{\alpha}{1-\gamma_i}\sum_{i=-1}^{n}\left(1-\frac{1}{\mathrm{ch}\beta_i \dfrac{L}{2}}\right)\Delta T_i E_i S_i \tag{3-11}$$

式中 σ_{max}——最大温度收缩应力(最大水平拉应力),MPa;

$\Delta\sigma_i$——将从温升的峰值至周围气温的总降温差分解为 n 段,其中第 i 段温度的收缩应力,MPa;

ΔT_i——第 i 段计算温差,℃;

E_i——第 i 段降温时混凝土的弹性模量,MPa;

S_i——第 i 段降温的应力松弛系数;

α——混凝土的线膨胀系数,一般取 1.0×10^{-5};

γ——泊松比,取 0.15;

ch——双曲余弦函数;

β_i——对混凝土结构的变形影响系数;

L——结构长条板的长度,mm。

在式(3-11)中,ΔT_i、E_i、S_i 等都是随龄期变化的变量,计算温度收缩应力时,应分别计算出不同龄期时的 ΔT_i、E_i、S_i 等,进而算出相应温差区段(一段取 2~3 d)内产生的温度应力,而后累加即得最大温度应力。然而,运用式(3-11)时,还应首先确定 ΔT_i、E_i、S_i 及 β_i 等参数。

(1)ΔT_i、ΔT 是结构计算温差,它包括混凝土降温温差和混凝土的收缩当量温差,即

$$\Delta T = T_m + T_y \tag{3-12}$$

式中 ΔT——结构计算温差,℃;

T_m——混凝土水化热降温温差,℃;

T_y——混凝土收缩当量温差,℃。

要准确计算 T_m 是非常复杂的,它与复杂的散热边界条件、混凝土内部各质点的温度分布等诸多因素有关,可根据实测温度值和温度升降曲线确定,并不断积累数据,为今后的温度应力计算提供参考依据。图 3-62 是实际工程中按不同季节、不同厚度的混凝土中心部位的水化热升降温曲线,可直接用于相似工程中温度应力计算,以求得近似解答。

设 T'_{max} 为混凝土内部最高温升值，t_{max} 为达到 T'_{max} 的时间，则从图 3-62 中可查得：

A 曲线：2.6 m 厚，夏季施工，$T'_{max}=60.8$ ℃，$t_{max}=3$ d；

B 曲线：1.3 m 厚，夏季施工，$T'_{max}=39.1$ ℃，$t_{max}=3$ d，掺粉煤灰；

C 曲线：2.6 m 厚，冬季施工，$T'_{max}=31.4$ ℃，$t_{max}=5.5$ d；

D 曲线：1.3 m 厚，冬季施工，$T'_{max}=22.3$ ℃，$t_{max}=3$ d；

E 曲线：2.5 m 厚，夏季施工，$T'_{max}=52.0$ ℃，$t_{max}=3$ d；

F 曲线：4.95 m 厚，秋季施工，$T'_{max}=64.4$ ℃，$t_{max}=7$ d；

G 曲线：0.5 m 厚，冬季施工，$T'_{max}=17.0$ ℃，$t_{max}=2$ d；

H 曲线：0.5 m 厚，夏季施工，$T'_{max}=38.0$ ℃，$t_{max}=1.5$ d。

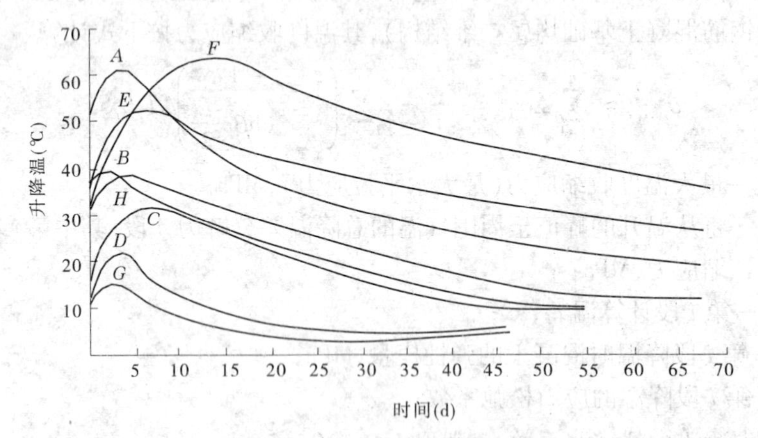

图 3-62　水化热实测升降温曲线

混凝土各龄期收缩当量温差可按下式计算：

$$T_y(t) = \frac{\varepsilon_y(t)}{\alpha} \tag{3-13}$$

$$\varepsilon_y(t) = \varepsilon_y^0(1 - e^{-bt})M_1M_2\cdots M_{10} \tag{3-14}$$

式中　$T_y(t)$——混凝土各龄期收缩当量温差，℃；

$\varepsilon_y(t)$——混凝土各龄期收缩值，mm；

α——混凝土的线膨胀系数；

ε_y^0——标准状态下混凝土的极限收缩值，mm，一般可取 3.24×10^{-4}；

b——经验系数，一般取 0.1；

t——混凝土的龄期，d；

M_1——水泥品种修正系数；

M_2——水泥细度修正系数；

M_3——骨料品种修正系数；

M_4——水灰比修正系数；

M_5——水泥浆量修正系数；

M_6——养护条件修正系数；

M_7——环境相对湿度修正系数；

M_8——构件尺寸修正系数；

M_9——混凝土捣实方法修正系数；

M_{10}——配筋率的修正系数。

$M_1 \sim M_{10}$各修正系数的取值见表3-11。

表3-11　$M_1 \sim M_{10}$各修正系数的取值

水泥品种	M_1	水泥细度	M_2	骨料品种	M_3	$\frac{m_w}{m_c}$	M_4	水泥浆量(%)	M_5
普通水泥	1.00	1 500	0.90	花岗岩	1.00	0.2	0.65	15	0.90
矿渣水泥	1.25	2 000	0.93	玄武岩	1.00	0.3	0.85	20	1.00
快硬水泥	1.12	3 000	1.00	石灰岩	1.00	0.4	1.00	25	1.20
低热水泥	1.10	4 000	1.13	砾砂	1.00	0.5	1.21	30	1.45
石灰矿渣水泥	1.00	5 000	1.35	无粗骨料	1.00	0.6	1.42	35	1.75
火山灰水泥	1.00	6 000	1.68	石英岩	0.80	0.7	1.62	40	2.10
抗硫酸盐水泥	0.78	7 000	2.05	白云岩	0.95	0.8	1.80	45	2.55
矾土水泥	0.52	8 000	2.42	砂岩	0.90	—	—	50	3.03

水泥品种	养护时间 t(d)	M_6	相对湿度(%)	M_7	水力半径倒数 $\bar{r}$(cm)	M_8	捣实养护操作方法	M_9	$\frac{E_aF_a}{E_bF_b}$	M_{10}
普通水泥	1～2	1.11	25	1.25	0	0.54	机械振捣	1.00	0	1.00
矿渣水泥	3	1.09	30	1.18	0.1	0.76	人工捣实	1.10	0.05	0.86
快硬水泥	4	1.07	40	1.10	0.2	1.00	蒸汽养护	0.85	0.10	0.76
低热水泥	5	1.04	50	1.00	0.3	1.03	高压釜处理	0.54	0.15	0.68
石灰矿渣水泥	7	1.00	60	0.88	0.4	1.20			0.20	0.61
火山灰水泥	10	0.96	70	0.77	0.5	1.31			0.25	0.55
抗硫酸盐水泥	14～28	0.93	80	0.70	0.6	1.40				
矾土水泥	40～90	0.93	90	0.54	0.7	1.43				
	≥180				0.8	1.44				

注：$\frac{m_w}{m_c}$为水与水泥的质量比；$\bar{r}=\frac{L}{F}$（L为构件截面周长，F为构件截面面积）；E_a、F_a 分别为钢筋的弹性模量、截面面积；E_b、F_b 为混凝土的弹性模量、截面面积。

(2)E_i。在混凝土浇筑初期，弹性模量是变化的，可按下式计算：

$$E(t) = E_0(1 - e^{-0.09t}) \tag{3-15}$$

式中　$E(t)$——一定龄期时的混凝土的弹性模量，MPa；

E_0——龄期为28 d时的混凝土弹性模量，MPa；

t——混凝土的龄期，d。

(3)S_i。混凝土结构在应力作用下，不仅产生弹性变形，随着时间的延续还会产生非弹性变形，即徐变。徐变引起应力松弛，对防止混凝土开裂有利。松弛与加荷时混凝土的龄期有关，还与应力作用时间长短有关。只考虑荷载持续时间、忽略混凝土龄期影响的应力松弛系数（简化计算时应用）见表3-12。考虑这两个因素影响时的应力松弛系数见表3-13。

表 3-12　各龄期混凝土的应力松弛系数 S_i

t(d)	3	6	9	12	15	18	21	24	27	30
S_i	0.57	0.52	0.48	0.44	0.41	0.386	0.368	0.352	0.339	0.327

表 3-13　考虑荷载持续时间和混凝土龄期影响的应力松弛系数

$t=2$ d		$t=5$ d		$t=10$ d		$t=20$ d	
t'	S_i	t'	S_i	t'	S_i	t'	S_i
2.25	0.426	5.25	0.510	10.25	0.551	20.25	0.592
2.50	0.342	5.50	0.441	10.50	0.499	20.50	0.549
2.75	0.304	5.75	0.410	10.75	0.476	20.75	0.534
3	0.278	6	0.383	11	0.457	21	0.521
4	0.225	7	0.296	12	0.392	22	0.473
5	0.199	8	0.262	14	0.306	25	0.367
10	0.187	10	0.228	18	0.251	30	0.320
20	0.186	20	0.215	20	0.238	40	0.253
30	0.186	30	0.208	30	0.214	50	0.252
∞	0.186	∞	0.208	∞	0.210	∞	0.251

注：t 表示荷载持续时间，t' 表示混凝土龄期。

(4)β_i。大体积混凝土基础位于地基上，对混凝土基础变形产生一定影响，综合影响效应按下式确定：

$$\beta_i = \sqrt{\frac{C_x}{HE_i}} \tag{3-16}$$

式中　β_i——混凝土结构变形综合影响系数；

H——结构厚度，mm；

E_i——各龄期混凝土的弹性模量，MPa；

C_x——阻力系数，N/mm^2，取值如下：

软黏土	0.01～0.03
一般砂质黏土	0.03～0.06
特别坚硬黏土	0.06～0.10
风化岩及低强度等级素混凝土	0.06～0.10
大于 C15 的配筋混凝土	1.00～1.50

当采用桩基础时，桩对结构变形亦有约束，C_x 值除按上述确定外，尚需增加单位面积地基上桩的阻力系数 C'_x：

$$C'_x = \frac{Q}{F} \tag{3-17}$$

式中 C'_x——单位面积地基上桩的水平阻力系数，N/mm^2；

Q——桩产生单位位移所需的水平力，N；

F——每根桩分担的地基面积，mm^2。

(四)最大整浇长度计算

最大整浇长度即伸缩缝间隙，根据上述的一系列计算，当 σ_{max} 接近混凝土的极限抗拉强度时，混凝土结构尚未开裂的伸缩缝最大间距按下式计算：

$$L_{max} = 2\sqrt{\frac{HE}{C_x}} \operatorname{arch} \frac{|\alpha T|}{|\alpha T| - |\varepsilon_p|} \tag{3-18}$$

式中 L_{max}——最大伸缩缝间距；

H——混凝土结构的厚度；

E——混凝土的弹性模量；

C_x——阻力系数；

arch——反双曲余弦函数；

α——混凝土的线膨胀系数；

T——结构计算温差；

ε_p——混凝土的极限拉伸值。

当 σ_{max} 超过混凝土抗拉强度时，则会在构件中部应力最大处开裂，此时伸缩缝最小间距：

$$L_{min} = \frac{1}{2}L_{max} \tag{3-19}$$

计算中应当采用 L_{min}、L_{max} 两者的平均值，即以平均伸缩缝间距作为控制整浇长度的依据，如果平均伸缩缝间距的计算值超过结构的实际长度，则表示浇筑混凝土时必须设置伸缩缝或后洗带；反之，则可整体浇筑。平均伸缩缝间距的计算见式(3-19)。

$$L_{cp} = \frac{1}{2}(L_{max} + L_{min}) = 1.5\sqrt{\frac{HE}{C_x}} \operatorname{arch} \frac{|\alpha T|}{|\alpha T| - |\varepsilon_p|} \tag{3-20}$$

式中 L_{cp}——伸缩缝平均间距；

其余符号含义同前，但 ε_p 可按下式计算：

$$\varepsilon_p = \varepsilon_{pa} + \varepsilon_n = 1.5\varepsilon_{pa} \tag{3-21}$$

$$\varepsilon_{pa} = 5f_t\left(1 + \frac{\rho}{d}\right)10^{-5}\frac{\ln t}{\ln 28} \tag{3-22}$$

式中 ε_{pa}——混凝土的瞬时极限拉伸值；

ε_n——混凝土的徐变变形，与 ε_{pa} 基本相等，为偏于安全，取其一半计算；

f_t——混凝土的抗拉强度设计值，MPa；

ρ——配筋率(%)；

d——钢筋直径，mm；

t——混凝土的龄期，d；

三、防止产生温度裂缝的技术措施

防止产生温度裂缝是大体积混凝土设计和施工中应考虑的重要内容，尤其在施工方面,更是研究的重点内容。目前,我国已积累了很多成功的经验。工程上常用的防止混凝土产生裂缝的措施主要有:采用中低热的水泥品种;降低水泥用量;合理分缝分块施工;掺加外加料;选择适宜的骨料;控制混凝土的出机温度和浇筑温度;预埋水管冷却,降低混凝土的最高温升;表面保护,保温隔热;采取结构构造措施等。这些措施可结合应用,以便取得更好的效果。

(一)构造设计和改善边界约束

1. 合理配筋

在构造设计方面进行合理配筋,对混凝土结构的抗裂有很大作用。工程实践证明,当混凝土墙板的厚度为 400 ~ 600 mm 时,采取增加配置构造钢筋的方法,可使构造筋起到温度筋的作用,能有效提高混凝土的抗裂性能。配置的构造筋应合理分布,即应尽可能采用小直径、小间距。例如配置 6 ~ 14 mm、间距控制在 100 ~ 150 mm,按全截面对称配筋比较合理,这样可大大提高抵抗贯穿性开裂的能力。

对于大体积混凝土,构造筋对控制贯穿性裂缝作用不太明显,但沿混凝土表面配置钢筋,可提高面层抵抗表面温降的影响和干缩。

2. 设置滑动层

基础混凝土浇筑在岩石类地基或混凝土垫层上时,会有很大的外约束而产生温度应力,若在接触面上设置滑动层,则可大大减弱外约束,对减小温度应力将起到显著作用。滑动层的做法有:涂刷两道热沥青加铺一层沥青油毡,或铺设 10 ~ 20 mm 厚的沥青砂,或铺设 50 mm 厚的砂或石屑层等。

3. 设置应力缓和沟

设置应力缓和沟,即在结构的表面,每隔一定距离(一般约为结构厚度的 1/5)设一条沟。设置应力缓和沟后,可将结构表面的拉应力减小 20% ~50%,可有效地防止表面裂缝。这种方法是日本首先研究并采用的一种防止大体积混凝土开裂的方法。我国曾在直径 60 m、底板厚 3.5 ~5.0 m、容量为 1.6 万 m^3 的地下罐工程中尝试使用,取得了良好效果。应力缓和沟的形式如图 3-63 所示。

4. 设置缓冲层

在高、低板交接处和底板地梁处等,用 30 ~ 50 mm 厚的聚苯乙烯泡沫塑料板作垂直隔离,以缓和地基对基础收缩时的侧向压力(见图 3-64)。

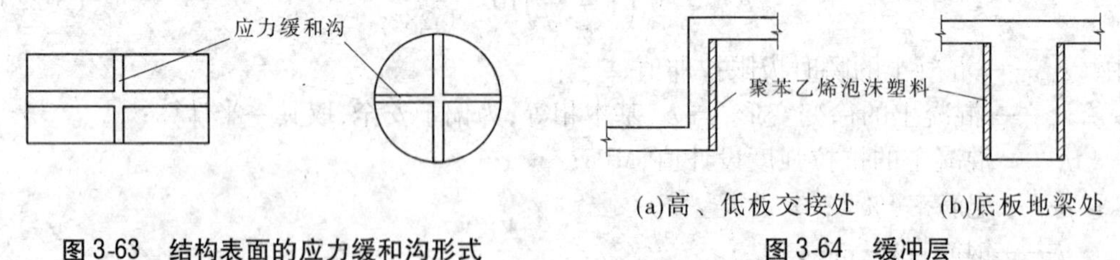

图 3-63 结构表面的应力缓和沟形式

图 3-64 缓冲层

5. 避免应力集中

在孔洞周围、变断面转角部位、转角处等,由于温度变化和混凝土收缩,会产生应力集中而导致混凝土产生裂缝。为此,可在孔洞四周增配斜向钢筋、钢筋网片;在变断面处避免断面突变,可作局部处理,使断面逐渐过渡,同时增配一定量的抗裂钢筋(见图 3-65),这对防止裂缝产生是有很大作用的。

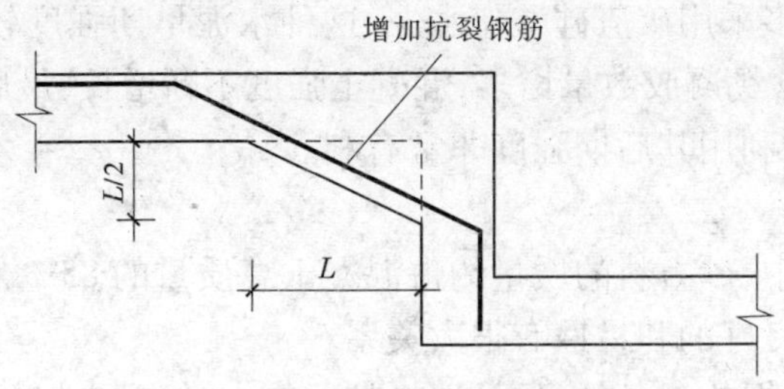

图 3-65　基础变断面处改善应力集中

6. 合理分段浇筑

当大体积温凝土结构的尺寸过大,经计算整体一次浇筑会产生较大温度应力,有可能产生温度裂缝时,即可增设后浇带进行分段浇筑。

所谓后浇带方法,是指大体积混凝土结构分成若干区段浇筑,每两个区段间留出缝隙,当先期浇筑的混凝土基本收缩完毕,并具有抵抗后期浇筑混凝土降温温差和收缩应力的能力时,再去浇筑各区段间缝隙的混凝土,使之形成整体。在后浇带处的板、梁钢筋贯通不断,后浇带的间距不宜超过 40 m,宽度可取 800 ~ 1 000 mm。后浇带的构造如图 3-66 所示。

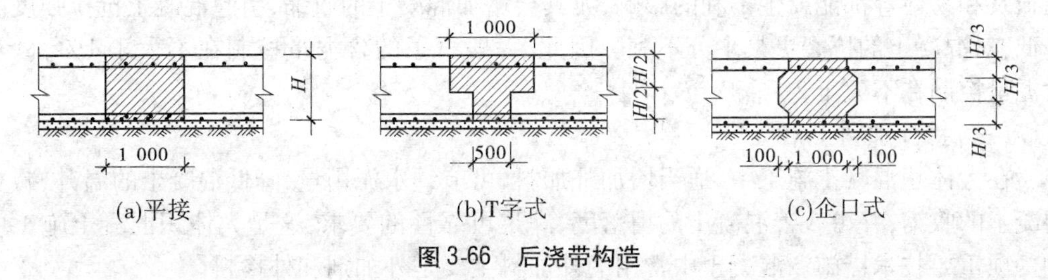

图 3-66　后浇带构造

后浇带的混凝土强度等级应比原结构提高 5 ~ 10 N/mm^2,浇筑时间应比先期浇筑时间延后 40 d。后浇混凝土湿养护不少于 15 d。

(二)原材料的要求

1. 水泥品种和用量

混凝土升温的热源是水泥水化热,选用中低热的水泥品种,是控制混凝土温升的最基本方法。如 32.5 号、42.5 号矿渣硅酸盐水泥或粉煤灰水泥。42.5 号矿渣硅酸盐水泥,3 d 的水化热为 180 kJ/kB;而 42.5 号普通硅酸盐水泥,3 d 的水化热却为 250 kJ/kB;42.5 号火山灰硅酸盐水泥,3 d 的水化热仅为同标号普通硅酸盐水泥的 60%。根据某大型基础的实测,选用 42.5 号普通硅酸盐水泥,比选用 42.5 号矿渣硅酸盐水泥,3 d 内水化热平均升温高 5 ~8 ℃。

大量的试验资料表明,每立方米混凝土中的水泥用量,每增减 10 kg,其水化热将使混凝土的温度相应升降 1 ℃。因此,为控制混凝土温升,减少温度裂缝,在满足混凝土强度和耐久性的前提下,尽量减少水泥用量,严格控制每立方米混凝土中水泥用量不超过 400 kg。同时,可根据结构实际承受荷载的情况,充分利用混凝土的后期强度。即采用 45 d、

60 d 或 90 d 龄期的抗压强度，作为混凝土的设计强度，这样可使每立方米混凝土的水泥用量减少 40～70 kg，混凝土的水化热温升可相应降低 4～7 ℃。

大体积混凝土中多采用矿渣硅酸盐水泥，这种水泥早期强度较低，但在硬化后期（28 d 以后），由于水化硅酸钙凝胶数量增多，混凝土强度不断增长，最后甚至超过同强度等级的普通硅酸盐水泥，对利用其后期强度非常有利。

2. 骨料的选择

在大体积混凝土中，砂石料的质量约占混凝土总质量的 85%，级配的好坏，对节约水泥和保证混凝土具有良好的和易性有很大关系。

对于粗骨料，可根据施工条件，尽量选择粒径较大、级配良好的石子。试验表明：采用 5～40 mm 石子比采用 5～25 mm 石子，每立方米混凝土可减少水量 15 kg 左右，在相同水灰比的情况下，水泥用量可节约 20 kg 左右，混凝土温升可降低 2 ℃。

粗骨料粒径增大后，容易引起混凝土的离析，影响混凝土的质量。因此，进行混凝土配合比设计时，必须进行优化级配，施工时加强搅拌、浇筑和振捣等工作。粗骨料颗粒的形状对混凝土的和易性和用水量有较大影响，因此应将骨料中的针状和片状颗粒的质量限制在 15% 以内。

大体积混凝土中用的细骨料，以采用中、粗砂为宜，细度模数宜为 2.6～2.9。骨料中的含泥量是影响混凝土质量的主要因素，它对混凝土的强度、干缩、徐变、抗渗、抗冻融、抗磨损及和易性等都能产生不利的影响，尤其会增加混凝土的收缩，引起混凝土抗拉强度的降低，对混凝土的抗裂更是十分不利。因此，一般石子的含泥量控制在不大于 1%，砂子含泥量控制在不大于 2%。

（三）掺外加料

在大体积混凝土施工中，适当增加外加料，可节约水泥用量，降低混凝土的温升，减少混凝土的收缩，并可改善混凝土的坍落度，满足可靠性的要求，这是大体积混凝土施工中的一项重要技术措施。混凝土中常用的外加料主要是外加剂和外掺料。

1. 掺外加剂

外加剂一般采用木质素磺酸钙（简称木钙），它属于阴离子表面活性剂，对水泥颗粒具有明显的分散效应，并能使水的表面张力降低而引起加气作用。因此，在泵送混凝土中掺入水泥质量的 0.2%～0.3%，不仅使混凝土的和易性有了明显的改善，同时可减少 10% 拌和水，节约 10% 左右的水泥，从而降低了水化热。

木钙因原料为工业废料，资源丰富，生产工艺和设备简单，成本低廉，并能减少环境污染，故世界各国均大量生产，广为使用，尤其适用于泵送混凝土的浇筑。在混凝土中掺入木钙，能减少水泥用量，降低水化热，同时可明显延迟水化热释放的速度，热峰也相应地推迟。这样，不但可减小温度应力，而且可使初凝和终凝的时间相应延迟 5～8 h，可大大减少在大体积混凝土施工过程中出现冷接缝的可能性。

2. 掺外掺料

以粉煤灰代替部分水泥，在混凝土用水量不变的条件下，可显著改善混凝土的和易性；若保持混凝土拌和物原有流动性不变，则可减少用水量，提高混凝土的密实性和强度；掺入适量的粉煤灰，还可大大改善混凝土的可泵性，降低温凝土的水化热，同时还具有明显的经济价值。

掺入的粉煤灰应选用细度合格、质地优良、符合国家规定的粉煤灰。掺量一般以15% ~25% 为宜。在混凝土中掺入粉煤灰也有一定的缺点，如早期强度低，在低温下混凝土强度增长缓慢，泌水性较大，所以在使用时应适当掺加塑化剂。

（四）控制混凝土出机温度和浇筑温度

控制混凝土的出机温度主要是对混凝土原材料的温度加以控制。对混凝土出机温度影响较大的是石子和砂的温度，其最有效的办法就是降低石子的温度。降低石子温度的方法很多，如在气温较高时，为防止太阳的直接照射，可在砂、石堆场搭设简易的遮阳装置，温度可降低 3 ~5 ℃；在拌和前用冷水冲洗粗骨料，在储料仓中通冷风预冷等，使混凝土的出机温度达到不超过 7 ℃的要求。

对混凝土浇筑温度的控制，各国都有明确的规定。如我国有些规范提出混凝土浇筑温度应不超过 25 ℃，否则必须采取特殊技术措施。在土建工程的大体积混凝土施工中，实践证明，浇筑温度对结构物的内外温差影响不大，因此对主要受早期温度应力影响的结构物，没有必要对浇筑温度控制过严。但温度过高会引起混凝土较大的干缩以及给浇筑带来不利影响，适当限制混凝土的浇筑温度还是必要的。建议最高浇筑温度控制在 35 ℃以下为宜，这就要求在常规施工情况下，应合理选择浇筑时间，完善浇筑工艺及加强养护工作。

四、大体积混凝土基础结构施工

（一）钢筋工程

大体积混凝土结构由于厚度大，多数设计为上、下两层钢筋，且上、下层钢筋高差较大，这是大体积混凝土中钢筋工程的显著施工特点。为保证上层钢筋的标高，应设立支架支撑上层钢筋。目前，在一般工程中，多用ϕ22 ~25 螺纹钢筋作支架，其用钢量较大，稳定性较差，不易保证上层钢筋在同一水平面上。施工中应加强监护，可保证操作安全。在上、下层钢筋高差更大、配筋更多的工程中，应采用角钢焊制的支架来支撑上层钢筋的重量，控制钢筋的标高，承担上部操作平台的全部施工荷载。支架的立柱下端焊在桩帽的主筋上，上端焊上一段插座管，插入ϕ48 钢筋脚手管，用横楞和满铺脚手板组成浇筑混凝土用的操作平台，如图 3-67 所示。钢筋网片和钢筋骨架一般可在现场地面上加工成型，然后进行安装。

（二）模板工程

大体积混凝土结构施工常采用泵送工艺浇筑混凝土，该工艺不仅浇筑速度快，且浇筑面也集中。由于这种工艺不可能做到同时将混凝土均匀地分送到浇筑混凝土的各个部位，所以往往会使某一部分的混凝土堆高很大，对侧模板产生很大的侧向压力，同时也由于结构本身尺寸大，对侧模板也会产生较大的侧压力。施工中应当根据实际受力状况，对模板和支撑系统等进行认真计算，以确保模板体系具有足够强度、刚度及稳定性。这是大体积混凝土中模板工程的施工特点。

泵送混凝土对模板的侧压力可按下列两式计算，并取两式中的较小值。

$$F = 0.22\gamma t_0\beta_1\beta_2 V^{\frac{1}{2}} \tag{3-23}$$

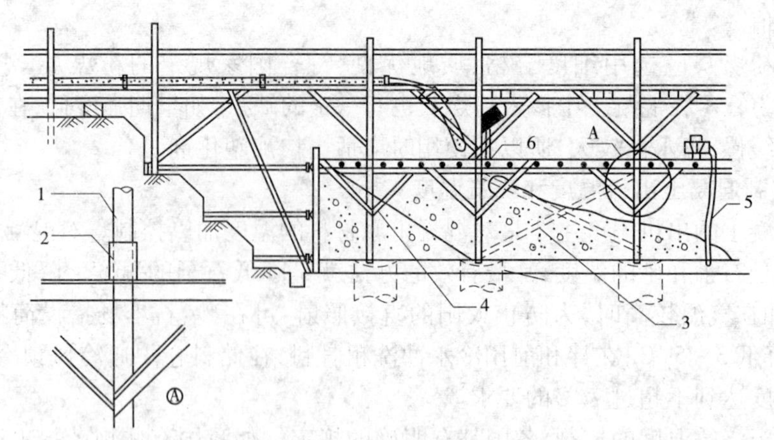

1—Φ48 脚手管；2—插座管（内径Φ50）；3—剪力撑；4—钢筋支架；5—前道振捣；6—后道振捣

图 3-67　钢筋支架及操作平台

$$F = 2.5H \tag{3-24}$$

式中　F——新浇筑混凝土对模板的最大侧压力，kN/m²；

γ——混凝土重力密度，kN/m³；

t_0——新浇筑混凝土的初凝时间，h，可按实测确定，当缺乏试验资料时，可采用 $t_0 = \frac{200}{T+15}$ 计算，T 为混凝土浇筑时的温度（℃）；

V——混凝土浇筑速度，m/h；

β_1——混凝土坍落度影响修正系数，不掺外加剂时取 1.0，掺具有缓凝作用的外加剂时取 1.2；

β_2——混凝土坍落度影响修正系数，当坍落度小于 100 mm 时取 1.10，不小于 100 mm 时取 1.15；

H——混凝土侧压力计算位置处至新浇筑混凝土顶面的总高度，m。

根据以上计算的混凝土最大侧压力值，可确定模板体系各部件的断面尺寸。在侧模及支撑设计与施工中，应注意以下几方面：

（1）由于大体积混凝土结构基础垫层面积较大，垫层浇筑后，其表面不可能保持较理想的平整状态，因此在钢模板的下端应通长铺设一根 50 mm × 100 mm 的小方木，用水平仪找平调整，以确保安装好的钢模板上口能在同一标高上。另外，应在小方木上开设 50 mm × 300 mm 的排水孔，以便将大体积混凝土浇筑时产生的泌水和浮浆排出。小方木上开孔位置按泌水处理方案确定。

（2）基础钢筋绑扎结束后，进行模板的最后校正，并应焊接模板内的上、中道拉杆。上面一道先与角铁支架连接后，再用圆钢拉杆焊在第三排桩帽上，中间一道拉杆斜焊在第二排桩帽上，下面一道直接焊在底板的受力钢筋上。

（3）为了确保模板的整体刚度，在模板外侧布置三道通长横向围檩，并与竖向肋用连接件固定。

（4）由于泵送混凝土浇筑速度快，对模板的侧向压力也相应增大，所以为确保模板的安全和稳定，在模板外侧另加三道木支撑（见图 3-68）。

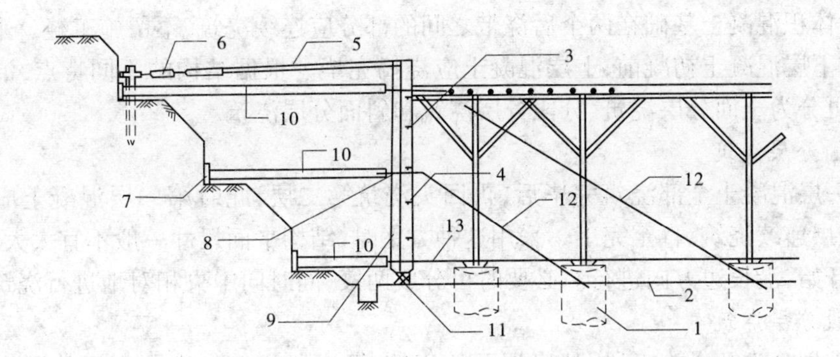

1—钢管桩；2—混凝土垫层面；3—∟40×4 角铁格栅；4—5 mm 钢模板板面；5—∟50×5，每模板 2 根（校正模板上口位置）；6—花篮螺栓；7—统长木垫头板；8—2 根 8 号统长槽钢腰梁；9—2 根∟8@1000；10—75 mm×75 mm 方木@1000；11—50 mm×100 mm 小方木，上口找平；12—Φ22 拉杆；13—拉杆与受力钢筋焊接

图 3-68　侧模支撑

（三）混凝土工程

大体积混凝土的施工工艺与普通混凝土的施工工艺过程基本相同，一般包括搅拌、运送、浇筑、振捣及平仓养护等工序。而大体积混凝土的浇筑主要采用集中搅拌站供应商品混凝土，搅拌运输车运送到施工现场，由混凝土泵（泵车）进行浇筑。

采用商品混凝土，这是一个全盘机械化的混凝土施工方案，其关键是如何使这些机械相互协调，否则任何一个环节失调，都会打乱整个施工部署。

1. 混凝土泵车的布置

（1）根据混凝土的浇筑计划、顺序和速度等要求来选择混凝土泵车的型号、数量及每台泵车负责的浇筑范围。

（2）在泵车布置上，应尽量使泵车靠近基坑，使布料杆扩大服务半径，使最长的水平输送管控制在 120 m 左右，并尽量减少使用 90°的弯管。

（3）严格施工中平面管理和道路交通管理，抓好施工道路的质量，是确保泵车、搅拌运输车正常运输的重要一环。因此，各种作业场地、机具和材料都要按划定的区域与地点操作或堆放，车辆行驶路线也要分区规划安排，以保证行车的安全和畅通。

在泵送混凝土的施工过程中，最容易发生的是混凝土堵塞，为了充分发挥泵车的效率，确保管道输送畅通，可采取以下措施：

①加强混凝土的级配管理和坍落度控制，确保混凝土的可泵性。在整个施工过程中每隔 2 ~4 h 进行一次检查，发现坍落度有偏差时，及时与搅拌站联系加以调整。

②搅拌运输车在卸料前，应高速运转 1 min，使卸料时的混凝土质量均匀。

③严格泵车管理，在使用前和工作过程中要特别重视"一水"（冷却水）、"三油"（工作油、材料油和润滑油）的检查。在泵送过程中，气温较高时，如连续压送，工作油温可能会升温到 60 ℃，为确保泵车正常工作，应对水箱中的冷却水及时调换，控制油温在 50 ℃以下。

2. 大体积混凝土浇筑

按构造设计的要求，应留设后浇带的必须按要求留设后浇带。为保证混凝土结构的整体性，大体积混凝土基础在两个后浇带之间的部分应连续浇筑，不留施工缝。采用分层浇筑时，在下层混凝土初凝前，上层混凝土应浇捣完毕。根据结构的不同特点，混凝土的浇筑方法可分为全面分层浇筑、分段分层浇筑和斜面分层浇筑。

1）全面分层浇筑

在第一层混凝土全部浇筑完毕后，再回头浇筑第二层，此时第一层混凝土应尚未初凝，如此逐层连续浇筑，直至完工。采用这种方案时，结构平面尺寸一般不宜太大，施工时宜从短边开始，沿长边方向进行。必要时可分成两段，同时向中央相对地进行浇筑。

2）分段分层浇筑

将基础划分为几个施工段，从底层开始浇筑，第一段浇筑一定距离后就回头浇第二层，再同样依次浇筑以上各层。由于总的层数不多，所以浇筑到顶后，第一层末端的混凝土还未初凝，又可以从第二段依次分层浇筑。这种方案，单位时间内要求供应的混凝土量较少，适用于厚度不大而面积或长度较大的结构。

3）斜面分层浇筑

混凝土由底一次浇筑到顶面，利用自然流淌形成斜坡，振捣工作应从浇筑层的下端开始逐渐上移。这种方案适用于长度大大超过厚度的结构。大体积混凝土基础底板均宜采用这种方法。混凝土分层浇筑方法如图3-69所示。

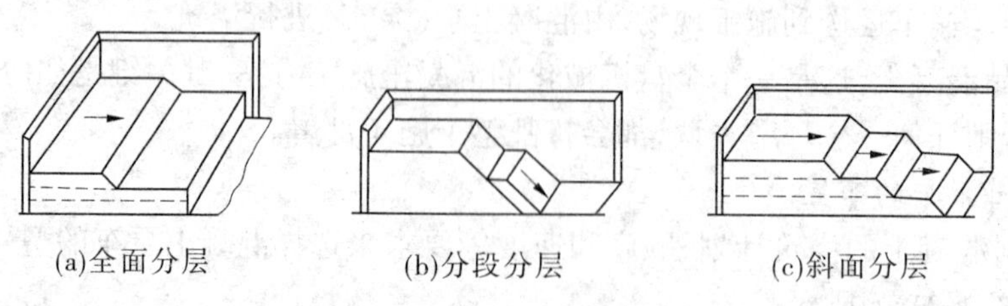

(a)全面分层　　(b)分段分层　　(c)斜面分层

图3-69　大体积混凝土基础浇筑方案

后浇带的混凝土浇筑前，应按施工缝处理方法处理后，方可进行。

3. 混凝土振捣

混凝土的振捣工作是伴随浇筑过程而进行的。根据常采用的斜面分层浇筑方法，振捣时应从坡脚处开始，以保证混凝土的质量。根据泵送混凝土的特点，浇筑后会自然流淌，形成较平缓的坡度，也可布设前、后两道振捣器振捣，如图3-70所示。第一道振捣器布置在混凝土坡脚处，保证下部混凝土的密实；第二道振捣器布置在混凝土卸料点，保证上部混凝土的密实，随着混凝土浇筑工作的向前推进，振捣器也相应跟进，确保不漏振并保证整个高度混凝土的质量。

考虑提高混凝土的极限拉伸值，提高混凝土的抗裂性，二次振捣方法是避免混凝土裂缝的一项技术措施。大量现场试验证明，对浇筑后的混凝土进行二次振捣，能排除混凝土因泌水在骨料、水平钢筋下部生成的水分和空隙，提高混凝土与钢筋的握裹力，防止因混凝土沉落而出现的裂缝，减小混凝土内部微裂缝，增加混凝土的密实度，使混凝土的抗压强度提高10%～20%，从而可提高混凝土的抗裂性。

混凝土二次振捣的恰当时间是二次振捣的关键。振动界限时间是指混凝土振捣后尚能恢复到塑性状态的时间。掌握二次振捣恰当时间的方法一般为：将运转着的振捣棒以

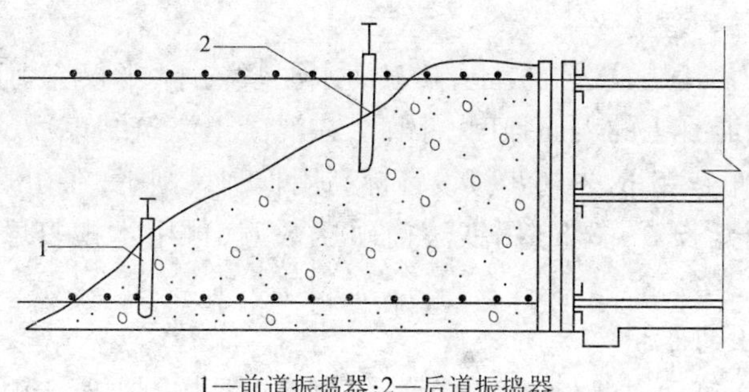

1—前道振捣器;2—后道振捣器

图 3-70　混凝土振捣

其自身的重力逐渐插入混凝土中进行振捣,混凝土在振动棒慢慢拔出时能自行闭合,不会在混凝土中留下孔穴,则可认为此时施加二次振捣是适宜的;国外一般采用测定贯入阻力值的方法进行判定,当标准贯入阻力值在未达到3.50 MPa时,再进行二次振捣是有效的,不会损伤已成型的混凝土。

由于采用二次振捣的最佳时间与水泥品种、水灰比、坍落度、气温和振捣条件等有关,因此在实际工程正式采用前必须经试验确定。同时,在最后确定二次振捣时间时,既要考虑技术上的合理性,又要满足分层浇筑及循环周期的安排,在操作时间上要留有余地。

4. 混凝土的泌水处理和表面处理

1)混凝土的泌水处理

大体积混凝土施工,由于采用大流动性混凝土分层浇筑,上下层施工的间隔时间较长(一般为1.5~3 h),经过振捣后上涌的泌水和浮浆易顺混凝土坡面流到坑底。当采用泵送混凝土时,泌水现象尤为严重,解决的办法是在混凝土垫层施工时,预先在横向上做出2%的坡度;在结构四周侧模的底部开设排水孔,使泌水从孔中自然流出;少量来不及排除的泌水,随着混凝土浇筑向前推进,被赶至基坑顶部(由该处模板下部的预留孔排出坑外)。

当混凝土大坡面的坡脚接近顶端模板时,应改变泥凝土的浇筑方向,即从顶端往回浇筑,与原斜坡相交成一个集水坑。另外,有意识地加强两侧混凝土的浇筑强度,这样集水坑逐步在中间缩成小水潭,然后用软轴泵及时将泌水排除。这种方法适用于排除最后阶段的所有泌水,如图3-71所示。

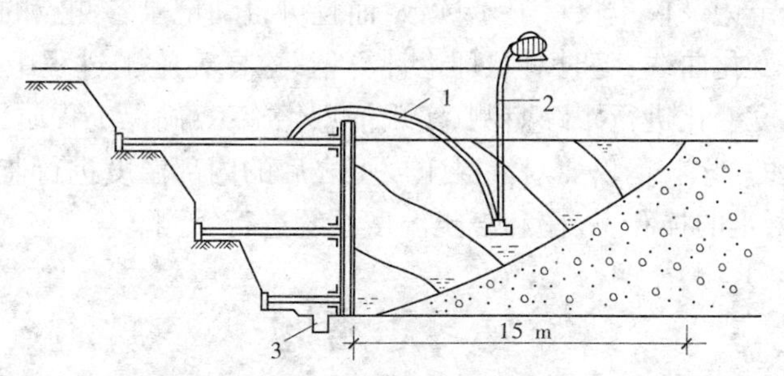

1—端顶混凝土浇筑方向;2—软轴抽水机排除泌水;3—排水沟

图 3-71　顶端混凝土浇筑方向及泌水排除

2)混凝土的表面处理

大体积混凝土,尤其是泵送混凝土,其表面水泥浆较厚,不仅会引起混凝土的表面收缩开裂,而且会影响混凝土的表面强度。因此,在混凝土浇筑结束后,必须进行二次抹面工作。在混凝土浇筑4~5 h,先初步按设计标高用长刮尺刮平,在初凝前(因混凝土中外加剂作用,初凝时间延长6~8 h)用铁滚筒碾压数遍,再用木楔打磨压实,以闭合收水裂缝。

5.大体积混凝土的养护

大体积混凝土浇筑后,加强表面的保湿、保温养护是控制混凝土温度裂缝的一项工艺技术措施,对防止混凝土产生裂缝具有重大作用。

通过对混凝土表面的保湿、保温工作,可减小混凝土的内外温差,防止出现表面裂缝。另外,也可防止混凝土过冷,避免产生贯穿裂缝。一般应在完成浇筑混凝土后的12~18 h内洒水,如在炎热、干燥的气候条件下,应提前养护,并且应该延长养护时间。混凝土的养护时间,主要根据水泥品种而定,一般规定养护时间为14~21 d。大体积混凝土宜采用蓄热养护法养护,其内外温差不宜大于25 ℃。

6.大体积混凝土的温度监测工作

在大体积混凝土的凝结硬化过程中,随时掌握混凝土不同深度温度场升降的变化规律,及时监测混凝土内部的温度情况,对于有的放矢地采取相应的技术措施,确保混凝土不产生过大的温度应力,具有非常重要的作用。

监测混凝土内部的温度,可采用在混凝土内不同部位埋设铜热传感器,用混凝土温度测定记录仪进行施工全过程的跟踪和监测。

测温点的布置应便于绘制温度变化梯度图,可布置在基础平面的对称轴和对角线上。测温点应设在混凝土结构厚度的1/2、1/4和表面处,离钢筋的距离应大于30 mm。

铜热传感器也可用绝缘胶布绑扎于预定测点位置处的钢筋上。如预定位置处无钢筋,可另外设置钢筋。由于钢筋的导热系数大,传感器直接接触钢筋会使该部位的温度值失真,故要用绝缘胶布绑扎。待各铜热传感器绑扎完毕后,应将馈线收成一束,固定在钢筋上并引出,以避免在浇筑混凝土时馈线受到损伤。

待馈线与测定记录仪接好后,须再次对传感器进行试测检查,试测完全合格后,混凝土测试的准备工作即告结束。

混凝土温度测定记录仪不仅可显示读数,而且可自动记录各测点的温度,能及时绘制出混凝土内部温度变化曲线,随时对照理论计算值,这样在施工过程中,可以做到对大体积混凝土内部的温度变化进行跟踪监测,实现信息化施工,确保工程质量。

为了控制裂缝的产生,不仅要对混凝土成型之后的内部温度进行监测,而且应在一开始就对原材料、混凝土的拌和、入模和浇筑温度系统进行实测。

复习思考题

1.试述高层建筑基础工程的特点。

2.高层建筑常用的基础类型有哪些?

3. 试述支护结构的主要类型。
4. 试述常用钢板桩的种类。
5. 试述地下连续墙施工工艺流程和施工的优缺点。
6. 地下连续墙的施工接头有哪些?
7. 钢筋混凝土桩支护的施工特点有哪些?
8. 试述地下连续墙施工工艺流程和施工的优缺点。
9. 支撑系统有哪几种?
10. 试述土层锚杆的构造和施工工艺。
11. 试述土钉墙的组成和构造。
12. 试述基坑土方开挖常用的施工机械。
13. 基坑监测的目的和作用是什么?
14. 基坑监测的对象和项目有哪些? 各用什么样的监测方法?
15. 试述地下水控制的方法及适用条件。
16. 试述喷射井点的工作原理。
17. 试述截水帷幕的类型和要求。
18. 试述何时需要进行回灌。
19. 试述大体积混凝土裂缝的种类。
20. 防止产生温度裂缝的主要措施有哪些?
21. 试述如何确定大体积混凝土的最大整浇长度。
22. 大体积混凝土的浇筑方法有哪几种?
23. 试述大体积混凝土的振捣方法。

第四章　高层建筑主体结构施工

【学习要点】

通过本章学习,要求学生掌握高层现浇框架中模板、钢筋、混凝土三个方面的施工方法和技术控制措施,了解预制装配式施工方法和特点,了解高层无黏结预应力结构施工方法,掌握高层建筑钢结构的连接和安装方法,掌握高层建筑砌块结构施工方法,掌握高层建筑脚手架施工、滑升模板施工、爬升模板施工方法。

建筑主体结构包括柱、墙、梁、桁架、筒体及板等。房屋建筑承受的各种荷载,均需通过横向和竖向主体结构传到地基基础。

高层建筑的结构材料主要是钢筋混凝土结构材料和钢结构材料,因结构材料不同或设计构造不同,相应的施工方法也不同。

钢筋混凝土结构的施工,关键是钢筋混凝土的成型方法。常用的有全现浇的施工方法、预制装配式施工方法、现浇与预制相结合的施工方法等。

预制装配式施工方法的优点是:构件加工工业化、安装施工机械化、节省人力、劳动效率高;各种构件的批量预制可以提供较好的施工质量保障;不必依赖气候状况,工期短。预制装配式施工方法可分为大板建筑和盒子结构(把整个房间作为一个构件,在工厂预制后送到工地进行整体安装的一种施工方法)。这种预制装配结构,通常由机械施工专业队来完成。安装的节点有两种形式:一种是构件通过预埋件焊接的柔性节点连成整体,效率较高;另一种是现浇混凝土刚性节点,所连成的结构整体性能好,但因混凝土强度的发展,需要一定的养护时间。

现浇与预制相结合的施工方法,在结构的刚度方面,取现浇结构的优点弥补预制装配结构的不足;在施工速度方面,取预制装配结构的方便,弥补现浇结构复杂的缺点。此法一般对承重柱和剪力墙采用现浇,其余梁、板、梯等均为预制,这样建造的房屋,结构刚度比较大,整体性好,施工速度也比较快。

高层和超高层建筑中采用钢结构是一种发展趋势。这是因为钢结构制作简单和快速;材料强度高、质量轻,降低了屋面、楼面、墙和隔墙的自重;构件连接安装工艺简洁牢固。按结构材料及其组合分类,高层钢结构可分为全钢结构、钢－混凝土混合结构、型钢混凝土结构和钢管混凝土结构四大类。

第一节　高层现浇框架结构施工

现浇钢筋混凝土结构高层建筑的施工,与一般多层建筑施工一样,也涉及模板、钢筋和混凝土三个部分。

一、模板工程

现浇钢筋混凝土结构模板工程，是结构成型的一个重要组成部分，对于提高工程质量、加快施工速度、提高劳动生产率、降低工程成本和实现文明施工，都具有重要的影响。对全现浇高层建筑主体结构施工而言，关键在于科学、合理地选择和安装模板体系。

现浇混凝土的模板体系，一般可分为竖向模板和横向模板两类。

竖向模板主要用于剪力墙墙体、框架柱、筒体等竖向结构的施工。常用的有大模板、液压滑升模板、爬升模板、提升模板、筒子模以及传统的组合模板（散装散拆）等。

横向模板主要用于钢筋混凝土楼盖结构的施工。常用的有组合模板散装散拆，各种类型的台模、隧道模等。

（一）组合模板

组合模板包括组合式定型钢模板和钢框木（竹）胶合板模板等，具有组装灵活、装拆方便、通用性强、周转次数多等优点。用于高层建筑施工，既可以作竖向模板，又可以作横向模板；既可按设计要求预先组装成柱、梁、墙等大型模板，用起重机安装就位，以加快模板拼装速度，也可散装散拆，尤其在大风季节，当塔式起重机不能进行吊装作业时，可利用升降电梯垂直运输组合模板，采取散装散拆的施工方式，同样可以保证连续施工并保持必要的施工速度。

1. 组合钢模板

组合钢模板又称组合式定型小钢模，是使用最早且最广泛的一种通用性强的定型组合式模板，其部件主要由钢模板、连接件和支承件三大部分组成。钢模板长度450～1 500 mm，以150 mm进级；宽度100～300 mm，以50 mm进级；高度为55 mm；板面厚2.3 mm或2.5 mm。主要包括平面模板、阴角模板、阳角模板、连接角模以及其他模板等。连接件包括U形卡、L形插销、钩头螺栓、紧固螺栓、模板拉杆、扣件等。支承件包括支承柱、梁、墙等模板用的钢楞、柱箍、梁卡具、圈梁卡、钢管架、斜撑、组合支柱、支承桁架等。

1）模板配置原则

（1）要保证构件的形状尺寸及相互位置的正确。

（2）要使模板具有足够的强度、刚度和稳定性，能够承受新浇混凝土的重量和侧压力，以及各种施工荷载。

（3）力求构造简单，装拆方便，不妨碍钢筋绑扎，保证混凝土浇筑时不漏浆。

（4）配置的模板，应优先选用通用、大块模板，使其种类和块数最少，木模镶拼量最少。设置对拉螺栓的模板，为了减少钢模板的钻孔损耗，可在螺栓部位改用55 mm×100 mm刨光方木代替。

（5）模板长向拼接宜采用错开布置，以增加模板的整体刚度。当拼接集中布置时，应使每块模板有两处钢楞支承。

（6）模板的支承系统，应根据模板承受的荷载和部件的刚度，通过设计计算进行布置。

（7）模板的配置应绘制配置图，标出模板位置、规格型号和数量；预组装的大块模板，应标绘出其分界线。预埋件和预留孔洞的位置，应在配板图上标明，并注明固定方法。

2）模板配置步骤

（1）根据施工组织设计对施工区段的划分、施工工期和流水作业的安排，首先明确需要配置模板的层段数量。

（2）根据工程情况和现场施工条件，决定模板的组装方法，如在现场散装散拆，或进行预拼装；支撑方法是采用钢楞支撑，还是采用桁架支撑等。

（3）根据已确定配模的层段数量，按照施工图纸中梁、柱、墙、板等构件尺寸，进行模板组配设计。

（4）进行夹箍和支撑件等的设计计算与选配工作。

（5）明确支撑系统的布置、连接和固定方法。

（6）确定预埋件的固定方法、管线埋设方法，以及特殊部位（如预留孔洞等）的处理方法。

（7）根据所需钢模板、连接件、支撑及架设工具等列出统计表，以便备料。

2. 钢木组合模板

钢木组合模板系列有轻型、重型两类。

1）轻型钢框胶合板模板

这种模板可与组合钢模板通用，但比组合钢模板约轻1/3，单块面积大，因而拼缝少，施工方便。模板由钢边框、加强肋和防水胶合板组成。边框采用带有面板承托肋的异型钢，面板采用12 mm厚防水胶合板（见图4-1）。模板允许承受混凝土侧压力为30 kN/m^2。

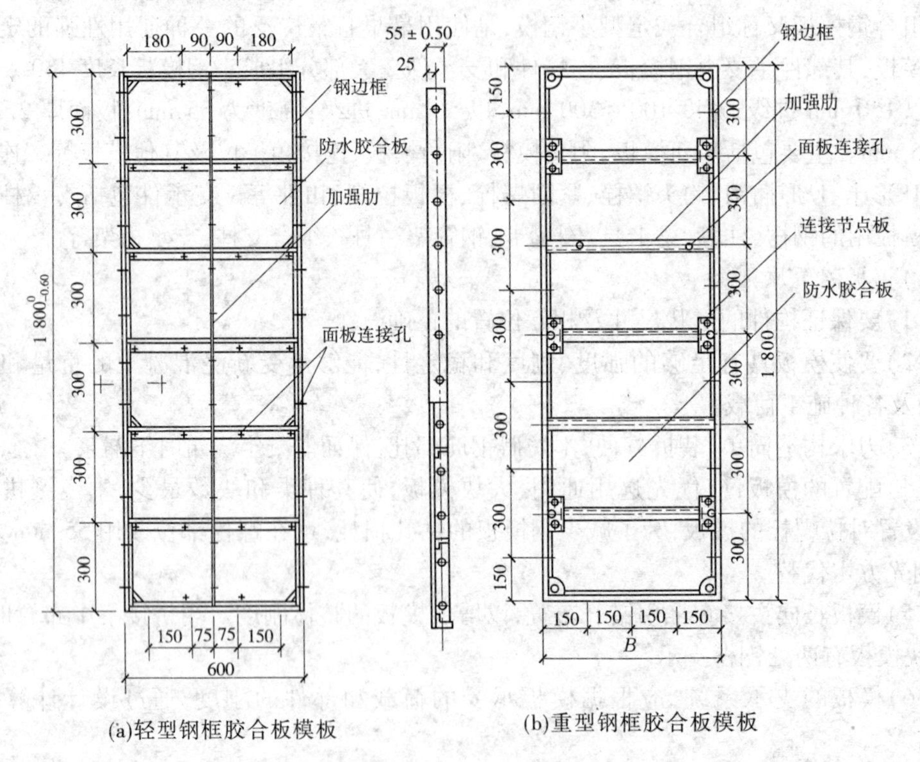

图4-1 钢框胶合板模板

2)重型钢框胶合板模板

与轻型钢框胶合板模板相比约重1倍。模板刚度大,面板平整光洁,可以整装整拆,也可散装散拆。边框采用带有面板承托肋的异型钢,面板采用18 mm厚防水胶合板。模板允许承受混凝土侧压力为50 kN/m²。

轻型和重型的模板宽度均为300 mm、450 mm、600 mm、900 mm四种,模板长度均为900 mm、1 200 mm、1 500 mm、1 800 mm、2 100 mm、2 400 mm六种。

该类型模板还配有常规角模和异型角模,其长度与钢模板相同。配套的附件有背楞、斜撑、平台挑梁、拉杆螺栓、塑料套管、调节缝板等。

该系列模板的水平结构支撑系统由配套的空腹钢梁、钢木工字钢梁以及独立式钢支撑组成。

3)SP-70钢木(竹)组合模板

SP-70钢木(竹)组合模板是一种早拆模板,用于现浇楼(顶)板结构的模板时,可以实现早期拆除模板、后期拆除支撑(又称早拆模板、后拆支撑),从而大大加快了模板的周转次数,可比组合钢模板减少2/3的配置量。这对高层建筑施工是很重要的。这种模板亦可用于墙、梁模板。其早拆原理见图4-2。

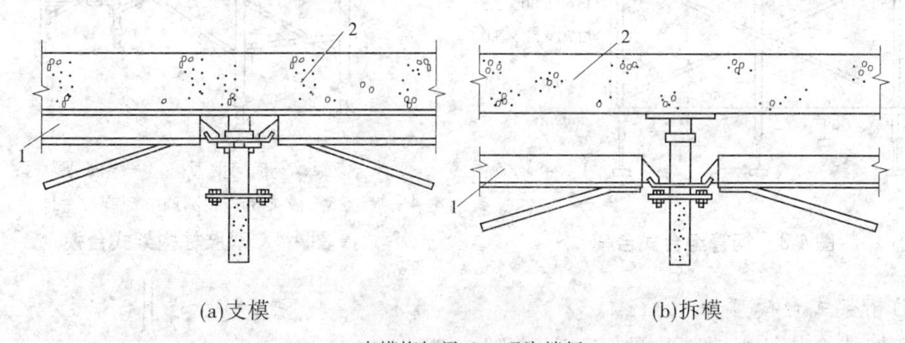

(a)支模　　(b)拆模

1—支模桁架梁;2—现浇楼板

图4-2　早拆原理

SP-70模板由平面模板、支撑系统、拉杆系统、附件和辅助零件组成。平面模板由钢边框内镶可更换的木(竹)胶合板或其他面板组成。支撑系统由早拆柱头、主梁、次梁、支柱、横撑、斜撑、调节螺栓等组成。

(二)台模

台模是一种大型工具式模板,属横向模板体系,适用于高层建筑中各种楼盖结构的施工。由于它外形如桌台,故称台模。台模在施工过程中,层层向上吊运翻转,中途不再落地,所以又称飞模。

采用台模进行现浇钢筋混凝土楼盖的施工,楼盖模板一次组装重复使用,从而减少了逐层组装的工序,简化了模板支拆工艺,加快了施工进度。

台模主要由平台板、支撑系统(包括梁、支架、支撑、支腿等)和其他配件(如升降和行走机构等)组成。适用于大开间、大柱网、大进深的现浇钢筋混凝土楼盖施工,尤其适用于现浇板柱结构(无柱帽)楼盖的施工。台模的规格尺寸,主要根据建筑物结构的开间(柱网)和进深尺寸以及起重机械的吊运能力来确定,一般按开间(柱网)乘以进深尺寸设置一台或多台。

1. 台模的类型和构造

台模一般可分为立柱式、桁架式、悬架式三类。

1）立柱式台模

立柱式台模主要由面板、主次（纵横）梁和立柱（构架）三大部分组成，另外辅助配备有斜支撑、调节螺旋等。立柱式台模又可分为三种：钢管组合式台模（见图 4-3），主要用组合钢模板和脚手架钢管组装而成；构架式台模（见图 4-4），其立柱由薄壁钢管组成构架形式；门式架台模（见图 4-5），支撑体系由门式脚手架组装而成。

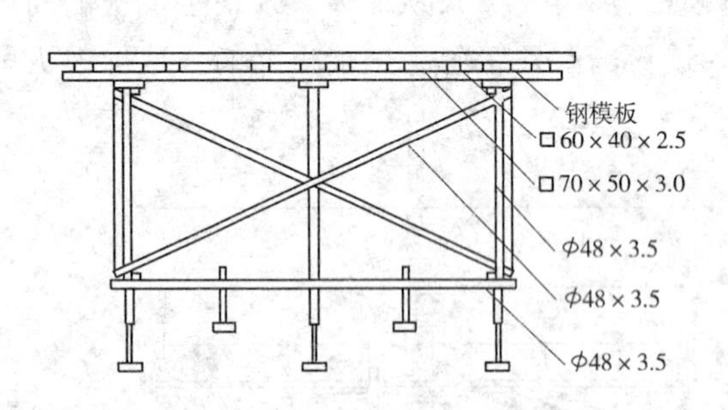

图 4-3　钢管组合式台模

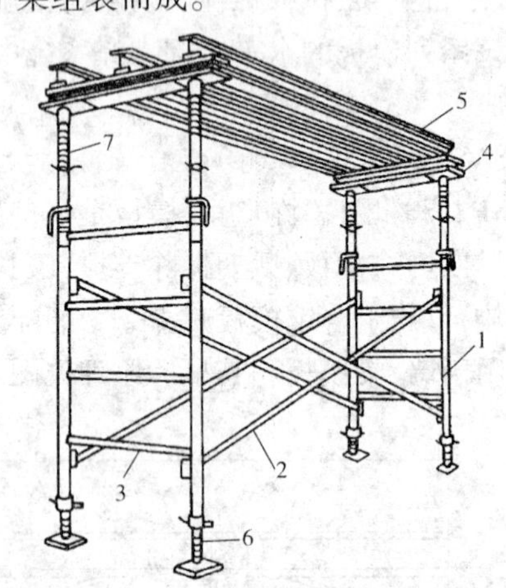

1—支架；2—横向剪刀撑；3—纵向剪力撑；
4—纵梁；5—横梁；6—底部调节螺旋；7—伸缩插管

图 4-4　双肢柱构架式台模

2）桁架式台模

桁架式台模由桁架、龙骨、面板、支腿和操作平台组成。它是将台模的板面和龙骨放置于两榀或多桁上下弦平行的桁架上，以桁架作为台模的竖向承重构件。桁架材料可以采用铝合金型材，也可以采用型钢制作。前者轻巧，但价格较贵，一次投资大；后者自重较大，但投资费用较低。

竹铝桁架式台模，以竹塑板作面板，用铝合金型材作构架，是一种工具式台模。钢管组合桁架式台模，其桁架由脚手架钢管组装而成。

3）悬架式台模

悬架式台模（见图 4-6）的特点是不设立柱，即自身没有完整的支撑体系，台模主要支承在钢筋混凝土结构（柱子或墙体）

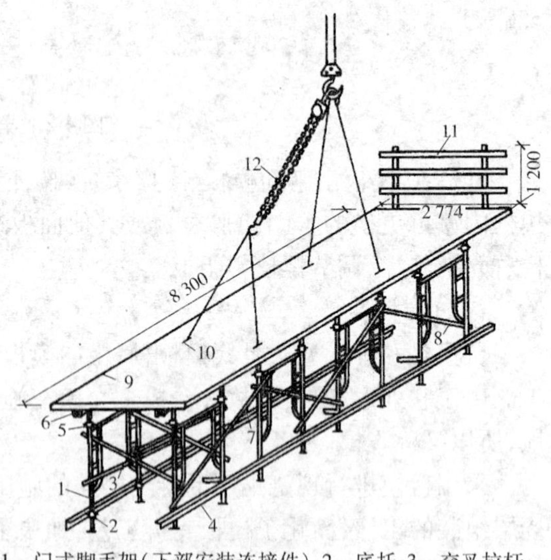

1—门式脚手架（下部安装连接件）；2—底托；3—交叉拉杆；
4—通长角钢；5—顶托；6—主梁；7—人字支撑；
8—水平拉杆；9—面板；10—吊环；
11—护身栏；12—电动环链

图 4-5　门式架台模

所设置的支承架上。这样,模板的支设不需要考虑楼面混凝土结构强度的因素。台模的设计也可以不受建筑层高的约束。

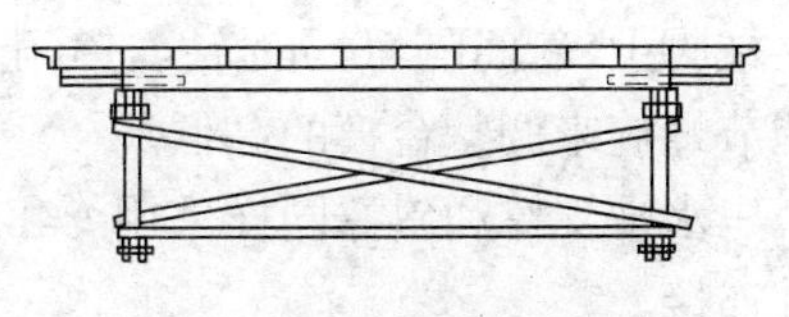

图 4-6　悬架式台模

2. 台模的选用和设计布置原则

1)台模的选用原则

在施工中,能否使用台模,主要取决于建筑物的结构特点,应按照技术上可行、经济上合理的原则选用。板柱结构体系,尤其是无柱帽结构,最适合采用台模施工。剪力墙结构体系,选用台模施工时,要注意剪力墙的多少和位置,以及台模能否顺利出模。

台模的选型要考虑两个因素:其一是施工项目的规模大小,如果相似的建筑物量大,则可选择比较定型的台模,增加模板周转使用次数,以获得较好的经济效果;其二是要考虑所掌握的现有资源条件,因地制宜,如充分利用已有的门式架或钢管脚手组成台模,做到物尽其用,以减少投资,降低施工成本。一般来说,10 层以上的高层建筑使用台模比较经济。

2)台模的设计布置原则

台模的结构设计,必须按照国家现行有关规范和标准进行设计计算。引进的台模或以往使用过的台模,也需对关键部位和改动部分进行结构性能验算。在台模组装后,应做荷载试验。

台模的自重和尺寸应能适应吊装机械的起重能力。为了便于台模直接从楼层中运行飞出,在台模的布置方面,要做到尽量避免台模侧向运行。

3. 台模的施工工艺

以立柱式台模中的钢管组合式台模为例,介绍台模的施工工艺。

立柱式钢管组合台模的构造如图 4-7 所示,立柱式台模由面板、支承系统和辅助运输设备组成。面板常用材料有组合钢模板、胶合板、铝合金板、工程塑料板等,支承系统包括次梁、主梁、立柱、水平支撑和斜撑。实用中应通过计算确定构件的截面。

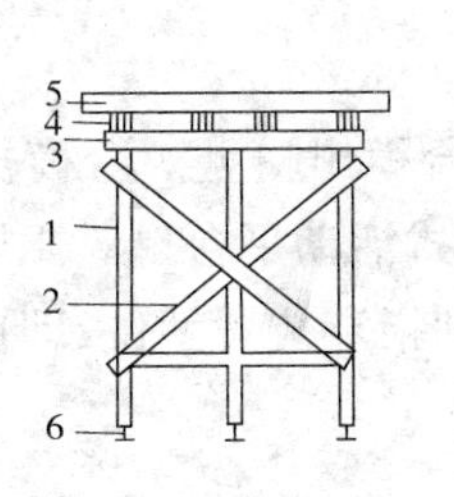

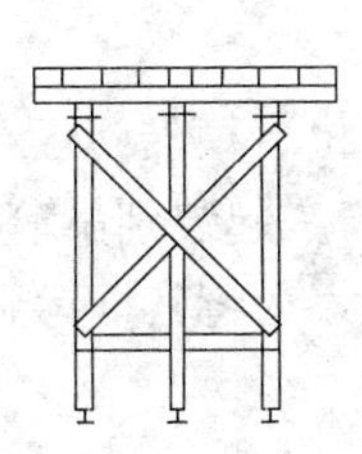
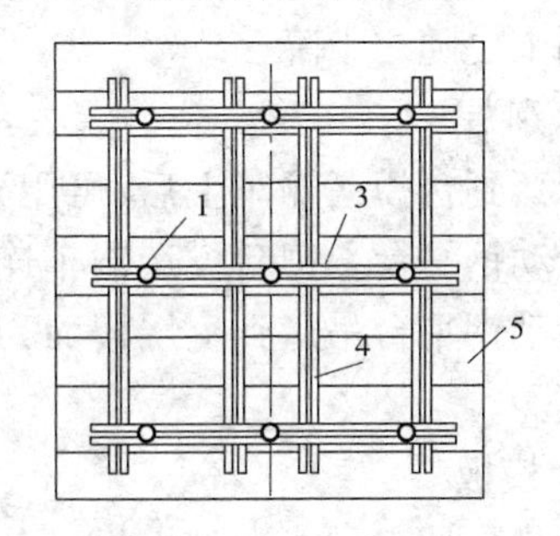

1—立柱;2—支撑;3—主梁;4—次梁;5—面板;6—内缩式伸缩角

图 4-7　钢管脚手架、组合钢模板组装的台模

立柱由立柱顶座、立柱管和立柱脚组成。立柱管通常采用规格为$\phi 48 \times 3.5$ mm 脚手架钢管,柱顶配有柱帽,用螺栓与主梁连接。立柱脚采用$\phi 38 \times 4$ mm 钢管,端部焊有底板,能在立柱管内伸缩。通过立柱脚在立柱管内的伸缩来调节台模的高低。在立柱管和

立柱脚上，每间隔 50 mm 钻ϕ13 孔，用ϕ12 的销子固定。或用安装在立柱顶部和底部的调节螺旋来调整台模的高低。

水平支撑和斜撑同样采用$\phi 48 \times 3.5$ mm 脚手架钢管，支撑与立柱之间用钢管脚手扣件连接。

辅助运输设备是台模翻层的运输工具，它包括台模升降运输车和吊篮式活动钢平台。

立柱式钢管组合台模的施工步骤如下。

1）台模组装

台模常在现场组装，有正装法和反装法两种组装方法。

正装法是按台模的实际工作状况（面板在上）进行组装，即先拼装支承架，最后拼装面板。

反装法则是将台模翻过来，面板在下进行组装。即先在平台上拼装面板，然后拼装支承架，最后用起重机械将整个台模翻转 180°，使台面朝上。反装法容易保证面板的平整度。

2）吊装就位

台模就位应按台模施工图进行。用塔吊将台模按顺序吊至施工的楼层。台模就位时，先使四周与墙壁间留出几厘米的空隙。同一开间内的台模逐一就位后，即将台模的面板调节至设计标高。台模面板高度大幅度的调节可借助于上下移动立柱内柱脚在立柱管内的位置，用钢销插入共同的孔洞锁定。因为孔洞的间距一般为 50 mm，所以小于 50 mm 的微调需要借助于木倒拔榫进行调节。台模调平后，进行相互的连接和固定。与墙壁间的大缝隙可用有拉手的钢板盖缝板遮盖，台模分段间的小缝隙可用胶带粘贴。

3）脱模

楼板混凝土浇筑后，经自然养护，待梁板的混凝土强度达到设计强度的 75% 以上才能拆模。拆除模板时，把可升降的台模运输车就位。利用千斤顶，升起台模运输车的臂架，托住台模下部的水平支撑，敲掉木倒拔榫，拔出柱脚的销子，把立柱脚推进立柱管内，随即插上销子，使台模保持最低高度。接着千斤顶回油，台模运输车的臂架下降，台模在自重的作用下也随之下降。

4）转移翻层

台模降落到台模运输车上后，可用人力将台模转运至台模出口处。台模出口处安装有吊篮式活动钢平台。把台模运输车连台模一起装到吊篮式活动平台里。用塔式起重机将吊篮式活动钢平台吊运到上层楼面，并用人力将其推运到指定位置就位，即可进行下一循环的支模。

（三）大模板

大模板是一种工具式大型模板，配以相应的起重吊装机械，以工业化生产方式在施工现场浇筑钢筋混凝土墙体。

其工艺特点是：以建筑物的开间、进深、层高的标准化为基础，以大型工业化模板为主要施工手段，以现浇钢筋混凝土墙体为主导工序，组织有节奏的均衡施工。采用这种方法施工工艺简单，施工速度快，结构整体性好，抗震性能强，装修湿作业少，机械化施工程度高，故具有良好的技术经济效果。

大模板区别于其他模板的主要标志是：内模高度相当于楼层的净高，并减去可能的施工误差 20 mm；外模高度相当于楼层的层高，宽度根据建筑平面、模板类型和起重能力而定，小开间内模宽度一般相当于房间的净宽。

对大模板的基本要求是：具有足够的强度和刚度，周转次数多，维护费少；板面光滑平整，拆模后可以不抹灰或少抹灰，减少装修工作量；板面自重较轻，支模、拆模、运输、堆放能做到安全方便；尺寸构造尽可能做到标准化、通用化；一次投资较省，摊销费用较少。

我国大模板建筑一般是横墙承重，故内墙一般采用大模板现浇混凝土墙体。大模板结构施工工艺分为内墙现浇、外墙预制（简称内浇外板或内浇外挂），内外墙全现浇，内墙现浇、外墙砌筑（简称内浇外砌）三大类型，其建筑造型分为板楼和塔楼两类。

1. 大模板的组成

大模板主要由面板系统、支撑系统、操作平台和附件组成（见图 4-8）。

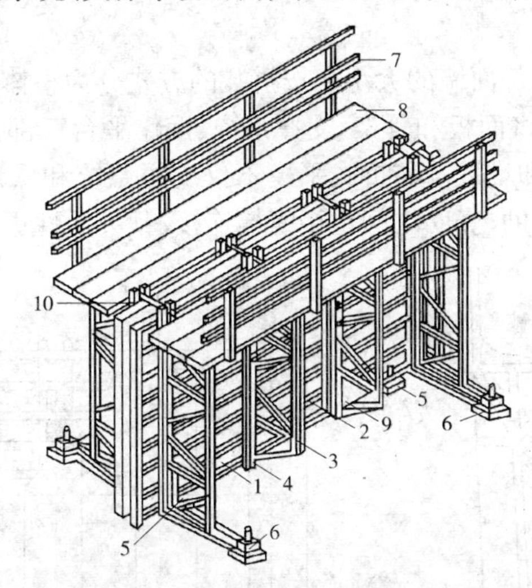

1—面板；2—水平加劲肋；3—支撑桁架；4—竖楞；5—调整水平度的螺旋千斤顶；
6—调整垂直度的螺旋千斤顶；7—栏杆；8—脚手板；9—穿墙螺栓；10—上口卡具

图 4-8　大模板的组成

1）面板系统

面板系统包括面板、横肋和竖肋。面板作用是使混凝土墙面具有设计要求的外观。因此，要求其表面平整、拼缝严密，具有足够的刚度。面板常采用以下几种：

（1）整块钢板。用 4 ~6 mm 钢板拼焊而成。这种面板具有良好的强度和刚度，能承受较大的混凝土侧压力及其他施工荷载，重复利用率高，一般周转次数在 200 次以上。但自重大，灵活性差。

（2）木、竹胶合板。此类面板自重轻，周转 20 次左右，但需解决好板四周的封边，以防止水分及潮湿空气进入板内，造成局部起鼓变形而影响使用寿命。

（3）组合钢模板组拼面板。组合钢模板便于拆装，重新组合。但刚度、平整度以及周转次数都不如整块板，且板缝较多，需及时处理。还可以用钢框胶合板等材料。

2）支撑系统

支撑系统包括支撑架和地脚螺栓，其作用是传递水平荷载，防止模板倾倒。

3)操作平台

操作平台包括平台架、脚手平台和防护栏杆。它是施工人员操作的平台和运行的通道。平台架插放在焊于竖肋上的平台套管内,脚手板铺在平台架上。防护栏杆可上下伸缩。

4)附件

穿墙螺栓、上口卡子是模板最重要的附件。穿墙螺栓的作用是加强模板刚度,以承受新浇混凝土侧压力。墙体的厚度由两块模板之间套在穿墙螺栓上的硬塑料管来控制,塑料管长度等于墙的厚度,拆模后可敲出重复使用。穿墙螺栓一般设在大模板的上、中、下三个部位。上穿墙管距模板顶部250 mm左右,下穿墙螺栓距模板底部200 mm左右。模板上口卡子用来控制墙体厚度并承受一部分混凝土侧压力。

2.大模板的构造及布置方案

1)平模

平模尺寸相当于房间每面墙的大小。按拼装的方式分为整体式、组合式、装拆式三种(见图4-9)。组合式平模将面板和骨架、支撑系统、操作平台三部分用螺栓连接而成。不用时可以解体,以便运输和堆放。装拆式平模不仅支撑系统和操作平台与竖肋用螺栓连接,而且板面与钢边框、横助、竖肋之间也用螺栓连接,其灵活性更强。

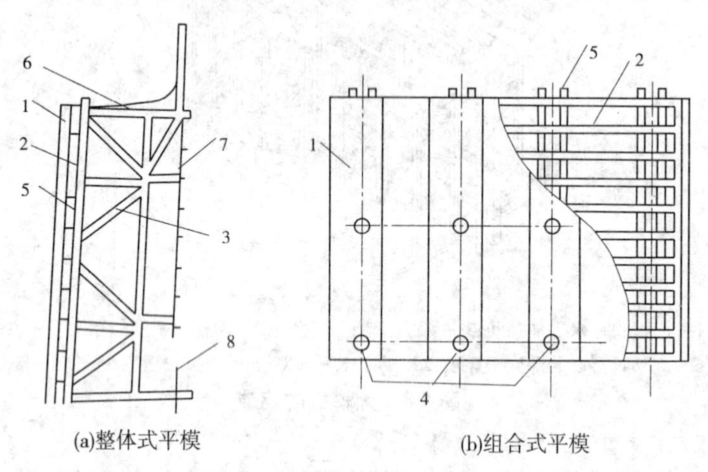

(a)整体式平模　　(b)组合式平模

1—面板;2—横肋;3—支架;4—穿墙螺栓;5—竖向主肋;6—操作平台;7—铁爬梯;8—地脚螺栓

图4-9　平模构造

采用平模布置方案时,横墙与纵墙的混凝土分两次浇筑,即先支横墙模板,待拆模后再支纵墙模板。平模平面布置如图4-10所示。平模方案能够较好地保证墙面的平整度,所有模板接缝均在纵横墙交接的阴角处,便于接缝处理,减少修理用工,模板加工量较少,周转次数多,适用性强,模板组装和拆卸方便,模板不落地或少落地。但由于纵横墙要分开浇筑,竖向施工缝多,影响房屋整体性,并且组织施工比较麻烦。

2)小角模

小角模是为适应纵横墙一起浇筑而在纵横墙相交处附加的一种模板,通常用100 mm×100 mm的角钢制成。它设置在平模转角处,从而使每个房间的内模形成封闭

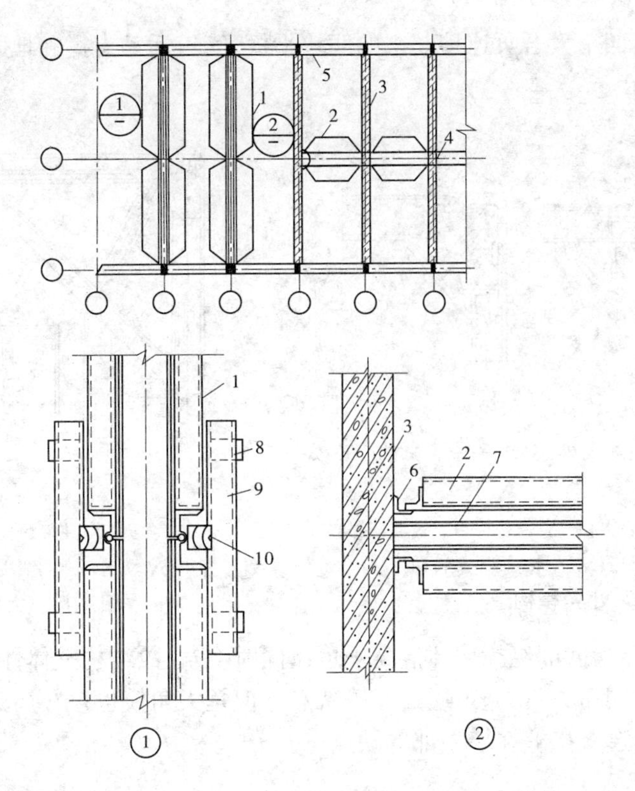

1—面板;2—水平加劲肋;3—支撑桁架;4—竖楞;5—调整水平度的螺旋千斤顶;
6—调整垂直度的螺旋千斤顶;7—栏杆;8—脚手板;9—穿墙螺栓;10—上口卡具

图 4-10　平模平面布置

支撑体系(见图 4-11)。

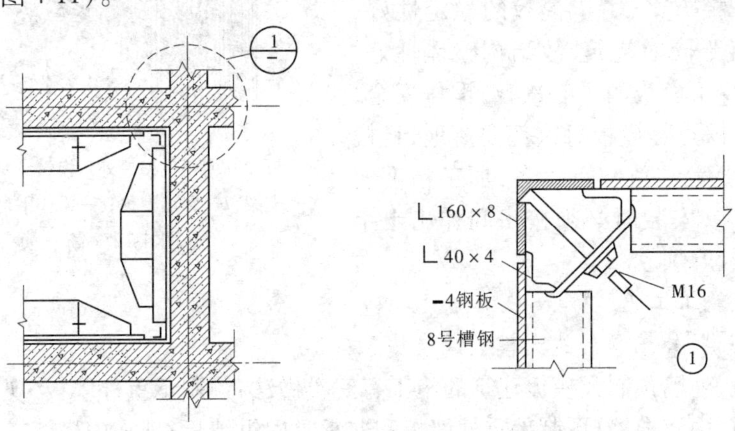

图 4-11　小角模

小角模有带合页和不带合页两种(见图 4-12)。小角模布置方案使纵横墙可以一起浇筑混凝土,模板整体性好,组拆方便,墙面平整。但墙面接缝多,修理工作量大,角模加工精度要求也比较高。

3）大角模

大角模由上下四个大合页连接起来的两块平模、三道活动支撑和地脚螺栓等组成，其构造如图 4-13 所示。

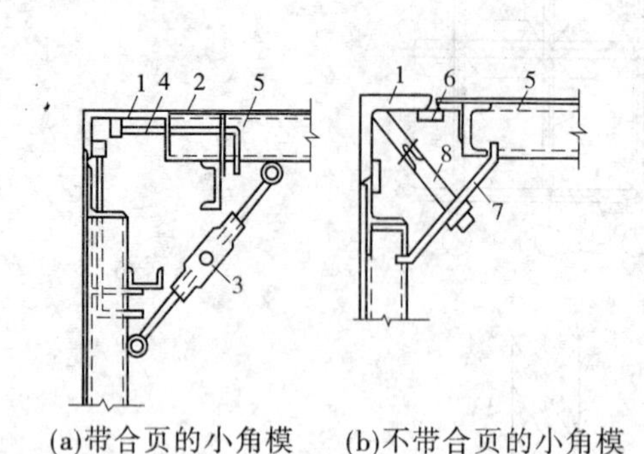

(a)带合页的小角模　(b)不带合页的小角模

1—小角模；2—合页；3—花篮螺栓；4—转动铁拐；
5—平模；6—扁铁；7—压板；8—转动拉杆

图 4-12　小角模构造

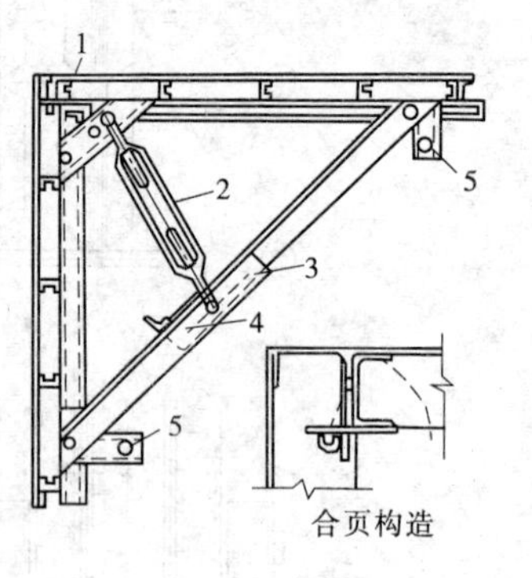

1—合页；2—花篮螺栓；3—固定销；
4—活动销；5—调整用螺旋千斤顶

图 4-13　大角模构造

大角模方案，使房间的纵横墙体混凝土可以同时浇筑，故结构整体性好。它还具有稳定、拆装方便、墙体阴角方正、施工质量好等特点。但是大角模也存在加工要求精细、运转麻烦、墙面平整度较差、接缝在墙中部等缺点。

4）筒子模

筒子模是指一个房间三面现浇墙体的模板，通过挂轴悬挂在同一钢架上，墙角用小角模封闭而构成的一个筒形单元体（见图 4-14）。

采用筒子模方案，由于模板的稳定性好，纵横墙体混凝土同时浇筑，故结构整体性好，施工简单，减少了模板的吊装次数，操作安全，劳动条件好。缺点是模板每次都要落地，且模板自重大，需要大吨位起重设备，加工精度要求高，灵活性差，安装时必须按房间弹出十字中线就位，比较麻烦。

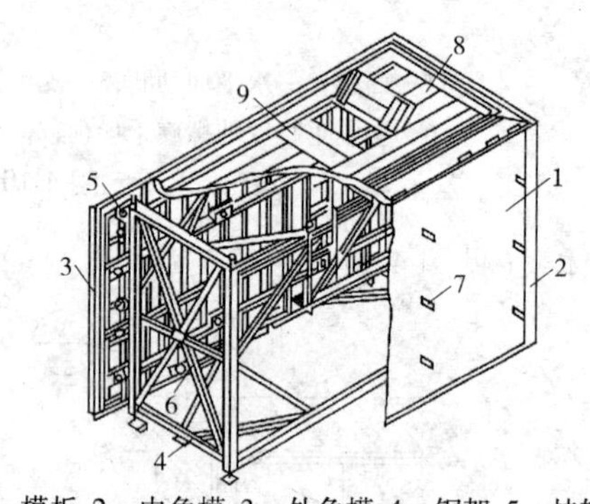

1—模板；2—内角模；3—外角模；4—钢架；5—挂轴；
6—支架；7—穿墙螺栓；8—操作平台；9—出入孔

图 4-14　筒子模

3. 大模板施工工艺

1）内墙现浇、外墙预制的大模板建筑施工

内墙现浇、外墙预制大模板建筑的施工有三类做法：预制承重外墙板，现浇内墙；预制非承重外墙板，现浇内墙；预制承重外墙板和非承重内纵墙板，现浇内横墙。

（1）抄平放线。抄平放线包括弹轴线，墙身线，模板就位线，门口、隔墙、阳台位置线和抄平水准线等工作。

（2）敷设钢筋。墙体钢筋应尽量预先在加工厂按图纸点焊成网片，运至现场。在运输、堆放和吊装过程中，要采取措施防止钢筋产生弯折变形或焊点脱开。

(3)安装模板。大模板进场后要核对型号,清点数量,清除表面锈蚀,用醒目的字体在模板背面注明标号。模板就位前还应认真涂刷脱模剂,将安装处楼面清理干净,检查墙体中心线及边线,准确无误后方可安装模板。

安装模板时,应按顺序吊装,按墙身线就位,并通过调整地脚螺栓,用双十字靠尺反复检查校正模板的垂直度。模板合模前,还要检查墙体钢筋、水暖电器管线、预埋件、门窗洞口模板和穿墙螺栓套管是否遗漏,位置是否正确,安装是否牢固,是否影响墙体强度,并清除在模板内的杂物。模板校正合格后,在模板顶部安放上口卡子,并紧固穿墙螺栓或销子。

门口模板的安装方法有两种:一种是先立门洞模板(俗称假口),后安门框;另一种是直接立门框。

先立门洞模板的做法:若门洞的设计位置固定,则可在模板上打眼,用螺栓固定门洞模板比较简便。如果门洞设计位置不固定,则可在钢筋网片绑完后,按设计位置将门洞模板钉上钉子,与钢筋网片焊在一起固定。

模板框中部均需加三道支撑(见图4-15),前后两面(或一面)各钉一木框(用5 cm×5 cm木方),使模框侧边与墙厚相同。拆模时,拆掉木方和木框。浇筑混凝土时,注意两侧混凝土的浇筑高度要大致相等,高差不超过50 cm,振捣时,要防止挤歪。采用先立门洞模板工艺时,宜多准备一个流水段的门洞模板,采取隔天拆模板,以保证洞口棱角整齐。

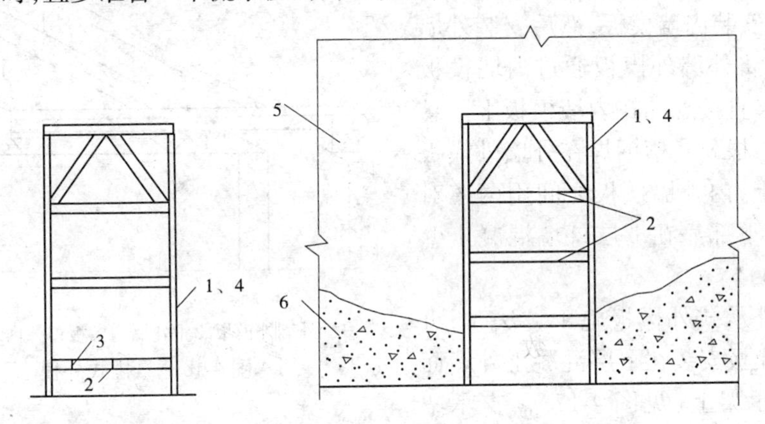

1—门框;2—木方;3—螺栓;4—木框;5—大模板;6—混凝土

图4-15 先立门洞模框做法

直接立门框的做法:用木材或小角钢做成带1~2 mm坡度的工具式门框套模,夹在门框两侧,使其总厚度比墙宽出3~5 mm。门框内设临时的或工具式支撑加固。立好门框后,两边由大模板夹紧。在模板上对应门框的位置预留好孔眼,用钉子穿过孔眼,将门框套模紧固于模板上。为了防止门框移动,还可以在门框两侧钉若干钉子,将钉子与墙体钢筋焊住。这种做法既省工又牢固。但要注意施工中若定位不牢,易造成门口歪斜或移动。

(4)墙体混凝土浇筑。为了便于振捣密实,使墙面平整光滑,混凝土的坍落度一般采用7~8 cm。用ϕ50的软轴插入式振捣棒连续分层振捣。每层的间隔时间不应超过2~3 h,或根据水泥的初凝时间确定。混凝土的每层浇筑高度控制在500 mm左右,保证混凝土振捣密实。浇筑门窗洞位置的混凝土时,应注意从门窗洞口正上方下料,使两侧能同时均匀浇筑,以免发生偏移。

墙体的施工缝一般宜设在门窗洞口上,次梁跨中1/3区段。当采用组合平模时,可留在内纵墙与内横墙的交接处,接槎处混凝土应加强振捣,保证接槎严密。

(5)拆模与养护。在常温条件下,墙体混凝土强度达到1.2 MPa时方准拆模。拆模的顺序是:首先拆除全部穿墙螺栓、拉杆及花篮卡具,再拆除补缝钢管或木方,卸掉埋设件的定位螺栓和其他附件,然后将每块模板的地脚螺栓稍稍升起,使模板在脱离墙面之前应有少许的平行下滑量,随后再升起后面的两个地脚螺栓,使模板自动倾斜脱离墙面,然后将模板吊起。在任何情况下,均不得在墙上口晃动、撬动或敲砸模板。模板拆除后,应及时清理干净。

2)内外墙全现浇大模板建筑施工

内外墙均为现浇混凝土的大模板体系,以现浇外墙代替预制外墙板,提高了整体刚度。由于减少了外墙的加工环节,造价较便宜,但增加了现场工作量。要解决好现浇外墙材料的保温隔热、支模及混凝土的收缩等问题。

(1)外墙支模。外墙的内侧模板与内墙模板一样,支承在楼板上,外侧模板则有悬挑式外模板和外承式外模板两种施工方法。

当采用悬挑式外模板施工方法时,支模顺序为:先安装内墙模板,然后安装外墙内模板,最后将外墙外模板通过内墙模板上端的悬臂梁直接悬挂在内墙模板上。悬臂梁可采用一根8号槽钢焊在外墙外模板的上口横肋上,内外墙模板之间用两道对销螺栓拉紧,下部靠在下层外墙混凝土壁上(见图4-16)。

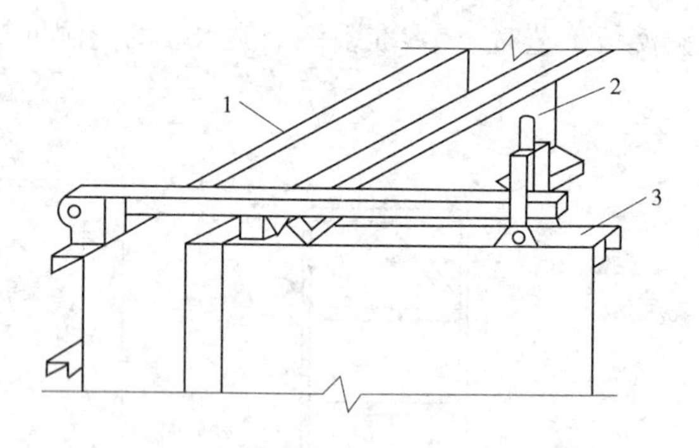

1—外墙外模板;2—外墙内模板;3—内墙模板

图4-16 悬挑式外模

当采用外承式外模板施工方法时,可先将外墙外模板安装在下层混凝土外墙面上挑出的支承架上(见图4-17)。支承架可做成三角架,用L形螺栓通过下一层外墙预留孔挂在外墙上。为了保证安全,要设防护栏杆和安全网。外墙外模板安装好后,再安装内墙模板和外墙的内模板。

(2)门窗洞口支撑。全现浇结构的外墙门窗洞口模板,宜采用固定在外墙内模板上活动折叠模板。门窗洞口模板与外墙钢模用合页连接,可转动60°。洞口支好后,用固定在模板上的钢支撑顶牢。

3)内浇外砌大模板建筑施工

为了增强砖砌体与现浇内墙的整体性,外墙转角及内外墙的节点,以及沿砖高度方向,均应设钢筋拉结(见图4-18)。墙体砌筑技术要求与一般砌筑工程相同。

(1)支模。内墙不同部位模板的安装顺序为,在纵横墙相交十字节点处,先立横墙正号模板,依次立门洞模板,安设水电预埋件及预留孔洞,进行隐蔽工程验收,立横墙反号模板,立纵墙正号模板,使纵墙板端头角钢紧贴横墙模端头挑出的钢板翼缘,立纵墙的门洞

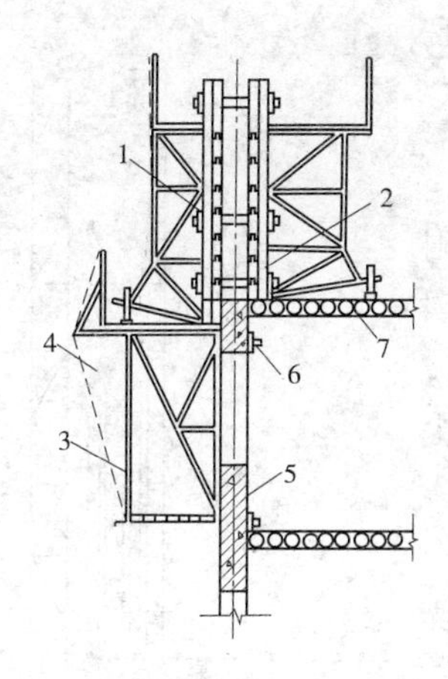

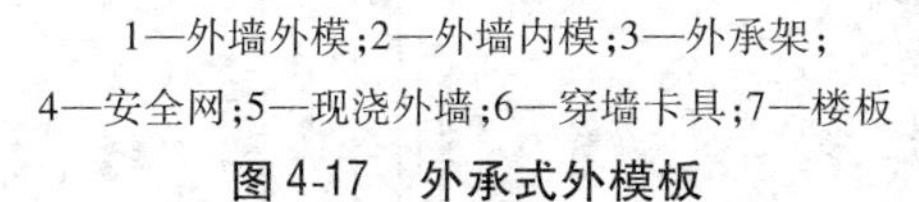

1—外墙外模;2—外墙内模;3—外承架;
4—安全网;5—现浇外墙;6—穿墙卡具;7—楼板

图 4-17　外承式外模板

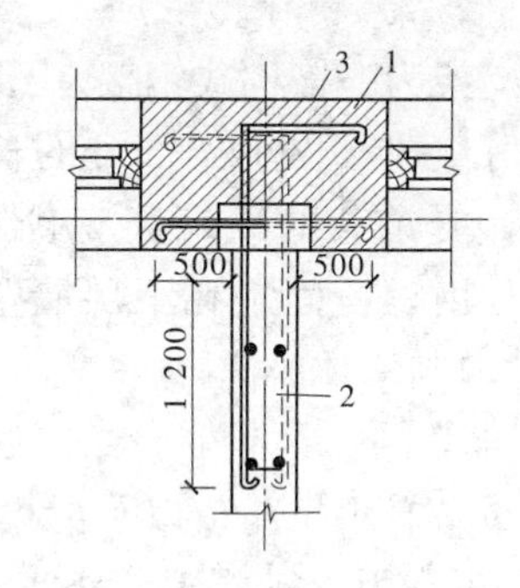

1—外墙砖垛;2—现浇混凝土内墙;3—水平拉结筋

图 4-18　外砖墙与现浇内墙连接节点

模板,并安设预埋件,立纵墙反号模板。外墙与内墙模板交接处的小角模必须固定牢固,确保不变形。

(2)混凝土浇筑。内浇外砌结构四大角构造柱的混凝土应分层浇筑,每层厚度不得超过 300 mm;内外墙交接处的构造柱和混凝土墙应同时浇筑,振捣要密实。

(四)爬升模板施工

爬升模板(简称爬模)施工工艺,是在综合大模板施工和滑模施工原理的基础上,改进和发展起来的一项施工工艺。

1. 爬模施工的特点

(1)模板的爬升依靠自身系统的设备,不需要塔吊或其他垂直运输机械。避免用塔吊施工常受大风影响的弊病。

(2)爬模施工中模板不用落地,不占用施工场地,特别适用于狭小场地的施工。

(3)爬模施工中模板固定在已浇筑的墙上,并附有操作平台和栏杆,施工安全,操作方便。

(4)爬模工艺每层模板可作一次调整,垂直度容易控制,施工误差小。

(5)爬模工艺受其他条件的干扰较少,每层的工作内容和穿插时间基本不变,施工进度平稳而有保证。

(6)爬模对墙面的形式有较强的适应性,它不只用于施工高层建筑的外墙,还可用来施工现浇钢筋混凝土芯筒和桥墩,以及冷却塔等。尤其在现浇艺术混凝土施工中,更具有优越性。

2. 爬模的构造

爬模(见图 4-19)主要包括爬升模板、爬升支架和爬升设备三部分。

1)爬升模板

爬升模板的构造与大模板中的平模基本相同。高度为层高加 50 ~ 100 mm,其长出部分用来与下层墙搭接。模板下口需装有防止漏浆的橡皮垫衬。模板的宽度根据需要而定，一般与开间宽度相适应，对于山墙有时则更大。模板下面还可装吊脚手架，以便操作和修整墙面用。

2）爬升支架（简称爬架）

爬升支架为一格构式钢架，由上部支承架和下部附墙架两部分组成。支承架部分的长度大于两块爬模模板的高度。支承架的顶端装有挑梁，用来安装爬升设备。附墙架由螺栓固定在下层墙壁上。只有当爬架提升时，才暂时与墙体脱离。

3）爬升设备

爬升设备有手拉葫芦以及滑模用的 QYD－35 型穿心千斤顶，还有用电动提升设备。当使用千斤顶时，在模板和爬架上分别增设爬杆，以便使千斤顶带着模板或爬架上下爬动。

3. 爬升原理及布置原则

1）爬升原理

爬模的大模板依靠固定于钢筋混凝土墙身上的爬架和安装在爬架上的提升设备上升、下降，以及进行脱模、就位、校正、固定等作业。爬架则借助于安装在大模板上的提升设备进行升降、校正、固定等作业。大模板和爬架相互作支承并交替工作，来完成结构施工（见图4-20）。

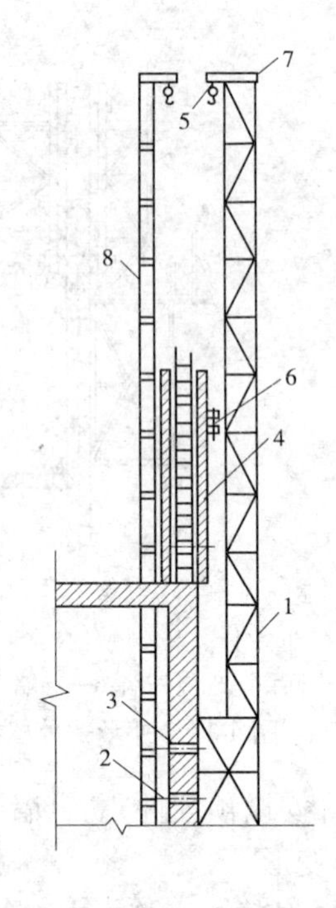

1—爬架；2—穿墙螺栓；3—预留爬架孔；4—爬模；5—爬模提升；6—爬架提升装置；7—爬架挑横梁；8—内爬架

图4-19 爬模构造

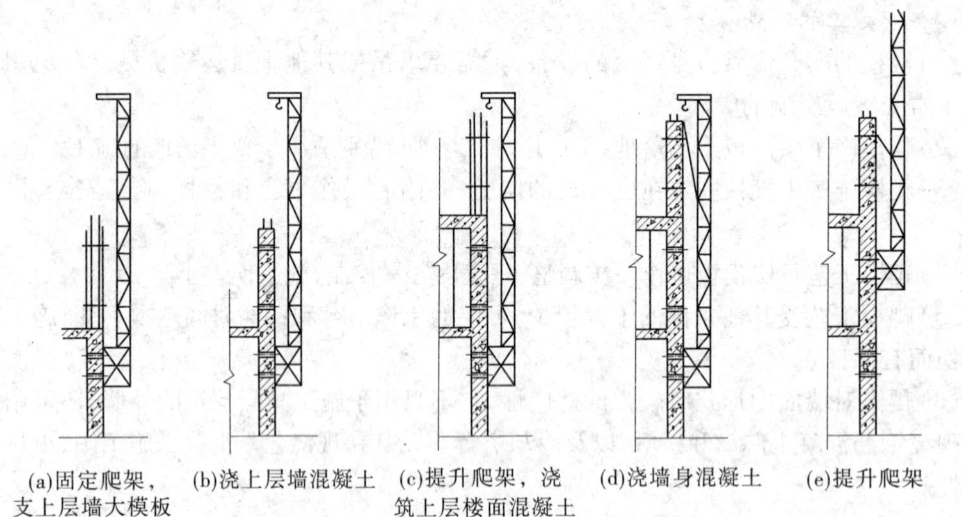

图4-20 爬升原理

2）爬模模板布置原则

外墙模板可以采用每片墙一整块模板，一次安装。这样可减小起模和爬升后分块模板装拆的误差。但模板的尺寸受到制作、运输和吊装条件等限制，不可能做得过大。往往分成几块制作，在爬架和爬升设备安装后，再将各分块模板拼成整块模板。

预制楼板结构高层建筑采用爬模布置模板时，先布置内模，再考虑外模和爬架。外模的对销螺栓孔及爬架的附墙连接螺栓孔应与内模相符。

全现浇结构的内模如用散拆散装模板，布置模板的程序是爬架、外模和内模。内模固定是根据外模的螺栓孔临时钻孔、设置横肋与竖助。

尽量避免使用角模。因角模在起模时容易使角部混凝土遭受损伤。当必须用角模时，应将角模做成铰链形式，使带角部分的模板在起模前先行脱离混凝土面。

3）爬架布置原则

爬架间距要根据爬架的承载能力和重量综合考虑。由于每个爬架装 2 只液压千斤顶或 2 只环链手动葫芦，每只爬升设备的起重能力为 10 ~ 15 kN，因此每个爬架的承载能力为 20 ~ 30 kN，再加模板连同悬挂脚手架重 3.5 ~ 4.5 kN/m，故爬架间距一般为 4 ~ 5 m。

爬架位置应尽可能避开窗洞口，使爬架的附墙架始终能固定在无洞口的墙上，当必须设在窗洞位置且用螺栓固定时，应假设全部荷载作用在窗洞上的钢筋混凝土梁上，对梁的强度要进行验算。爬架设在窗洞口上，最好是在附墙架上安活动牛腿搁在窗盘上。由窗盘承受爬架传来的垂直力，再用螺栓连接，以承受水平力。

爬架不宜设在墙的端部。因为模板端部必须有脚手架，操作人员要在脚手架上进行模板封头和校正。一块模板上根据宽度需布置 3 个及 3 个以上爬架时，应按每个爬架承受荷载相等的原则进行布置。

4. 爬模施工工艺要点

1）施工程序

由于爬模的附墙架需安装在混凝土墙面上，故采用爬模施工时，底层结构施工仍须用大模板或者一般支模的方法。当底层混凝土墙拆除模板后，方可进行爬架的安装。爬架安装好以后，就可以利用爬架上的提升设备，将二层墙面的大模板提升到三层墙面的位置就位，届时完成了爬模的组装工作，可进行结构标准层爬模施工。

2）爬架组装

爬架的支承架和附墙架是横卧在平整的地面上拼装的。经过质量检查合格后再用起重机安装到墙上。

将被安装爬架的墙面需预留安装附墙架的螺栓孔，孔的位置要与上面各层的附墙螺栓孔位置处于同一垂直线上。墙上留孔的位置越精确，爬架安装的垂直度越容易保证，安装好爬架后要校正垂直度，其偏差值宜控制在 $h/1\ 000$ 以内。

3）模板组装

高层建筑钢筋混凝土外墙采用爬模施工，当底层墙施工时爬架无处安装，可在半地下室或基础顶部设置牛腿支座，大模板搁置在牛腿支座上组装。爬升模板在开始层的组装程序如下：

（1）安装爬架并安装提升设备。

（2）吊装分块模板。

（3）利用校正工具校正和固定模板。

（4）当爬升模板到达二层墙高度时，开始安装悬挂脚手架及各种安全设施。

4）爬架爬升

爬架在爬升之前必须将外模与爬架间的校正支撑拆去，检查附墙连接螺栓是否都已抽除，清除爬模爬升过程中可能遇到的障碍，还应确定固定附墙架的墙体混凝土强度已不小于 10 N/mm^2。

爬架在爬升过程中两套爬升设备要同步提升，使爬架处于垂直状态。当用环链手拉葫芦时应两只同时拉动；用单作用液压千斤顶时应在总油路的分流器上用两根油管分别接到千斤顶的油嘴上，采用并联法使两只千斤顶同时进油。爬架先爬升 50～100 mm，然后进行全面检查，待一切都通过检验后，就可进入正常爬升。

爬升过程中操作工人不得站在爬架内，可站在模板的外附脚手架上操作。

爬架爬升到位时要逐个及时插入附墙螺栓，校正好爬架垂直度后拧紧附墙螺栓的螺母，使得附墙架与混凝土的摩擦力足够平衡爬架的垂直荷载。

5）模板爬升

模板的爬升须待模板内的墙身混凝土强度达到 1.2～3.0 N/mm^2 后方可进行。

首先要拆除模板的对销螺栓、固定模板的支撑以及不同时爬升的相邻模板间的连接件，然后起模。起模时可用撬棒或千斤顶使模板与墙面脱离，接着就可以用提升爬架的同样方法和程序将模板提升到新的安装位置。

模板到位后要进行校正。此时不仅要校正模板的垂直度，还要校正它的水平位置，特别是拼成角模的两块模板间的拼接处，其高度一定要相同，以便连接。

（五）滑升模板施工

液压滑升模板（简称滑模）施工，是一种机械化程度较高的施工方法。它只需要一套 1 m 多高的模板及液压提升设备，按照工程设计的平面尺寸组装成滑模装置，就可以绑扎钢筋，浇筑混凝土，连续不断地施工，直至结构完成。

滑模施工工艺具有机械化程度高，施工速度快，整体性强，结构抗震性能好，还能获得没有施工缝的混凝土构筑物的优点。与传统的结构施工方法比较，滑模可缩短工期 50% 以上，提高工效 60% 左右，还可以改善劳动条件，减少用工量。

滑模工艺用在剪力墙高层建筑结构施工中，按楼板的施工方法不同可分为：逐层空滑，楼板并进施工工艺；先滑墙体，楼板跟进施工工艺；先滑墙体，楼板降模等施工工艺。这些工艺各有特点，可按不同施工条件和工程情况采用。

1. 滑升模板的构造

滑模装置主要包括模板系统、操作平台系统和提升机具系统三部分，由模板、围圈、提升架、操作平台、内外吊脚手架、支承杆及千斤顶等组成（见图 4-21）。

1）模板系统

模板系统主要包括模板、围圈、提升架等基本构件。

（1）模板。模板的作用主要是承受混凝土的侧压力、冲击力和滑升时混凝土与模板之间的摩阻力，并使混凝土按设计要求的截面形状成型。根据模板的材料不同，可分为钢模板、木模板和钢木混合模板三种。最常用的是钢模板，可采用设角钢肋条或直接压制边肋，以加强模板刚度，也可采用定型组合钢模板。

模板的高度主要取决于滑升速度和混凝土达到出模强度所需的时间，一般采用900～

1 200 mm。为防止混凝土浇筑时向外溅出,外模上端可以比内模高 100 ~ 200 mm。模板的宽度可设计成几种不同的尺寸,考虑组装及拆卸方便,一般宜采用 150 ~ 500 mm。当所施工的墙体尺寸变化不大时,也可根据实际情况适当加宽模板,以节约装卸用工。

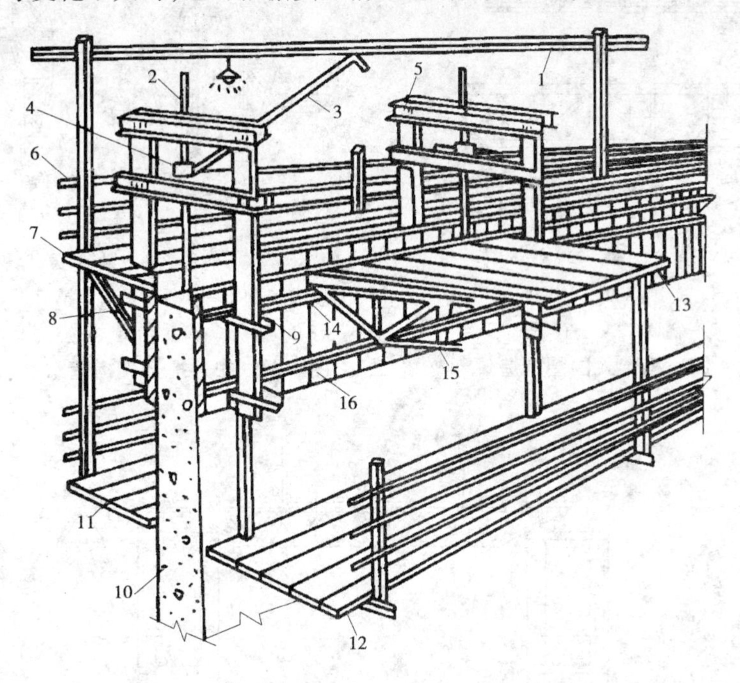

1—支架;2—支承杆;3—油管;4—千斤顶;5—提升架;6—栏杆;7—外平台;8—外挑架;9—收分装置;
10—混凝土墙;11—外吊平台;12—内吊平台;13—内平台;14—上围圈;15—桁架;16—模板

图 4-21 滑升模板的组成

(2)围圈(围檩)。围圈的作用主要是使模板保持组装好的平面形状,并将模板与提升架连成一个整体。围圈工作时,承担水平荷载和竖向荷载,并将它们传递到提升架上。

围圈布置在模板外侧,沿建筑物的结构形状组成闭合圈,上下各一道,分别支承在提升架的立柱上。围圈的间距一般为 500 ~ 700 mm,上围圈距模板上口的距离不宜大于 250 mm。当提升架间距大于 2. 5 m 或操作平台的承重骨架直接支承在围圈上时,围圈宜设计成桁架式(见图 4-22)。在使用荷载下,两个提升架之间围圈的垂直与水平方向的变形不应大于跨度的 1/500。

(3)提升架(千斤顶架、门架)。提升架的作用主要是控制模板和围圈由于混凝土侧压力与冲击力而产生的向外变形,同时承受作用在整个模板和操作平台上的全部荷载,并将荷载传递给千斤顶。提升架又是安装千斤顶,连接模板、围圈以及操作平台的主要构件。图 4-23 为目前使用较广的钳形提升架。

提升架的布置应与千斤顶的位置相适应。当均匀布置时,间距不宜超过 2 m,当非均匀布置或集中布置时,可根据结构部位的实际情况确定。

2)操作平台系统

操作平台系统是指操作平台、内外吊脚手架以及某些增设的辅助平台(见图 4-24)。

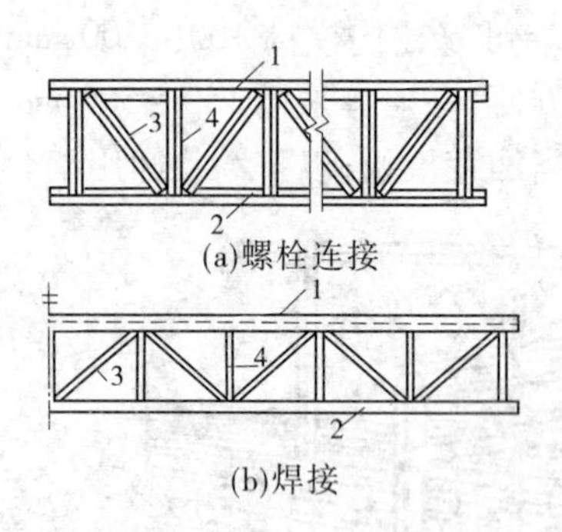

1—上围圈;2—下围圈;

3—斜腹杆;4—直腹杆

图 4-22　桁架式围圈构造

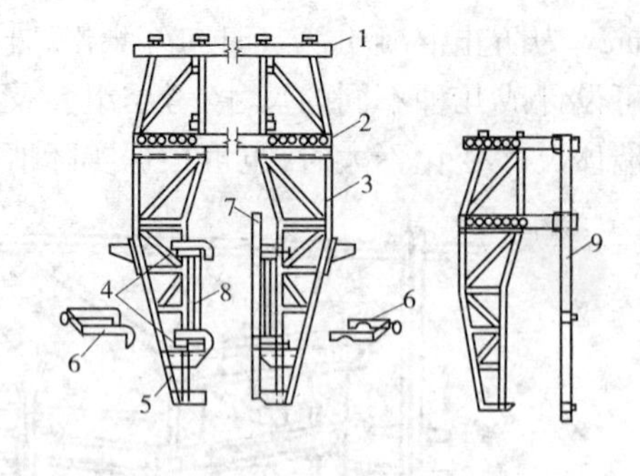

1—上横梁;2—下横梁;3—立柱;4—顶紧螺栓;

5—接长脚;6—扣件;7—滑模模板;

8—围圈;9—直腿方钢

图 4-23　钳形提升架构造

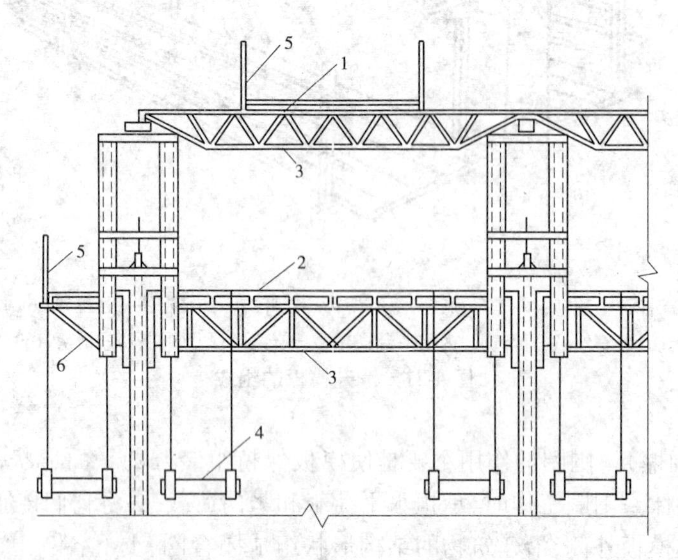

1—上辅助平台;2—主操作平台;3—承重桁架;4—吊脚手架;5—防护栏杆;6—三角挑架

图 4-24　操作平台构造

(1)操作平台(工作台)。操作平台是施工人员绑扎钢筋、浇筑混凝土、提升模板等的操作场所,也是混凝土中转、存放钢筋等材料以及放置振捣器、液压控制台、电焊机等机械设备的场地。

操作平台按其搭设部位分内操作平台和外操作平台两部分。内操作平台由承重桁架(或梁)与楞木、铺板组成。承重桁架(或梁)的两端可支承在提升架的立柱上,也可通过托架支承在上下围圈上。外操作平台悬挑在混凝土外墙面外侧,通常由三角挑架与楞木、铺板等组成。三角挑架同样可以支承在提升架立柱上,或支承在上下围圈上。根据楼板的施工工艺的不同要求,可将操作平台板做成固定或活动两种样式。

(2)内外吊脚手架(吊架)。内外吊脚手架主要用于检查混凝土的质量、表面装饰以及模板的检修和拆卸等工作,由吊杆、横梁、脚手板防护栏杆等构件组成。吊杆上端通过螺栓悬吊于挑三角架或提升架的立柱上，下端与横梁连接。

3）提升机具系统

提升机具系统包括支承杆、液压千斤顶、针形阀、油管系统、液压控制台、分油器、油液、阀门等。

（1）支承杆（爬杆）。支承杆是千斤顶向上爬升的轨道，也是滑模的承重支柱。它承受滑模施工中的全部荷载。支承杆的直径与数量根据提升荷载的大小通过计算确定。

支承杆按使用情况分为工具式和非工具式两种。工具式支承杆在使用时，应在提升架横梁下设置内径比支承杆直径大2～5 mm的套管，其长度应到模板下缘。在支承杆的底部还应设置钢靴（见图4-25），以便最后拔出支承杆。非工具式支承杆直接浇筑在混凝土中。

支承杆在施工中需不断接长，其连接形式有丝扣连接、榫接和剖口焊接等（见图4-26）。对采用平头对接、榫接和丝扣接头的非工具式支承杆，当千斤顶通过接头部位后，应及时对接头进行焊接加固。

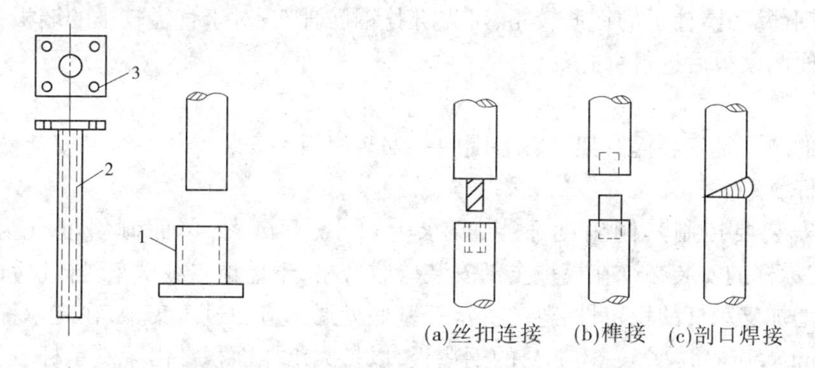

1—钢靴；2—套管；3—底座

图4-25　工具式支承杆的套管和钢靴

图4-26　支承杆的连接

（2）液压千斤顶。千斤顶是带动整个滑模系统沿支承杆上爬的机械设备。常用的油压千斤顶有GYI－35型和QYI－35型等。千斤顶内装上下两个卡头，当支承杆穿入千斤顶中心孔时，千斤顶内的卡块像倒刺一般，将支承杆紧紧抱住，使千斤顶只能沿支承杆向上爬升，不能下降；开动油泵，油液从进油嘴进入油缸，油液压缩大弹簧，这时上卡头紧紧抱住支承杆，下卡头随外壳带动模板系统上升。当上升到上下卡头相互顶紧时，完成举重过程，此时排油弹簧处于压缩状态。回油时，油压解除，弹簧复位回弹，在其压力作用下，下卡头锁紧支承杆，把上卡头和活塞向上举起，油液从油嘴排出油缸，完成复位过程。

（3）提升操作装置。提升操作装置是液压控制台和油路系统的总称。它就像滑模系统的“头脑”和“血管”，操纵模板提升并供给千斤顶油压。液压控制台主要由电动机、油泵、换向阀、溢流阀、液压分配器和油箱等组成。

2. 滑模施工程序

滑模施工程序如图4-27所示。

3. 滑模组装

滑模施工的特点之一是将模板一次组装完，一直使用到结构施工完毕，中途一般不再

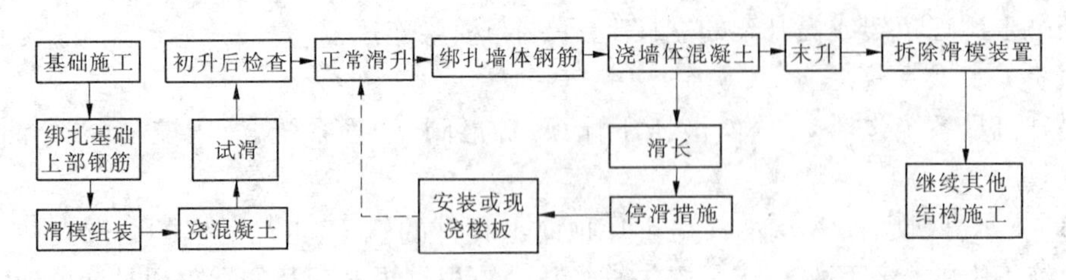

图 4-27 滑模施工程序

变化。

1）组装前的准备工作

滑模组装工作应在建筑物的基础顶板或楼板混凝土浇筑并达到一定强度后进行。组装前必须清理场地，设置运输道路和施工用水、用电线路，同时将基础回填平整。按图纸设计要求，在底板上弹出建筑物各部位的中心线及模板、围圈、提升架、平台构架等构件的位置线。对各种模板部件、设备等进行检查，核对数量、规格，以备使用。

进行钢筋绑扎：柱子的钢筋较粗，可先绑扎钢筋骨架；对于直径较小的墙板钢筋，可待安装好一面侧模板后进行绑扎。

2）组装

组装的顺序是安装提升架→安装围圈→安装模板→安装操作平台→安装液压设备→安装支承杆。

模板安装要控制其倾斜度适当，要求上口小、下口大，单面倾斜度宜为 0.2% ~ 0.5%。支承杆的安装必须在模板全部安装验收合格，千斤顶空载试车，排气后进行。

为了增加支承杆的稳定性，避免支承杆基底处局部应力过于集中，在支承杆下端应垫一块 50 mm × 50 mm、厚 5 ~ 10 mm 的钢垫板，以扩大承压面积。由于支承杆较长，上端容易歪斜，可在提升架上焊钢筋限位或三角架来扶正支承杆的位置。

滑模安装完毕，必须按规范要求的质量标准进行检查。

4. 墙体滑模施工

1）准备工作

滑模施工要求连续性强、机械化程度较高。为保证工程质量，发挥滑模的优越性，必须根据工程实际情况和滑模施工特点，周密细致地做好各项施工组织设计和现场准备工作。

2）钢筋绑扎

钢筋绑扎要与混凝土浇筑及模板的滑升速度相配合。事先根据工程结构每个平面浇筑层钢筋量的大小，划分操作区段，合理安排绑扎人员，使每个区段的绑扎工作能够基本同时完成，尽量缩短绑扎时间。

钢筋的加工长度应根据工程对象和使用部位来确定，水平钢筋长度一般不宜大于 7 m，垂直钢筋一般与楼层高度一致。

钢筋绑扎时，必须注意留足混凝土保护层的厚度，钢筋的弯钩必须一律背向模板面，以防模板滑升时被弯钩挂住。当支承杆兼作结构主筋时，应及时清除油污。

绑扎截面较高的大梁时，其水平钢筋亦采取边滑升边绑扎的方法。为便于绑扎，可将箍筋做成上口开放的形式,待水平钢筋穿入就位后,再将上部绑扎闭合。

3)混凝土配制

为滑模施工配制的混凝土,除必须满足设计强度要求外,还应满足模板滑升的特殊工艺要求。为提高混凝土的和易性,减小滑模时的摩阻力,在颗粒级配中可适当加大细骨料用量,粒径在7 mm以下的细骨料可达50%~55%,粒径在0.2 mm以下的砂子宜在5%以上。配制混凝土的水泥品种,根据施工时的气温、模板提升速度及施工对象而选用。夏季宜选用矿渣水泥,气温较低时宜选用普通硅酸盐水泥或早强水泥,水泥用量不应少于250 kg/m^3。

4)混凝土浇筑

混凝土的浇筑必须严格执行分层交圈均匀浇筑的制度。浇筑时间不宜过长,过长会影响各层间的黏结。分层厚度,一般墙板结构以200 mm左右为宜,框架结构及面积较小的筒壁结构以300 mm左右为宜。混凝土应有计划、匀称地变换浇筑方向,防止结构倾斜或扭转。

气温较高时,宜先浇筑内墙,后浇筑受阳光直射的外墙;先浇筑直墙,后浇筑墙角和墙垛;先浇筑较厚的墙,后浇筑较薄的墙。预留洞、门窗洞口、变形缝、烟道及通风管两侧的混凝土,应对称均衡浇筑。墙垛、墙角和变形缝处的混凝土,应浇筑得稍高一些,防止游离水顺模板流淌而冲坏阳角和污染墙面。

混凝土的施工和滑模模板提升是反复交替进行的,整个施工过程及相应的模板提升可分为以下三个施工阶段:

(1)初浇阶段。这个施工阶段是从滑模组装并检查结束后开始浇筑混凝土至模板开始提升为止,此阶段混凝土浇筑高度一般只有600~700 mm,分2~3个浇筑层。

(2)随浇随升阶段。滑模模板初升后即开始随浇随升施工阶段。这个阶段中,混凝土浇筑与钢筋绑扎、模板提升相互交替进行,紧密衔接。每次模板提升前,混凝土宜浇筑到距模板上口以下50~100 mm处,并应将最上一道水平钢筋留置在混凝土外,作为绑扎上一层水平钢筋的标志。

(3)末浇阶段。混凝土浇筑至与设计标高相差1 m左右时,即进入末浇施工阶段。此时,混凝土的浇筑速度应逐渐放慢。

5)模板的滑升

(1)初升阶段。模板的初升应在混凝土达到出模强度,浇筑高度为700 mm左右时进行。开始初升前,为了观察混凝土的实际凝结情况,必须先进行试滑升,滑升过程必须尽量缓慢平稳。

(2)正常滑升阶段。模板经初升调整后,即可按原计划进行混凝土和模板的随浇随升。正常滑升时,每次提升的总高度应与混凝土分层浇筑的厚度相配合,两次滑升的间隔停歇时间,一般不宜超过1 h。在常温下施工,滑升速度为150~350 mm/h,最慢不应小于100 mm/h。

(3)末升阶段。当模板升至距建筑物顶部标高1 m左右时,即进入末升阶段,此时应放慢滑升速度,进行准确的抄平和找正工作。混凝土末浇结束后,模板仍应继续滑升,直至与混凝土脱离。

6)预埋件和预留孔的留设

滑模施工中,预埋铁件、预埋钢筋及水电管线等是随模板滑升而逐步安设的。

门窗洞及其他孔洞的留设方法有:

(1)框模法。事先按照设计图纸尺寸制成孔洞框模(见图 4-28(a)),其材料可用钢材、木材或钢筋混凝土预制。尺寸比设计尺寸大 20 ~ 30 mm,厚度比模板的上口尺寸小 5 ~ 10 mm。正式门窗口作框模见图 4-28(b)。

(2)堵头模板法。堵头模板是在孔洞两侧的内外模板之间设置堵头模板(见图 4-28(c))。堵头模板(插板)通过角钢导轨与内外模配合。安装时先使插板沿插板支架下滑到与模板门窗框模板相平,随后与模板一起滑升。

(3)孔洞胎模法。对于较小的预留孔洞及接线盒等,可事先按孔洞具体形状制作空心或实心的孔洞胎模,尺寸应比设计要求大 50 ~ 100 mm,厚度至少应比内外模上口小 10 ~ 20 mm,四边应稍有倾斜,便于模板滑过后取出胎模。

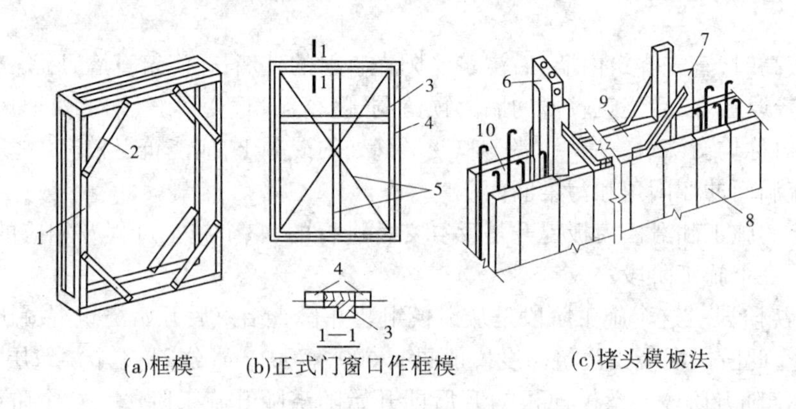

1—门窗框模板;2—支撑;3—正式门窗;4—挡条;5—临时支撑;6—堵头模板;
7—导轨;8—滑模板;9—门窗预留洞;10—待浇筑的混凝土墙身

图 4-28　门窗洞及其他孔洞的留设方法

5. 楼板施工工艺

滑模施工中,楼板与墙体的连接一般分为预制安装与现浇两大类。预制楼板的施工又分为滑空安装法、牛腿安装法和平接法。由于高层建筑结构抗震要求,50 m 以上的高层建筑宜采用现浇结构,故高层建筑不采用预制安装方法。采用现浇楼板的施工方法,可提高建筑物的整体性,加快施工进度,并且安全。属于此类方法的现有"滑三浇一"支模现浇法、降模施工法和"滑一浇一"逐层支模现浇法等。

1)"滑三浇一"支模现浇法

"滑三浇一"支模现浇法是墙体不断向上滑,预留出楼板插筋及梁端孔洞,在内吊脚手架下面,加吊一层满堂铺板及安全网,当墙面滑出一层后,扳出墙内插筋,利用梁、柱及墙体预留洞或设置一些临时牛腿、插筋及挂钩,作为支设模板的支承点,在其上开始搭设楼板模板、铺设钢筋等。当墙体滑升到三层时,浇捣第一层楼板混凝土,这样墙体滑升速度快。

2)降模施工法

降模施工是当墙体连续滑升到顶或滑到 10 层左右高度后,利用滑模操作平台改装成楼板底模板,在四个角及适当位置布设吊点,吊点应符合降模要求。把楼板模板降至要求高度,即可进行该层楼板施工(见图4-29)。当该层楼板混凝土达到拆模强度要求时,可将模板降至下一层楼板位置,进行下一层楼板的施工。此时,悬吊模板的吊杆也随之接长。这样依次逐层下降,直至最后在底层将模板拆除。

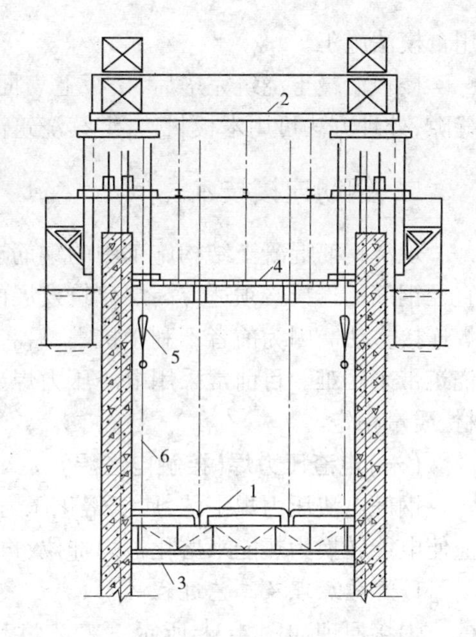

1—降模模板;2—上钢梁;3—下钢梁;
4—屋面板;5—起重机械;6—吊索

图4-29 降模法

3)"滑一浇一"逐层支模现浇法

"滑一浇一"又称逐层空滑现浇楼板法,它是高层建筑采用滑模时,楼盖施工应用较多的一种施工工艺。采用这种工艺,就是在墙体混凝土滑升一层,紧跟着支模现浇一层楼板,每层结构按滑一层浇一层的工序进行,由此将原来的滑模连续施工改变为分层间断的周期性施工。

具体施工时,当每层墙体混凝土浇筑至上一层楼板底部标高后,将滑升模板继续空滑至模板下口与墙体上皮脱空一段高度为止(脱空高度根据楼板厚度而定,一般比楼板厚度多50~100 mm),然后将操作平台的活动平台吊去,进行现浇楼板的支模、绑扎钢筋和浇筑混凝土,如此逐层进行(见图4-30)。

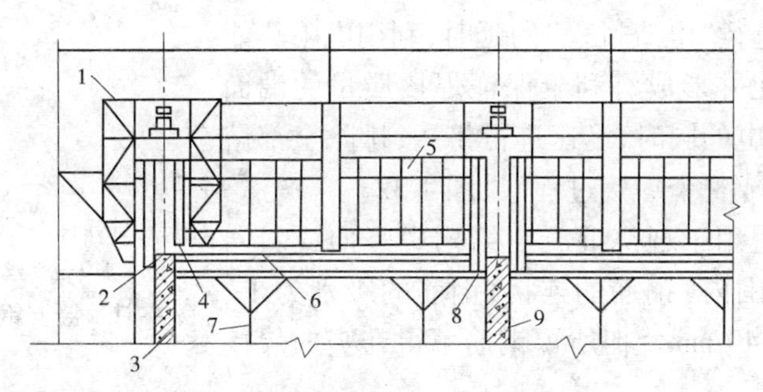

1—加长腿钳形提升架;2—加长的外墙模板;3—混凝土外墙;4—外墙内模板;
5—内墙模板;6—现浇楼板底模板;7—顶撑;8—加长阴角模;9—内墙混凝土

图4-30 "滑一浇一"模板空滑

每一楼层的墙身顶皮混凝土施工时,由于上部无混凝土重量压住,模板滑空时容易将混凝土墙身拉裂。尤其在门窗过梁部分,下部也无混凝土相连,更容易产生混凝土随模板上浮面出现的疏散现象。为此,一方面在门窗框部位浇筑混凝土前采用在框侧板上打孔,插入与主筋焊接的短钢筋加以固定;另一方面将门窗过梁部分混凝土浇筑安排到与楼板混凝土同时进行。其他墙身顶皮混凝土滑空前,将其滑升间隔时间在原来浇一皮升一皮的基础上相应缩短,次数增加,直至混凝土达到终凝后才滑空。

现浇楼板的支模方法,可采用支柱法(即传统的楼板支模方法)或桁架支模,还可采用台模法施工。

楼板混凝土浇筑完毕后,楼板上表面与滑模模板下皮一般存在 50 ~ 100 mm 的水平缝隙,处理方法可用木板封口,继续浇筑混凝土。

二、钢筋连接技术

现浇钢筋混凝土结构施工中的钢筋连接,除采用一般传统方法施工外,主要是竖向大直径钢筋的连接必须适应高层建筑发展的需要,不宜再采用传统的搭接绑扎和手工电弧焊连接方法。因为前者不利于抗震,后者电焊量大、钢材耗用多、劳动强度大,且给混凝土浇筑带来困难。目前常采用电渣压力焊、气压焊、挤压连接等,这些连接方法效率高、省钢材、质量稳定。

(一)电渣压力焊(接触电渣焊)

钢筋电渣压力焊工艺,属于熔化压力焊范畴,是利用在两个被焊钢筋间形成电弧和熔渣使电能转换为热能来熔化被焊部位,再经挤压而形成接头的一种焊接方法。

1. 焊接原理及工艺过程

焊接原理如图 4-31 所示。工艺过程为:首先在钢筋端面之间引燃电弧,电弧周围焊剂熔化形成空穴,随后在监视焊接电压的情况下,进行“电弧过程”的延时,利用电弧热量,一方面使电弧周围的焊剂不断熔化,以形成必要深度的渣池;另一方面使钢筋端面逐渐烧平,为获得优良接头创造条件。接着,将上钢筋端部插入渣池中,电弧熄灭,进行“电渣过程”的延时,利用电阻热能使钢筋全断面熔化并形成有利于保证焊接质量的端面形状。最后,在断电的同时,迅速进行挤压,排除全部熔液和熔化金属,完成整个焊接过程(见图 4-32)。

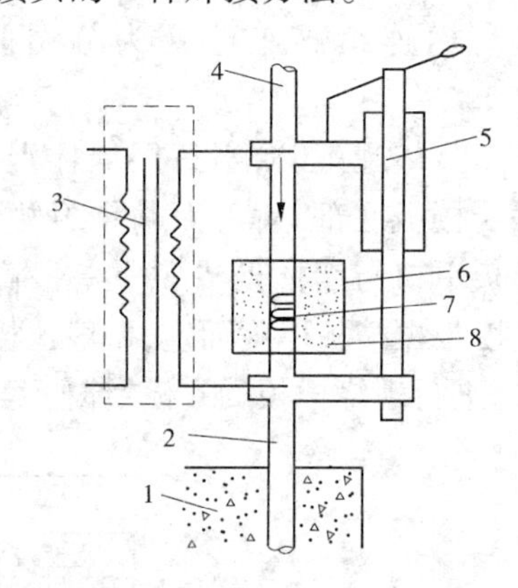

1—混凝土;2—下钢筋;3—焊接电源;4—上钢筋;5—焊接夹具;6—焊剂盒;7—钢丝球;8—焊剂

图 4-31 竖向钢筋电渣压力焊原理

电渣压力焊适用于现浇混凝土结构中竖向或斜向(倾斜度在 4:1范围内)钢筋的连接,钢筋的级别为Ⅰ、Ⅱ级,直径为 14 ~ 40 mm。但所焊钢筋不得在竖向焊接

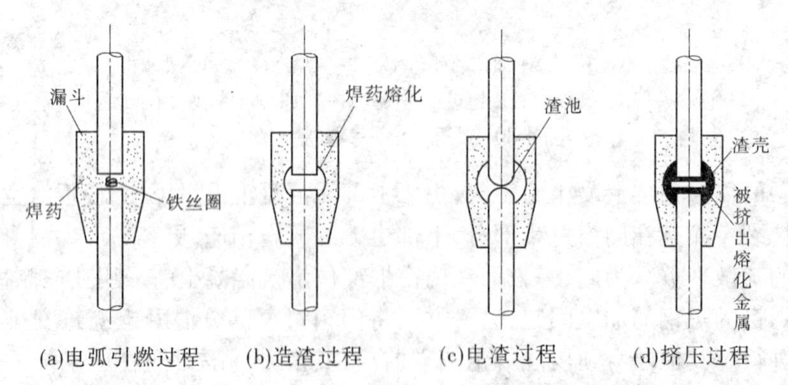

图 4-32 电渣压力焊工艺过程

后，再横置用于水平结构中作水平钢筋连接用。

2. 焊接设备和材料

1）焊机

目前的焊机种类较多，按整机组合方式可分为分体式焊机和同体式焊机两类。分体式焊机由焊接电源（即电弧焊机）、焊接夹具、控制箱三部分组成。焊机的电气监控元件分为两部分，一部分装在焊接夹具上（称监控器或监护仪表），另一部分装在控制箱内。分体式焊机可利用现有的电弧焊机，节省一次性投资。同体式焊机则是将控制箱的电气元件组装在焊接电源内，成套使用。

按操作方式不同，焊机可分为手动式焊机和自动焊机，自动焊机可减轻焊工劳动强度，但电气线路较复杂。焊机的焊接电源可采用额定焊接电流 500 A 或 500 A 以上的弧焊电源（电弧焊机），交、直流均可。

2）焊接夹具

焊接夹具由立柱、传动机构、上下夹钳、焊剂（药）盒等组成，并安装有监控装置。夹具的主要作用是：夹住上、下钢筋，使钢筋定位同心；传导焊接电流；确保焊药盒直径与焊接钢筋的直径相适应，便于装卸焊药。

3）焊剂（药）

焊剂宜采用高锰、高硅、低氟型 HJ431 焊剂，其作用是使熔渣形成渣池，形成良好的钢筋接头，并保护熔化金属和高温金属，避免氧化、氮化作用的发生。使用前必须经 250 ℃烘烤 2 h。落地的焊剂经过筛烘烤后，可回收与新焊剂各半掺合再使用。

3. 焊接工艺

焊接时，先将钢筋端部约 120 mm 范围内铁锈除尽。将夹具夹牢在下部钢筋上，并将上部钢筋夹直夹牢于活动电极中，上下钢筋的轴线应尽量一致，其最大偏移不得超过 $0.1d$（d 为钢筋直径），也不得大于 2 mm，上下钢筋间放一钢丝小球或导电剂，再装上焊剂盒并装满焊剂，接通电路，用手柄使电弧引燃（引弧），然后稳定一段时间，使之形成渣池并使钢筋熔化。随钢筋的熔化，用手柄使上部钢筋缓缓下送，稳弧时间长短根据不同的电流、电压以及钢筋直径而定。当稳弧达到规定的时间后，在断电的同时用手柄进行加压顶锻，以排除夹渣和气泡，形成接头。待冷却一定时间后，拆除焊剂盒，回收焊剂，拆除夹具和清理焊渣。焊接通电时间一般以 16 ~ 23 s 为宜，钢筋熔化量为 20 ~ 30 mm。钢筋电渣压力焊一般有引弧、电弧、电渣和挤压四个过程，而引弧、挤压时间很短，电弧过程约占全部时间的 3/4，电渣过程约占 1/4。焊机空载电压保持在 80 V 左右为宜，电弧电压一般宜控制在 40 ~ 45 V，电渣电压宜控制在 22 ~ 27 V，施焊时观察电压表，利用手柄调节电压。

4. 焊接质量检验

外观检验：焊接接头焊包均匀，不得有裂纹，钢筋表面无明显烧伤缺陷；轴线偏移不大于 $0.1d$，且不大于 2 mm，接头处弯折不得大于 4°。

强度检验：每一层楼，以 300 个同类型接头（同钢筋级别、同钢筋直径）为一批，不足 300 个时，仍作为一批，切取三个试件，进行拉伸试验。三个试件的抗拉强度均不得低于该级别钢筋规定的数值，若有一个试件低于规定的数值，则应取双倍数量试件复试。若仍有一个试件不合格，则该批接头为不合格品。

(二)气压焊接

钢筋气压焊接是利用一定比例的氧和乙炔燃烧的火焰作为热源,加热烘烤两钢筋的接缝处,使其达到热塑状态,同时施加 30~40 N/mm^2 的压力,使钢筋顶锻在一起的焊接方法。钢筋气压焊有敞开式和闭式两种。

敞开式是将两根钢筋端面稍加离开,加热到熔化温度,加压完成的一种方法,属熔化压力焊;闭合式是将两根钢筋端面紧密闭合,加热到 1 200~1 250 ℃,加压完成的一种方法,属固态压力焊。目前,常用的方法为闭式气压焊。这种焊接的机理是在还原性气体的保护下,钢筋发生塑性流变后相互紧密接触,促使端面金属晶体相互扩散渗透,再结晶、再排列,形成牢固的对焊接头。

这项工艺不仅适用于竖向钢筋的连接,也适用于各种方向布置的钢筋连接。适用范围为热轧Ⅰ、Ⅱ级钢筋,直径为 14~40 mm。当不同直径钢筋焊接时,两钢筋直径差不得大于 7 mm。另外,热轧Ⅲ级钢筋中的 20MnSiV、20MnTi 亦适用,但不包括含碳量、含硅量较高的 25MnSi。

1. 焊接设备

钢筋气压焊设备主要包括氧气和乙炔供气装置、加热器、加压器及钢筋卡具等(见图 4-33)。辅助设备有用于切割钢筋的砂轮锯、磨平钢筋端头的角向磨光机等。

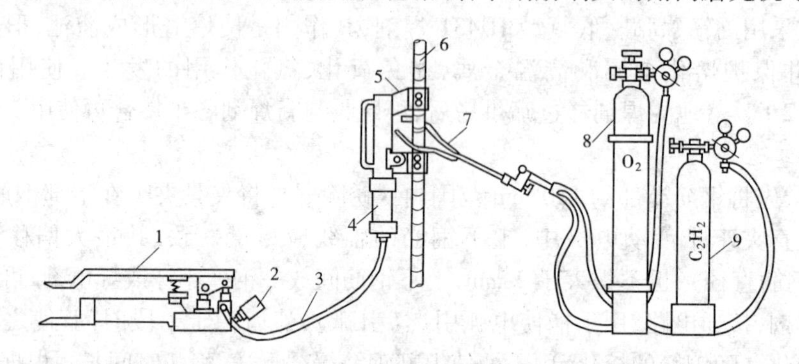

1—脚踏液压泵;2—压力表;3—液压胶管;4—油缸;5—钢筋卡具;
6—被焊接钢筋;7—多嘴环管加热器;8—氧气瓶;9—乙炔瓶

图 4-33 钢筋气压焊设备

供气装置包括氧气瓶、乙炔瓶、回火防止器、减压器、胶皮管等。

加热器由混合气管和多嘴环管加热器(多嘴环管焊炬)组成。为使钢筋接头处能均匀加热,多嘴环管加热器设计成环状钳形,并要求多束火焰燃烧均匀,调整方便。

加压器由液压泵、液压表、液压油管和顶压油缸四部分组成。作为压力源,通过连接夹具对钢筋进行顶锻。液压泵有手动式、脚踏式和电动式三种。

钢筋卡具(或称钢筋夹具)由可动和固定卡子组成,用于卡紧、调整和压接钢筋。

2. 焊接工艺

钢筋端头必须切平。切割钢筋应用无齿锯,不能用切断机,以免端头呈马蹄形,影响焊接质量;切割钢筋要预留(0.6~1.0)d 接头压缩量,端头断面应与轴线成直角,不得弯曲。

施焊时，将两根待压接的钢筋固定在钢筋卡具上，并施加5～10 N/mm^{2}初压力。然后将多嘴环管焊炬的火口对准钢筋接缝处加热，当加热钢筋端部至1 150～3 000 ℃，表面呈炽白色时，边加热边加压，达到30～40 N/mm^2，直至接缝处隆起直径为钢筋直径的1.4～1.6倍，变形长度为钢筋直径的1.2～1.5倍的鼓包，其形状为平滑的圆球形。待钢筋加热部分火红消失后即可解除钢筋卡具。

3. 质量要求

压接部位一般在柱净高的中间1/3处。同截面的压接点数量不超过全部接头的1/2，压接点错开距离不小于500 mm。

焊接接头必须进行外观检查，检查项目包括压焊区偏心量、弯折角、镦粗区最大直径和长度、压焊面偏离量、横向裂纹和纵向裂纹最大宽度七项。

每层300个接头为一批，不足300个接头的也作为一批。试件从每批接头中随机切取3个接头做拉伸试验；在梁、板水平钢筋连接中，应另切取1个接头做弯曲试验。拉伸试验试件长度宜为$8d+200$ mm，3个试件的抗拉强度均不得低于该级别钢筋规定的抗拉强度值，且拉伸断裂应在焊缝外，呈塑性断裂。若有一个试件不符合要求，应取双倍试件复试，如仍有试件不符合要求，则该批接头为不合格，需切除重新焊接。

（三）钢筋机械连接

钢筋机械连接能加快施工速度，安全适用。对不能明火作业的施工现场，以及一些对施工防火有特殊要求的建筑尤为适用。特别是一些可焊性差的进口钢材，采用机械连接更有必要。

1. 钢筋套筒挤压连接

钢筋套筒挤压连接又称钢筋压力管接头法，俗称冷接头。即用钢套筒将两根待连接的钢筋套在一起，采用挤压机将套筒挤压变形，使它紧密地咬住变形钢筋，以此实现两根钢筋的连接。钢筋的轴向力，主要通过变形的套筒与变形钢筋的紧固力传送。这种连接工艺适用于钢筋的竖向连接、横向连接、环形连接及其他朝向的连接。

钢筋挤压连接技术主要有两种，即钢筋径向挤压法和钢筋轴向挤压法。

1）钢筋径向挤压法连接

径向挤压法连接适用于直径16～40 mm的Ⅱ、Ⅲ级带肋钢筋的连接，包括同径和异径（当套筒两端外径和壁厚相同时，被连接钢筋的直径相差不应大于5 mm）钢筋（见图4-34）。

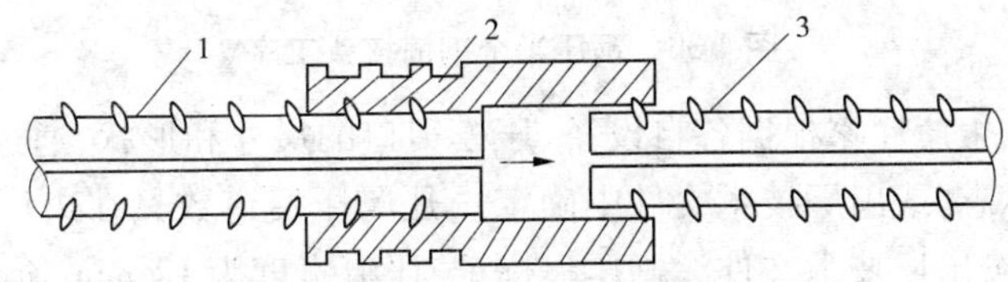

1—已挤压的钢筋；2—钢套筒；3—未挤压的钢筋

图4-34　钢筋套筒径向挤压连接

（1）材料与设备。

①钢套筒。钢套筒的材料应采用热轧无缝钢管或由圆钢车削加工而成，材质应为强度适中、延性好的普通碳素钢，设计屈服承载力和极限承载力应比钢筋的标准屈服承载力

和极限承载力大10%。尺寸与标志如图4-35所示。

$240^{0}_{-0.5}$
12
12
12
12
5
4
4
4
46
$\phi38_{-0.2}$
$\phi57^{0.1}_{-0.1}$
1×45°
1×45°
压接标志

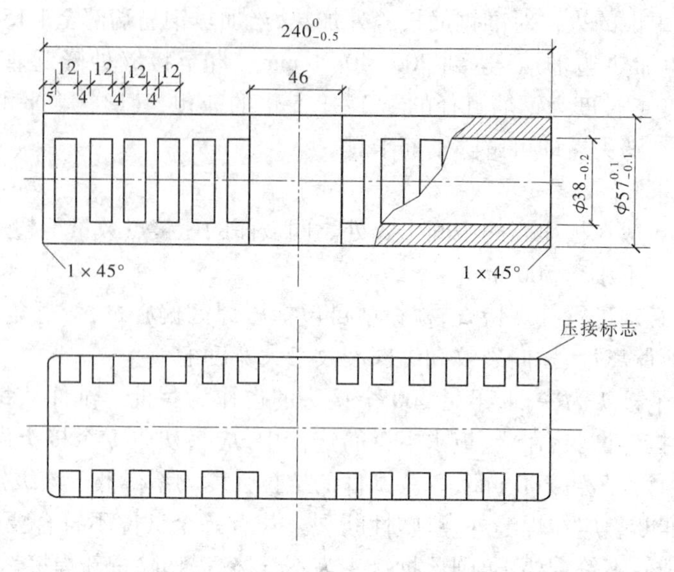

图4-35　钢筋筒(G32)的尺寸及压接标志

②设备。主要由挤压机、超高压泵站、平衡器、吊挂小车及划标志用工具和检查压痕卡板等组成。

(2)挤压连接工艺。将钢筋套入钢套筒内,使钢套筒端面与钢筋伸入位置标记线对齐,按照钢套筒压痕位置标记,对正压模位置,并使压模运动方向与钢筋两纵肋所在的平面相垂直,即保证最大压接面能在钢筋的横肋上,即可开始压接。为了减少高空作业难度,加快施工速度,可以先在地面预压接半个钢筋接头,然后集装吊运到作业区,完成另半个钢筋接头(见图4-36)。

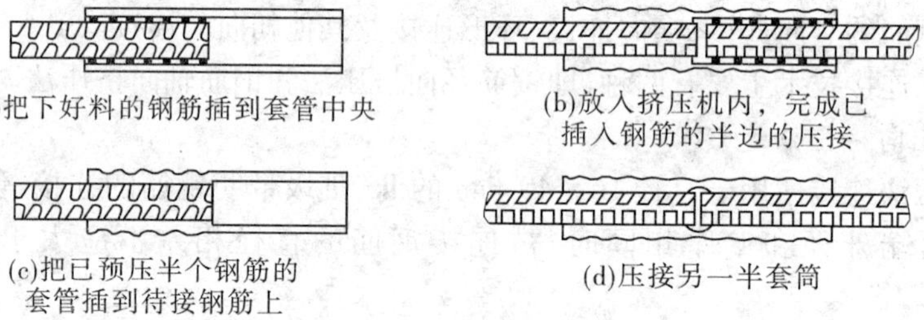

(a)把下好料的钢筋插到套管中央
(b)放入挤压机内，完成已插入钢筋的半边的压接
(c)把已预压半个钢筋的套管插到待接钢筋上
(d)压接另一半套筒

图4-36　预压半个钢筋接头工序

压痕一般由各生产厂家根据各自设备、压模刃口的尺寸和形状,通过在其所售钢套筒上喷上挤压道数标志,或出厂技术文件中确定。凡属压痕道数只在出厂技术文件中确定的,应在施工现场按出厂技术文件涂刷压痕标记,压痕宽度为12 mm(允许偏差±1 mm),压痕间距4 mm(允许偏差±1.5 mm)。压痕分布要均匀,压痕深度不够时,应补压到要求深度;凡超过深度要求的接头,应切除重新挤压。

压接应正确掌握的工艺参数有三个:

①压接顺序。从中间逐步向外压接,这样可以节省套筒材料约10%。

②压接力。压接力大小以套筒金属与钢筋紧密挤压在一起为好。压接力过大，将使套筒过度变形，导致接头强度降低（即拉伸时在套筒压痕处破坏）；压接力过小，则接头强度或残余变形量不能满足要求。

③压接道数。它直接关系到钢筋连接的质量和施工速度。道数过多，施工速度慢；道数过少，则接头性能特别是残余变形量不能满足要求。压接道数与挤压钢筋直径有关，一般ϕ20～25的钢筋挤压3～4道，ϕ25～36的钢筋挤压5～7道，ϕ40的钢筋挤压8道。

(3)质量要求及验收。钢筋伸入套筒内标记线，必须在规定范围内，标记线离钢套筒端面距离应≤5 mm。

挤压接头的现场检验按验收批进行。同一施工条件下采用同一批材料的同等级、同型式、同规格接头，以不超过500个为一个验收批。每一验收批中随机抽取10%的挤压接头作外观质量检验，如外观质量不合格数少于抽检数的10%，则该批挤压接头外观质量评为合格。当不合格数超过抽检数的10%时，应对该批挤压接头逐个进行复检，对外观不合格的挤压接头采取补救措施，不能补救的挤压接头应作标记。在外观不合格的接头中抽取6个试件做抗拉强度试验，若有1个试件的抗拉强度低于规定值，则该批外观不合格的挤压接头应会同设计单位商定处理，并记录存档。

2)钢筋轴向挤压法连接

钢筋轴向挤压法连接是采用挤压机和压模，对钢套筒和插入的两根对接钢筋，沿轴线方向进行挤压，使套筒咬合到变形钢筋的肋间，结合成一体（见图4-37）。轴向挤压连接可用于相同直径钢筋的连接，也可用于相差一个等级直径（如ϕ25和ϕ28、ϕ28和ϕ32）的钢筋的连接。

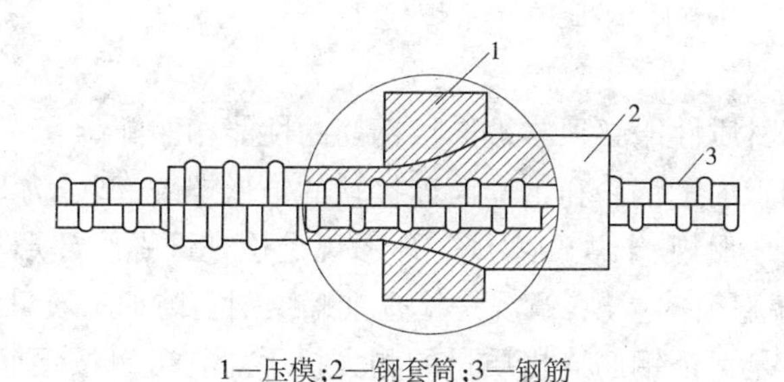

1—压模；2—钢套筒；3—钢筋

图4-37　钢筋轴向挤压法连接

(1)材料与设备。

①钢套筒。钢套筒的材质应为优质碳素结构钢。

②设备。轴向挤压连接的挤压设备有挤压机、半挤压机、超高压泵站等。常用GTZ32型挤压机和GTZ32型半挤压机，前者适用于全套筒钢筋接头的压接，后者适用于半套筒钢筋接头的压接。

③压模。分半挤压机用压模和挤压机用压模，使用时要按钢筋的规格选用。

(2)挤压连接工艺。清除钢套筒及钢筋压接部位的油污、铁锈、砂浆等杂物；筋端部的扭曲、弯折应切除或矫直，端部尺寸超长时应用手提砂轮机修磨，严禁用电气焊切割；钢筋下料断面应与钢筋轴线垂直。

为了能够准确地判断钢筋插入钢套筒内的长度，在钢筋两端用标尺画出油漆标志线。

压接后的接头,其套筒握裹钢筋的长度应达到油漆标记线。达不到的接头,可绑扎补强钢筋或切去重新压接。

按照施工使用的钢筋、套筒、挤压机和压模等,先挤压 3 根 650 ~ 700 mm 套筒接头和 3 根同样长度的母材钢筋,分别做抗拉试验,满足要求后才能施工,否则要加倍试验,直到满足要求。压接后的接头,应用量规检测,凡量规通不过的套筒接头,可补压一次。若仍达不到要求,则需更换压模再行挤压。经过两次挤压,套筒接头仍达不到要求时,该压模不得再继续使用。

(3)质量要求及验收。与钢筋径向挤压连接法相同。

2. 螺纹套筒连接

螺纹套筒连接是将两根待接钢筋端头用套丝机做出外螺纹,然后用带内螺纹的连接套筒将钢筋两端拧紧的连接方法(见图 4-38)。适用于钢筋直径 16 ~40 mm 的Ⅱ、Ⅲ级钢筋的连接。

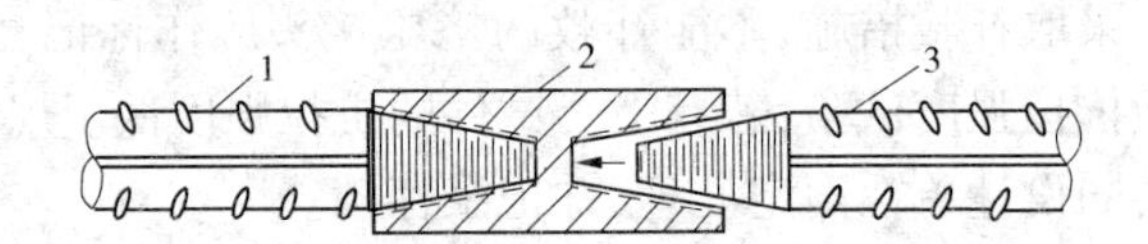

1—已连接的钢筋;2—锥螺纹连接套筒;3—未连接的钢筋

图 4-38 锥螺纹钢筋连接

螺纹套筒连接法具有接头可靠、操作简单、不用电源、全天候施工、对中性好、施工速度快等优点,可连接各种钢筋,不受钢筋种类、含碳量的限制。接头的价格适中,成本低于冷挤压套筒接头,高于电渣压力焊和气压焊接头。

1)材料与设备

(1)钢套筒。其材质性能必须与被连接钢筋的性能相匹配。

(2)套丝机。用于加工钢筋和钢套筒连接端的锥形螺纹,型号为 SZ - 50A。

(3)量规。包括牙形规、卡规和塞规。牙形规是检查锥螺纹牙形加工质量的量规,卡规是检查锥螺纹小端直径的量规,塞规是检查锥螺纹钢套筒加工质量的量规。

(4)扭力扳手。是保证钢筋连接质量的测力扳手。它可以按钢筋直径大小规定的力矩值,把钢筋与连接套拧紧,并发出声响信号。

2)连接工艺

(1)钢筋下料和套丝。钢筋下料可用钢筋切断机或砂轮锯,但不得用气割下料。钢筋下料时要求钢筋端面垂直于钢筋轴线,端头不得挠曲或出现马蹄形。钢筋在套制锥形螺纹丝扣以前,必须对钢筋规格及外观进行检验,如发现钢筋端头 500 mm 范围内混有焊接接头,或端头是为气割切断的钢筋,必须用无齿锯切掉。钢筋端头如微有翘曲,必须先进行调直处理后方可套丝。套丝时,必须用水溶性切削冷却润滑液,不得用机油润滑,也不得不加润滑液套丝。钢筋套丝可以在施工现场或钢筋加工场进行预制。对于大直径钢筋,要分次车削到规定的尺寸,以保证丝扣精度。

检验合格的钢筋丝头,可用与钢筋规格相同的塑料保护帽(套)拧上,以防止灰浆、油污等杂物的污染。也可在钢筋的一端拧上塑料保护套,另一端装上带塑料密封盖的钢套筒连接套,存放待用。

(2)螺纹连接套筒的加工。连接套筒在加工前,必须对其材质进行必要的化验分析。加工完成的连接套,应在其表面作出所连接的钢筋直径的明显标记。检验合格的连接套筒,应用相应规格的锥形塑料密封盖,将套筒两端锥孔封严,防止进入杂物及受潮锈蚀。也可一端与相应规格的锥螺纹钢筋按规定的力矩值拧紧待用。

(3)钢筋连接。连接钢筋之前,先回收钢筋待连接端的塑料保护帽和连接套上的密封盖,并检查钢筋规格是否与连接套规格相同;检查锥形螺纹丝扣是否完好无损、清洁。发现杂物或锈蚀,可用铁刷清除干净。连接钢筋时,把已拧好连接套的一头钢筋拧到被连接的钢筋上,并用扭力扳手按规定的力矩值把钢筋接头拧紧,直到扭力扳手在调定的力矩值发出响声,并随手画上油漆标记,以防止漏拧。

3)质量检验与验收

钢筋套丝的质量,必须由操作工人逐个用牙形规和卡规进行检查(见图 4-39(a)、(b)),钢筋的牙形必须与牙形规相吻合,其小端直径必须在卡规的允许误差范围之内。不合格的丝头要切掉重新加工。套筒加工后,也应采用锥形螺纹塞规检查其加工质量(见图 4-39(c)),当连接套边缘在锥形螺纹塞规缺口范围内时,连接套为合格品。

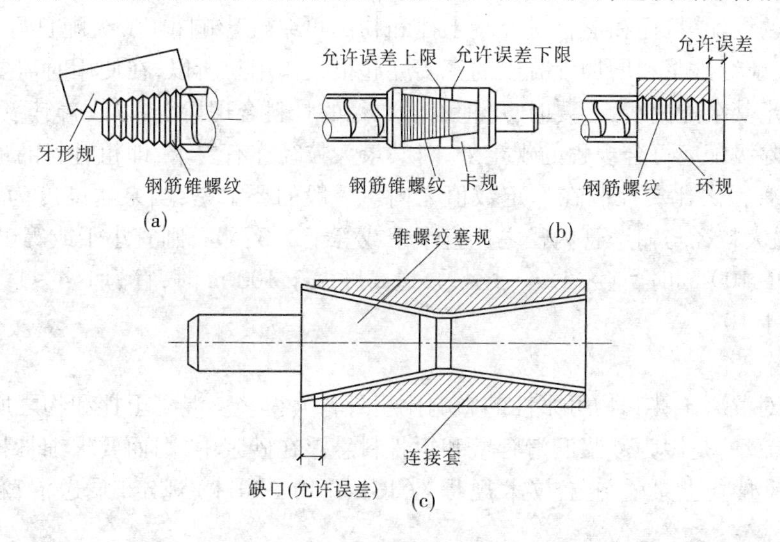

图 4-39　锥螺纹钢筋质量检验

接头的现场检验按验收批进行。同一施工条件下的同一批材料的同等级、同规格接头,以 500 个为一个验收批进行检验与验收,不足 500 个也作为一个验收批。每一验收批应在工程结构中随机截取 3 个试件做单向拉伸试验,按设计要求的接头性能等级进行检验与评定。

三、混凝土工程

混凝土是由多种材料组成的非均质材料,它具有较高的抗压强度、良好的耐久性,是构成建筑主体的主要材料。高层建筑现浇混凝土施工的特点之一是混凝土量大。据统计,混凝土垂直运输量约占总垂直运输量的 75%。因此,正确选用混凝土的垂直运输方法显得尤为重要。

(一)泵送混凝土

泵送混凝土能一次连续完成水平和垂直运输,配以布料设备还可进行浇筑,具有效率高、省劳力、费用低的特点,在高层和超高层建筑混凝土结构施工中应用,具有明显的优越性。

1. 原材料的选用

采用泵送混凝土施工,要求混凝土具有可泵性,即要具有一定的流动性及和易性,不易分离,否则在泵送中易产生堵塞。因此,对混凝土材料的品种、规格、用量、配合比均有一定的要求。

1)水泥

一般保水性好、泌水性小的水泥都可用于泵送混凝土。矿渣水泥由于保水性差、泌水性大,使用时要采取提高砂率和掺加粉煤灰等相应的措施。水泥用量要根据结构设计的强度要求确定。为了保证混凝土的可泵性,我国现行《混凝土结构工程施工质量验收规范》(GB 50204—2002)规定,最小水泥用量宜为300 kg/m^3。

2)粗骨料

粗骨料的级配、粒径和形状对混凝土拌和物的可泵性影响很大,级配良好的粗骨料,空隙率小,对节约砂浆和增加混凝土的密实度起很大作用。所以,在使用时需要根据砂石供应情况测定其级配曲线,必要时,可把不同粒径的骨料合理掺合,以改善其级配。

粗骨料除级配应符合规程的规定外,对其最大粒径亦有要求,即粗骨料的最大粒径与混凝土输送管径之比要控制在一定数值之内。一般的要求是:当泵送高度为50 m以下时,碎石的最大粒径与输送管内径之比宜小于或等于1:3,卵石则宜小于或等于1:2.5;泵送高度为50~100 m时,宜为1:3~1:4;泵送高度大于100 m时,宜为1:4~1:5。针片状含量不宜大于10%。

3)细骨料

细骨料对混凝土拌和物可泵性的影响比粗骨料大得多。混凝土拌和物之所以能在输送管中顺利流动,是因为砂浆润滑管壁和粗骨料悬浮在砂浆中,因而要求细骨料有良好的级配。现行《混凝土泵送施工技术规程》(JGJ/T 10—2011)规定,泵送混凝土宜采用中砂。

4)外掺剂

(1)减水剂。减水剂是指掺入混凝土拌和物以后,能够在保持混凝土工作性能相同的情况下,显著地降低混凝土水灰比的外加剂。常温施工一般采用木质素磺酸钙,掺入后一般可达到下列技术经济效果:

①在保持坍落度不变的情况下,可使混凝土的单位用水量减少10%~15%,抗压强度提高10%~20%。

②在保持用水量和水灰比不变的情况下,坍落度可增大10~20 cm。

③在保持混凝土的抗压强度和坍落度不变的情况下,可节约水泥10%。

此外,掺入木质素磺酸钙后,混凝土的泌水性较不掺的下降2/3左右,这对泵送混凝土很重要,还能延缓水泥的凝结,使水泥水化热的释放速度明显延缓,这对泵送大体积混凝土十分重要。

木质素磺酸钙的掺量一般为水泥质量的0.2%～0.3%（粉剂）。当低温时宜掺0.2%，高温时宜掺0.3%，一般气温掺0.25%左右为最佳。

冬期施工可采用早强型、早强抗冻型等外加剂，一般对混凝土有流化、早强、抗离析、防泌水、微膨、抗锈蚀等作用，可提高坍落度6～7 cm。夏季施工，大气温度在35 ℃以上时，可选用载体流化剂，这样可以大大减缓坍落度损失的速度，保持较好的流动性和可泵性。

（2）外掺合料。主要是粉煤灰。可改善混凝土的流态和和易性及砂石间的凝聚力。采用矿渣水泥时，一般可掺加水泥用量的20%，以置换10%的水泥。泵送高度超过100 m时，可适当多掺，具体掺量要通过试验确定。实践证明，在泵送混凝土中同时掺加外加剂和粉煤灰（简称双掺）时，对提高混凝土拌和物的可泵性十分有利，同时可节约水泥。

2.配合比

泵送混凝土配合比设计，应根据混凝土原材料、混凝土运输距离、混凝土泵与混凝土输送管径、泵送距离、气温等具体施工条件进行试配。必要时，应通过试泵来最后确定泵送混凝土的配合比。

1）坍落度

国家现行标准《混凝土结构工程施工质量验收规范》（GB 50204—2002）规定，泵送混凝土的坍落度宜为8～18 cm。

坍落度的大小要视具体情况而定，当管道转弯较多时，坍落度宜适当加大；向上泵送时为防止过大的倒流压力，坍落度不宜过大。《混凝土泵送施工技术规程》（JGJ/T 10—2011）中对坍落度的规定见表4-1。

表4-1　泵送混凝土的坍落度

泵送高度（m）	<30	30～60	60～100	>100
坍落度（mm）	100～140	140～160	160～180	180～200

当采用预拌混凝土时，混凝土拌和物经过运输，坍落度会有所损失，为了能准确达到入泵时规定的坍落度，在确定预拌混凝土生产出料时的坍落度时，必须考虑上述运输时坍落度的损失。

2）水灰比

泵送混凝土的最佳水灰比为0.46～0.65。高强混凝土的水灰比还可小一些。

3）砂率

由于泵送混凝土沿输送管输送，输送管除直管外，还有弯管、锥形管和软管，混凝土通过这些管道时要发生形状变化，砂率低的混凝土和易性差，变形困难，不易通过，易产生堵塞，因此泵送混凝土的砂率比非泵送混凝土的砂率要提高2%～5%，一般可选择40%～45%。《混凝土泵送施工技术规程》（JGJ/T 10—2011）规定砂率宜为38%～45%。

4）引气型外加剂

泵送混凝土中适当的含气量可起到润滑作用，对提高和易性和可泵性有利，但含气量过大会使混凝土强度下降。现行《混凝土泵送施工技术规程》(JGJ/T 10—2011)规定,掺用引气剂时,泵送混凝土的含气量不宜大于4%。

3. 泵送混凝土的拌制与运送

泵送混凝土必须连续不间断地、均衡地供应,才能保证混凝土泵送施工顺利进行,因此泵送施工前应周密组织泵送混凝土的供应,确保混凝土连续浇筑。

1)拌制

泵送混凝土宜采用预拌混凝土,在商品混凝土工厂制备,用混凝土搅拌运输车运送至施工现场,这样容易保证质量。

2)运送

泵送混凝土的运送延续时间是要保证混凝土能在初凝之前不产生离析,顺利浇筑,为此对未掺外加剂的混凝土可按表4-2的规定执行;掺外加剂木质素磺酸钙时,宜不超过表4-3中规定的时间;掺其他外加剂时,可按实际采用的配合比和运输时的气温条件测定混凝土的初凝时间,此时泵送混凝土的运输延续时间,以不超过所测得的混凝土初凝时间的1/2为宜。

表4-2　未掺外加剂的泵送混凝土运输延续时间

混凝土出机温度(℃)	运输延续时间(min)	混凝土出机温度(℃)	运输延续时间(min)
25~35	50~60	5~25	60~90

表4-3　掺外加剂木质素磺酸钙时泵送混凝土运输延续时间　　(单位:min)

混凝土强度等级	气温(℃)	
	≤25	>25
≤C30	120	90
>C30	90	60

4. 混凝土泵送设备的选型、布置和输送管配管设计

1)混凝土泵机的选用及布置

(1)泵的选择。主要是根据压送力的情况来决定,其中包括混凝土最大理论排量(m^3/h)、最大混凝土压力(N/mm^2)、最大水平运距和最大垂直运距(m)等,其参数均可从混凝土泵技术性能中查找。

高层和超高层建筑采用泵送混凝土时,应从技术、经济两个方面综合考虑两种方案:一种是采用中压泵配低压管接力泵送,其特点是投资较省,管道压力和磨损小,但泵机需上楼和拆运;另一种是采用高压泵配高压管一次泵送,其特点是施工简便,但必须是在泵机允许输送高度范围内。另外,为了获得工作性能适度的混凝土,在骨料级配、水泥用量、外加剂使用等方面,均需采取必要的措施。

当超高层建筑采用接力泵泵送混凝土时,接力泵的设置位置应使上、下泵的输送能力匹配。设置接力泵的楼面应验算其结构的承载能力,必要时应采取加固措施。

(2)缸径、料斗容量以及喂料高度等参数的选择。混凝土的缸径主要取决于排量及泵送压力。大排量、短输送距离或低扬程时,应选用大直径缸筒;小排量、大输送距离或高扬程时,则应选用小直径缸筒。缸筒直径又与骨料粒径有关,输送碎石混凝土时,缸径应不小于碎石最大粒径的 3.5~4 倍;输送卵石混凝土时,缸径不得小于卵石最大粒径的 2.5~3 倍。

混凝土料斗的容量应尽可能大一些。一方面可使料斗内经常保持足够的混凝土,以免吸入空气;另一方面可有利于提高混凝土搅拌运输车的利用率。

混凝土料斗喂料高度必须低于搅拌运输车卸料溜槽出口的离地高度,一般不得高于 1 350~1 450 mm。

2)混凝土泵的布置

泵机在施工现场的布置,要根据拟建工程的外形、分段流水工程量分布的大小和地形情况来决定。

(1)尽量靠近浇筑地点,以缩短配管长度,并尽可能减少迁移次数。

(2)选定的位置,要使各自承担的输送浇筑量尽量相接近;泵机基础应坚实可靠,无不均匀沉降。

(3)便于搅拌运输车连续运送。

(4)便于泵机清洗。

3)输送管和配管设计

(1)输送管道的规格、管径的选用。输送管的选用,要根据泵机型号、粗骨料粒径、混凝土排量和输送距离决定。大直径输送管虽具有泵送时压力小、输送距离大、不易发生阻塞等特点,但在排量不足时,混凝土易产生离析,且费用高。通常混凝土排量小于 25 m^3/h和运距不足 200 m 者,可选用ϕ 100 mm 管径。而垂直运距超过 80 m、混凝土排量适中时,管径宜选用ϕ 125 mm。大排量、高扬程及骨料级配较差的,宜选用ϕ 150 mm。

(2)配管设计。配管设计的原则是满足工程要求,便于混凝土浇筑和管段装拆,尽量缩短管线长度,少用弯管和软管。

泵送混凝土施工,输送管的布置除水平管外,还可能有向上垂直管和弯管、锥形管、软管等,与直管相比,弯管、锥形管、软管的流动阻力大,引起混凝土的压力损失比水平直管大得多。向上垂直管除存在与水平直管相同的摩阻力外,还需加上管内各类压力损失。管道敷设,对泵送混凝土的效果有很大影响。

所以,在施工前应编制管道敷设方案,进行综合比较,择优选取。正确的敷设原则是“路线短、弯道少、接头严密”。正确的配管方法是:泵机出口配管口径,一般取 175 mm,逐步过渡到 125 mm。泵机出口离垂直管距离不宜小于泵送高度的 1/3~1/4。敷设此段水平管的目的在于:增大混凝土倒流的阻力,防止由于垂直管混凝土柱重力作用而产生的混凝土倒流,减小分配阀换向阻力,并提高混凝土泵的吸入效率。如受场地限制,不宜在水平面上变换方向,宜用曲率半径 1 m 以上的 90°大弯头。

逆流阀(截止阀)要装在水平管道上,以液压为好,离泵机出口 5 m 左右为宜。

管接头必须连接牢靠,管路密封必须保持良好。管路密封不良会导致两种后果:一是水泥浆向管外泄漏,减少了混凝土柱体在管内滑动所需的润滑剂,增大输送阻力;二是水泥浆泄漏，会造成混凝土离析，引发堵管事故。

尽可能避免采用曲率半径小的弯管和长度短的锥形管，弯管与锥管要匹配。弯管以长度1 m者最为常用。弯管用耐磨铸钢制成，内侧与外侧壁厚不一致。弯管的直径及壁厚必须与直管的直径及壁厚相对应。一般使用曲率半径为1 m的弯管，仅在特殊情况下才允许选用曲率半径小的弯管。新管段宜用于压力大的管段处。

弯管应与建筑结构用螺栓固定，或设专用底座，并撑以木楔；弯管外侧极易磨损，所以在施工时应及时检查（见图4-40）。

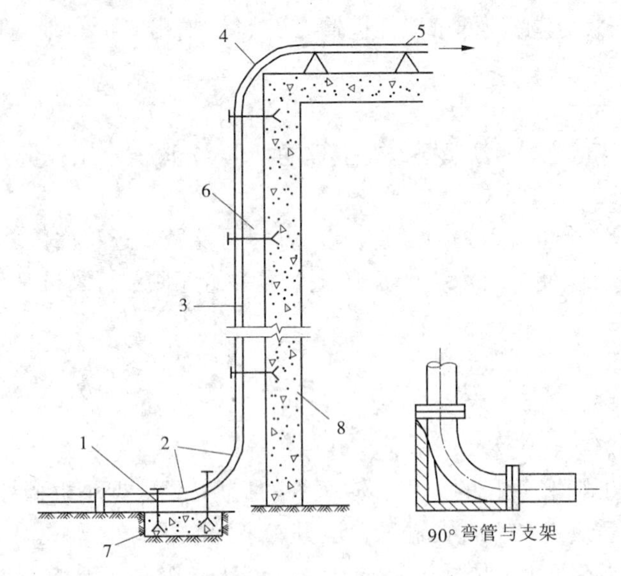

1—地面水平管道支架；2—45°弯管；3—直管；4—90°弯管（大曲率半径）；
5—顶层水平管道支架；6—螺栓埋件坚固；7—管道支架；8—混凝土墙

图4-40 管道敷设结构

往基坑浇筑混凝土用的下斜管道的倾角不得大于7°，在下斜管道端部应接长度为高程差5倍的水平管道（见图4-41(a)）。如因地形限制，水平管长度不能满足上述要求，可增设弯管，以增大混凝土的下滑阻力。当下斜管道的斜度大于7°时，应在斜管的管端加装一个排气阀（见图4-41(b)），以排除斜管中的空气，使水泥浆布满整个管壁。

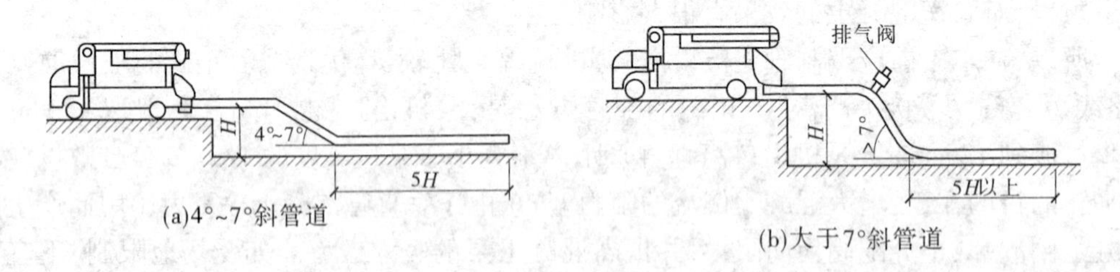

(a)4°~7°斜管道

(b)大于7°斜管道

图4-41 斜管道敷设

地面水平管段宜用木块支架，不宜固定，以便排除堵管及清洗时拆除；楼面水平管段的布置，要使混凝土浇筑的移动方向与泵送方向相反，以便水平管段的拆除和转移到上一层使用，水平管段只需用木块在楼面上作简单支设，不必采取其他固定措施。

施工楼面的水平管道越短越好，不宜超过 20 m。宜在垂直管和水平管的接口处铺一块钢板，作为临时管道拆卸点。

5. 泵送混凝土施工要点

1）运输

（1）为了保证混凝土能顺利泵送，一般宜用混凝土搅拌运输车进行运输。

（2）为了防止由于运输时间过长，混凝土坍落度产生过大变化，影响泵送顺利进行，一般要求混凝土从搅拌后 90 min 内泵送完毕，气温较低时可稍加延长。

（3）为了防止因混凝土级配改变而引起管路阻塞，搅拌运输车卸料最好有一段搭接时间，即一台尚未卸完，另一台就开始卸料，以保持混凝土级配基本不变。如不能做到，则应在搅拌运输车出料前，高速（12 r/min 左右）转动 1 min，然后反转出料，以保证混凝土拌和物的均匀性。

（4）搅拌运输车运送的混凝土拌和料，由于混凝上强度等级不一，在拌筒内的时间长短不一，加上气温条件的变化，到现场出料时，要先低速出一点料，观察混凝土的质量。如大石子夹着水泥浆先流出，说明拌筒内物料已发生沉淀，应立即停止出料，再顺转高速搅拌 2 ~ 3 min，方可出料。若情况仍未好转，说明发生粘罐。坍落度偏差过大和品质显著改变的混凝土，不得卸入混凝土泵的料斗中。初出料大石子多一些，砂浆少一些的半生料，虽可使用，但也不能直接泵送，要在卸入半生料的同时反泵，抽回一部分泵管中的混凝土到料斗中进行混合后，再进行泵送，如此经过几次循环，即可趋于正常。

（5）发现粘罐后，要及时清洗。输送车清洗后，要把拌筒内积水放净。粘罐也可能是拌筒内叶片磨损过多所致。一般运送约 10 000 m^3 后就需进行检查、补焊，以恢复叶片原有的高度及曲面。

2）泵送

（1）泵送前，应用水、水泥浆或水泥砂浆润滑泵机和输送管道，以减少泵送阻力。

（2）泵机料斗上要装一个隔离大石块的筛网，派专人看守，发现大块物料立即拣出。

（3）泵送宜连续进行，尽量不要停顿。如果不能连续供料，宁可降低泵送速度，也要尽量保持连续泵送。料斗中应留有足够的混凝土拌和物，以防吸入空气造成阻塞。

如果需长时间停泵，每隔 4 ~ 5 min，要使泵正、反转两个冲程。同时开动料斗中的搅拌器，使之搅拌 3 ~ 4 转，以防混凝土离析。

停泵时间超过 30 ~ 45 min，应将混凝土拌和物从泵中和管道中洗除。在高温环境下，混凝土拌和物易失水变得干硬，更要注意及时清除泵中的混凝土拌和物。

（4）泵送时除工作上的失误外，往往由于混凝土级配稍差、布管不够合理、泵送高度逐渐增加等，泵送压力显得不足，混凝土推出较困难，此时属于堵管的前期症候，应立即采取措施，防止堵管。发生堵管时，可作如下处理：

及时返泵排除堵管现象。即把管道内一部分混凝土抽回料斗中，适当搅拌，必要时加少量水泥浆拌和，再恢复泵送，同时，输送车随着返泵后的泵送及时补充混凝土，以解决堵管问题。

如果返泵后再泵送，把原有料泵送完，再补充新料时又堵管，说明堵管已无法排除。

只有将管道中的物料返泵倒入料斗，加水泥浆搅拌后再泵，一般故障即可排除。

如经过多次返泵至再泵送仍无效，只有将设置的管道拆卸点拆开，一面清除水平管道内的物料，一面从此点泵送出料，临时用手推车接料布料。

(5)输送管道，在夏季高温时要用湿草袋覆盖，冬季低温也需覆盖保温材料。

(6)泵送作业即将结束时，应提前一段时间停止向混凝土泵料斗内喂料，以便使管道中的混凝土能完全得到利用。

泵送完毕后，必须认真做好泵机清洗工作。清洗前，应按使用说明书中规定的方法(吸出法、泵出法或吹出法)进行。

3)布料

高层施工时，水平布料机要安放在支撑稳妥的待浇筑的楼面模板上，一端与泵送输送管道接通，另一端接一根软管，可用人力推动作水平布料。

低层施工采用带布料杆的混凝土泵车时，要先把外伸支架固定后，再使用布料杆。整个布料杆伸出后，泵车不允许有任何移动，以防泵车倾翻。

(二)高强混凝土

高强混凝土是指用常规的水泥、砂石作原材料，用常规的制作工艺，主要依靠添加高效减水剂，或同时添加一定数量的活性矿物材料，使拌和物具有良好的工作度，并在硬化后具有高强性能的混凝土。

长期以来，我国采用的现浇混凝土的强度等级一般低于或等于C30，预制构件混凝土的强度等级一般低于或等于C40。因此，通常将C25以下的混凝土称为低强度混凝土，C30~C45为中强度混凝土，高强混凝土一般是指强度等级在C50及其以上的混凝土。在高层建筑施工中使用高强混凝土有着重要意义。

1.高强混凝土的特点

1)节约材料，降低结构自重

由于高强混凝土的抗压强度高，可使构件截面减小，从而节约材料，降低结构自重，增加使用面积。一般混凝土的强度等级由C30提高到C60，对受压构件可节约混凝土30%~40%，对受弯构件可节约混凝土15%~20%。

2)耐久性好

由于高强混凝土的密实性高，因此它的抗渗、抗冻性能均优于普通强度混凝土。

3)变形小

高强混凝土具有变形小的特性，使构件的刚度得以提高，这对预应力构件减少预应力损失是有利的，对于某些由变形控制截面尺寸的梁板结构更为重要。

4)需要提高施工管理水平

由于高强混凝土对各种原材料的要求比较严格，且其质量易受生产、运输、浇筑和养护过程中环境因素的影响(如过高的气温、远距离运输以及水泥水化热等)，因此在生产施工的每一环节，都要仔细规划和检查，使混凝土施工管理水平提高。

2.原材料

1)水泥

配制高强混凝土所用的水泥，一般应选用强度等级为42.5级(原525号)硅酸盐水泥或普通硅酸盐水泥。选择水泥时,首先要考虑其与高效减水剂的相容性,要对所选用的水泥与高效减水剂进行低水灰比水泥净浆的相容性测试。

限制水泥用量应该作为配制高强混凝土的一个重要要求。C60 混凝土的水泥用量不宜超过 450 kg/m^3,C80 不超过 480 kg/m^3。成批水泥的质量必须均匀稳定,不得使用高含碱量的水泥(按当量 $R_2O = 0.658\ K_2O + Na_2O$ 计算,低于 0.6%),水泥中的铝酸三钙($3CaO \cdot Al_2O_3$)含量不应超过 8%。

2)骨料

骨料的性能对配制高强混凝土(抗压强度及弹性模量)均起到决定性作用。

粗骨料宜选用最大粒径不超过 2.5 cm 且质地坚硬、吸水率低的石灰岩、花岗岩、辉绿岩等碎石。石料强度应高于所需混凝土强度的 30% 且不小于 100 N/mm^2,粗骨料中的针片状颗粒含量不超过 3% ~5%,不得混入风化颗粒,含泥量应低于 1%,宜清洗去除泥土等杂质。

配制高强泥凝土,宜用较小粒径粗骨料,主要是颗粒较小的粗骨料比大颗粒更为致密,并能增加与水泥浆的黏结面积,界面受力比较均匀。试验表明,粗骨料最大粒径为 12 ~15 mm 时,能获得最高的混凝土强度,所以配制高强混凝土时,通常将粗骨料最大粒径控制在 20 mm 以下。但如岩石质地均匀坚硬,或配制的混凝土强度不是很高,则 20 ~25 mm 的最大粒径也是可以采用的。试验表明,卵石配制的高强混凝土强度明显小于碎石配制的混凝土,故一般宜选用碎石。

细骨料宜选用洁净的天然河砂,其中云母和黏土杂质总含量不超过 2%,必要时需经过清洗。砂子的细度模量宜为 2.7 ~3.1,若采用中、细砂,应进行专门试验。

3)高效减水剂

掺加高效减水剂(又称超塑化剂),不仅能降低水灰比,而且能使拌和物中的水泥更为分散,降低硬化后的空隙率,使孔隙分布情况得到进一步改善,从而使强度提高。

目前国际上通用的减水剂主要有两大类,即以萘磺酸盐甲醛缩合物为代表的磺化煤焦油系减水剂,国内产品大都属于此类,如 NF、FDN、UNF 等;以三聚氰胺磺酸盐甲醛缩合物为代表的树脂系列减水剂,国内产品有 SM 等,因价格较贵,用得较少。

使用高效减水剂存在的主要问题是:拌和物的坍落度损失较快,尤其是气温较高时更为显著。采用商品混凝土时,更为不利。因此,新一代高效减水剂中往往混入缓凝剂或某种载体,目的是延迟坍落度的损失,确保混凝土的运输、浇筑、振捣能正常进行。常用的缓凝剂有木质素磺酸盐,它本来是一种普通减水剂,又具有缓凝作用。

高效减水剂的质量应符合《混凝土外加剂》(GB 8076—2008)的要求。当采用复合型高效减水剂时,应有国家正式批准的检测中心(站)的检测证明。

4)掺合料

常用的掺合料有粉煤灰、硅粉和 F 矿粉。

(1)粉煤灰。掺入粉煤灰等矿物掺合料有助于改善水泥和高效减水剂间的相容性,并可以改善拌和物的工作度,减少泌水和离析现象,有利于泵送。粉煤灰应符合Ⅱ级灰标准,烧失量不大于 2% ~3%,需水量比不大于 95%,SO_3 含量不大于 3%,配制掺量一般为水泥用量的 15% ~30%。

（2）硅粉。硅粉是电炉生产工业硅或硅铁合金的副产品，其平均颗粒直径约为0.1 μm的量级，比水泥细2个数量级。用硅粉能配制出强度很高且早强的混凝土，但必须与减水剂一起使用。硅粉的用量一般为水泥用量的5%～10%。

（3）F矿粉。是以天然沸石岩为主要成分，配以少量的其他无机物经磨细而成。沸石岩在我国分布较广，易于开采，成本低廉。F矿粉与水泥水化过程中释放的$Ca(OH)_2$反应，生成C－S－H凝胶物质，能提高水泥石的密实度，使混凝土强度得到发展。F矿粉还能使水泥浆与骨料的结构得到改善。F矿粉的掺量一般为全部胶结材料质量（水泥加F矿粉）的5%～10%。

（4）水。拌制混凝土的水宜用饮用水。

配制高强混凝土的各种原材料，当在现场或预拌工厂保管和堆放时，应有严格的管理制度，砂石不应露天堆放，砂子的含水量应保持均匀。

3.配合比和配制

1）配合比

高强混凝土的配合比应通过试配确定。试配除应满足强度、耐久性、和易性和凝结时间等需要外，尚应考虑到拌制、运输过程和气温环境情况，以及施工条件的差异和变化，按照现行《混凝土结构工程施工质量验收规范》（GB 50204—2002）的规定，混凝土的实际强度对设计强度的保证率应超过95%。因此，试配的强度应大于设计要求的强度。当无可靠的历史统计数据时，试配强度可按所需设计强度等级乘以1.15系数。

2）水灰比

高强混凝土（C60）的水灰比应不大于0.35，并随强度等级提高而降低。拌和物的和易性宜通过掺加高效减水剂和混合材料进行调整。在满足和易性的前提下，尽量减少用水量。

3）砂率

大量试验证明，当砂率为0.33时，混凝土强度一般要比砂率为0.4和0.5时高一些。因此，高强混凝土的砂率宜控制在0.28～0.34，对泵送混凝土可为0.35～0.37。

4）水

配制高强混凝土，应准确控制用水量，并应仔细测定砂、石中的含水量，从用水量中扣除。配料时宜采用自动称量装置，通过砂子含水量自动检测仪器，自动调整搅拌用水。

5）拌制

拌制高强混凝土应使用强制式搅拌机。搅拌投料顺序按常规做法，外加剂的投放方法应通过试验确定，高效减水剂一般应采取后掺法，即混凝土搅拌1～2 min后掺入。

4.浇筑、养护与检验

（1）高强混凝土必须采取高频振捣器振捣。

（2）高强混凝土在浇筑完毕后应在8 h以内加以覆盖并浇水养护，或在暴露表面喷刷养护剂。浇水养护日期不得少于14昼夜。

（3）高强混凝土的质量检查及验收除按现行《混凝土结构工程施工质量验收规范》（GB 50204—2002）的有关规定执行外，还应包括浇筑过程中的坍落度变化情况及凝结时间。

当环境温度与标准养护条件的差距较大时，应同时留取在现场环境条件下养护的对比试块。标准养护的试块宜比普通强度混凝土试块制作量增加 1 ~2 倍,以测定早期及后期强度变化。

第二节　高层装配整体式框架施工

在高层建筑主体结构施工中,采取预制构、配件,现场机械化装配的施工模式,可以实现梁、柱、楼板等构件工厂化生产,减少现场施工模板的支设、拆卸工作;充分利用施工空间进行平行流水立体交叉作业,施工速度快。但是结构用钢量比现浇结构多,工程造价也比现浇结构高;施工需要配有相适应的起重、运输和吊装设备。

一、装配式预制框架结构施工

(一)构造要求

高层建筑中装配式预制框架结构的节点,多采用装配整体式。这种结构体系按地震烈度 8 度设防,建筑总高度可达 50 m。

1. 构件体系

构件体系由柱、横梁、纵梁、走道梁,以及楼板(通常为预应力空心板)组成。

2. 梁、柱节点处理

梁、柱节点构造如图 4-42 所示。

为了增加建筑的抗震性能和保证楼盖的整体刚度,一般在预制板上和梁叠合层上设 40 mm 厚现浇混凝土层,并配置双向$\phi 4 \sim 6$ 钢筋,间距 250 mm。这种节点处理,不仅抗震性能好,由于柱的安装无须临时支撑,接缝混凝土密实,焊接量少,并且解决了节点核心不便设置箍筋的问题,是较好的节点做法。

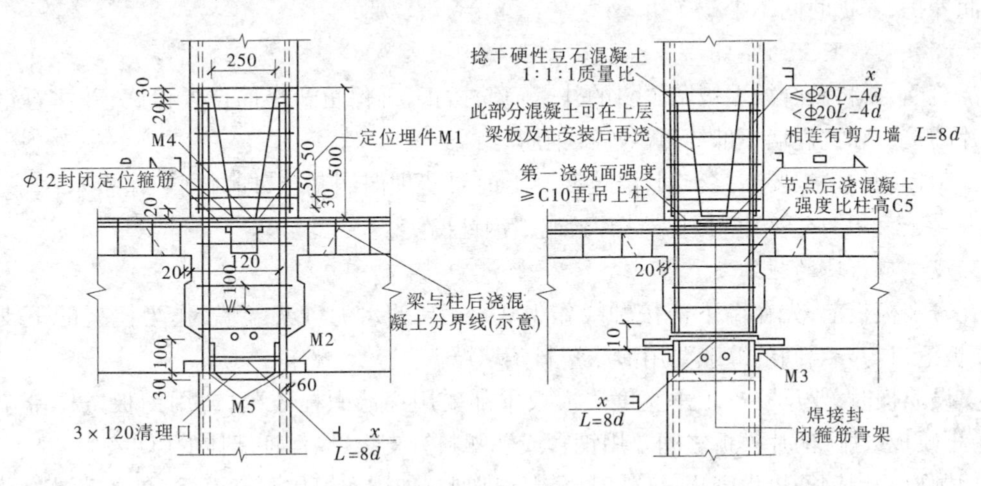

图 4-42　梁、柱节点

(二)施工工艺

1. 工艺流程

首先进行施工准备工作,重点是抄平、放线以及验线工作;无误后即可吊装框架柱,焊接柱根钢筋;支设柱根模板,浇筑柱根混凝土。接下来吊装框架梁,焊接框架梁钢筋;同时绑扎剪力墙钢筋和吊装预制板,剪力墙支设模板,浇筑剪力墙混凝土,养护墙体混凝土后,吊装剪力墙上的预制板;支设叠合梁、柱头模板,支设板缝模板,绑扎叠合梁、叠台板钢筋;浇筑柱头混凝土,浇筑板缝、叠合梁、叠合板混凝土;柱头预埋钢板并找中、找平。

2. 结构吊装

1) 吊装准备

吊装前应按结构安装工程的要求进行构件的检查和弹线。为了防止柱子翻身起吊小柱头触地而产生裂缝和外露钢筋弯折,可采用安全支腿或用钢管三角架套在柱端钢筋处或撑垫木。

2) 吊装

一般采用分层、分段流水吊装方法。

吊装过程的质量控制:对柱子,控制平面位置和垂直度;对预制梁,重点控制伸入柱内的有效尺寸和顶面标高;对楼板,重点控制顶面标高。

(三)施工注意事项

1. 梁、柱节点处理

节点梁端柱体的箍筋,宜采用预制焊接钢筋笼,待主、次梁吊装焊接完毕后,从柱顶往下套。梁、柱节点浇筑混凝土的模板宜用钢模板,在梁下皮及以下用两道角钢和ϕ 12 螺栓组成围圈,或用ϕ 18 钢筋围套,并用楔子打紧。节点混凝土浇筑前,应将节点部位清理干净。梁端和柱头存有隔离剂或过于光滑时,应凿毛处理,并在浇筑前用水湿润。

浇筑节点混凝土时,外露柱子的主筋要用塑料套包好,以防黏结灰浆。节点混凝土浇筑及振捣,宜由一人负责一个节点,采用高频振捣棒,分层浇捣。要加强节点部位混凝土的湿润养护,养护时间不少于 7 d。

2. 叠合层混凝土的浇筑

浇筑前,要将叠合梁上被踏歪斜的外露箍筋扶正,确保负弯矩筋位置正确,并注意钢筋网片的接头和抗震墙下部要甩出连接钢筋。

预制板缝的模板要支撑牢固,浇筑混凝土前要清理湿润基层,同时刷一遍素水泥浆。板缝混凝土宜用 HZ_6P30 型振捣器振捣,或用钢钎捣实。

3. 现浇剪力墙的施工

在安装模板前,先在墙下部按轴线作 100 mm 高的水泥砂浆导墙,作为模板的下支点,模板下口与导墙间的缝隙要用泡沫塑料条堵严。

支设墙模时,要反复校正垂直度。模板中部要用穿墙螺栓拉紧,或用钢板条拉带拉紧,防止模板鼓胀,两片模板之间要用钢管或硬塑料管支撑,以保证墙体的厚度。

门洞口四周钢筋较为密集,绑扎时可错位排列。如用木模作洞口模板,在浇筑混凝土前应浇水湿透。浇筑混凝土前,宜先浇一遍素水泥浆,然后按墙高分步浇筑混凝土。第一步浇筑高度不大于 500 mm。浇筑时要采取人工送料的方法,严禁从料斗中直接卸混凝土入模。电梯井四面墙体在浇筑时,不可先浇满一面,再浇捣另一面,这样会使墙体模板整体变形、移位。应四面同时分层浇筑。

二、装配整体式框架结构工程施工

装配整体式框架结构(包括框架-剪力墙结构),一般是指预制梁、板,现浇柱和剪力墙的框架结构,是高层建筑中应用较多的一种工业化建筑体系。这种结构综合了全现浇和预制框架体系的优点,解决了预制梁、柱接头焊接量大和工序复杂的问题,增强了结构节点的整体性,可适用于有抗震设防要求的高层建筑。

(一)梁、柱节点的构造

现浇柱预制梁板框架结构的梁、柱节点构造如图4-43所示,具有下述特点:

(1)梁端部留有剪力槽,与现浇混凝土咬合后形成剪力键。梁端下部伸入柱内95 mm,梁端下部预留出钢筋,与节点混凝土形成一体,增加梁、柱节点的整体性。

(2)梁端主筋用角钢加强,并扩大了梁端的承压面。梁节点在二次浇筑后,使混凝土能充满梁底与柱面的空隙,使梁体早期将部分荷载传递给柱。

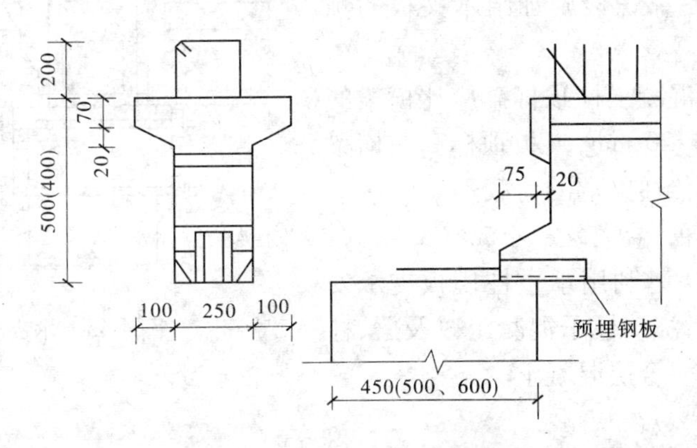

图4-43 梁、柱节点构造

(二)施工方法

现浇柱预制梁板框架结构的施工特点在于梁、板先预制成型,在施工现场拼装;梁、柱交接处节点与现浇柱同时浇筑混凝土。常见的施工方法有两种,即先浇筑柱子混凝土,后吊装预制梁、板;先吊装预制梁、板,后浇筑柱子混凝土。

1. 先浇筑柱子混凝土,后吊装预制梁、板

这种施工方法是首先绑扎柱子钢筋,然后支设柱模板,再浇筑柱子混凝土到梁底标高,待柱子混凝土强度大于5 N/mm^2 时,拆除柱模板,然后吊装预制梁、板,再浇筑梁、柱接头混凝土以及叠合层混凝土。

预制梁吊装就位后的支托方法通常有以下两种:

(1)临时支柱法。在横梁两端轴线上,分别支设临时支柱(见图4-44),用以支承横梁、楼板构件自重及施工荷载。然后校正支柱的轴线位置和梁顶标高,并在支柱底部用木楔顶紧,再把支柱上端与梁支撑夹紧固定,同时将支柱上、下端用连接件与混凝土柱子连接固定,以保证支柱的稳定性。

(2)木夹板承托法。木夹板承托法是指在柱模板拆模后,当混凝土强度不低于7.5 N/mm^2 时,在柱顶、梁底标高处安装木夹板,利用木夹板与混凝土柱子接触面间的摩擦力

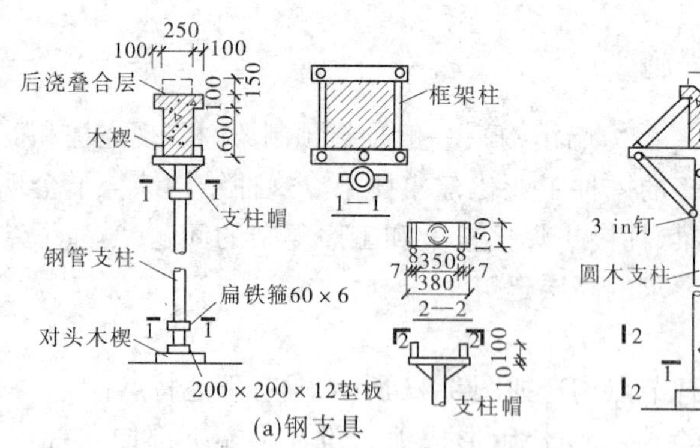

(a)钢支具

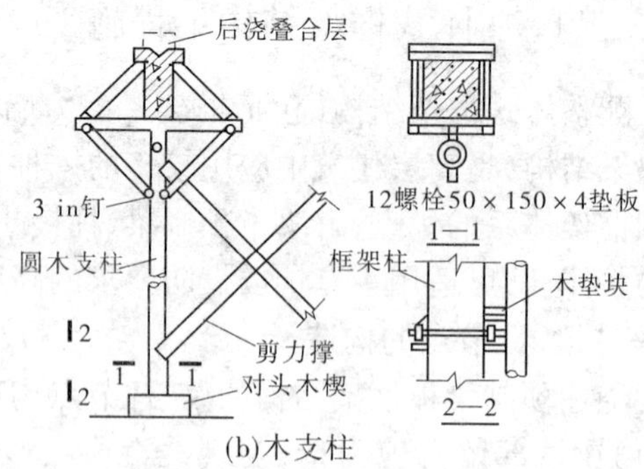

(b)木支柱

图 4-44　临时支柱

来支承框架横梁(见图4-45)。木夹板与柱子接触面的摩擦力是靠螺栓施加给木夹板的预压力而产生的。

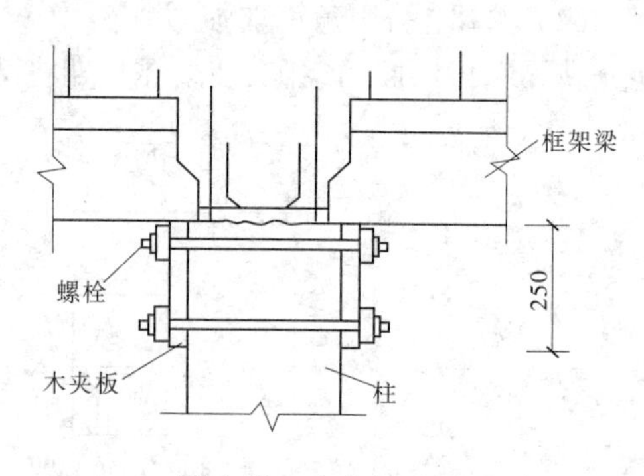

图 4-45　木夹板承托

施工时,一般混凝土柱顶标高应比横梁的设计底标高低 10～20 mm,夹板顶标高与横梁底标高相同,用以传递梁端的荷载。

2. 先吊装梁、板,后浇筑柱子混凝土

这种施工方法是利用承重柱模板支承安装预制梁、板,然后浇筑柱子混凝土以及梁、柱接头,最后再浇筑叠合层混凝土。

1)承重钢柱模板的构造

承重钢柱模板由柱模、梁支承柱、柱顶小耳模和斜支撑等组成。

柱模由 4 块侧模组成,其平面尺寸根据柱子尺寸和主、次梁的标高确定。柱体侧模可用 3 mm 厚钢板,四周用∟ 50×5 角钢,横肋用 5 号槽钢,其间距为 600 mm。

梁支承柱一般用 10 号槽钢加固而成,上部焊上支承框架梁的托梁,下部焊上φ38 长 250 mm 的可调节高低的顶丝(见图4-46)。

斜支撑的作用是调节柱模的垂直度,防止柱模受荷载后产生倾斜和位移(见图4-47)。

小耳模是梁的定位模,四框由角钢组成,中间用 3 mm 厚钢板,两边对称设置(见图4-48)。

2)施工工艺

(1)安装钢柱模。钢柱模可采用先拼装、后安装就位的方法。钢柱模就位后,用扣件将梁支承柱与柱体侧模连接起来,并用梁支承柱的顶丝调节其高度。梁支承柱的托板应高出钢柱模 10 mm,以防止预制混凝土梁压在柱模上。

(2)安装预制梁、板。吊装预制梁、板时,应先吊主梁,后吊次梁,从一端向另一端推进,并逐间封闭。预制混凝土楼板吊装前,应先铺好找平层砂浆。楼板在梁上的搁置长度应按设计要求严格掌握。预制混凝土梁安装后,在其下部应设临时支撑,待叠合层混凝土

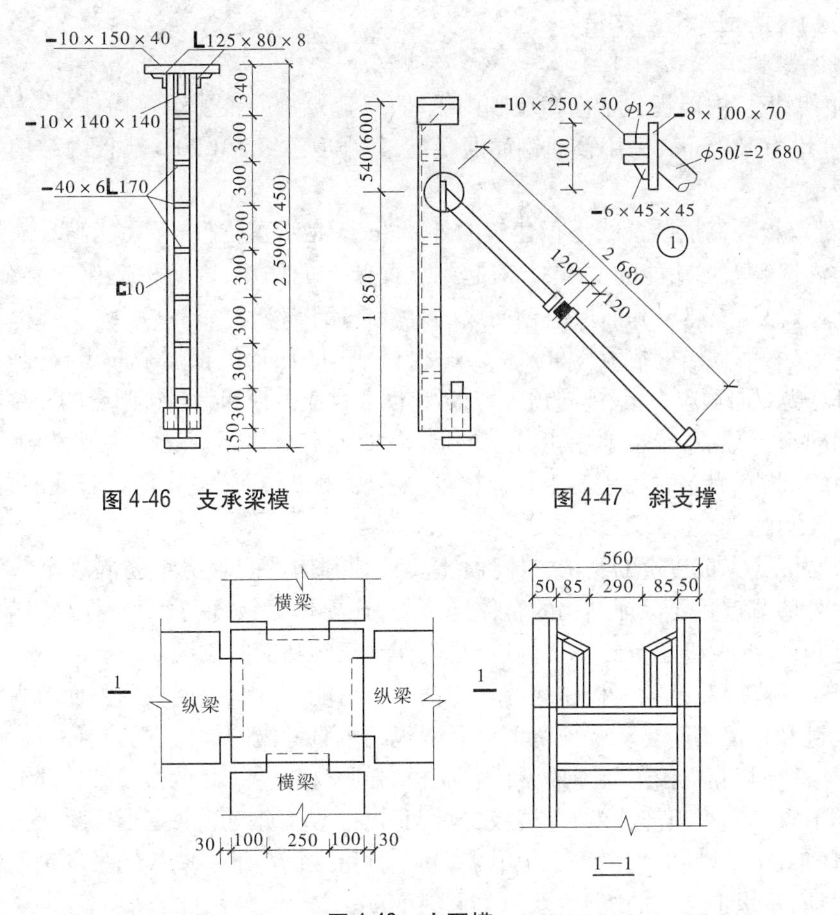

图 4-46 支承梁模

图 4-47 斜支撑

图 4-48 小耳模

浇筑养护后,满足规范要求的强度,方可拆除。

(3)柱子混凝土浇筑。浇筑柱子混凝土时,应按中、边、角的顺序依次施工,这样有利整体结构的稳定,可防止因浇筑混凝土产生的侧压力而引起梁、柱的倾斜、偏移。

(4)钢柱模板的拆除。钢柱模板拆除时,柱子混凝土强度不应小于 10 N/mm^2。

三、装配式大板剪力墙结构工程施工

装配式大板剪力墙结构体系的特点是除基础工程外,结构的内、外墙和楼板全部采用整间大型板材进行预制装配(见图 4-49)。楼梯、阳台、垃圾和通风道等,都采用预制装配。构配件全部由加工厂生产供应,或有一部分在施工现场预制,在施工现场进行吊装,组合成建筑。

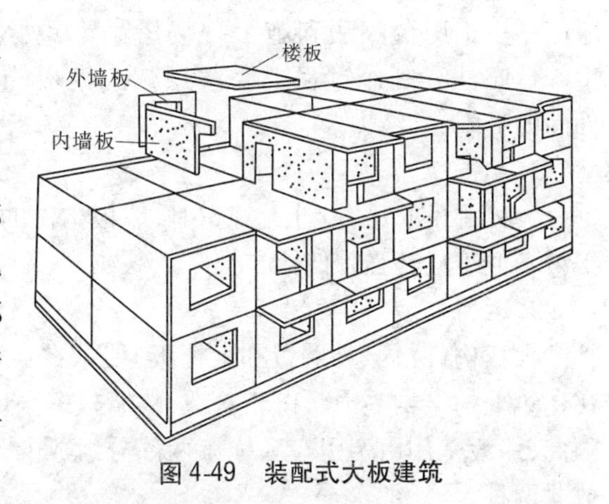

图 4-49 装配式大板建筑

(一)构件类型和节点构造

1. 构件类型

(1)内墙板。内墙板包括内横墙和内纵墙,是建筑物的主要承重构件,均为整间大型墙板,厚度均为180 mm,采用普通钢筋混凝土,其强度等级为C20。墙板内结构受力钢筋采用Ⅱ级钢。

(2)外墙板。高层装配式大板建筑的外墙板,既是承重构件,又要能满足隔热、保温、防止雨水渗透等围护功能的要求,并应起到立面装饰的作用,因此构造比较复杂,一般采用由结构层、保温隔热层和面层组合而成的复合外墙板。

(3)大楼板。大楼板常为整间大型实心板材,厚110 mm。根据平面组合,其支承方式与配筋可分为双向预应力板、单向预应力板、单向非预应力板和带悬挑阳台的非预应力板。

(4)隔断墙。隔断墙主要用于分室的墙体,如卧室与起居室隔断、厕所和厨房间隔断等。采用的材料一般有加气混凝土条板、石膏板以及厚度较薄(60 mm)的普通混凝土板等。

2. 节点构造

高层装配式大板建筑的结构整体性,主要靠预制构件间现浇钢筋混凝土的整体连接来实现。外墙节点除要保证结构的整体连接外,还要做好板缝防水和保温、隔热的处理。因此,高层装配式大板建筑的节点构造,是确保建筑物功能的关键。

为了增强高层装配式大板建筑的整体性及抗剪能力,内、外墙板两侧面及大楼板四周均设有销键和预留钢筋套环及预留钢筋。墙板的垂直缝内的预留钢筋套环,均须插筋,且上、下层插筋须相互搭接焊接形成整体。墙板之间交接处下脚位置,设有局部放大截面现浇混凝土节点。墙板顶部,除留有楼板支承面外,还设有钢筋混凝土圈梁。内、外墙板底部,设有局部放大截面的现浇混凝土节点,其中预留主筋与下层墙板的吊环钢筋焊接在一起,形成具有抗水平推力的"剪力块"(见图4-50)。

(二)大板构件的生产制作及运输堆放

1. 生产制作

大板构件的制作一般在工厂预制,也可在施工现场集中生产。其方法和成型工艺工厂生产有成组立模法和平模流水法,也可采用台座法——工厂台座法和施工现场塔吊下重叠生产台座法。制作过程中要注意减少大板构件间的吸附、黏结力。

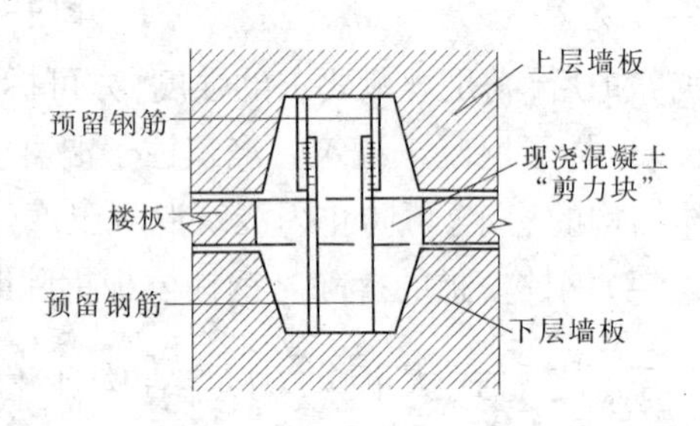

图4-50 上下层墙板节点剪力块构造

2. 起吊

大板构件起吊,设计无规定时,墙板构件的脱模起吊强度应不低于设计强度的65%,楼板不低于设计强度的75%。

3. 运输

大板构件(内、外墙板和大楼板)要求在运输过程中结构的受力状态与它们安装就位在建筑上的结构受力状态相一致,故墙板多采用立运,大楼板可采用平运,亦可采用立运。因此,一般采用由牵引车和拖车两部分组成的大型专用运输车运输,拖车分为插放式和靠放式两种。

4. 堆放

施工现场的构件储存堆放，内、外墙板构件多采用插放方式（见图 4-51），大楼板构件则多采用平放方式。如果在施工前需要超量储存墙板构件，亦可采用靠放方式（见图 4-52）。

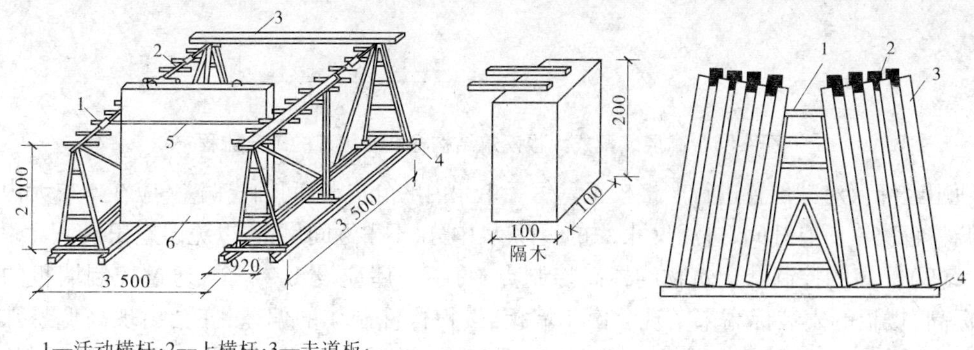

1—活动横杆；2—上横杆；3—走道板；
4—垫木；5—水平挡木；6—墙板

图 4-51　墙板插放示意图

1—靠放架；2—隔木；3—墙板；4—垫木

图 4-52　构件靠放

（三）施工工艺

1. 施工准备

高层装配式大板建筑结构施工是以塔式起重机为中心，在塔臂工作半径范围内，组织多工种流水作业的机械化施工过程。由于建筑物的构配件全部采用了装配式，结构施工工序明确，吊次比较均衡，一般采用的流水作业方式是工序流水，而不是通常在建筑施工中采用的区域流水，作业施工节奏快而紧凑，构件必须配套保证正常供应。施工前的准备工作重点是：

（1）合理地选用和布置吊装机械。在高层装配式大板建筑结构安装施工中，无论是构件起吊（指现场塔下重叠生产），还是卸车（指加工厂集中生产）、堆放和吊装，以及各种材料、设备的垂直运输，都是由塔式起重机来完成的。因此，要合理地选用和布置塔式起重机。

（2）合理进行施工现场的平面布置。重点是确保施工现场有足够的构件储备量；现场运输道路的布置，要方便大板运输车的通行和构件的卸车。

2. 施工要点

高层装配式大板建筑结构标准层施工的工艺流程见图 4-53。

1）安装方法

高层装配式大板建筑的结构安装施工，一般采用储存吊装法，分两班施工。白班按工艺流程进行结构安装施工，夜班按计划要求进行墙板等构件进场卸板储存工作及提升安全网等作业。

结构安装采用逐间封闭法施工，即以每一结构间为单元，先吊装内墙板，然后吊装外墙板。每一楼层的安装作业从标准间开始。

2）施工测量

（1）轴线的控制。为了确保建筑物外形的要求，每层外墙大角（阳角）部位墙板的安装，

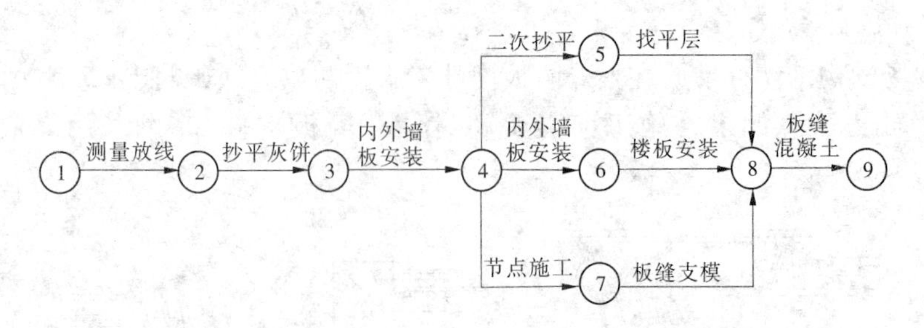

图 4-53　高层装配式大板建筑结构标准层施工的工艺流程

必须用经纬仪对其位置进行严格校正。每一单元内的分户、分间轴线偏差,应在本单元内均匀调整解决。所有开间、进深尺寸,均应用整尺中分,不得逐间尺量,以免误差积累。

(2)标高的控制。建筑物的标高控制点,每幢房屋应设 1 ~ 2 个,通过控制墙板的安装标高、楼板的安装标高来实现。由于墙板、楼板构件制作的偏差,亦会出现高低悬殊的情况,此时,应在墙板安装就位并弹出墙顶以下约 10 cm 水平线后,将个别高差过大的墙板剔除一定的高度。

3. 墙板安装

每层结构在找平放线后即可进行墙板构件安装工作。其施工顺序如下:

(1)操作平台就位。构件吊装前,先将操作平台(见图 4-53)吊放在标准间位置。在操作平台两侧的立柱上附设两根测距杆,平时将测距杆附在立柱上,当操作平台安放就位时,将测距杆放平对准墙板边线,即可一次就位。在操作平台上部栏杆上附设墙板固定器,当墙板就位后,用墙板固定器固定。

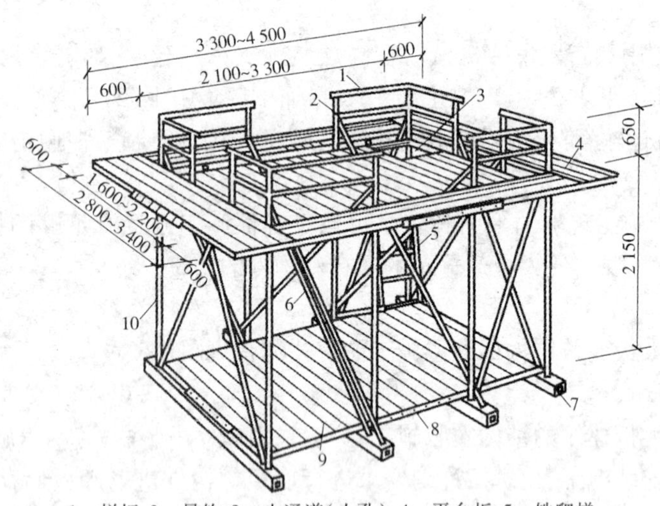

1—栏杆;2—吊钩;3—人通道(人孔);4—平台板;5—铁爬梯;
6—斜撑;7—垫木;8—伸缩连接;9—底座;10—立柱

图 4-54　操作平台

(2)铺灰、起吊、就位、校正和塞灰。墙板就位时,应对准墙板边线尽量做到一次就位,以减少撬动。如误差较大,应将墙板重新起吊调整。尤其是外墙板,严禁用撬棍调整就位,以免破坏构造防水线角。

(3)标准间的墙板就位后,用间距尺杆检查墙板顶部的间距,并随即用操作平台上的墙板固定器作临时固定。然后用靠尺测量墙板板面和立缝的垂直度,并检查相邻两块墙板接缝是否平直。如有误差,则摇动墙板固定器上的手轮,通过丝杠调整,或用撬棍作少许调整。

(4)墙板就位经校正、临时固定后,应随即完成焊接工作,焊接作业一般分上、下两部分进行,墙板顶部之间的焊接工作可与墙板安装就位同步进行,墙板下部的焊接工作可以错开进行。

(5)当墙板固定后,应立即用1∶2.5干硬性水泥砂浆(掺5%防水粉)在墙板下部进行塞灰,捻塞要密实。塞缝应凹进5 mm,以利于装修。待砂浆干硬后,退出校正时用的垫铁。

4.大楼板安装

当墙板固定并撤除临时固定、吊出操作平台后,即可进行大楼板安装。

5.结构节点施工

高层装配式大板建筑的结构节点,是确保建筑物整体性的关键。每层楼板安装完毕后,即可进行该层的节点施工,包括节点钢筋的焊接、支设节点现浇混凝土模板、浇筑节点混凝土、拆模等工序。

6.外墙节点防水施工

外墙板之间形成的板缝节点是高层装配式大板建筑防水抗渗、保温隔热的关键部位,直接影响着整个建筑工程的质量,处理不好,将严重影响建筑物的使用功能。

外墙节点防水主要有三类方案,即构造防水方案、材料防水方案和综合防水方案。

构造防水方案主要是通过在外墙板四周,即板的边缘部位和板的侧面设置一些构造形式来达到节点防水抗渗的目的。如在墙板侧面设1~2道泄水槽构造,在平、立缝交叉的十字节点处设置截留泄水槽内流水的排水口等。构造防水方案的优点是防水能力持久,防水有较高的保证程度,施工工艺简单。缺点是构件制作复杂、难度大,对现场构件的成品保护要求高,一旦防水构造被破坏,直接影响防水能力,防水构造的修复困难。

材料防水方案是在外墙板四周板边没有特殊防水构造的情况下,主要依靠采用防水嵌缝材料对板缝节点进行黏结、填塞,阻断水流通路,达到防水的目的。此方案的优点是外墙板构造简单,生产效率高。缺点是材料防水有一定的时效性,在防水材料老化后,为了防止外墙板缝节点的渗漏,需要对整个建筑物外墙板缝节点进行全面的防水再设防。

综合防水方案是一种综合了构造防水和材料防水各自优点的防水方案。综合防水方案一般以构造防水为主,在外墙板四周采取一定的防水构造措施,又辅之以性能可靠的嵌缝防水材料,从而避免了单一防水方案的局限性。

四、高层升板法施工

升板法结构施工是介于混凝土现浇与构件预制装配之间的一种施工方法。这种施工方法是在施工现场就地重叠制作各层楼板及顶层板,然后利用安装在柱子上的提升机械,通过吊杆将已达到设计强度的顶层板及各层楼板,按照提升程序逐层提升到设计位置,并将板和柱连接,形成结构体系。

升板法施工可以节约大量模板,减少高空作业,有利于安全施工,可以缩小施工用地,对周围干扰影响小,特别适用于现场狭窄的工程。

高层建筑升板法施工,主要是柱子接长问题。因受起重机械和施工条件限制,一般不能采用预制钢筋混凝土柱和整根柱吊装就位的方法,通常采用现浇钢筋混凝土柱。施工时,可利用升板设备逐层制作,无须大型起重设备,也可以采用预制柱和现浇柱结合施工的方法,先预制一段钢筋混凝土柱,再采用现浇混凝土柱接高。

(一)升板设备

高层升板施工的关键设备是升板机,主要分电动和液压两大类。

1.电动升板机

电动升板机是国内应用最多的升板机(见图4-55)。一般以1台3 kW电动机为动力,带动2台升板机,安全荷载约300 kN,单机负荷150 kN,提升速度约1.9 m/h。电动升板机构造较简单,使用管理方便,造价较低。

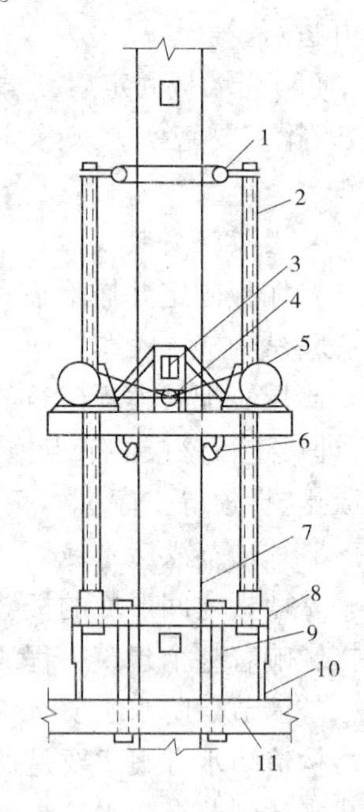

1—螺杆固定架;2—螺杆;3—承重锁;4—电动螺杆千斤顶;5—提升机组底盘;6—导向轮;7—柱子;8—提升机;9—吊杆;10—提升机支撑;11—楼板

图4-55 电动升板机构造

电动升板机的工作原理为:当提升楼板时,升板机悬挂在上面一个承重销上。电动机驱动通过链轮和蜗轮、蜗杆传动机构,使螺杆上升,从而带动吊杆和楼板上升,当楼板升过下面的销孔后,插上承重销,将楼板搁置其上,并将提升架下端的四个支撑放下顶住楼板。将悬挂升板机的承重销取下,再开动电动机反转,使螺母反转,此时螺杆被楼板顶住不能下降,只能迫使升板机沿螺杆上升,待机组升到螺杆顶部,过上一个停歇孔时,停止电动机,装入承重销,将升板机挂上,如此反复,使楼板与升板机不断交替上升(见图4-56)。

2.液压升板机

液压升板机可以提供较大的提升能力,目前我国的液压升板机单机提升能力已达500~750 kN,但设备一次投资大,加工精度和使用保养管理要求高。液压升板机一般由液压系统、电控系统、提升工作机构和自升式机架组成(见图4-57)。

(二)施工前期工作

1.基础施工

预制柱基础一般为钢筋混凝土杯型基础,施工中必须严格控制轴线位置和杯底标高,因为轴线偏移会影响提升环位置的准确性,杯底标高的误差会导致楼板位置差异。

2.预制柱

预制柱一般在现场浇筑。当采用叠层制作时不宜超过三层。柱上要留设就位孔(当板升到设计标高时作为板的固定支承)和停歇孔(在升板过程中悬挂提升机和楼板中途停歇时作为临时支承)。就位孔的位置根据楼板设计标高确定,偏差不应超过±5 mm,孔的大小尺寸偏差不应超过±10 mm,孔的轴线偏差不应超过±5 mm。停歇孔的位置根据

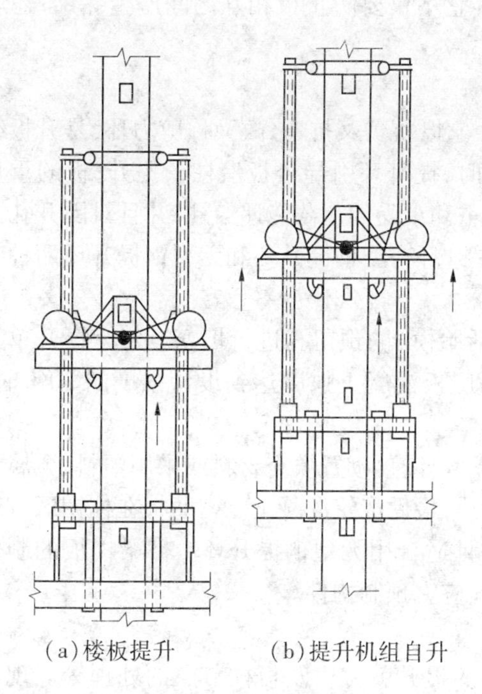

（a）楼板提升　　（b）提升机组自升

图 4-56　电动升板机的工作原理

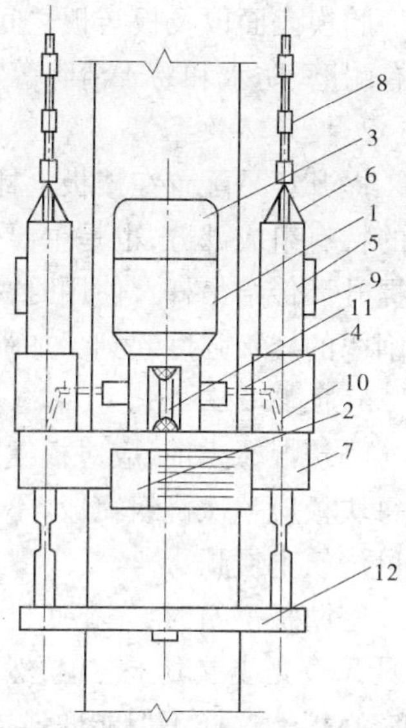

1—油箱；2—油泵；3—配油体；4—随动阀；5—油缸；6—上棘爪；7—下棘爪；8—竹节杆；9—液压锁；10—机架；11—停机销；12—自升随动架

图 4-57　液压升板机构造

提升程度确定。如果就位孔与停歇孔位置重叠，则就位孔兼作停歇孔。柱子上、下两孔之间的净距一般不宜小于 300 mm。预留孔的尺寸应根据承重销来确定。承重销常用 10、12、14 号工字钢，则孔的宽度为 100 mm，高度为 160～180 mm。

柱模制作时，为了不使预留孔遗漏，可在侧模上预先开孔，用钢卷尺检查位置无误后，在浇筑混凝土前相对插入两个木楔（见图 4-58），如果漏放木楔，混凝土会流出来。柱上预埋件的位置也要正确。对于剪力块承重的埋设件，中线偏移不应超过 5 mm，标高偏差不应超过 ±3 mm。预埋铁件表面应平整，不允许有扭曲变形。承剪埋设件的楔口面应与柱面相平，不得凹进，凸出柱面不应超过 2 mm。

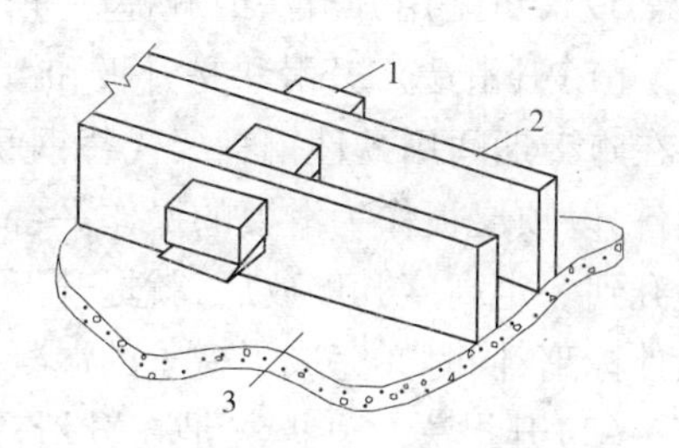

1—木楔块；2—预制柱侧模板；3—预制柱底板

图 4-58　预制柱预留孔留设

预制柱可以根据其长度采用两点或三点绑扎起吊。柱插入杯口后，要用两台经纬仪校正其垂直度并对中，校正完用钢楔临时固定，分两次浇筑细石混凝土，进行最后固定。

（三）楼层板的制作

板的制作分胎模、提升环放置和混凝土浇筑三个步骤。

1. 胎模

胎模就是为了楼板和顶层板制作而铺设的混凝土地坪。要做到地基密实，防止不均匀沉降。面层平整光滑，提升环处标高偏差不应超过 ±2 mm。胎模设伸缩缝时，伸缩缝与楼板接触处应采取特殊隔离措施，防止板受温度影响而开裂。

胎模表面以及板与板之间应设置隔离层。它不仅要防止板相互之间产生黏结，还应具有耐磨、防水和易于清除等特点。

2. 提升环放置

提升环是配置在楼板上柱孔四周的构件。它既抗剪又抗弯，故又称剪力环，是升板结构的特有组成部分，也是主要受力构件。提升时，提升环引导楼板沿柱子提升，板的重量由提升环传给吊杆。使用时，提升环把楼板自重和承受的荷载传递给柱，并且对因开孔而被削弱的楼板强度起到了加强作用。常用的提升环有型钢提升环和无型钢提升环两种。

3. 板混凝土浇筑

浇筑混凝土前，应对板柱间空隙和板（包括胎模）的预留孔进行填塞。每个提升单元的每块板应一次浇筑完成，不留施工缝。当下层板混凝土强度达到设计强度的30%时，方可浇筑上层板。

密肋板浇筑时，先在底模上弹线，安放好提升环，再砌置填充材料或采用塑料、金属等工具式模壳或混凝土芯模，然后绑扎钢筋及网片，最后浇筑混凝土。密肋板在柱帽区宜做成实心板。这样不但能增强抗剪抗弯能力，而且适合用无型钢提升环。格梁楼板的制作要点与密肋板相同。预应力平板制作要求同预应力预制构件。

（四）升板施工

升板施工阶段主要包括现浇柱的施工、板的提升就位以及板柱节点的处理等。现浇柱有劲性配筋柱和柔性配筋柱两种。

1. 劲性配筋现浇柱的施工

劲性配筋柱是由四根角钢及腹板组焊而成的钢构架，也作为柱中的钢筋骨架（见图4-59），可采用升滑法或升提法进行施工。

（1）升滑法。升滑法是升板和滑模两种工艺的结合。柱模板的组装如图4-60所示。即在施工期间用劲性钢骨架代替钢筋混凝土柱作承重导架，在顶层板下组装柱子的滑模设备，以顶层板作为滑模的操作平台，在提升顶层板过程中浇筑柱子的混凝土，当顶层板提升到一定高度并停放后，就提升下面各层楼板，如此反复，逐步将各层板提升到各自的设计标高，同时亦完成了柱子的混凝土浇筑工作，最后浇筑柱帽，形成固定节点。

（2）升提法。升提法是在升滑法基础上，吸取大模板施工的优点发展形成的方法。施工时，在顶层板下组装柱子的提模模板（见图4-61）。每提升一次顶层板，重新组装一次模板，浇筑一次柱子混凝土。与升滑法的不同之处在于，升滑法是边提升顶层板、边浇筑柱子混凝土，而升提法是在顶层板提升并固定后，再组装模板并浇筑柱子混凝土。

2. 柔性配筋现浇柱施工

采用劲性配筋柱的缺点是柱子的用钢量大，为此，可改用柔性配筋柱，即常规配筋骨架。由于柔性钢筋骨架不能架设升板机，必须先浇筑有停歇孔的现浇混凝土柱，其方法有滑模法和升模法两种。

（1）滑模法。柔性配筋柱滑模方法施工时，在顶层板上组装浇筑柱子的滑模系统（见图4-62），先用滑模方法浇筑一段柱子混凝土，当所浇柱子的混凝土强度 >15 MPa 时，再将升板机固定到柱子的停歇孔上，进行板的提升，依次交替，循序施工。

（2）升模法。柔性配筋柱用逐层升模方法施工时，需在顶层板上搭设操作平台、安装

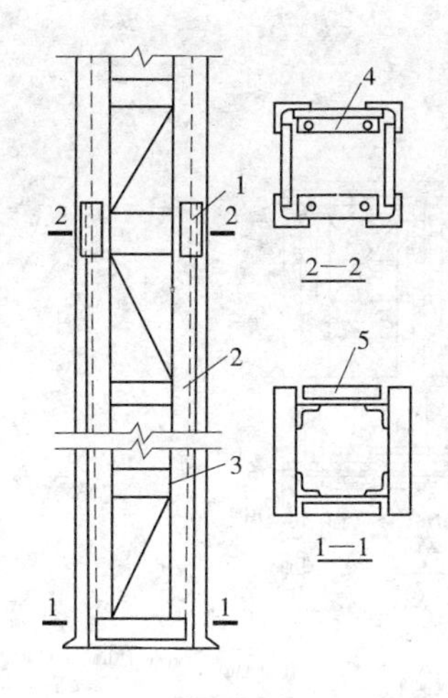

1—帮焊角钢;2—主角钢;3—缀板;
4—带拼装孔的角钢;5—底面角钢

图 4-59　劲性钢筋骨架柱

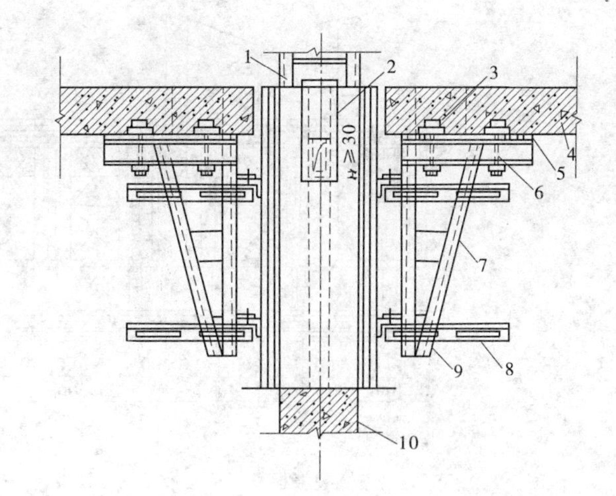

1—劲性钢骨架;2—抽拔模板;3—预埋的螺帽钢板;
4—顶层板;5—垫木;6—螺栓;7—提升机;8—支撑;
9—压板;10—已浇筑的柱子

图 4-60　升滑法柱模板组装

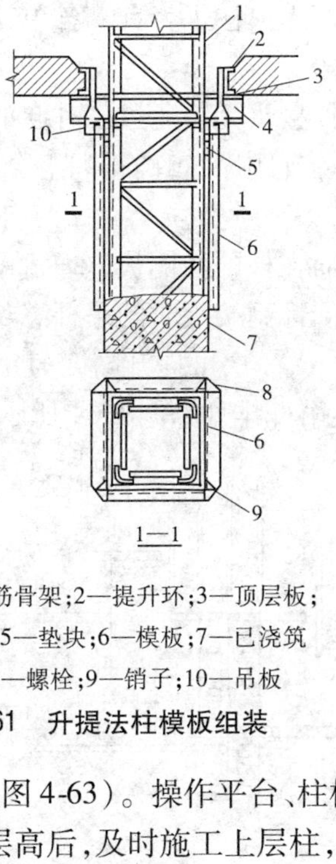

1—劲性钢筋骨架;2—提升环;3—顶层板;
4—承重销;5—垫块;6—模板;7—已浇筑
的柱子;8—螺栓;9—销子;10—吊板

图 4-61　升提法柱模板组装

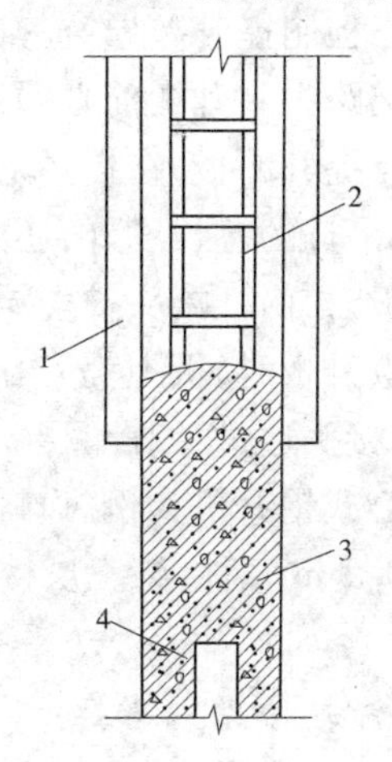

1—滑模模板;2—柔性配筋柱(柱内钢筋骨架);
3—已浇筑的柱子;4—预留孔

图 4-62　柔性配筋柱滑模法施工柱子

柱模和井架(见图 4-63)。操作平台、柱模和井架都随顶层板的逐层提升而上升。每当顶层板提升一个层高后,及时施工上层柱,并利用柱子浇筑后的养护期,提升下面各层楼板。当所浇筑柱子的混凝土的强度大于 15 MPa 时,才可作为支承用来悬挂提升设备继续板的提升,依次交替,循序施工。

3. 划分提升单元和确定提升程序

升板工程施工中,一次提升的板面过大,提升差异不容易消除,板面也容易出现裂缝,同时还要考虑提升设备的数量、电力供应情况和经济效益。因此,要根据结构的平面布置

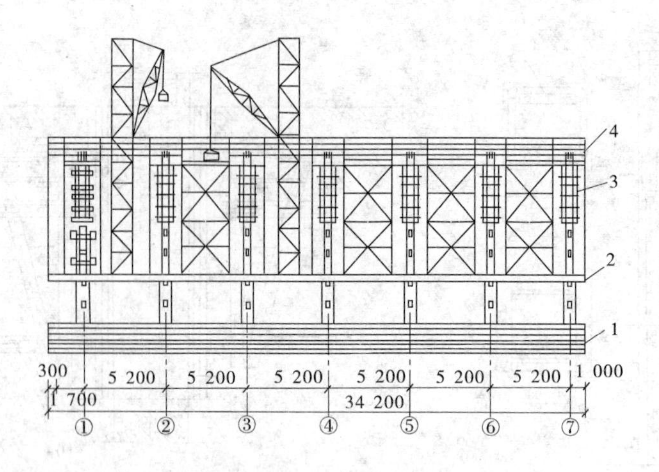

1—叠浇板;2—顶层板;3—柱模板;4—操作平台

图 4-63　柔性配筋柱逐层升模法柱子浇筑

和提升设备的数量,将板划分为若干块,每一板块为一提升单元。提升单元的划分,要使每个板块的两个方向尺寸大致相等,不宜划成狭长形;要避免出现阴角,提升阴角处易出现裂缝。为便于控制提升差异,提升单元以不超过 24 根柱子为宜。各单元间留设的后浇板带位置必须在跨中。升板前必须编制提升程序图。

对于两吊点提升的板,在提升下层板时,因吊杆接头无法通过已升起的上层板的提升孔,所以除考虑吊杆的总长度外,还必须根据各层提升顺序,正确排列组合各种长度吊杆,以防提升下层板时,吊杆接头被上层板顶起。

采用四吊点升板时,板上提升孔在柱的四周,而在柱的两侧板上通过吊杆的孔洞可留大些,允许吊杆接头通过,因此只要考虑在提升不同标高楼板时的吊杆总长度就可以了。

以电动穿心式提升机为例,设螺杆长度为 3.2 m,一次可提升高度为 8 m,吊杆长度取 3.6 m、2.3 m、0.5 m 三种,某三层楼的提升程序及吊杆排列如图 4-64 所示。

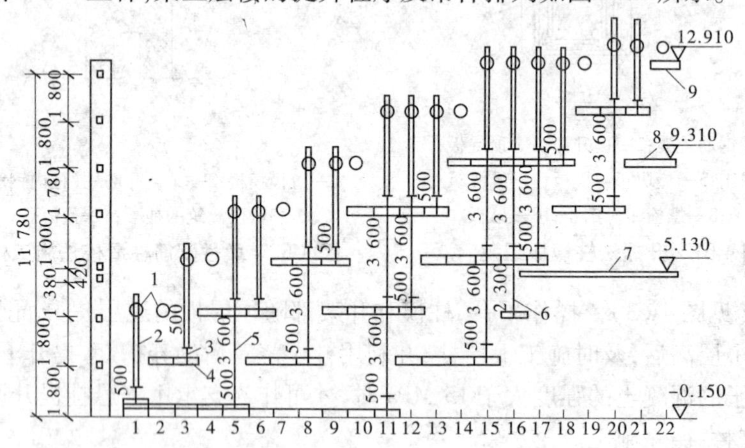

1—提升机;2—螺杆;3—500 mm 吊杆;4—待提升楼板;5—3 600 mm 吊杆;6—2 300 mm 吊杆;
7—已固定的二层楼板;8—已固定的三层楼板;9—已固定的屋面板

图 4-64　三层楼升板提升程序和吊杆排列

提升程序说明:

(1)设备自升到第二停歇孔。

(2)屋面板升到第一停歇孔。

(3)设备自升到第四停歇孔。

(4)屋面板升到第二停歇孔。

(5)设备升到第五停歇孔,接3 600 mm吊杆。

(6)三层楼板升到第一停歇孔。

(7)屋面板升到第四停歇孔。

(8)设备自升到三层就位孔。

(9)三层楼板提升到第二停歇孔。

(10)屋面板提升到第五停歇孔。

(11)设备自升到第七停歇孔,再接3 600 mm吊杆……以上程序如图4-64所示。

4. 板的提升

板正式提升前应根据实际情况,按角、边、中柱的次序或由边向里逐排进行脱模。每次脱模提升高度不宜大于5 mm,使板顺利脱开。板脱模后,启动全部提升设备,提升到30 mm左右停止。调整各点提升高度,使板保持水平,并将各观察提升点上升高度的标尺定为零点,同时检查各提升设备的工作情况。

提升时,板在相邻柱间的提升差异不应超过10 mm,搁置差异不应超过5 mm。承重销必须放平,两端外伸长度一致。在提升过程中,应经常检查提升设备的运转情况、磨损程度以及吊杆套筒的可靠性。观察竖向偏移情况。板搁置停歇的平面位移不应超过30 mm。板不宜在中途悬挂停歇,如遇特殊情况不能在规定的位置搁置停歇时,应采取必要措施进行固定。

在提升时,若需利用升板提运材料、设备,应经过验算,并在允许范围内堆放。板在提升过程中,升板结构不允许作为其他设施的支承点或缆索的支点。

5. 板的就位

升板到位后,用承重销临时搁置,再做板柱节点固定。板的就位差异:一般提升不应超过5 mm,平面位移不应超过25 mm。板就位时,板底与承重销(或剪力块)间应平整严密。

6. 板的最后固定

提升到设计标高的板,要进行最后固定。板在永久性固定前,应尽量消除搁置差异,以消除永久性的变形应力。板的固定方法一般可采用后浇柱帽节点和无柱帽节点两类。后浇柱帽节点能提高板柱连接的整体性,减少板的计算跨度,降低节点耗钢量,是目前升板结构中常用的节点形式。无柱帽节点有剪力块节点、承重销节点、齿槽式节点、预应力节点及暗销节点等。

(五)其他高层升板方法

1. 升层法

升层法是在升板法的基础上发展起来的,是在准备提升的板面上,先进行内外墙和其他竖向构件的施工,还可以包括门窗和一部分装修设备工程的施工,然后整层向上提升,自上而下,逐层进行,直至最下一层就位。升层法的墙体可以采用装配式大板,也可以采用轻质砌块或其他材料、制品。

升层结构在提升过程中重心提高,造成头重脚轻,迎风面大,必须采取措施解决稳定问题。

2. 分段升板法

分段升板法是为适应高层及超高层建筑而发展起来的一种新升板技术。它是将高层建筑从垂直方向分成若干段,每段的最下一层楼板采用箱形结构,作为承重层,在各承重层上浇筑该段的各层楼板,到规定强度后进行提升,这样,就将高层建筑的许多层楼板分成若干承重层同时进行施工,比通常采用的全部楼板在地面浇筑和提升要快得多。

第三节　高层建筑预应力结构施工

预应力混凝土与普通混凝土相比,具有抗裂性好、刚度大、用料省、自重轻、结构寿命长等优点,为建造大跨度结构,高层、超高层建筑结构创造了条件。

预应力混凝土施工,按施加预应力的方式分为机械张拉和电热张拉,按施加预应力的时间分为先张法、后张法。后张法预应力筋又分为有黏结和无黏结两种。

一、无黏结预应力混凝土施工

无黏结预应力混凝土楼面结构是在楼板中配置无黏结筋的一种现浇预应力混凝土结构体系。这种结构体系具有柱网大、使用灵活、施工方便等优点,但预应力筋的强度不能充分发挥,开裂后的裂缝较集中。采用无黏结部分预应力混凝土,可改善开裂后的性能与破坏特征。该体系广泛用于大开间多层建筑、高层建筑,具有较大的发展前景。

无黏结预应力筋是指施加预应力后沿全长与周围混凝土不黏结的预应力筋。它由预应力钢材、涂料层和护套层组成(见图4-65)。

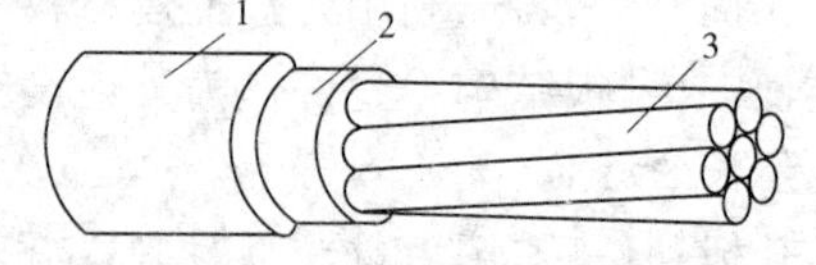

1—塑料护套;2—油脂;3—钢绞线或钢丝束

图4-65　无黏结预应力筋

(一)预应力筋布置与构造

1. 楼面结构形式

无黏结预应力混凝土现浇楼板有以下形式:单向平板、无柱帽双向平板、带柱帽双向平板、梁支承双向平板、密肋板、扁梁等。

2. 预应力筋布置

1)多跨单向平板无黏结预应力筋

多跨单向平板无黏结预应力筋采取纵向多波连续曲线配筋方式。曲线筋的形式与板承受的荷载形式及活荷载与恒荷载的比值等因素有关。

2)多跨双向平板无黏结预应力筋

多跨双向平板无黏结预应力筋在纵横两方向均采用多波连续曲线配筋方式,在均布荷载作用下,其配筋形式有以下几种:

(1)按柱上板带与跨中板带布筋(见图4-66(a))。在垂直荷载作用下,通过柱内或靠近柱边的无黏结预应力筋远比远离柱边的无黏结预应力筋分担的抗弯承载能力多。对长宽比不超过 1.33 的板，在柱上板带内配置 60% ~75% 的无黏结筋，其余分布在跨中板带。这种布筋方式的缺点是穿筋、编网和定位给施工带来不便。

(2)一向带状集中布筋，另一向均匀分散布筋(见图 4-66(b))。预应力混凝土双向平板的抗弯承载能力主要取决于板在每一方向上的预应力筋总量，与预应力筋的配筋形式关系较小。因此，可将无黏结预应力筋在一个方向上沿柱轴线呈带状集中布置在宽度 1.0 ~1.25 m 的范围内，而在另一方向上采取均匀分散布置的方式。这种布筋方式可产生具有双向预应力的单向板效果。平板中的带状预应力筋起到了支承梁的作用。这种布筋方式避免了无黏结预应力筋的编网工作，易于保证无黏结预应力筋的施工质量，便于施工。

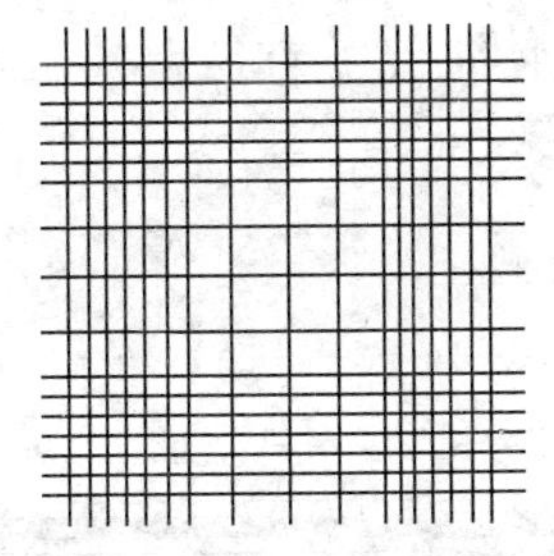

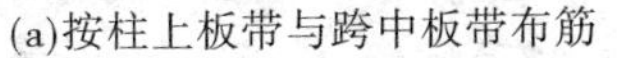

(a)按柱上板带与跨中板带布筋

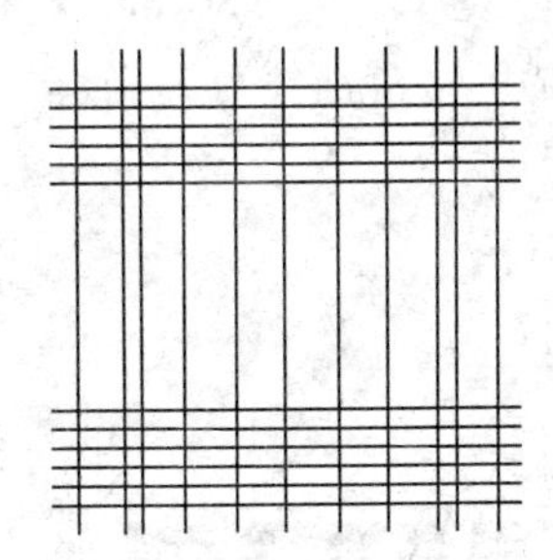

(b)一向带状集中布筋，另一向均匀分散布筋

图 4-66 多跨双向平板预应力筋布置方式

3)多跨双向密肋板

在多跨双向密肋板中，每根肋内部布置无黏结预应力筋，柱间采用双向无黏结预应力扁梁。在这类板中，也有仅在一个方向的肋内布置预应力筋的做法。

3. 细部构造

1)一般规定

(1)无黏结预应力筋保护层的最小厚度，考虑耐火要求，应符合有关规定。

(2)无黏结预应力筋的间距，对均布荷载作用下的板，一般为 250 ~500 mm。其最大间距不得超过板厚的 6 倍，且不宜大于 1.0 m。各种布筋方式每一方向穿过柱的无黏结预应力筋的数量不得少于 2 根。

(3)对无黏结预应力混凝土平板，混凝土平均预压应力不宜小于 1.0 N/mm^2，也不宜大于 3.5 N/mm^2。在裂缝控制较严的情况下，平均预压应力值应小于 1.4 N/mm^2。

对抵抗收缩与温度变形的预应力筋，混凝土平均预压应力值不宜小于 0.7 N/mm^2。

在双向平板中，平均预压应力不大于 0.86 N/mm^2 时，一般不会因弹性压缩或混凝土徐变而产生过大的尺寸变化。

(4)在单向板体系中，非预应力钢筋的配筋率不应小于 0.2%，且其直径不应小于 8 mm，间距不应大于 20 mm。

在等厚的双向板体系中，正弯矩区每一方向的非预应力筋配筋率不应小于 0.15%，且其直径不应小于 6 mm，间距不应大于 200 mm。在柱边的负弯矩区，每一方向的非预应力筋配筋率不应小于 0.075%，且每一方向至少应设置 4 根直径不小于 16 mm 的钢筋，间距不应大于 300 mm，伸出柱边长度至少为支座每边净跨的 1/6。

(5)在双向平板边缘和拐角处，应设置暗圈梁或设置钢筋混凝土边梁。暗圈梁的纵向钢筋直径不应小于 12 mm，且不应少于 4 根；箍筋直径不应小于 6 mm，间距不应大于 250 mm 。

(6)在双向平板中，增强板柱节点抗冲切力可采取以下办法解决：①节点处局部加厚或加柱帽；②节点处板内设置双向暗梁；③节点处板内设置双向型钢剪力架。

2)锚固区构造

(1)在平板中单根无黏结预应力筋的张拉端可设在边梁或墙体外侧，有凸出式或凹入式做法(见图 4-67)。前者利用外包钢筋混凝土圈梁封裹，后者利用掺膨胀剂的砂浆封口。承压钢板的参考尺寸为 80 mm×80 mm×12 mm 或 90 mm×90 mm×12 mm，根据预应力筋规格与锚固区混凝土强度确定。螺旋筋为 ϕ6 钢筋，螺旋直径为 70 mm，可直接点焊在承压钢板上。

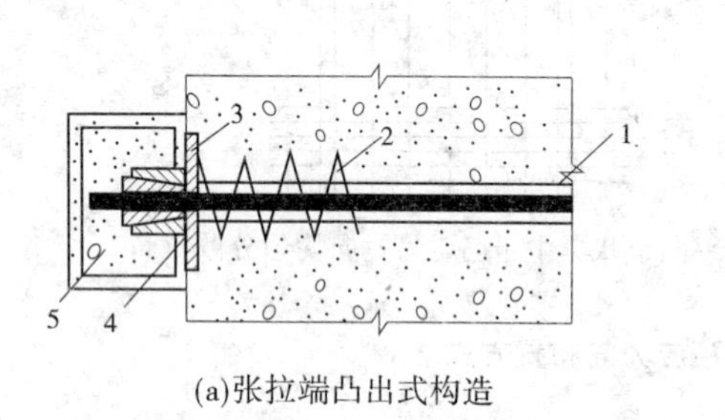

(a)张拉端凸出式构造

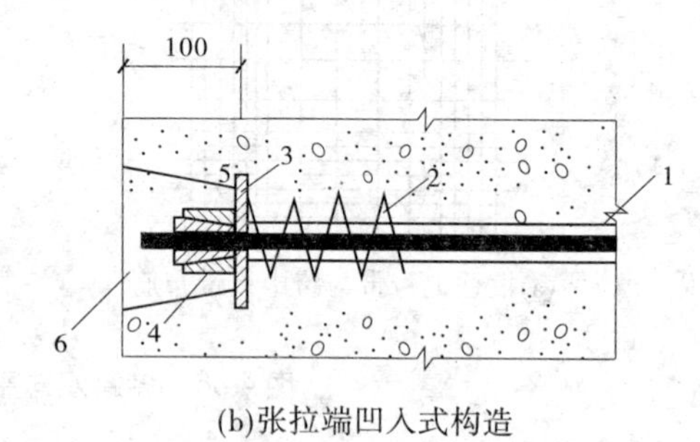

(b)张拉端凹入式构造

1—无黏结预应力筋；2—螺旋筋；3—承压钢板；4—夹片锚具；5—混凝土圈梁；6—砂浆

图 4-67　平板中单根无黏结预应力筋的张拉端做法

(2)在梁中成束布置的无黏结预应力筋，宜在张拉端分散为单根布置，承压钢板上预应力筋的间距为 60～70 mm。当一块钢板上预应力筋根数较多时，宜采用钢筋网片。网片采用 ϕ6～8 钢筋 4～6 片。

(3)无黏结预应力筋的固定端可利用墩头锚板或挤压锚具采取内埋式做法(见图 4-68)。对多根无黏结预应力筋，为避免内埋式固定端拉力集中使混凝土开裂，可采取错开位置锚固。

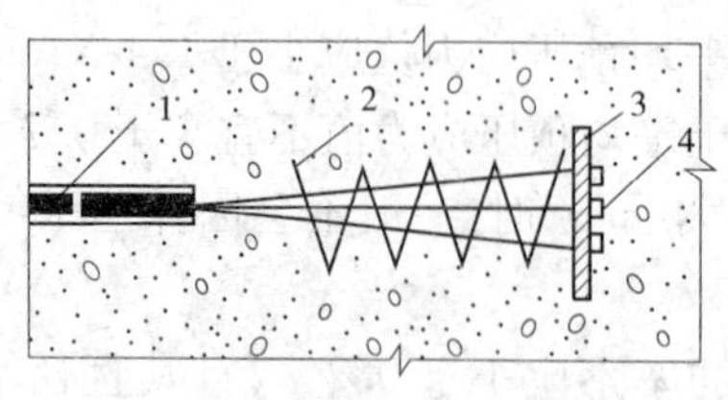

(a)钢丝束镦头锚板

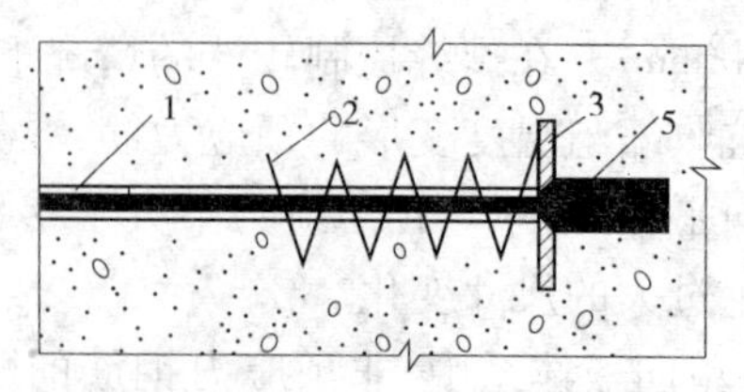

(b)钢绞线挤压锚具

1—无黏结筋；2—螺旋筋；3—承压钢板；4—冷镦头；5—挤压锚具

图 4-68　无黏结预应力筋固定端内埋式构造

(4)当无黏结预应力筋搭接铺设,分段张拉时,预应力筋的张拉端设在板面的凹槽处,其固定端埋设在板内。在预应力筋搭接处,由于无黏结筋的有效高度减少而影响截面的抗弯能力,可增加非预应力钢筋补足(见图4-69)。

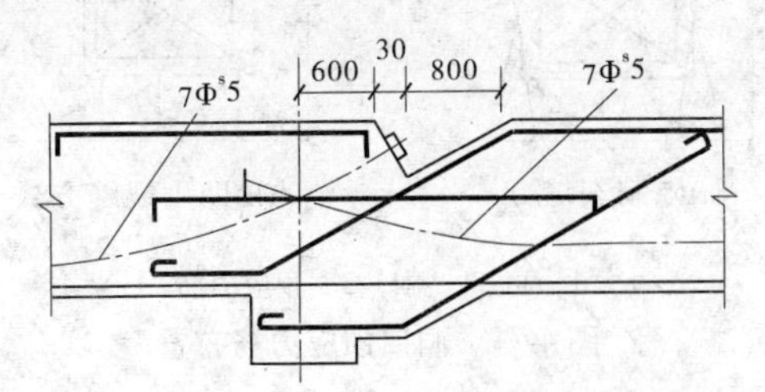

图4-69　无黏结预应力筋搭接铺设分段张拉构造

3)减少约束影响的措施

在后张楼板中,如平均预压应力约为1 N/mm^2,则一般不会因楼板弹性缩短和混凝土收缩、徐变而产生大的变形,无须采取特别的构造措施来减少约束力。然而,当建筑物的尺寸或施工缝间的尺寸变得很大,或板支承于刚性构件上时,如不采取有效的构造措施,将会产生很大的约束力,仍要注意。

(1)合理布置和设计支承构件:如将抗侧力构件布置在结构位移中心不动点附近,使产生的约束作用减为最小;采用相对细长的柔性柱可以使约束力减小;需要时应在柱中配置附加钢筋承担约束作用产生的附加弯矩。

(2)板在施工缝之间的长度超过50 m时,可采用后浇带或临时施工缝将结构分段。在后浇带中应有预应力筋与非预应力筋通过使结构达到连续。

(3)对平面外形不规则的板,宜划分为平面规则单元,使各部分能独立变形,减少约束。

4)板上开洞

(1)当板上需要设置不大的孔洞时,可将板内无黏结预应力筋在两侧绕过开洞处铺设(见图4-70)。无黏结预应力筋距洞边不宜小于150 mm,洞边应配置构造钢筋。

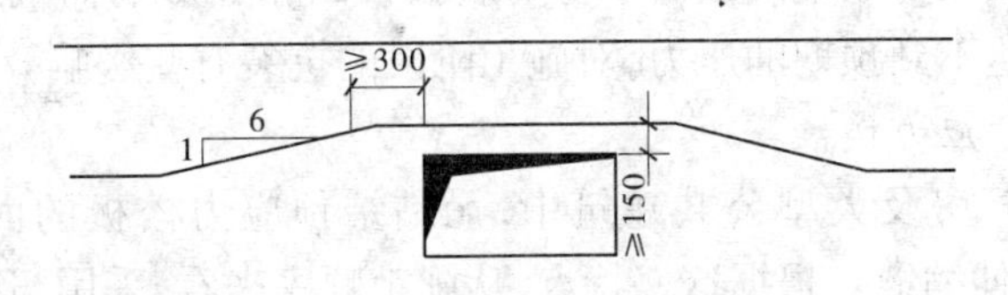

图4-70　洞口处无黏结预应力筋构造要求筋布置

(2)当板上需要设置较大的孔洞时,若需要在洞口处中断一些预应力筋,宜采用图4-71(a)所示的限制裂缝的中断方式,而不应采用图4-71(b)所示的助生裂缝的中断方式。

(3)对大孔洞,为控制孔角裂缝,应配适量的斜钢筋,靠近板的上、下保护层配置。在有些情况下,为将孔边的荷载传到板中去,需沿开孔周边配置附加的构造钢筋成暗梁,利用孔边的无黏结预应力筋和附加普通钢筋承担孔边荷载。另外,在单向板和双向板中,孔

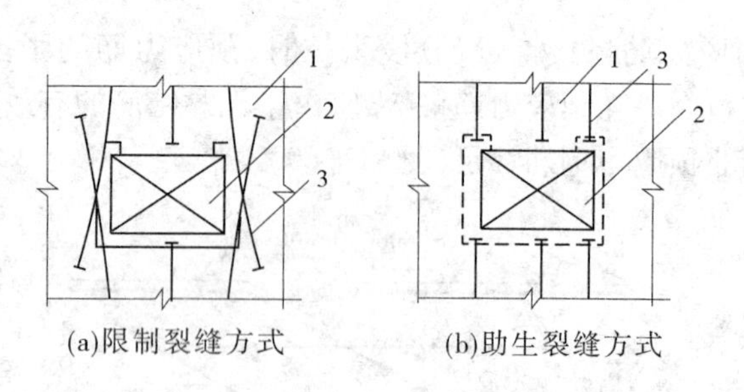

1—板;2—洞口;3—预应力筋

图 4-71　洞口预应力筋布置

洞宜设置在跨中区域,以减少开孔对墙或柱附近抗剪能力的不利影响。

(二)施工顺序

1. 超高层建筑预应力楼板

超高层建筑多数采用筒体结构,其平面形状接近方形,每层面积小(1 000 m^2 以下),层数特别多(30 层以上),多数为标准层。根据这一特点,预应力混凝土楼板的施工顺序如下。

1)逐层浇筑、逐层张拉

标准层施工周期:内筒提前施工,不计工期;外筒柱施工 1 ~2 d、楼板支模 2 ~2. 5 d,钢筋与预应力筋铺设 1. 5 ~2 d,混凝土浇筑 1 d 等,共计 6 ~7 d;预应力筋张拉安排在混凝土浇筑后第 5 天进行,即上层楼板混凝土浇筑前 1 天进行,不占工期。

这种方案的优点是可减小外筒柱的约束力,并减少支模层数,但受到预应力筋张拉制约,对加快施工速度有些影响。

2)数层浇筑、顺向张拉

这种方案的优点是无须等待预应力张拉,如普通混凝土结构一样,可加快施工速度。但缺点是支模层数增多,模板耗用量大。采用早拆模板体系,即先拆模板而保留支柱,拆模强度仅为混凝土立方体强度的 50%,只要一层模板、三层支柱就可满足快速施工需要。

这种方案虽然在大多数中间层由于上下层张拉的相互影响而最终达到同样的效果,但该层板刚张拉时达不到预期的压力,对施工阶段的抗裂有些影响。

2. 多层大面积预应力楼板

在多层轻工业厂房及大型公共建筑中,无黏结预应力楼板的面积有时会很大(达 10 000 m^2),并不设伸缩缝。根据这一特点,从施工顺序来看,采用“逐层浇筑、逐层张拉”方案,还要采取分段流水的施工方法。

沿预应力筋方向布置的剪力墙,会阻碍板中预应力的建立。施工中为消除这一影响,可对剪力墙采取三面留施工缝,与柱和楼板脱开,待楼板预应力筋张拉完毕后,再补浇施工缝处混凝土的方法。

(三)无黏结预应力混凝土楼板施工

1. 无黏结预应力筋铺设与固定

1)铺设顺序

在单向板中,无黏结预应力筋的铺设比较简单,与非预应力筋铺设基本相同。

在双向板中,无黏结预应力筋需要配置成两个方向的悬垂曲线。无黏结筋相互穿插,施工操作较为困难,必须事先编出无黏结筋的铺设顺序。其方法是将各向无黏结筋各搭接点的标高标出,对各搭接点相应的两个标高分别进行比较,若一个方向某一无黏结筋的各点标高均分别低于与其相交的各筋相应点标高,则此筋可先放置。按此规律编出全部无黏结筋的铺设顺序。

无黏结预应力筋的铺设,通常是在底部钢筋铺设后进行。水电管线一般宜在无黏结筋铺设后进行,且不得将无黏结筋的竖向位置抬高或压低。支座处负弯矩钢筋通常在最后铺设。

2)就位固定

无黏结预应力筋应严格按设计要求的曲线形状就位并固定牢靠。无黏结筋的垂直位置,宜用支撑钢筋或钢筋马凳控制,其间距为 1 ~2 m。无黏结筋的水平位置应保持顺直。

在双向连续平板中,各无黏结筋曲线高度的控制点用铁马凳垫好并扎牢。在支座部位,无黏结筋可直接绑扎在梁或墙的顶部钢筋上。在跨中部位,无黏结筋可直接绑扎在板的底部钢筋上。

3)张拉端固定

张拉端模板应按施工图中规定的无黏结预应力筋的位置钻孔。张拉端的承压板应采用钉子固定在端模板上或用点焊固定在钢筋上。

无黏结预应力曲线筋或折线筋末端的切线应与承压板相垂直,曲线段的起始点至张拉锚固点应有不小于 300 mm 的直线段。当张拉端采用凹入式做法时,可采用塑料或泡沫穴模(见图 4-72)等形成凹口。

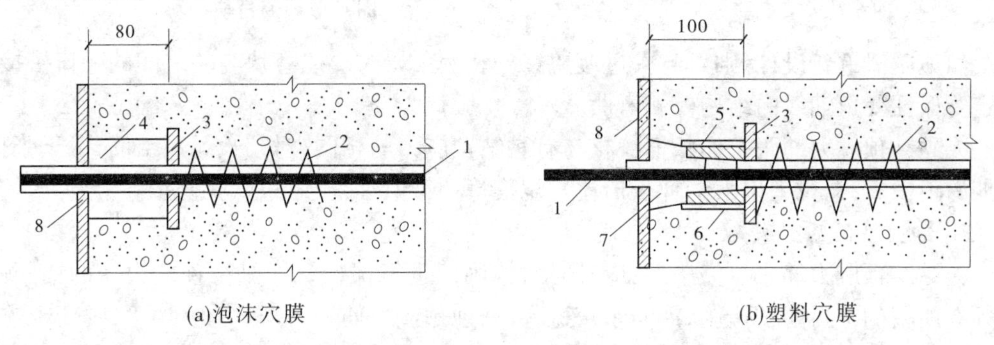

1—无黏结筋;2—螺旋筋;3—承压钢板;4—泡沫穴模;5—锚环;

6—带杯口的塑料套管;7—塑料穴模;8—模板

图 4-72 无黏结预应力筋张拉端凹口做法

无黏结预应力铺设固定完毕后,应进行隐蔽工程验收,当确认合格后,方可浇筑混凝土。混凝土浇筑时,严禁踏压撞碰无黏结预应力筋、支撑钢筋及端部预埋件;张拉端与固定端混凝土必须振捣密实。

2. 无黏结预应力筋张拉与锚固

无黏结预应力筋张拉前,应清理承压板面,并检查承压板后面的混凝土质量。如有空鼓现象,应在无黏结预应力筋张拉前修补。

无黏结预应力混凝土楼盖结构的张拉顺序,宜先张拉楼板,后张拉楼面梁。板中的无黏结筋,可依次张拉。梁中的无黏结筋宜对称张拉。

板中的无黏结筋一般采用前卡式千斤顶单根张拉,并用单孔夹片锚具锚固。

无黏结曲线预应力筋的长度超过 25 m 时,宜采取两端张拉。当筋长超过 60 m 时,宜采取分段张拉。如遇到摩擦损失较大,则宜先松动一次再张拉。

在梁板顶面或墙壁侧面的斜槽内张拉无黏结预应力筋时,宜采用变角张拉装置。变角张拉装置是由顶压器、变角块、千斤顶等组成的(见图 4-73)。其关键部位是变角块。

变角块可以是整体的或分块的。前者仅为某一特定工程用,后者通用性强。分块式变角块的搭接,采用阶梯形定位方式(见图 4-74)。每一变角块的变角量为 5°,通过叠加不同数量的变角块,可以满足 5°~60°的变角要求。变角块与顶压器和千斤顶的连接,都要一个过渡块。

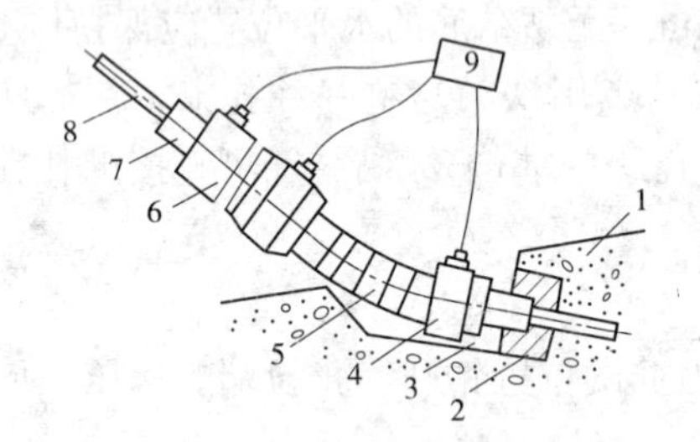

1—凹口;2—锚垫板;3—锚具;4—液压顶压器;
5—变角块;6—千斤顶;7—工具锚;
8—预应力筋;9—液压泵

图 4-73 变角张拉装置

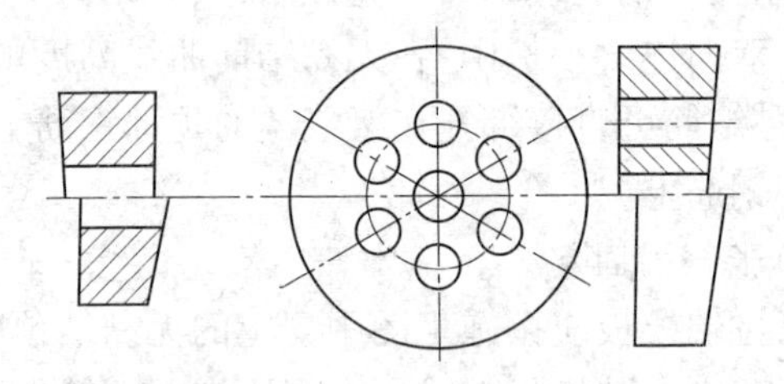

(a)单孔变角块 (b)多孔变角块

图 4-74 变角块

如顶压器重新设计,则可省去过渡块。安装变角块时要注意块与块之间的槽口搭接,一定要保证变角轴线向结构外侧弯曲。

无黏结预应力筋张拉伸长值校核与有黏结预应力筋相同;对超长无黏结筋,由于张拉初期的阻力大,初拉力以下的伸长值比常规推算伸长值小,应通过试验修正。

3. 锚固区防腐蚀处理

无黏结预应力筋张拉完毕后,应及时对锚固区进行保护。无黏结预应力筋的锚固区必须有严格的密封防护措施,严防水汽进入,锈蚀预应力筋。

无黏结预应力筋锚固后的外露长度不小于 30 mm,多余部分宜用手提砂轮锯切割,但不得采用电弧切割。

在锚具与承压板表面涂以防水涂料。为了使无黏结筋端头全封闭,在锚具端头涂防腐润滑油脂后,罩上封端塑料盖帽。对凹入式锚固区,锚具表面经上述处理后,再用微胀混凝土或低收缩防水砂浆密封。

二、预应力混凝土工程施工质量验收

(一)一般规定

(1)后张法预应力工程的施工应由具有相应资质等级的预应力专业施工单位承担。

(2)预应力筋张拉机具设备及仪表应定期维护和校验。张拉设备应配套标定,并配套使用。张拉设备的标定期限不应超过半年。当在使用过程中出现反常现象时或在千斤顶检修后，应重新标定。张拉设备标定时，千斤顶活塞的运行方向应与实际张拉工作状态一致；压力计的精度不应低于1.5级，标定张拉设备用的试验机或测力精度不应低于±2%。

(3)在浇筑混凝土之前，应进行预应力隐蔽工程验收，其内容包括：

①预应力筋的品种、规格、数量、位置等。

②预应力筋锚具和连接器的品种、规格、数量、位置等。

③预留孔道的规格、数量、位置、形状及灌浆孔、排气兼泌水管等。

④锚固区局部加强构造等。

(二)原材料

1.主控项目

(1)预应力筋进场时，应按现行国家标准《预应力混凝土用钢绞线》(GB/T 5224—2003)等的规定抽取试件做力学性能检验，其质量必须符合有关标准的规定。检查数量：按进场的批次和产品的抽样检验方案确定。检验方法：检查产品合格证、出厂检验报告和进场复验报告。

(2)无黏结预应力筋的涂包质量应符合无黏结预应力钢绞线标准的规定。检查数量：每60 t为一批，每批抽取一组试件。检验方法：观察，检查产品合格证、出厂检验报告和进场复验报告。当有工程经验，并经观察认为质量有保证时，可不做油脂用量和护套厚度的进场复验。

(3)预应力筋用锚具、夹具和连接器应按设计要求采用，其性能应符合现行国家标准《预应力筋用锚具、夹具和连接器》(GB/T 14370—2007)等的规定。检查数量：按进场批次和产品的抽样检验方案确定。检验方法：检查产品合格证、出厂检验报告和进场复验报告。对锚具用量较少的一般工程，如供货方提供有效的试验报告，可不做静载锚固性能试验。

(4)孔道灌浆用水泥应采用普通硅酸盐水泥，其质量应符合现行《混凝土结构工程施工质量验收规范》(GB 50204—2002)的规定。孔道灌浆用外加剂的质量应符合现行《混凝土结构工程施工质量验收规范》(GB 50204—2002)的规定。检查数量：按进场批次和产品的抽样检验方案确定。检验方法：检查产品合格证、出厂检验报告和进场复验报告。对孔道灌浆用水泥和外加剂用量较少的一般工程，当有可靠依据时，可不做材料性能的进场复验。

2.一般项目

(1)预应力筋使用前应进行外观检查，其质量应符合下列要求：①有黏结预应力筋展开后应平顺，不得有弯折，表面不应有裂缝、小刺、机械损伤、氧化铁皮和油污等。②无黏结预应力筋护套应光滑、无裂缝，无明显折皱。检查数量：全数检查。检验方法：观察。无黏结预应力筋护套轻微破损者应外包防水塑料胶带修复，严重破损者不得使用。

(2)预应力筋用锚具、夹具和连接器使用前应进行外观检查，其表面应无污物、锈蚀、机械损伤和裂纹。检查数量：全数检查。检验方法：观察。

(3)预应力混凝土用金属螺旋管的尺寸和性能应符合国家现行标准《预应力混凝土

用金属螺旋管》(JG/T 3013—1994)的规定。检查数量:按进场批次和产品的抽样检验方案确定。检验方法:检查产品合格证、出厂检验报告和进场复验报告。对金属螺旋管用量较少的一般工程,当有可靠依据时,可不做径向刚度、抗渗漏性能的进场复验。

(4)预应力混凝土可用金属螺旋管在使用前应进行外观检查,其内外表面应清洁、无锈蚀,不应有油污、孔洞和不规则的折皱,咬口不应有开裂或脱扣。检查数量:全数检查。检验方法:观察。

(三)制作与安装

1.主控项目

(1)预应力筋安装时,其品种、级别、规格、数量必须符合设计要求。检查数量:全数检查。检验方法:观察,钢直尺检查。

(2)先张法预应力施工时应选用非油质类模板隔离剂,并应避免沾污预应力筋。检查数量:全数检查。检验方法:观察。

(3)施工过程中应避免电火花损伤预应力筋,受损伤的预应力筋应予以更换。检查数量:全数检查。检验方法:观察。

2.一般项目

(1)预应力筋下料应符合下列要求:①预应力筋应采用砂轮锯或切断机切断,不得采用电弧切割。②当钢丝束两端采用镦头锚具时,同一束中各根钢丝长度的极差不应大于钢丝长度的1/5 000,且不应大于5 mm。当成组张拉长度不大于10 m的钢丝时,同组钢丝长度的极差不得大于2 mm。检查数量:每工作班抽查预应力筋总数的3%,且不少于3束。检验方法:观察,钢直尺检查。

(2)预应力筋端部锚具的制作质量应符合下列要求:①挤压锚具制作时压力计液压应符合操作说明书的规定,挤压后预应力筋外端应露出挤压套筒1~5 mm。②钢绞线压花锚成型时,表面应清洁、无油污,梨形头尺寸和直线段长度应符合设计要求。③钢丝镦头的强度不得低于钢丝强度标准值的98%。检查数量:对挤压锚,每工件班抽查5%,且不应少于5件;对压花锚,每工件班抽查3件;对钢丝镦头强度,每批钢丝检查6个镦头试件。检验方法:观察,钢直尺检查,检查镦头强度试验报告。

(3)后张法有黏结预应力筋预留孔道的规格、数量、位置和形状除应符合设计要求外,尚应符合下列规定:①预留孔道的定位应牢固,浇筑混凝土时不应出现移位和变形。②孔道应平顺,端部的预埋锚垫板应垂直于孔道中心线。③成孔用管道应密封良好,接头应严密且不得漏浆。④灌浆孔的间距:对预埋金属螺旋管不宜大于30 m,对抽芯成型孔道不宜大于12 m。⑤在曲线孔道的曲线波峰部位应设置排气兼泌水管,必要时可在最低点设置排水孔。⑥灌浆孔及泌水管的孔径应能保证浆液畅通。检查数量:全数检查。检验方法:观察,钢直尺检查。

(4)预应力筋束形控制点的竖向位置偏差应符合表4-4的规定。

表4-4 束形控制点的竖向位置允许偏差

截面高(厚)度(mm)	$H \leq 300$	$300 < H \leq 1\ 500$	$H > 1\ 500$
允许偏差(mm)	±5	±10	±15

检查数量：在同一检验批内，抽查各类型构件中预应力筋总数的5%，且对各类型构件均不少于5束，每束不应少于5处。检验方法：钢直尺检查。束形控制点的竖向位置偏差合格率应达到90%及以上，且不得有超过表4-4中数值1.5倍的尺寸偏差。

(5)无黏结预应力筋的铺设除应符合上一条的规定外，尚应符合下列要求：①无黏结预应力筋的定位应牢固，浇筑混凝土时不应出现移位和变形；②端部的预埋锚垫板应垂直于预应力筋；③内埋式固定端垫板不应重叠，锚具与垫板应贴紧；④无黏结预应力筋成束布置时应能保证混凝土密实并能裹住预应力筋；⑤无黏结预应力筋的护套应完整，局部破损处应采用防水胶带缠绕紧密。检查数量：全数检查。检验方法：观察。

(6)浇筑混凝土前穿入孔道的后张法有黏结预应力筋，宜采取防止锈蚀的措施。检查数量：全数检查。检验方法：观察。

(四)张拉和放张

1. 主控项目

(1)预应力筋张拉或放张时，混凝土强度应符合设计要求；当设计无具体要求时，不应低于设计的混凝土立方体抗压强度标准值的75%。检查数量：全数检查。检验方法：检查同条件养护试件试验报告。

(2)预应力筋的张拉力、张拉或放张顺序及张拉工艺应符合设计及施工技术方案的要求，并应符合下列规定：①当施工需要超张拉时，最大张拉应力不应大于国家现行标准《混凝土结构设计规范》(GB 50010—2010)的规定。②张拉工艺应能保证同一束中各根预应力筋的应力均匀一致。③后张法施工中，当预应力筋是逐根或逐束张拉时，应保证各阶段不出现对结构不利的应力状态；同时宜考虑后批张拉预应力筋所产生的结构构件的弹性压缩对先批张拉预应力筋的影响，确定张拉力。④先张法预应力筋放张时，宜缓慢放松锚固装置，使各根预应力筋同时缓慢放松。⑤当采用应力控制方法张拉时，应校核预应力筋的伸长值。实际伸长值与设计计算理论伸长值的相对允许偏差为±6%。检查数量：全数检查。检验方法：检查张拉记录。

(3)预应力筋张拉锚固后实际建立的预应力值与工程设计规定检验值的相对允许偏差为±5%。检查数量：对先张法施工，每工作班抽查预应力筋总数的1%，且不少于3根；对后张法施工，在同一检验批内，抽查预应力筋总数的3%，且不少于5束。检验方法：对先张法施工，检查预应力筋应力检测记录；对后张法施工，检查见证张拉记录。

(4)张拉过程中应避免预应力筋断裂或滑脱。当发生断裂或滑脱时，必须符合下列规定：①对后张法预应力结构构件，断裂或滑脱的数量严禁超过同一截面预应力筋总根数的3%，且每束钢丝不得超过一根；对多跨双向连续板，其同一截面应按每跨计算。②对先张法预应力构件，在浇筑混凝土前发生断裂或滑脱的预应力筋必须予以更换。检查数量：全数检查。检验方法：观察，检查张拉记录。

2. 一般项目

(1)锚固阶段张拉端预应力筋的内缩量应符合设计要求；当设计无具体要求时，应符合表4-5的规定。检查数量：每工作班抽查预应力筋总数的3%，且不少于3束。检验方法：钢直尺检查。

表 4-5　张拉端预应力筋的内缩量限值

锚具类别		内缩量限值(mm)
支承式锚具(镦头锚具等)	螺母缝隙	1
	每块后加垫板的缝隙	1
镦塞式锚具		5
夹片式锚具	有顶压	5
	无顶压	6~8

(2)先张法预应力筋张拉后与设计位置的偏差不得大于 5 mm,且不得大于构件截面短边边长的 4%。检查数量:每工件班抽查预应力筋总数的 3%,且不少于 3 束。检验方法:钢直尺检查。

(五)灌浆及封锚

1. 主控项目

(1)后张法有黏结预应力筋张拉后应尽早进行孔灌浆,孔道内水泥浆应饱满、密实。检查数量:全数检查。检验方法:观察,检查灌浆记录。

(2)锚具的封闭保护应符合设计要求。当设计无具体要求时,应符合下列规定:①应采取防止锚具腐蚀和遭受机械损伤的有效措施。②凸出式锚固端锚具的保护层厚度不应小于 50 mm。③外露预应力筋的保护层厚度:处于正常环境时,不应小于 20 mm;处于易受腐蚀的环境时,不应小于 50 mm 。检查数量:在同一检验批内,抽查预应力筋总数的 5%,且不少于 5 处。检验方法:观察,钢直尺检查。

2. 一般项目

(1)后张法预应力筋锚固后的外露部分宜采用机械方法切割,其外露长度不宜小于预应力筋直径的 1.5 倍,且不宜小于 30 mm。检查数量:在同一检验批内,抽查预应力筋总数的 3%,且不少于 5 束。检验方法:观察,钢直尺检查。

(2)灌浆用水泥浆的水灰比不应大于 0.45,搅拌后 3 h 泌水率不宜大于 2%,且不应大于 3%。泌水应能在 24 h 内全部重新被水泥浆吸收。检查数量:同一配合比检查一次。检验方法:检查水泥浆性能试验报告。

(3)灌浆用水泥浆的抗压强度不应小于 30 N/mm^2。检查数量:每工件班留置一组边长为 70.7 mm 的立方体试件。检验方法:检查水泥浆试件强度试验报告。一组试件由 6 个试件组成,试件应标准养护 28 d;抗压强度为一组试件的平均值,当一组试件中抗压强度最大值或最小值与平均值相差超过 20% 时,应取中间 4 个试件强度的平均值。

三、预应力混凝土工程施工安全技术

预应力混凝土施工有一系列安全问题,如张拉钢筋时断裂伤人、电张时触电伤人等。因此,应注意以下技术环节:

(1)高压液压泵和千斤顶应符合产品说明书的要求。机具设备及仪表应由专人使用和管理,并定期维护与检验。

(2)张拉设备测定期限,不宜超过半年。当遇下列情况之一时应重新测定:千斤顶经拆卸与修理;千斤顶久置后使用;压力计受过碰撞或出现过失灵,更换压力计。张拉中发生多根筋破断事故或张拉伸长值误差较大。弹簧测力计应在压力试验机上测定。

(3)预应力筋的一次伸长值不应超过设备的最大张拉行程。

(4)操作千斤顶和测量伸长值的人员,应站在千斤顶侧面操作,严格遵守操作规程。液压泵开动过程中,不得擅自离开岗位。如需离开,必须把液压阀门全部松开或切断电路。

(5)钢丝束镦头锚固体系在张拉过程中应随时拧上螺母,以策安全;锚固时如遇钢丝束偏长或偏短,应增加螺母或用连接器解决。

(6)负荷时严禁拆换液压管或压力计。

(7)机壳必须接地,经检查线路绝缘确属可靠后方可试运转。

(8)锚、夹具应有出厂合格证,并经进场检查合格。

(9)螺纹端杆与预应力筋的焊接应在冷拉前进行,冷拉时螺母应位于螺纹端杆的端部,经冷拉后螺纹端杆不得发生塑性变形。

(10)帮条锚具的帮条应与预应力筋同级别,帮条按120°等分,帮条与衬板接触的截面在一个垂直面上。

(11)施焊时严禁将地线搭在预应力筋上,且严禁在预应力筋上引弧。

(12)锚具的预紧力应取张拉力的120%~130%。顶紧锚塞时用力不要过猛,以免钢丝断裂。

(13)切断钢丝时应在生产线中间,然后再在剩余段的中点切断。

(14)台座两端、千斤顶后面应设防护设施,并在台座长度方向每隔4~5 m设一个防护架。台座、预应力筋两端严禁站人,更不准进入台座。操作千斤顶的人应站在千斤顶的侧面,不操作时应松开全部液压阀门或切断电路。

(15)预应力筋放张应缓慢,防止冲击。用乙炔或电弧切割时应采取隔热措施,以防烧伤构件端部混凝土。

(16)锥锚式千斤顶张拉钢丝束时,应使千斤顶张拉缸进油至压力计略启动后,检查并调整使每根钢丝的松紧一致,然后打紧楔块。

(17)电张时做好钢筋的绝缘处理。先试张拉,检查电压、电流、电压降是否符合要求。停电冷却12 h后,将预应力筋、螺母、垫板、预埋铁板相互焊牢。电张构件两端应设防护设施。操作人员必须穿绝缘鞋,戴绝缘手套,操作时站在构件侧面。电张时发生碰火现象应立即停电处理后方可继续。电张中经常检查电压、电流、电压降、温度、通电时间等,如通电时间较长,混凝土发热、钢筋伸长缓慢或不伸长,应立即停电,待钢筋冷却后再加大电流进行。冷拉钢筋电热张拉的重复张拉次数不应超过3次。采用预埋金属管孔道的不得电张。孔道灌浆须在钢筋冷却后进行。

第四节　钢结构高层建筑施工

钢材属于轻质高强材料,匀质体,力学性能好,因而用于高层建筑时具有结构重量轻,结构尺寸小,施工速度快,大跨度、大空间,便于管线设置等特点。在世界上的高层和超高层建筑中,钢结构占了主要地位。但是,钢结构也存在着耗钢量大、造价高的问题。

按结构材料及其组合分类,高层钢结构可分为全钢结构、钢-混凝土混合结构、型钢混凝土结构和钢管混凝土结构四大类。

全钢结构有刚接框架结构、框架-支撑结构、错列桁架结构、半筒体结构、筒体结构等几种。

钢-混凝土混合结构,是指在同一结构物中既有钢构件,也有钢筋混凝土构件。它们在结构物中分别承受水平荷载和重力荷载,最大限度地发挥不同结构材料的效能。钢-混凝土混合结构有钢筋混凝土框架-筒体-钢框架结构、混凝土筒中筒-钢楼盖结构和钢框架-混凝土核心筒结构。

型钢混凝土结构,日本又称SRC结构,即在型钢外包裹混凝土形成结构构件。这种结构比钢筋混凝土结构延性增大,抗震性能提高,在有限截面中可配置大量钢材,承载力提高,截面减小,超前施工的钢框架作为施工作业支架,可扩大施工流水层次,简化支模作业,甚至可不用模板。与钢结构比较,它的耐火性能优异,外包混凝土参与承受荷载,刚度加强,抗屈曲能力提高,减震阻尼性能提高。

钢管混凝土结构是介于钢结构和钢筋混凝土结构之间的又一种复合结构。钢管和混凝土这两种结构材料在受力过程中相互制约:内填混凝土可增强钢管壁的抗屈曲稳定性;而钢管对内填混凝土的紧箍约束作用,又使其处于三向受压状态,可提高其抗压强度,即抗变形能力。这两种材料采取这种复合方式,使钢管混凝土柱的承载力比钢管和混凝土柱芯各自承载力的总和提高约40%。

一、钢结构材料和结构构件

(一)钢材种类

高层建筑用钢有普通碳素钢、优质碳素钢和普通低合金钢三大类。大量使用的仍以普通碳素钢为主。我国目前在建筑钢结构中应用最普遍的是Q235钢。

《高层民用建筑钢结构技术规程》(JGJ 99—98)规定:①基于高层钢结构的重要性,把冷弯试验和冲击韧性同屈服点、抗拉强度和伸长率并列为钢材力学性能的五项基本要求,这五项指标皆合格的钢材方可采用;②对于抗震高层钢结构,钢材的强屈比应不低于1.2,对8度以上设防的钢结构,应不低于1.5;③有明显的屈服台阶,伸长率应不小于20%,应具有良好的延性和可焊性。对于钢柱,为防止厚板层状撕裂,对硫、磷含量须作进一步控制,应不大于0.04%。

该规程列入的国产钢材有Q235和16Mn,屈服点分别为235 N/mm^2和345 N/mm^2,可用于抗震结构。其他钢号因伸长率不符合要求而未列入。采用国外进口钢材时,一律要进行化学成分和机械性能的分析与试验。

在现代高层钢结构中,广泛采用的钢材截面有热轧H型钢、热轧圆钢管、异型钢管,以及用钢板组焊而成的各种截面等,尤以后者最多。

1. 热轧H型钢

热轧H型钢,欧美国家称宽翼缘工字钢。与普通工字钢不同,它沿两轴方向惯性矩比较接近,截面合理,翼缘板内外侧相互平行,连接施工方便。它可直接做梁、柱,加工量很小,而且加工过程易于机械化和自动化。在承载力相同的条件下,H 型钢结构可比传统型钢组合截面节省钢材 20% 左右。

2. 焊接工字形截面钢

在高层钢结构中,用三块板焊接而成的工字形截面是广泛采用的截面形式。它在设计上有更大的灵活性,可按照设计条件选择最经济的截面尺寸,使结构性能改善。

3. 热轧方钢管

热轧方钢管用热挤压法生产,价格比较昂贵,但施工时二次加工容易,外形美观。

4. 离心圆钢管

离心圆钢管是离心浇铸法生产的钢管,其化学成分和机械性能与卷板自动焊接钢管相同,专用于钢管混凝土结构。

5. 热轧 T 型钢

这种型材一般用热轧 H 型钢沿腹板中线割开而成,最适用于架上下弦,比双角钢弦杆节省节点板,回转半径大,桁架自重小。有时也用于支撑结构的斜撑杆件。

6. 热轧厚钢板

按我国标准,厚钢板厚度为 4 ~ 60 mm,大于 60 mm 的为特厚钢板。

(二)钢结构构件

1. 钢柱

高层钢结构钢柱的主要截面形式有 H 形断面、箱形断面、十字形断面和组合截面等(见图 4-75)。钢柱一般是焊接截面,热轧型钢用得不多。就结构体系而言,筒中筒结构、钢 - 混凝土混合结构和型钢混凝土结构多采用 H 形柱,其他多采用箱形柱;十字形柱则用于框架结构底部的型钢混凝土框架部分;组合截面非常适合于作内隔断交叉点钢柱。

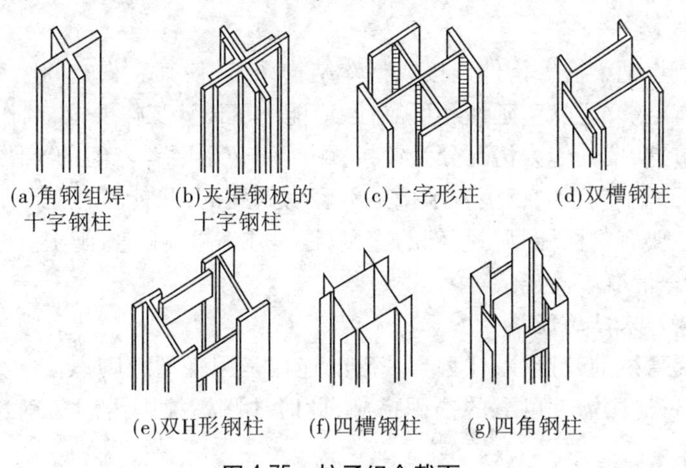

图 4-75　柱子组合截面

2. 钢梁

高层钢结构梁的用钢量约占结构总用钢量的 65%,因此梁的设置应力求合理,连接简单,以简化施工和节省钢材。钢梁采用最多的是工字截面(见图 4-76),受力小时也可采用槽钢,受力很大时则采用箱形截面(见图 4-77),但其连接非常复杂。截面高度相同时,轧制 H 型钢要比焊接工字形截面钢便宜。对于重荷载或传递弯矩,则采用焊接箱形梁。当净空高度受到限制时,也可采用双槽钢和钢板组焊而成的截面。钢梁内部必须作防锈处理。

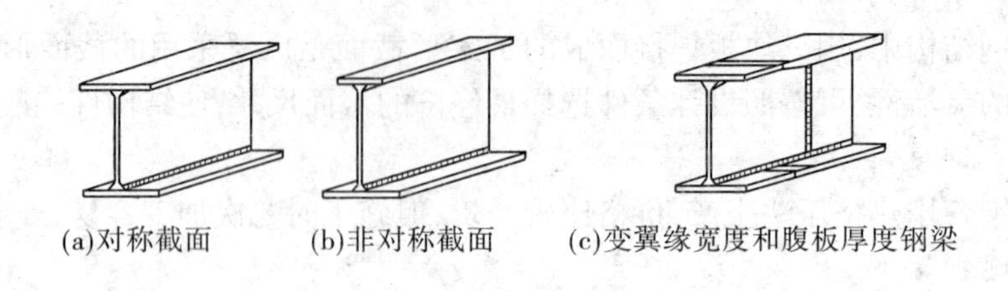

图 4-76　焊接工字钢梁

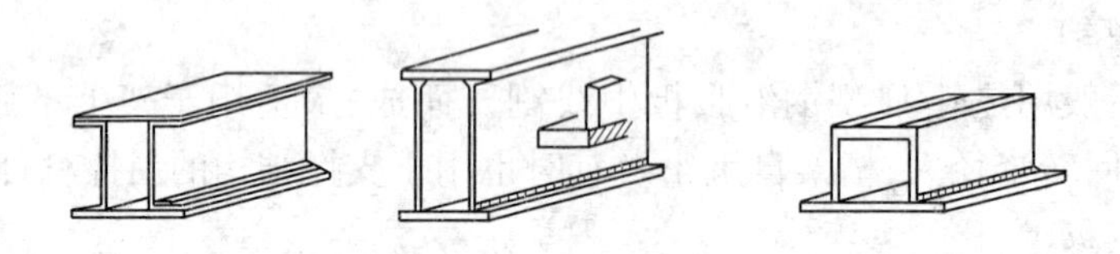

图 4-77　焊接箱形钢梁

3. 桁架

桁架用于高层钢结构楼盖水平构件,可实现大跨度小净空,方便装修和管线安装。平行弦架是用钢量最小的一种水平构件,但制造比较费工费时。楼盖钢架一般由平行的上下弦杆和腹杆(斜撑和竖撑或只用斜撑)组成。弦杆和腹杆可采用角钢、槽钢、T 型钢、H 型钢、矩形和正方形截面钢管等钢材。

(三)构件连接

通过连接节点把梁柱等构件连接成整体结构系统,使其获得空间刚度和稳定性。连接节点本身应有足够的强度、延性和可靠性,应能满足设计工作要求,制作和安装简单。

构件连接节点,按其传力情况分为铰接、刚接和介于两者之间的半刚接,主要采用前两者。在实际工程中真正的铰接和刚接是不容易做到的,只能是接近于铰接或刚接。按连接的构件分主要有钢柱柱脚与基础的连接、柱—柱连接、柱—梁连接、柱梁—支撑连接、梁—梁连接、梁—混凝土筒连接等。

1. 钢柱柱脚与基础的连接

对于不传递弯矩的铰接柱,柱脚与基础的连接是用轻型地脚螺栓。如果柱子要传递轴力和弯矩给基础,则需有可靠的锚固措施,此时地脚螺栓则需用角钢、槽钢等锚固(见图 4-78)。

2. 柱—柱连接

柱—柱连接即是把预制柱段(2 ~ 4 个楼层高度)在现场垂直地对接起来。可采取螺栓连接(见图 4-79),也可采用焊接连接。当柱—柱为焊接连接时,需预先在柱端焊上耳板(见图 4-80),用做撤去吊钩后的临时固定,耳板用普通钢板做成,厚度应不小于 10 mm。节点焊缝焊到其 1/3 厚度时,用火焰把耳板割掉。对于 H 形钢柱,耳板应焊在翼缘两侧的边缘上,既有利于提高临时固定的稳定性,又有利于施焊。

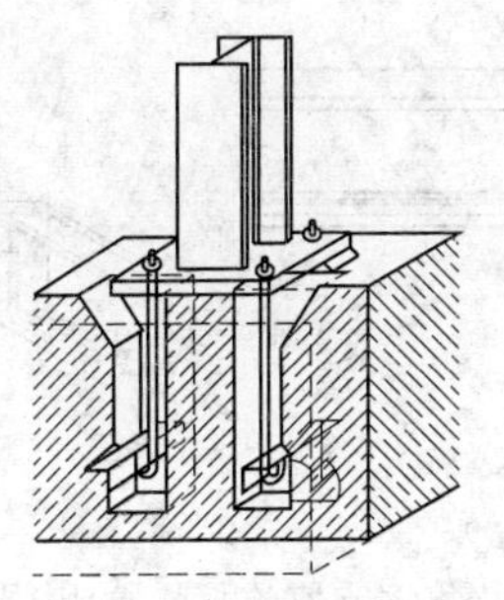
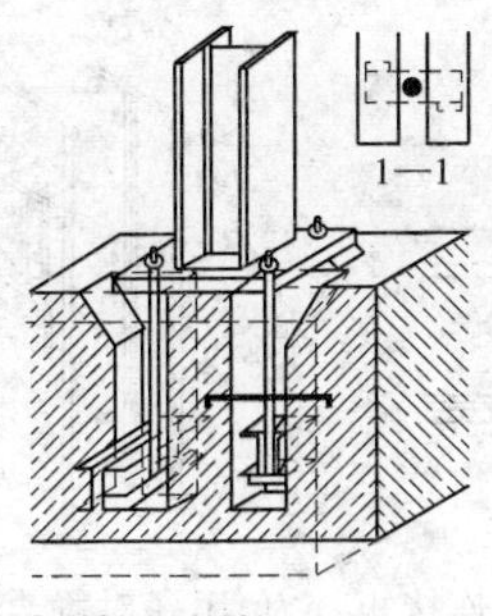

图 4-78　钢柱柱脚与基础连接

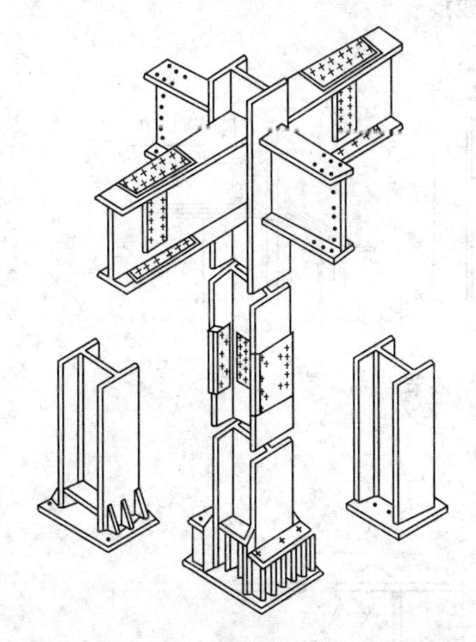
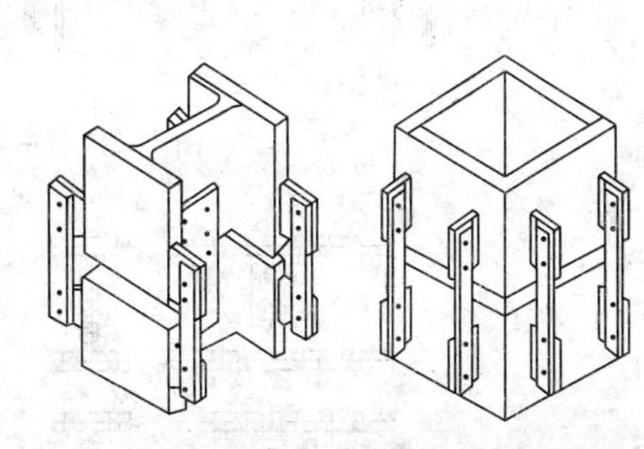
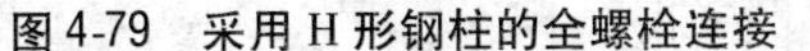

图 4-79　采用 H 形钢柱的全螺栓连接　　　图 4-80　柱段用耳板临时固定焊接连接

3. 柱—梁连接

在框架结构中,柱—梁现场连接方式分为全螺栓连接和焊接—螺栓混合连接两种。柱与梁如果设计为铰接,一般只是将梁的腹板与柱子相连,或者将梁置于柱子的牛腿上(见图 4-81)。这些连接只能传递剪力,不能传递弯矩。

柱与梁如果设计为刚接,按刚节点的要求,节点受力后产生转动,但要求节点各杆件之间的夹角保持不变。实际上,受力后刚节点必然有剪切变形,因此各杆件之间的夹角就不可能保持不变。为了减少刚节点的剪切变形,一般尽可能加大连接部分的截面尺寸。图 4-82 所示为柱—梁刚接的几种连接方式。

4. 梁—梁连接

梁—梁连接有全螺栓连接、螺栓—焊接混合连接、全焊接连接三种形式。图 4-83 所示为主梁与主梁对接的三种节点形式。图 4-84 所示为主梁与次梁连接的几种节点形式。

5. 支撑连接

支撑杆件,视其长度和受力的大小,采用较多的为双槽钢、T 型钢、H 型钢和箱形构件。支撑连接分中心连接和偏心连接。当偏心连接时,支撑只与上下钢梁连接,节点简单

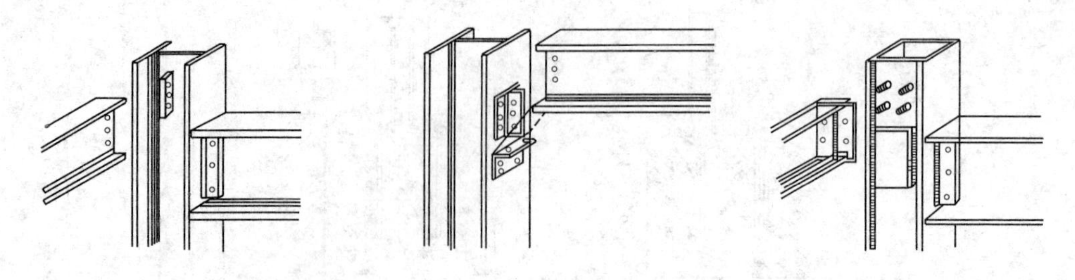

图 4-81 柱—梁铰接节点

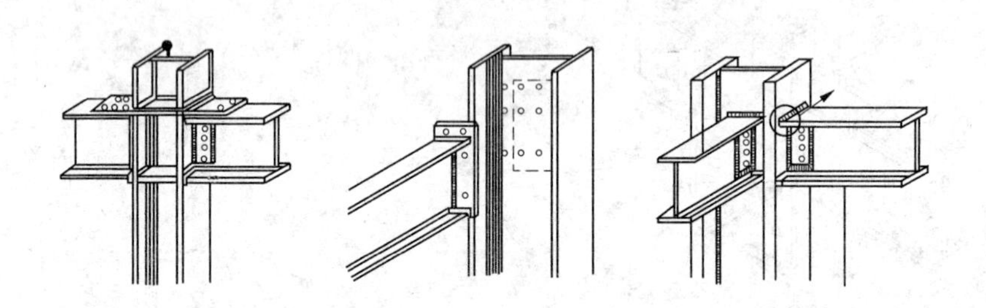

图 4-82 柱—梁刚接节点

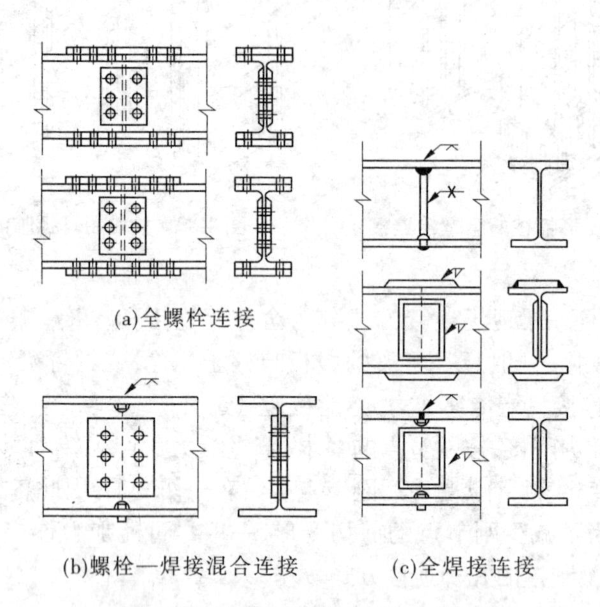

图 4-83 主梁与主梁对接的几种节点

(见图 4-85)。而当中心连接(即支撑轴线与柱梁轴线交点相交会)时,则需在工厂把钢柱、梁头和支撑连接件预先组拼并焊接好,拼装中应严格控制精度,如图 4-86 所示。在受力中支撑不承受弯矩,只承受轴力,因此现场拼装多采用螺栓连接而较少采用焊接。这样做有利于结构几何尺寸的调整,施工亦较方便。

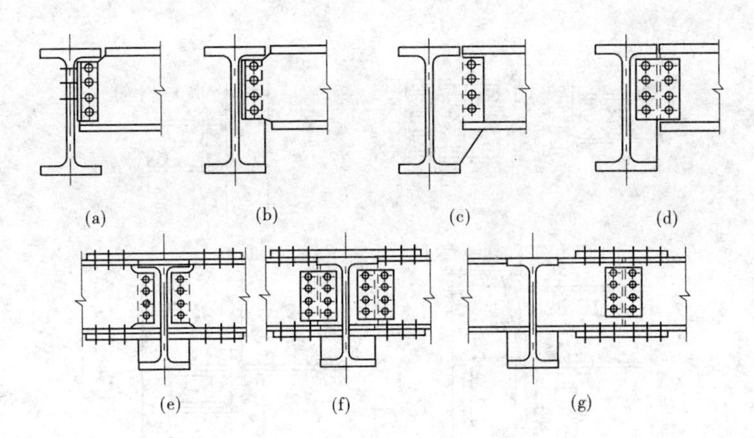

(a)借组于角钢连接件;(b)、(c)、(e)直接与肋板连接,不用连接板;
(d)、(f)直接与肋板连接,用连接板;(g)与次梁梁头连接

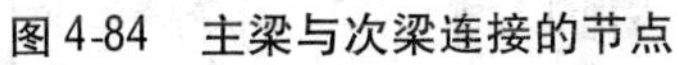
图 4-84 主梁与次梁连接的节点

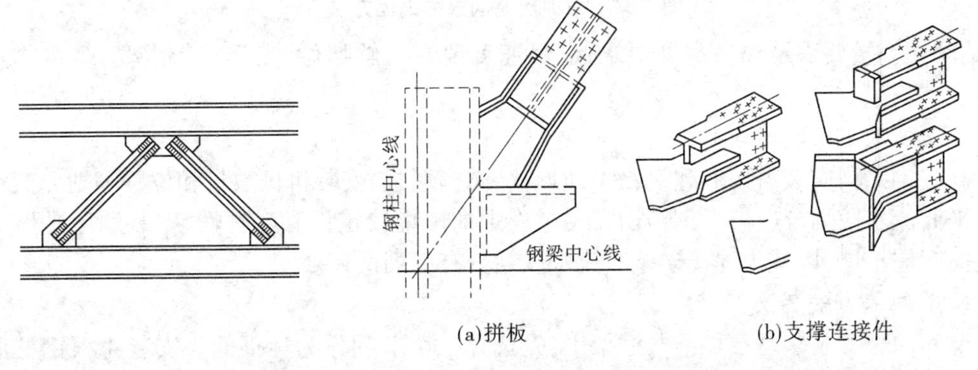

(a)拼板　(b)支撑连接件

图 4-85 人字形偏心支撑连接　**图 4-86 中心支撑拼装及支撑连接件**

6. 梁—混凝土筒连接

梁—混凝土筒连接通常为铰接。预埋钢板可借助于栓钉、弯钩钢筋、钢筋环、角钢等,埋设锚固于混凝土筒壁之中,钢板应与筒壁表面齐平,如图 4-87 所示。常采用的栓钉锚固件可用做受弯受剪连接件。需要注意的是,在筒壁混凝土浇筑过程中,预埋钢板在三个方向上都会产生位移,误差较大。因此,施工时应在模板技术、混凝土浇捣技术方面采取相应措施。

二、钢结构的安装

(一)结构安装前的准备工作

高层钢结构安装前的准备工作,主要有编制施工方案、拟定技术措施、构件检查、安排施工设备、工具和材料、组织安装力量等。现仅就钢结构安装特有的安装前准备工作介绍如下。

1. 安装机械的选择

高层钢结构安装都用塔式起重机,包括附着式塔式起重机和内爬式塔式起重机。要求塔式起重机有足够的起重能力,满足不同部位构件起吊要求,臂杆长度具有足够的覆盖

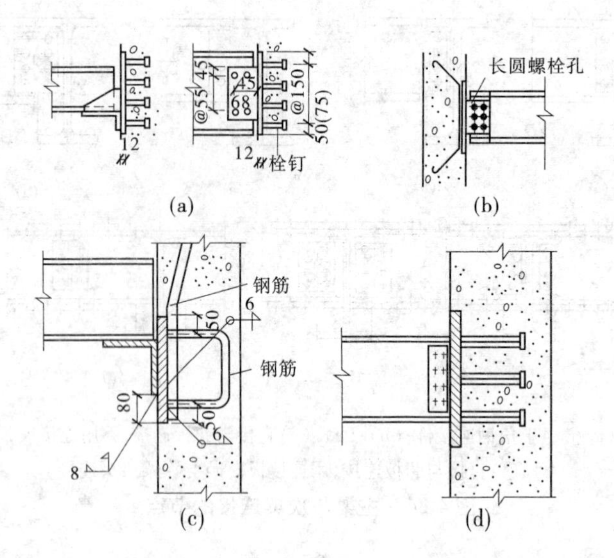

图 4-87　几种预埋钢板的锚固方法

面;钢丝绳容量要满足起吊高度要求;起吊速度要有足够挡位,满足安装需要;多机作业时,相互要有足够的高差,互不碰撞。

2. 安装流水段的划分

高层钢结构安装需按照建筑物平面形状、结构形式、安装机械数量和位置等划分流水段。平面流水段划分应考虑钢结构安装过程中的整体稳定性和对称性,安装顺序一般由中央向四周扩展,以减小焊接误差。流水段划分有下列两种。

1)节间综合安装法

节间综合安装法是在标准节框架中,先选择一个节间作为标准间。安装 4 根钢柱后立即安装框架梁、次梁和支撑等,构成空间标准间,并进行校正和固定。然后以此标准间为基准,按规定方向进行安装,逐步扩大框架,每立 2 钢柱,就安装 1 个节间,直至该施工层完成。

2)按构件分类大流水安装法

按构件分类大流水安装法是在标准节框架中先安装钢柱,再安装框架梁,然后安装其他构件,按层进行,从下到上,最终完成框架。

两种方法各有利弊,但是只要构件供应能够保证,构件质量又合格,其生产工效的差异不大,可根据实际情况进行选择。

3. 钢构件预检

1)出厂检验

钢构件在出厂前,制造厂应根据制作规范、规定及设计图的要求进行产品检验,填写质量报告、实际偏差值。钢构件交付结构安装单位后,结构安装单位再在制造厂质量报告的基础上,根据构件性质分类,进行复核或抽检。

2)预检

结构安装单位对钢构件预检的项目,主要是与施工安装质量和工效直接有关的数据,如几何外形尺寸、螺孔大小和间距、预埋件位置、焊缝坡口、节点摩擦面、附件数量规格等。

构件的内在制作质量应以制造厂质量报告为准。预检数量一般是关键构件全部检查,其他构件抽检10% ~20%,应记录预检数据。

钢构件的质量对施工安装有直接的关系,要充分认识钢构件预检的必要性。预检钢构件的计量工具和质量标准应事先统一。特别是对钢卷尺的标准要十分重视,有关单位(业主、土建、安装、制造厂)应各执统一标准的钢卷尺,制造厂按此尺制造钢构件,土建施工单位按此尺进行柱基定位施工,安装单位按此尺进行结构安装,业主按此尺进行结构验收。

4. 柱基检查

第一节钢柱是直接安装在钢筋混凝土柱基底顶上的,因此钢结构安装前应对柱基混凝土质量、定位轴线、柱间距、独立柱基中心线、柱基地脚螺栓、基准标高及标高块设置等进行检查。

目前,高层钢结构工程柱基地脚螺栓的预埋方法有直埋法和套管法两种。直埋法就是用套板控制地脚螺栓相互之间距离,在柱基底板绑扎钢筋时埋入,控制位置,同钢筋连成一体,整浇混凝土,一次固定,难以再调整。采用此法实际上产生的偏差较大。套管法就是先安套管(内径比地脚螺栓大2~3倍),在套管外制作套板,焊接套管并立固定架,并将其埋入浇筑的混凝土中,待柱基底板上的定位轴线和柱中心线检查无误后,再在套管内插入螺栓,使其对准中心线,通过附件或焊接加以固定,最后在套管内注浆锚固螺栓。注浆材料按一定级配制成。此法对保证地脚螺栓定位的质量有利,但施工费用较高。

5. 基准标高实测

在柱基中心表面和钢柱底面之间,考虑到施工因素,设计时都考虑有一定的间隙作为钢柱安装时的标高调整,该间隙一般规定为50 mm。基准标高点一般设置在柱基底板的适当位置,四周加以保护,作为整个高层钢结构工程施工阶段标高的依据。以基准标高点为依据,对钢柱柱基表面进行标高实测,将测得的标高偏差绘制平面图,作为临时支承标高块调整的依据。

标高块一般用普通砂浆、钢垫板和无收缩砂浆制作。普通砂浆强度低,只用于装配钢筋混凝土柱杯形基础粉平。钢垫块耗钢多,加工复杂。无收缩砂浆是高层钢结构标高块的常用材料,因它有一定的强度,而且柱底灌浆也用无收缩砂浆,传力均匀。柱基边长 <1 m时,设一块;柱基 >1 m,边长 <2 m时,设十字形块;柱基边长 >2 m时,设多块。标高块的形状,圆、方、长方、十字形均可。为了保证表面平整,标高块表面可增设预埋钢板。标高块用无收缩砂浆时,其材料强度应大于30 N/mm^2。

(二)钢结构的连接方式

1. 焊接连接

现场焊接方法一般用手工焊接和半自动焊接两种方法。焊接母材厚度不大于30 mm时采用手工焊,大于30 mm时采用半自动焊,此外尚须根据工程焊接量的大小和操作条件等来确定。手工焊的最大优点是灵活方便,机动性大;缺点是对焊工技术要求高,劳动强度大,影响焊接质量的因素多。半自动焊接质量可靠,工效高,但操作条件相应比手工焊要求高,并且需要同手工焊结合使用。

高层钢结构构件接头的施焊顺序,比构件的安装顺序更为重要。焊接顺序不合理,会使结构产生难以挽回的变形,甚至会因内应力而将焊缝拉裂。只有在一个垂直流水段

(一节柱段高度范围内)的全部构件吊装、校正和固定后,才能施焊。

柱与柱的对接焊,应由两名焊工在两相对面等温、等速对称焊接。加引弧板时,先焊第一个两相对面,焊层不宜超过 4 层,然后切除引弧板,清理焊缝表面,再焊第二个两相对面,焊层可达 8 层,再换焊第一个两相对面,如此循环,直到焊满整个焊缝。

梁、柱接头的焊缝,一般先焊 H 型钢的下翼缘板,再焊上翼缘板。梁的两端先焊一端,待其冷却至常温后,再焊另一端。

柱与柱、梁与柱的焊缝接头,应试验测出焊缝收缩值,反馈到钢结构制作单位,作为加工的参考。要注意,焊缝收缩值受周围已安装柱、梁的约束程度不同,收缩也不同。

焊接的设备选用、工艺要求以及焊缝质量检验等按现行施工验收规范执行。

2. 高强螺栓连接

钢结构高强螺栓连接,一般是指摩擦连接(见图 4-88)。它借助螺栓紧固产生的强大轴力夹紧连接板,靠板与板接触面之间产生的抗剪摩擦力传递同螺栓轴线方向相垂直的应力,螺栓只受拉不受剪。施工简便而迅速,易于掌握,可拆换,受力好,耐疲劳,较安全,已成为取代铆接和部分焊接的一种主要的现场连接手段。

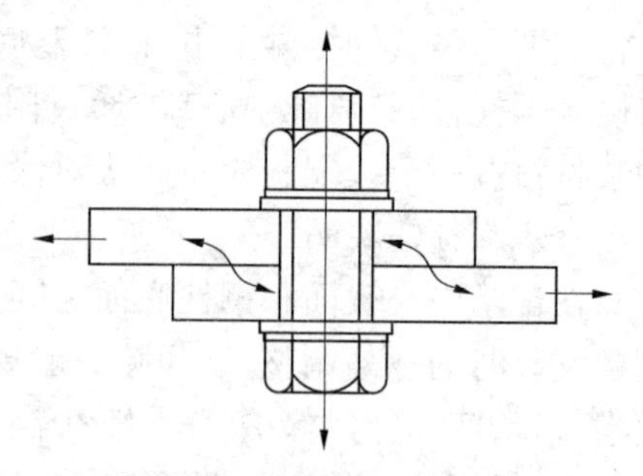
图 4-88　高强螺栓摩擦连接

国家标准 GB 1228 ~ GB 1231 和 GB 3632 ~ GB 3633 规定,大六角头高强螺栓的性能等级分为 8.8 级和 10.9 级,前者用 45 号钢或 35 号钢制作,后者用 20MnTiB、40B 或 35VB 钢制作。扭剪型螺栓只有 10.9 级,用 20MnTiB 钢制作。我国高强螺栓性能等级的表示方法是,小数点前的“8”或“10”表示螺栓经热处理后的最低抗拉强度属于 800 N/mm^2(实际为 830 N/mm^2)或 1 000 N/mm^2(实际为 1 010 N/mm^2)这一级;小数点后的“0.8”或“0.9”表示螺栓经热处理后的屈强比,即屈服强度与抗拉强度的比值。

高强螺栓的类型,除大六角头普通型外,广泛采用的是扭剪型高强螺栓(见图 4-89)。扭剪型高强螺栓是在普通大六角头高强螺栓的基础上发展起来的。区别仅是外形和施工方法不同,其力学性能和紧固后的连接性能完全相同。

高强螺栓施工包括摩擦面处理、螺栓穿孔、螺栓紧固等工序。

(三)钢结构构件的安装工艺

1. 钢柱安装

第一节钢柱是安装在柱基临时标高支承块上的,钢柱安装前应将登高扶梯和挂篮等临时固定好。钢柱起吊后对准中心轴线就位,固定地脚螺栓,校正垂直度。其他各节钢柱都安装在下节钢柱的柱顶(采用对接焊),钢柱两侧装有临时固定用的连接板,上节钢柱对准下节钢柱柱顶中心线后,即用螺栓固定连接板作临时固定。

钢柱起吊有两种方法(见图 4-90):一种是双机抬吊法,特点是用两台起重机悬高起吊,柱根部不着地摩擦;另一种是单机吊装法,特点是钢柱根部必须垫以垫木,以回转法起吊,严禁柱根拖地。钢柱就位后,先对钢柱的垂直度、轴线、牛腿面标高进行初校,然后安装临时固定螺栓,再拆除吊索。

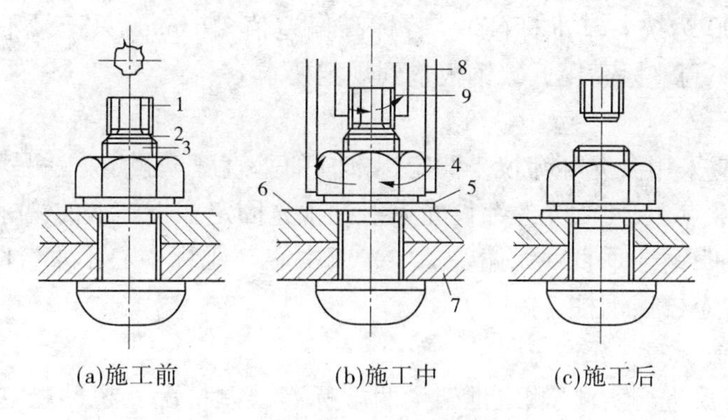

1—12 角梅花形卡头;2—扭断沟槽;3—高强螺栓;4—螺母;5—垫圈;
6—被连接钢板 1;7—被连接钢板 2;8—紧固扳手外套筒;9—内套

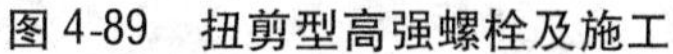
图 4-89　扭剪型高强螺栓及施工

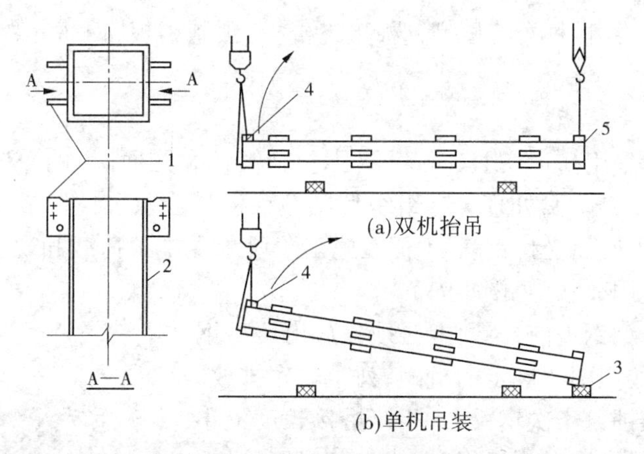

1—钢柱吊耳(接柱连接板);2—钢柱;3—垫木;4—上吊点;5—下吊点

图 4-90　钢柱吊装工艺

2. 框架钢梁安装

钢梁在吊装前,应于柱子牛腿处检查标高和柱子间距。主梁吊装前,应在梁上装好扶手杆和扶手绳,待主梁吊装就位后,将扶手绳与钢柱系牢,以保证施工人员的安全。

钢梁采用两点起吊,一般在钢梁上翼缘处开孔,作为吊点。吊点位置取决于钢梁的跨度。为加快吊装速度,对重量较轻的次梁和其他小梁,常利用多头吊索一次吊装数根。

3. 钢框架的校正

钢框架结构的校正内容和方法有以下几项。

1)轴线位移校正

任何一节框架钢柱的校正,均以下节钢柱顶部的实际柱中心线为准。安装钢柱的底部对准下节钢柱的中心线即可。控制柱节点时须注意四周外形,尽量平整,以利于焊接。实测位移,按有关规定作记录。校正位移时特别应注意钢柱的扭矩。钢柱扭转对框架安装极为不利,应引起重视。

2)柱子标高调整

每安装一节钢柱后,应对柱顶作一次标高实测,根据实测标高的偏差值来确定调整与否(以设计 ±0.000 为统一基准标高)。若标高偏差值≤6 mm,只记录不调整;若超过 6 mm,需进行调整。调整标高用低碳钢板垫到规定要求。

3)垂直度校正

垂直度校正应采用激光经纬仪来测定标准柱的垂直度。测定方法是将激光经纬仪中心放在预定的基准点上,使激光经纬仪光束射到预先固定在钢柱上的靶标上,光束中心同靶标中心重合,表明钢柱垂直度无偏差。当光束中心与靶标中心不重合时,表明有偏差。偏差超过允许值,应校正钢柱。

4)框架梁平面标高校正

用水平仪、标尺进行实测,测定框架梁两端标高误差情况。超过规定时应做校正,方法是扩大端部安装连接孔。

(四)楼面及墙面工程

1. 楼板种类

高层钢结构中,楼板种类有压型钢板现浇楼板、预制楼板、钢筋混凝土叠合楼板和现浇楼板。

1)压型钢板现浇楼板

压型钢板一般采用 0.75 ~ 1.6 mm 厚(不包括镀锌和饰面层)的 Q235 薄钢板冷轧制成,表面采用镀锌或经防腐处理。有组织型压型钢板作为永久性模板,既起到模板的作用,又作为现浇楼板底面受拉钢筋,不但在施工阶段承受施工荷载和现浇层自重,而且在使用阶段还承受使用荷载(见图 4-91)。

在楼面安装压型钢板前,梁面上必须先放出压型钢板的安装位置线,按照图纸规定的行距、列距顺序排放。压型钢板一般直接铺设于次钢梁上,相互搭接长度不小于 10 cm,用点焊与钢梁上翼缘焊牢,或设置锚固栓钉,常采用剪力栓钉(又称柱状螺栓)。由于设置数量多,一般采用专门的栓焊机在极短的时间内(0.8 ~ 1.2 s)通过大电流(1 800 ~ 2 000 A)把栓钉直接焊在钢柱、钢梁上作为剪力件。

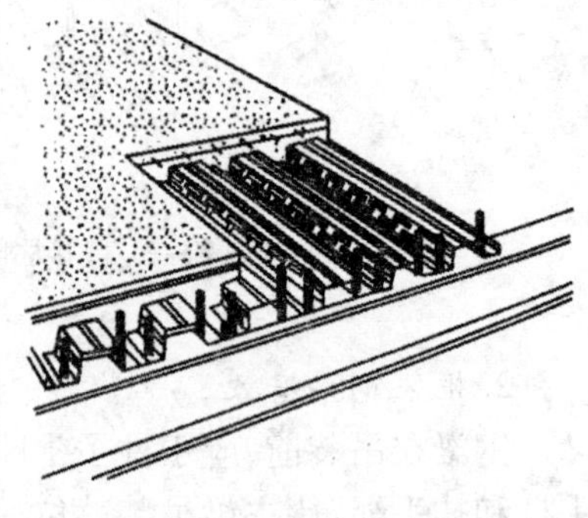

图 4-91　压型钢板复合楼板

2)钢筋混凝土叠合楼板

在厚度较小(约在 40 mm)的预制钢筋混凝土薄板(预应力或非预应力)上浇一层混凝土,形成整体实心楼板,称叠合楼板。这种楼板在高层钢结构上并不多见,因为在施工工艺上它不如压型钢板和预制楼板简单。但它是一种永久性模板,可省去支拆模工序,节省模板材料,整体性比预制楼板好,有利于抗震。

2. 墙面工程

高层钢框架体系一般采用在钢框架内填充与钢框架有效连接的剪力墙板,可以是预制钢筋混凝土墙板、带钢支撑的预制钢筋混凝土墙板或钢板墙板。墙板与钢结构的连接用焊接或高强螺栓固定,也可以是现浇的钢筋混凝土剪力墙。对非承重结构的隔墙、围护墙等,一般采用各种轻质材料,如加气混凝土砌块、石膏板、矿渣棉、铝板、玻璃帷幕等。

三、钢结构的防火与防腐施工

(一)防火工程

建筑高层钢结构要特别重视火灾的预防。因为钢材热传导快,比热小,虽是一种不燃材料,但极不耐火。当钢构件暴露于火灾高温之下时,其温度很快上升,当其温度达到600 ℃时,钢的结构发生变化,其抗拉强度、屈服点和弹性模量都急剧下降(如屈服点下降60%),并且钢柱以及承重钢梁会由于挠度的急剧增大而失去稳定性,导致整个建筑物垮塌。

钢结构防火工程的目的,在于用防火材料阻断火灾热流传给钢构件的通路,延缓传热速率,延长钢构件升温达到临界温度的时间,使钢结构在某一个特定时间内能够继续承受荷载。

钢结构构件的耐火极限等级,是根据它在耐火试验中能继续承受荷载作用的最短时间来分级的。耐火时间大于或等于30 min,则耐火极限等级为F30,每一级都比前一级长30 min,所以耐火时间等级分为F30、F60、F90、F120、F150、F180等。

依据我国《高层钢结构设计与施工规程》,高层钢结构的耐火等级分为Ⅰ、Ⅱ两级,其构件的燃烧性能和耐火极限应不低于表4-6的规定。

表4-6 建筑构件的燃烧性能和耐火极限

构件名称	Ⅰ级	Ⅱ级
防火墙	非燃烧体3 h	非燃烧体3 h
承重墙、楼梯间墙、电梯井及单元之间的墙	非燃烧体2 h	非燃烧体2 h
非承重墙、疏散走道两侧的隔墙	非燃烧体1 h	非燃烧体1 h
房间隔墙	非燃烧体45 min	非燃烧体45 min
从楼顶算起(不包括楼顶塔形小屋)15 m高度范围内的柱	非燃烧体2 h	非燃烧体2 h
从楼顶算起向下15~55 m高度范围内的柱	非燃烧体2.5 h	非燃烧体2 h
从楼顶算起55 m以下高度范围内的柱	非燃烧体3 h	非燃烧体2.5 h
梁	非燃烧体2 h	非燃烧体1.5 h
楼板、疏散楼梯及屋顶承重构件	非燃烧体1.5 h	非燃烧体1.0 h
抗剪力撑、钢板剪力墙	非燃烧体2 h	非燃烧体1.5 h
吊顶(包括吊顶搁栅)	非燃烧体15 min	非燃烧体15 min

注:当房间可燃物超过200 kg/m² 而又不设自动灭火设备时,则主要承重构件的耐火极限按本表的数据再提高0.5 h。

1.防火材料

钢结构的防火保护材料,应选择绝热性好,具有一定抗冲击振动能力,能牢固地附着在钢构件上,又不腐蚀钢材的防火涂料或不燃性板型材。防火材料的种类主要有:①热绝缘材料；②能量吸收（烧蚀）材料；③膨胀涂料。采用最广的具有优良性能的热绝缘材料有矿物纤维和膨胀骨料（如石和珍珠岩）；最常采用的热能吸收材料有石膏和硅酸盐水泥，它们遇热释放出结晶水。

1）混凝土

混凝土是采用最早和最广泛的防火材料，但并不是优良的绝热体，它的防火能力主要依靠的是厚度：耐火时间小于 90 min 时，耐火时间同混凝土层的厚度呈曲线关系；大于 90 min 时，耐火时间则与厚度的平方成正比。

2）石膏

石膏具有不寻常的耐火性质。当其暴露在高温下时，可释放出 20% 的结晶水而被火灾的热所气化。所以，火灾中石膏一直保持相对的冷却状态，直至被完全干烧脱水。石膏作为防火材料，既可做成板材，粘贴于钢构件表面，也可制成灰浆，涂抹或喷射到钢构件表面上。

3）矿物纤维

矿物纤维是最有效的轻质防火材料，它不燃烧，抗化学侵蚀，导热性低，隔声性能好。以前采用的纤维有石棉、岩棉、矿渣棉和其他陶瓷纤维，当今采用的纤维则不含石棉和晶体硅，原材料为岩石或矿渣，在 1 371 ℃下制成。

4）氯氧化镁

氯氧化镁 20 世纪 60 年代始用作防火材料。它与水的反应是这种材料防火性能的基础，其含水量可达 44% ~54%，相当于石膏含水量（按重量计）的 2. 5 倍以上。当其被加热到大约 300 ℃时，开始释放化学结合水。经标准耐火试验，当涂层厚度为 14 mm 时，耐火极限为 2 h。

5）膨胀涂料

膨胀涂料是一种前景广阔的防火材料，它极似油漆，直接喷涂于金属表面，黏结和硬化与油漆相同。涂料层上可直接喷涂装饰油漆，不透水，抗机械破坏性能好，耐火极限最大可达 2 h。

6）绝缘型防火涂料

绝缘型防火涂料如 TN – LG、JG – 276、ST1 – A、SB – 1、ST1 – B 等。其厚度在 30 mm 左右时，耐火极限均不低于 2 h。

2. 防火工程施工方法

钢结构构件的防火措施有三类：外包层法、屏蔽法和水冷却法。外包层法是应用最多的一种方法。

1）外包层法

它又分为湿作业的和干作业的两类。

（1）湿作业。湿作业又分浇筑、抹灰和喷射三种方法。

①浇筑法即在钢构件四周浇筑一定厚度的混凝土、轻质混凝土或加气混凝土等，以隔绝火焰或高温。为增强所浇筑的混凝土的整体性和防止其遇火剥落，可埋入细钢筋网或钢丝网。

②抹灰法即在钢构件四周包以钢丝网，外面再抹以石水泥灰浆、珍珠岩水泥灰浆、石

膏灰浆等，厚度视耐火极限等级而定，一般约为 35 mm。

③喷射法即用喷枪将混有胶粘剂的石棉或石等保护层喷涂在钢构件表面，形成防火的外包层。

(2)干作业。干作业即用预制的混凝土板、加气混凝土板、蛭石混凝土板、石棉水泥板、陶瓷纤维板等包围钢构件形成防火层。板材用化学胶粘剂粘贴。

2)屏蔽法

屏蔽法即将不做防火外包层的钢结构构件包藏在耐火材料构成的墙或顶棚内，或用耐火材料将钢构件与火焰、高温隔绝开来，是较经济的防火方法。比如在结构设计上，让外柱在外墙之外，距离外墙一定距离，同时也不靠近窗户，这样一旦发生火灾，火焰就达不到柱子，柱子也就没必要做防火保护。或是将防火板放在柱子后面做防火屏障，防火板每边突出柱外一定的宽度，这样就能防止窗口喷出的火焰烧热柱子。

3)水冷却法

水冷却法即在呈空心截面的钢柱内充水进行冷却。如发生火灾，钢柱内的水被加热而产生循环，热水上升，冷水自设于顶部的水箱流下，以水的循环将火灾产生的热量带走，以保证钢结构不丧失承载能力。此法已在柱子中应用，亦可扩大用于水平构件。为了防止钢结构生锈，可在水中掺入专门的防锈外加剂。冬期为了防冻，亦可在水中加入防冻剂。

(二)防腐工程

除不锈钢等特殊钢材外，钢结构在使用过程中，由于受到环境介质的作用易被腐蚀破坏，因此钢结构都必须进行防腐处理，以防止氧化腐蚀和其他有害气体的侵蚀。钢结构高层建筑的防腐处理很重要，它可以延长结构的使用寿命和减少维修费用。

1. 钢结构防腐蚀方法

防止氧化腐蚀的主要措施是把钢结构与大气隔绝。如在钢结构表面现浇一定厚度的混凝土覆面层或喷涂水泥砂浆层等，不但能防火，也能保护钢材免遭腐蚀。另外，在钢结构表面增加一层保护性的金属镀层(如镀锌)、防锈油漆等，也是一种有效的防腐方法。

2. 钢结构的涂装防护

涂刷防锈漆对钢结构进行防腐，是用得最多的一种防腐方法。钢结构的涂装防护施工，包括钢材表面处理、涂层设计、涂层施工等。

1)钢材表面处理

钢结构表面防护涂层的有效寿命，在很大程度上取决于其表面的除锈质量。在除锈之前应先了解钢材表面原始状态，并确定其等级，以便决定处理措施和施工方案。一般要求是除去疏松的氧化皮和涂层，使钢材表面在补充清理后呈现明显的金属光泽。

除锈方法主要有喷射法、手工或机械法、酸洗法和火焰喷射法等。国外对钢结构的除锈大多采用喷射法，包括离心喷射、压缩空气喷射、真空喷射和湿喷射等。我国较大的金属结构厂，钢材除锈多用酸洗方法。中小型金属结构厂和施工现场，多采用手工或机械方法除锈。有特殊要求的才用喷射法除锈。

采用不同的除锈方法，会在钢结构表面形成不同的表面粗糙度，而钢结构的表面粗糙度影响着涂层的附着力、涂料用量和防锈效果。表面粗糙度大的钢材在涂漆前应经机械打磨或喷射处理。

2)涂层设计

涂层设计包括涂料品种选择、确定涂层结构和涂层厚度。

我国常用的钢结构面漆有醇酸漆、过氯乙烯漆和丙烯酸漆。醇酸漆光泽亮、耐候性优良、施工性能好、附着力好,不足之处是漆膜较软、耐火和耐碱性差、干燥较慢、不能打磨。过氯乙烯漆耐候性和耐化学性好、耐水和耐油性好,不足之处是附着力差、不能在70 ℃以上使用、打磨抛光性差。丙烯酸漆保色性好、耐候性优良、有一定耐化学性能、耐热性较好,不足之处是耐溶剂性差。

面漆和底漆要配套使用。如油基底漆不能用含强溶剂的面漆罩面,以免出现咬底现象;过氯乙烯面漆只能用过氯乙烯底漆配套,而不宜用其他的漆种配套。各种油漆都有专用的稀释剂,不是专用的稀释剂不能乱用。

涂层结构,一般做法是一底漆一面漆,国外不少钢结构采用一底漆一中涂漆一面漆。比较起来后一种涂层结构更为合理。因为底漆起阻蚀作用;中涂漆含着色颜料和体质颜料较多,漆膜无光,同底漆和面漆的附着力好;面漆起保护中涂漆的作用。这是一种较为完整的防护结构体系。但底漆不宜过厚,因为底漆的抗渗性能差,涂层过厚时其表层上部不与金属接触,也起不到阻蚀作用,反而会降低整个涂层的抗渗性和抗老化性。通常油漆总层数为三层时,底漆可为一层;总层数为四层或四层以上时,底漆可分为两层。

根据涂层的防锈机理,涂层相对厚一些,则防锈效果更好一些。但也不宜过厚,涂层过厚在施工方面和经济上都是不合理的,机械性能也有所降低。应根据钢材表面处理、涂料品种、使用环境和施工方法等来确定钢结构涂层的临界厚度。一般防腐涂层总厚度最低为100 μm,施工时如果涂四道仍然达不到100 μm,则可增加道数。

3)涂层施工

涂层施工应满足温度、湿度等施工条件,一般规定施工温度范围为5~35 ℃,施工时相对湿度不得超过85%。具体根据涂料产品使用说明书中的规定执行。

钢结构涂层的施工方法,常用的有涂刷法、压缩空气喷涂法、滚涂法和高压无气喷涂法。涂刷法施工简便、省料费工,形状复杂的大、小构件均可采用。喷涂法工效高,但涂料消耗多。滚涂法适用于大面积的构件施工。此外,热喷涂和静电喷涂也有应用。

3. 金属镀层防腐

锌是保护性镀层用得最多的金属。在钢结构高层建筑中亦有不少构件是采用镀锌来进行防腐的。镀锌防腐多用于较小的构件。

镀锌可用热浸镀法或喷镀法。热浸镀锌在镀槽中进行,可用来浸镀大构件,镀的锌层厚度为80~100 μm。

喷镀法可用于车间或工地上,镀的锌层厚度为80~150 μm。在喷镀之前应先将钢构件表面适当打毛。

良好的防腐工程,在正常气候条件下的使用寿命可达10~15年。在到达使用年限的末期,需仔细检查,补刷或重新油漆。

第五节　高层建筑砌块结构施工

中小型砌块的种类有混凝土空心砌块、加气混凝土砌块、粉煤灰砌块和各种轻骨料混凝土砌块。中型砌块高度一般为380～400 mm，小型砌块高度一般为190 mm左右。承重砌块以混凝土空心砌块为主，它有竖向方孔，主规格尺寸为390 mm×190 mm×190 mm（见图4-92），还有一些辅助规格的砌块以配合使用，按力学性能分为MU3.5、MU5、MU7.5、MU10、MU15五个强度等级。加气混凝土砌块A系列尺寸为600 mm×75（100、125、150…）mm×200（250、300）mm；B系列尺寸600 mm×60（120、180、240…）mm ×240（300）mm，强度等级分为MU1、MU2.5、MU5、MU7.5、MU10。粉煤灰砌块主规格尺寸为880 mm×240 mm×380 mm、880 mm×240 mm×430 mm两种，强度等级分为MU10和MU15。轻骨料混凝土砌块常用品种有煤矸石混凝土空心砌块、煤渣混凝土空心砌块、浮石混凝土空心砌块及各种陶粒混凝土空心砌块等，它们的规格不一，以主规格尺寸为390 mm×190 mm×190 mm的居多，其强度等级也各不相同，最高的可达MU10，最低的为MU2.5。

由于砌块尺寸比普通砖尺寸大得多，可以采用各种吊装机械及夹具按次序逐块将砌块安装在设计位置上，从而可节省砌筑砂浆和提高砌筑效率，尤其在高层建筑墙体施工中表现更为突出，而且不少种类的砌块都主要利用工业废渣制成，不但可节约大量黏土，也是处理工业废渣的良好途径。因此，采用砌块作为砌体结构的材料是墙体改革的一个方向，大有发展前途。

一、混凝土空心砌块墙砌筑形式

（一）一般要求

混凝土空心砌块墙厚等于砌块的宽度。其立面砌筑形式只有全顺一种，即各皮砌块均为顺砌，上下皮竖缝相互错开1/2砌块长，上下皮砌块空洞相互对准。空心砌块墙的转角处，应隔皮纵、横墙砌块相互搭砌，即隔皮纵、横墙砌块端面露头（见图4-93）。

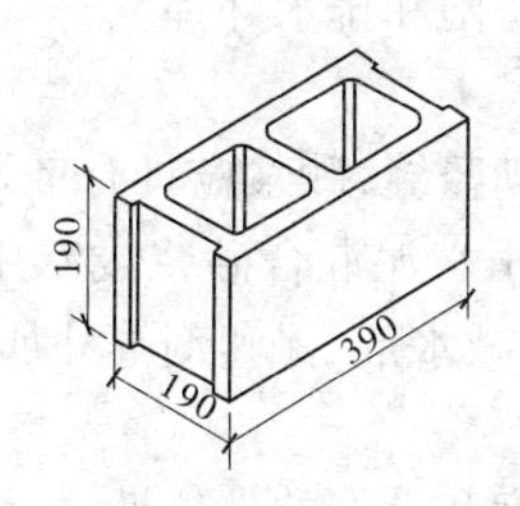

图4-92　混凝土空心砌块

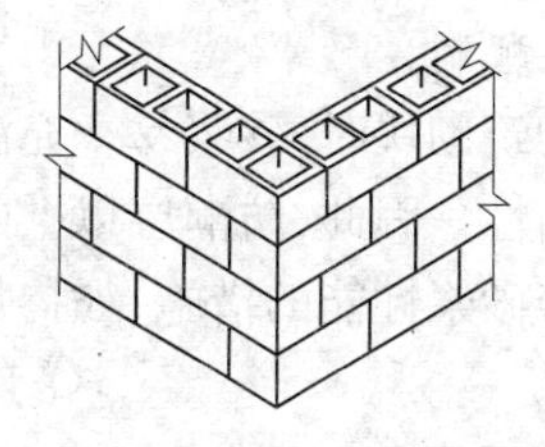
图4-93　空心砌块墙转角砌法

空心砌块墙的T字交接处，应隔皮使横墙砌块端露头。当无芯柱时，应在纵墙上交接处砌两块一孔半的辅助规格砌块，隔皮砌在横墙露头砌块下，其半孔应位于中间（见图4-94）。当该处有芯柱时，应在纵墙上交接处砌一块三孔的大规格砌块，砌块的中间孔正对横墙露头砌块靠外的孔洞（见图4-95）。在T字交接处，纵墙如用主规格砌块，则会造成纵墙墙面上有连续三皮通缝，这是不允许的。

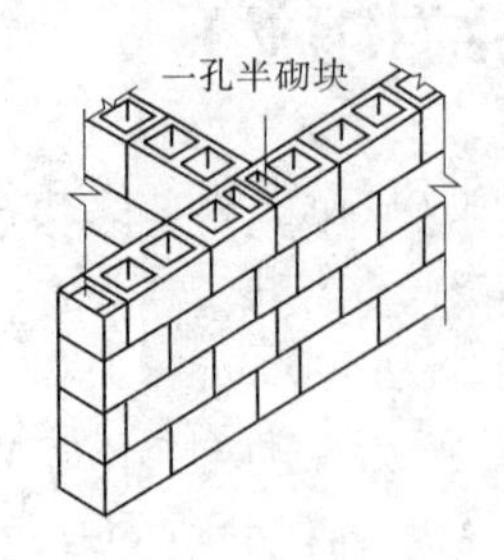

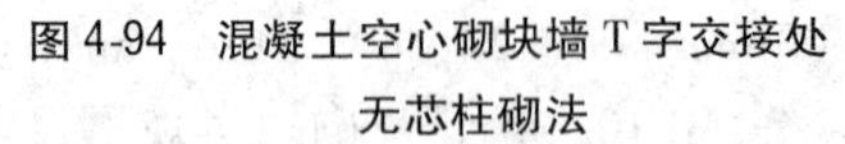
图 4-94　混凝土空心砌块墙 T 字交接处无芯柱砌法

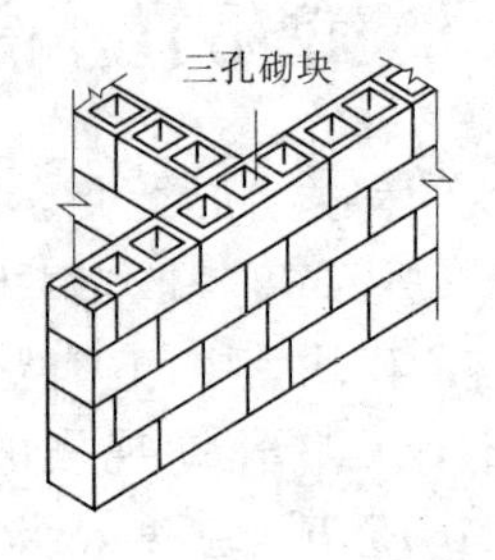

图 4-95　混凝土空心砌块墙 T 字交接处有芯柱砌法

空心砌块墙的十字交接处，当无芯柱时，在交接处应砌一孔半砌块，隔皮相互垂直相交，其半孔应在中间。当该处有芯柱时，在交接处应砌三孔砌块，隔皮相互垂直相交，中间孔相互对正。如在十字交接处用主规格砌块，则会使纵横墙交接面出现连续三皮通缝，这也是不允许的。

当个别情况下砌块无法对孔砌筑时，允许错孔砌筑，但搭接长度不应小于 90 mm。如不能满足该要求，应在砌块的水平灰缝中设置拉结钢筋或钢筋网片。拉结钢筋可用 2 Φ 6 钢筋，钢筋网片可用直径 4 mm 的钢筋焊接而成，加筋的长度不应小于 700 mm。但竖向通缝仍不得超过两皮砌块。

（二）混凝土空心砌块墙砌筑要点

1. 砌筑前的准备

砌块使用前应检查其生产龄期，生产龄期不应小于 28 d，使其能在砌筑前完成大部分收缩。砌块砌筑前，应根据砌块高度和灰缝厚度计算皮数，制作皮数杆，并将其竖立于墙的转角和交接处，皮数杆间距宜小于 15 m。应清除砌块表面的污物，芯柱部位所用砌块，其孔洞底部的毛边也应去掉，以免影响芯柱混凝土的灌注。还应剔除外观质量不合格的砌块。承重墙体严禁使用断裂砌块或壁肋中有竖向裂缝的砌块。为控制砌块砌筑时的含水率，砌块一般不宜浇水；当天气炎热且干燥时，可提前喷水湿润；严禁雨天施工；砌块表面有浮水时，亦不得施工。为此，砌块堆放时应做好防雨和排水处理。

2. 砂浆配制

为在砌筑砌块时，砂浆易于充满灰缝，尤其是填满竖缝，砂浆应具有良好的和易性、保水性和黏结性。因此，防潮层以上的砌块砌体，应采用水泥混合砂浆或专用砂浆砌筑，并宜采取改善砂浆性能的措施，如掺加粉煤灰掺合料及减水剂、保塑剂等外加剂。

3. 砌筑

为保证混凝土空心砌块砌体具有足够的抗剪强度和良好的整体性、抗渗性，必须特别注意其砌筑质量。砌筑时应按照前述砌筑形式对孔错缝搭砌，且操作中必须遵守“反砌”原则，即应使每皮砌块底面朝上砌筑，以便于铺筑砂浆并使其饱满。水平灰缝应平直，按净面积计算的砂浆饱满度不应低于 90%。竖向灰缝应采用加浆方法，使其砂浆饱满，严禁用水冲浆灌缝；不得出现瞎缝、透明缝；竖缝的砂浆饱满度不宜低于 80%。水平灰缝厚度和竖向灰缝宽度一般为 10 mm，不应小于 8 mm，也不应大于 12 mm。砌筑时的一次铺灰长度不宜超过 2 块主规格块体的长度。

在常温条件下，空心砌块墙的每天砌筑高度宜控制在 1.5 m 或一步脚手架高度内，以保证墙体的稳定性。

4. 墙体留槎

空心砌块墙的转角处和交接处应同时砌起。墙体临时间断处应砌成斜槎，斜槎的长度应等于或大于斜槎高度（见图 4-96）。在非抗震设防地区，除外墙转角处，墙体临时间断处可从墙面伸出 200 mm 砌成直槎，并应沿墙高每隔 600 mm 设 2 Φ6 拉结筋或钢筋网片；拉结筋或钢筋网片必须准确埋入灰缝或芯柱内；埋入长度从留槎处算起，每边均不应小于 600 mm，钢筋外露部分不得任意弯曲（见图 4-97）。

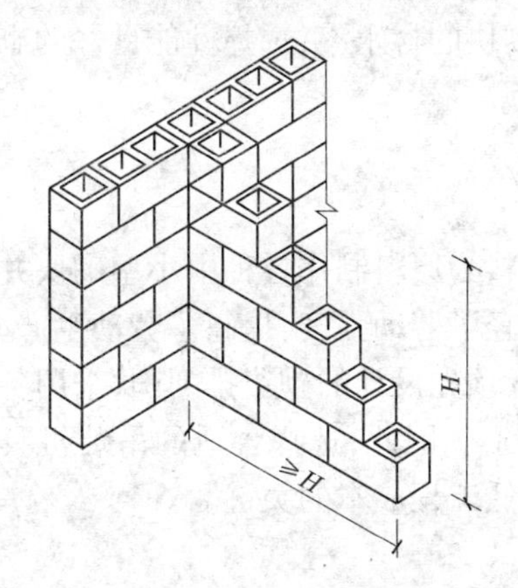

图 4-96　空心砌块墙斜槎

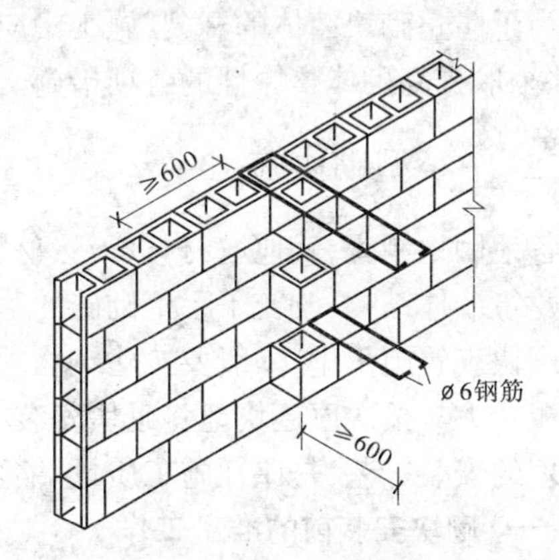

图 4-97　空心砌块墙直槎

当砌块墙作为后砌隔墙或填充墙时，沿墙高每隔 600 mm 应与承重墙或柱内预留的 2 Φ6钢筋或钢筋网片拉结，拉结钢筋伸入砌块墙内的长度不应小于 600 mm。

5. 留洞与填实

对设计规定的洞口、管道、沟槽和预埋件，应在砌筑墙体时预留和预埋，不得随意打凿已砌好的墙体。需要在墙上留脚手眼时，可用辅助规格的单孔砌块侧砌，利用其孔洞作为脚手眼，墙体完工后用强度等级不低于 C15 的混凝土填实。

在砌块墙的地下或某些直接承载部位，应采用强度等级不低于 C15 的混凝土灌实砌块的孔洞后再砌筑，这些部位有：底层室内地面以下或防潮层以下的砌体；无圈梁的楼板支承面下的一皮砌块；未设置混凝土垫块的次梁支承处，灌实宽度不应小于 600 mm，高度不应小于一皮砌块；悬挑长度不小于 1.2 m 的挑梁；支承部位的内外墙交接处，纵横各灌实三个孔洞，高度不小于三皮砌块。

（三）影响混凝土空心砌块砌体质量的因素

目前，混凝土空心砌块砌体存在的质量问题，使墙体易开裂，而引起开裂的因素有以下几方面。

1. 收缩裂缝

混凝土砌块从生产到砌筑，直至建筑物使用，总体上是处于一个逐渐失水的过程。而砌块的干缩率很大（约为其温度线膨胀系数的 33 倍）。随着含水率的减小，砌块的体积将显著缩小，从而造成砌体的收缩裂缝。

2. 空心砌块砌体对裂缝敏感性强

由于砌块的空心率高且壁肋较窄，砌块与水平灰缝中砂浆的接触面积较小；同时因砌块高度较大(190 mm)，砌筑时竖缝砂浆的饱满度也较难保证。这些都会影响砌体的整体性。所以，虽然混凝土空心砌块砌体的抗压强度较高，为同强度等级普通砖砌体强度的1.3～1.5倍，但其抗剪强度却仅为砖砌体的55%～8%，因而在湿度及温度变化所产生的应力作用下，比普通砖砌体更易出现裂缝。

3. 温度变形裂缝

混凝土砌块砌体的温度线膨胀系数约为普通砌体的2倍，因此砌块建筑物的温度涨缩变形及应力比普通砖砌建筑要大得多。

为了防止砌块墙体的开裂，施工中应严格控制砌块的含水率，选择性能良好的砌筑砂浆，并采取提高砌体整体性的各项措施。

二、中小型砌块施工

各地因地制宜，就地取材，以天然材料或工业废料为原料制作各种中小型砌块并将其用于建筑墙体结构，改变了手工砌砖的落后技术，减轻了劳动强度，提高了劳动生产率。

砌块砌筑施工中，一般要按建筑物的平面尺寸及预先设计的砌块排列图，采用各种吊装机械及夹具按次序逐块地将砌块安装在设计位置上。因此，选择合适的吊装机具和确定合理的安装工艺，是保证施工质量、缩短工期及降低工程成本的关键。

(一)砌块安装前的准备工作

1. 编制砌块排列图

砌块的规格、型号应符合一定的模数。砌块规格尺寸的确定与建筑物的层高、开间、进深尺寸有关。合理地确定砌块规格，使砌块型号最少，将有利于生产、降低成本和加快施工进度。在墙体上大量使用的主要规格砌块，称为主规格砌块；与它搭配使用的砌块，称为副规格砌块。

一般在施工前应绘制砌块排列图，然后按图施工。砌块排列图按每片纵横分别绘制，如图4-98所示。在立面图上用1∶50或1∶30的比例绘制出纵横墙，然后将过梁、平板、大梁、楼梯、混凝土垫块等在图上标出，再将预留孔洞标出，在纵墙和横墙上画水平灰缝线，然后按砌块错缝搭接的构造要求和竖缝的大小进行排列。吊装时，以主砌块为主，副砌块为辅，以减少吊次，提高台班产量。需要镶砖时应整砖镶砌，而且尽量对称分散布置。

砌块的排列应遵守下列技术要求：上下皮砌块要错缝搭接，搭接长度一般应为砌块长度的1/2(较短的砌块必须满足这个要求)，或不得小于砌块皮高的1/3，以保证砌块搭接牢固。外墙转角处及纵横墙交接处应用砌块相互搭接。如纵横墙不能互相搭接，则每两皮应设置一道钢筋网片，如图4-99所示。砌块中水平灰缝厚度应为10～20 mm；当水平灰缝有配筋或柔性拉结条时，其灰缝厚度应为20～25 mm。竖缝的宽度为15～20 mm；当竖缝宽度大于30 mm时，应用强度等级不低于C20的细石混凝土填实；当竖缝宽度大于或等于150 mm，或楼层高不是砌块加灰缝的整倍数时，都要用黏土砖镶砌，如图4-100所示。

2. 砌块的运输及堆放

砌块应按不同规格和标号分别整齐地垂直堆放，堆放场地必须平整，并做好排水。砌

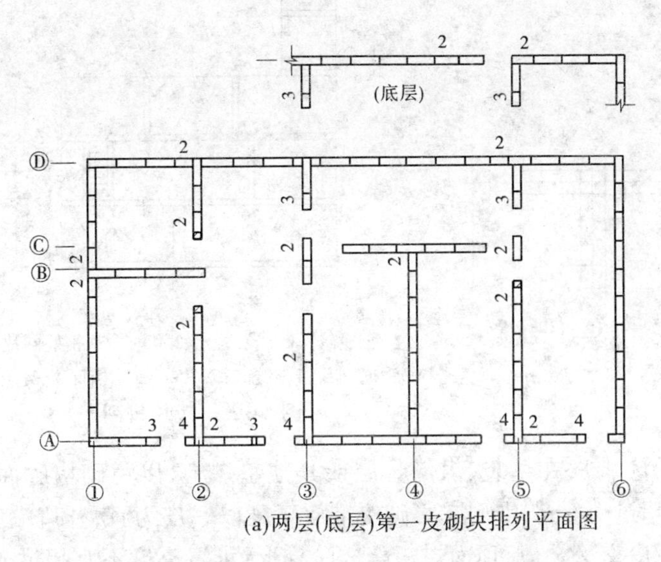

(a)两层(底层)第一皮砌块排列平面图

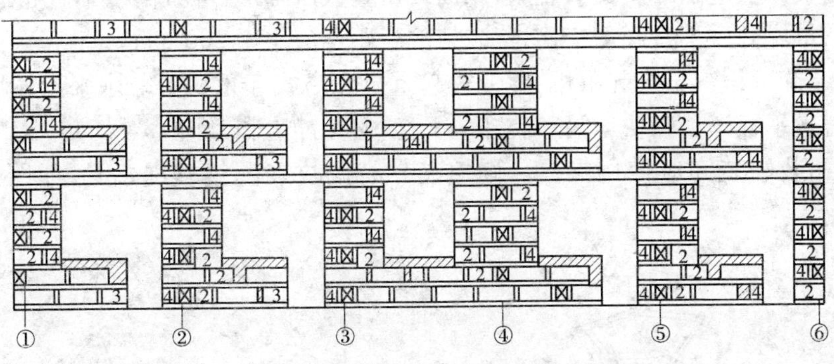

(b)外墙A轴砌块排列立面图

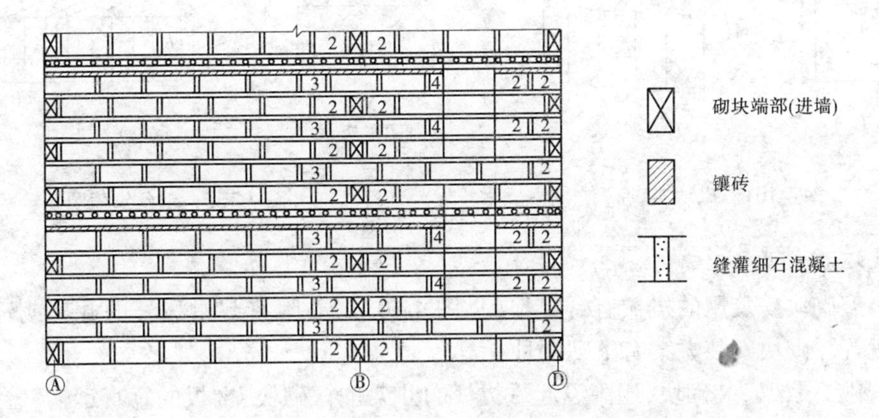

(c)外墙1轴砌块排列立面图

注:空号砌块(880×380×240);2号砌块(580×380×240);3号砌块(430×380×240);4号砌块(280×380×240)

图4-98　砌块排列

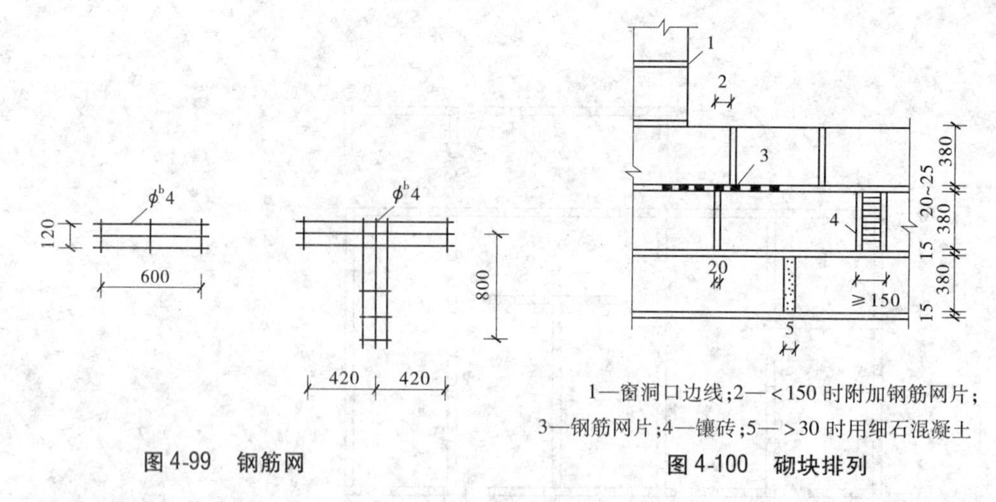

1—窗洞口边线;2—<150 时附加钢筋网片;
3—钢筋网片;4—镶砖;5—>30 时用细石混凝土

图 4-99　钢筋网　　　　图 4-100　砌块排列

块不宜直接堆放在地面上,应堆放在草袋、煤渣垫层或其他垫层上,以免砌块底面沾污。小型砌块的堆置高度不宜超过 1.6 m,中型空心砌块堆放高度以一皮为宜,开口端应向下放置;中型密实砌块应上下皮交叉叠放,顶面二皮叠成阶梯形,堆置高度不宜超过 3 m;采用集装架时,堆垛高度不宜超过三格,集装架的净距不应小于 200 mm。

砌块的装卸可用汽车式起重机、履带式起重机和塔式起重机等。水平运输可用专用砌块小车、普通平板车。砌块运输和装卸应平稳,避免冲击和碰撞。

砌块的吊装和装卸应使用夹具。砌块夹具有砌块夹及钢丝绳索具,如图 4-101 和图 4-102 所示。

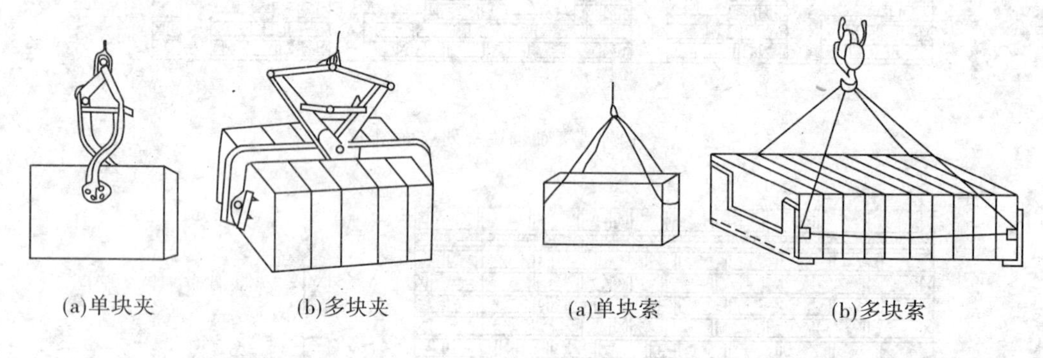
(a)单块夹　(b)多块夹　(a)单块索　(b)多块索

图 4-101　砌块夹　　　　图 4-102　钢丝绳索具

3. 选择砌块安装方案

中小型砌块安装用的机械有台灵架(见图 4-103),并附有起重拔杆的井架或轻型塔式起重机等。砌块安装方案有下列两种:

(1)用台灵架安装砌块,用附设起重拔杆的井架进行砌块、楼板的垂直运输。台灵架安装砌块的吊装路线有后退法、合拢法及循环法三种。

①后退法,如图 4-104(a)所示。砌块吊装从工程的一端开始依次后退至另一端收头,井架设在工程的两端。台灵架的回转半径为 9.5 m,起重量小于 200 kg,工程的总宽

度一般小于 7 ~9 m,开间宽 3 m 左右。

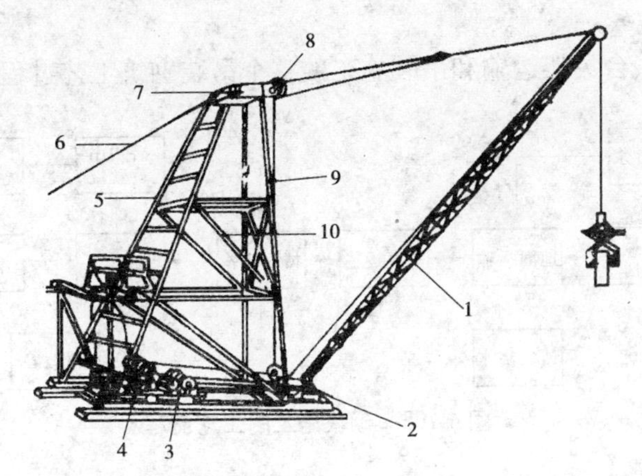

1—把杆;2—支座;3—变幅卷扬机;4—起重卷扬机;5—后支架;
6—缆风绳;7—顶帽;8—滑轮;9—前支架;10—侧支撑

图 4-103 台灵架

②合拢法,如图 4-103(b)所示。工程情况与上述相同,井架设在中间,吊装线路可从工程的一端开始吊装到井架处,再将台灵架移到工程的另一端进行吊装,最后退到井架处收头。

③循环法,如图 4-104(c)所示。当工程宽度大于 7 ~9 m 时,井架位置在工程一侧的中间。吊装通常先从工程的一端转角处开始,依次吊装循环至另一端转角处,最后至井架处收头。

(2)用台灵架安装砌块,用塔式起重机进行砌块、楼板的垂直和水平运输。台灵架安装砌块的吊装线路与前面的叙述相同。

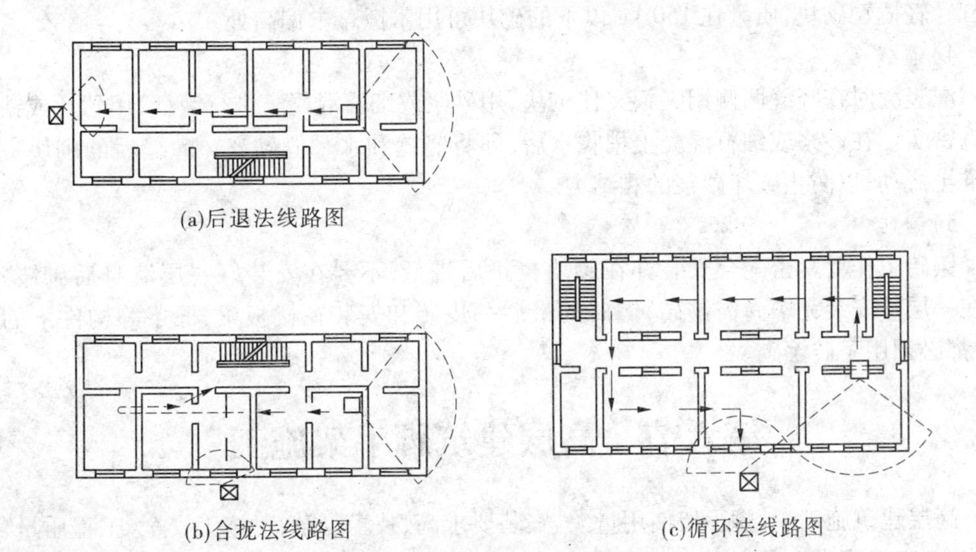

(a)后退法线路图

(b)合拢法线路图

(c)循环法线路图

图 4-104 吊装线路图

(二)砌块的施工工艺

1. 工艺流程

砌块使用井架、台灵架运输和吊装施工的整个吊装砌筑工艺过程如图 4-105 所示。

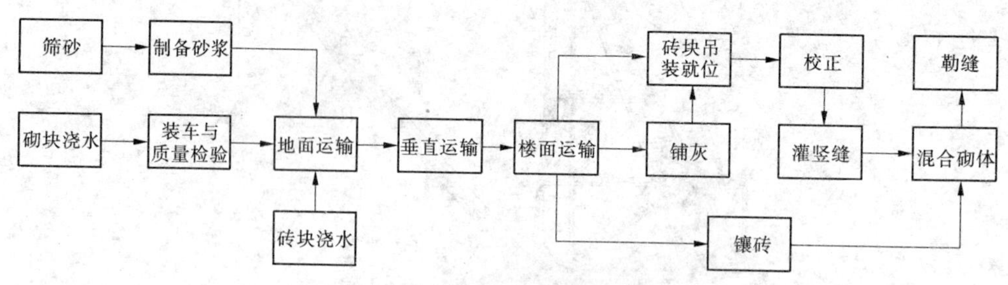

图 4-105　砌块施工的工艺流程

2. 砌筑施工工序

砌块施工的主要工序为铺灰、砌块吊装就位、校正、灌浆和镶砖等。

1) 铺灰

水平灰缝必须用稠度良好的水泥砂浆(稠度采用 50 ~ 80 mm)。铺灰应均匀、平整、饱满,长度一般不超过 5 m(炎热天气和严寒季节应适当缩短)。如铺好的砂浆已干,应刮去重铺,灰缝的厚度按设计规定。

2) 砌块吊装就位

吊装就位用夹具夹砌块时应避免偏心。砌块就位时其光面应在同一侧,对准位置徐徐下落于砂浆层上,待砌块安放稳当后,方可松开夹具。

3) 校正

每层砌块开始安装时,一般先立头角砌块。安装一皮,校正一皮。校正时,用垂球或托线板检查垂直度,用拉准线的方法检查水平度。如有偏差,可用人力轻微推动砌块或用撬杠轻轻撬动砌块,质量在 150 kg 以下的砌块可用木锤敲击偏高处。

4) 灌缝

灌竖缝时在竖缝两侧用夹板夹住砌块,用砂浆或细石混凝土进行灌缝,用竹片或铁棒插捣密实。在砂浆或细石混凝土稍收水后,即将竖缝和水平缝勒齐。灌缝后的砌块一般不准再撬动,以防止破坏砂浆的黏结力。

5) 镶砖

镶砖工作要紧密配合安装并在砌块校正后进行,不要在安装好一层墙身后砌镶砖。如在一层楼安装完毕尚需镶砖,镶砖的最后一皮砖和安装在楼板梁、檩条等构件下的砖层,都必须用丁砖镶砌。

第六节　高层建筑脚手架施工

高层建筑施工中,脚手架使用量大、安装要求高、技术复杂,对施工安全、工程质量、施工速度、工程成本有重大影响,因此需要专门的设计和计算,必要时还需绘制脚手架施工图。高层建筑施工常用的脚手架形式有钢管脚手架(扣件式、碗扣式)、门式组合脚手架、悬挑式脚手架、悬吊式脚手架、附着升降式脚手架等。

一、悬挑式脚手架

悬挑式脚手架是一种不落地式脚手架。这种脚手架的特点是脚手架的自重及其施工荷重,全部传递至建筑物,由建筑物承受,因而搭设不受建筑物高度的限制。主要用于外墙结构、装修和防护,以及在全封闭的高层建筑施工中,以防坠物伤人。

(一)适用范围

(1) ± 0.000 以下结构工程回填土不能及时回填,脚手架没有搭设的基础,而主体结构工程又必须立即进行。

(2)高层建筑主体结构四周为裙房,脚手架不能直接支承在地面上。

(3)超高层建筑施工,脚手架搭设高度超过了架子的容许搭设高度,因此将整个脚手架按容许搭设高度分成若干段,每段脚手架支承在由建筑结构向外悬挑的结构上。

(二)悬挑式支承结构

悬挑式外脚手架是利用建筑结构外边缘向外伸出的悬臂结构来支承外脚手架,将脚手架的荷载全部或部分传递给建筑结构。悬挑式脚手架主要由支承架、钢底梁、脚手架支座、脚手架等几部分组成。

悬挑脚手架的关键是悬挑支承结构,它必须有足够的强度、稳定性和刚度,并能将脚手架的荷载传递给建筑结构。支承架大致有四种不同的做法:①以重型工字钢或槽钢作为挑梁;②以轻型型钢为托梁和以钢丝绳为吊杆组成的上挂式支承架;③以型钢为托梁和以钢管或角钢为斜撑组成的下撑式支承架;④三角形桁架结构支承架。如图 4-106 所示。

1. 上挂式支承架

上挂式支承架用型钢作梁挑出,端头加钢丝绳(或用钢筋花篮形螺栓拉杆)斜拉,组成悬挑支承结构。由于悬出端支承杆件是斜拉索(或拉杆),又简称为斜拉式。斜拉式悬挑外脚手架(见图 4-107(a)),悬出端支承杆件是斜拉钢丝绳受拉绳索,其承载力由拉索的承载力控制,故断面较小,钢材用量少且自重小,但拉索锚固要求高。

2. 下撑式支承架

下撑式支承架用型钢焊接的三角桁架作为悬挑支承结构,悬出端的支承杆件是三角斜撑压杆,又称为下撑式。下撑式悬挑外脚手架(见图 4-107(b)),悬出端支承杆件是斜撑受压杆件,其承载力由压杆稳定性控制,故断面较大,钢材用量多且自重大。

(三)构造及搭设要点

(1)悬挑支承结构必须具有足够的承载力、刚度和稳定性,能将脚手架荷载全部或部分地传递给建筑物。

(2)支承架的布置视柱网而定,最大间距以不超过 6 m 为宜。支承架可通过预埋件固定在楼层结构上,或利用杆件和连接螺栓与建筑结构柱联固。

(3)支承架的上弦杆可选用[12 或[14,斜撑可用 ϕ 89 × 3 mm、ϕ 95 × 3.5 mm 或 2 ∟75 × 5 mm制作,吊杆可选用 6 × 37 − 14 钢丝绳。在支承架上用螺栓固定两根 I20 或 I24 做成的底梁,工字钢上焊有插装脚手架立杆的钢管底座,其间距为 1.5 ~2 m。

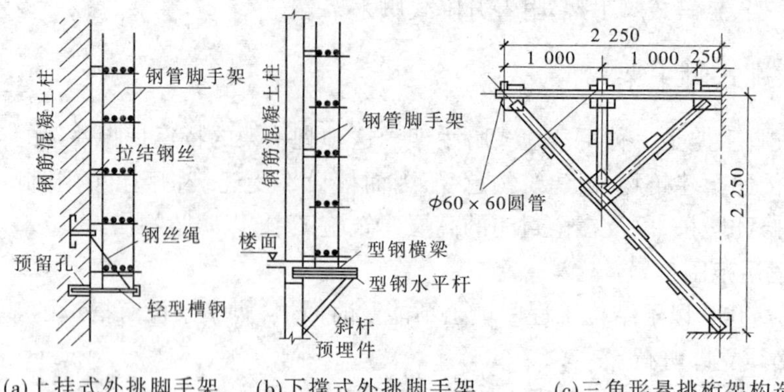

(a)上挂式外挑脚手架　(b)下撑式外挑脚手架　(c)三角形悬挑桁架构造

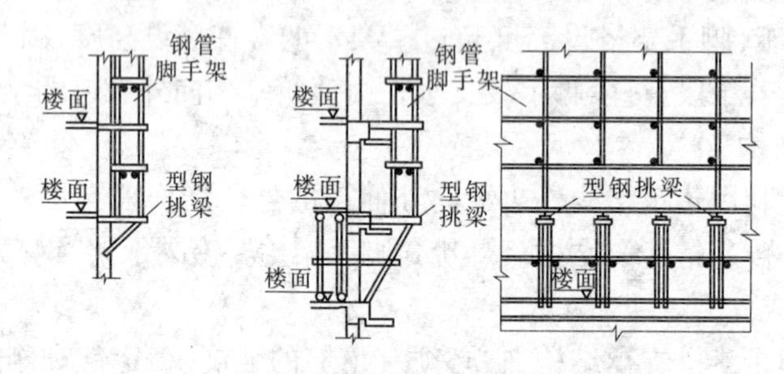

(d)按立柱纵距布设的外挑脚手架

图 4-106　悬挑式钢管扣件脚手架

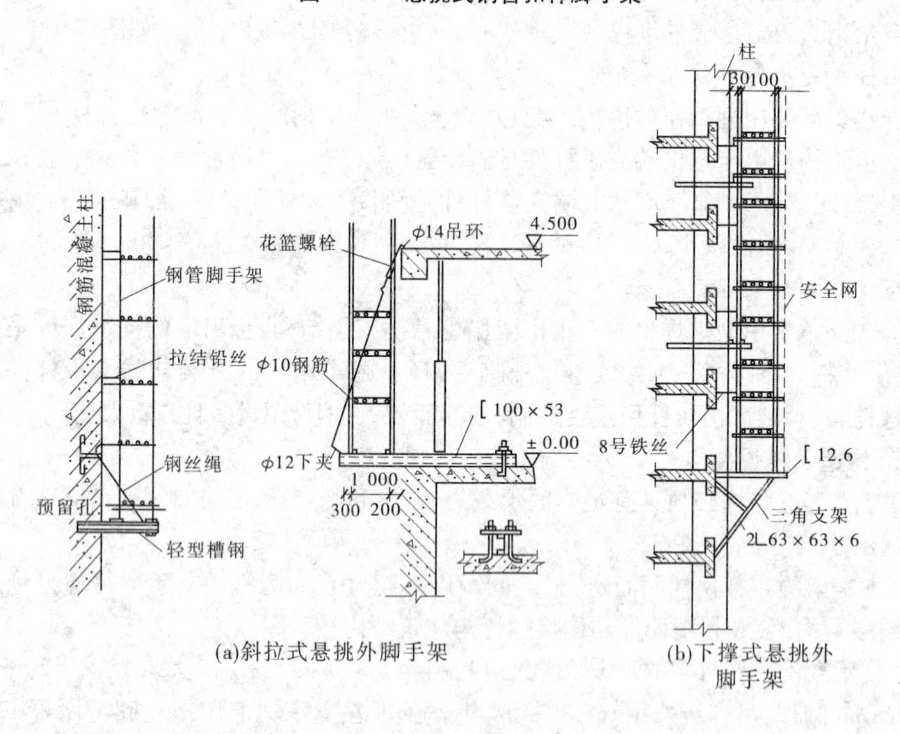

(a)斜拉式悬挑外脚手架　(b)下撑式悬挑外脚手架

图 4-107　两种不同支撑悬挑式脚手架

(4)外挑式脚手架为双排外脚手架，且分段搭设，每段搭设高度一般约12步架，每步脚手架间距按1.8 m计，总高宜不超过22 m。

(5)脚手架与建筑物外皮的距离为20 cm，超过3步的悬挑脚手架，应每隔3步和3跨设一道附着装置，与建筑物拉结，以确保其稳定承载。

(6)新设计组装或加工的定型脚手架段，在使用前应进行不低于1.5倍使用施工荷载的静载试验和起吊试验，试验合格（未发现焊缝开裂、结构变形等情况）后方能投入使用。

(7)塔吊应具有满足整体吊升（降）悬挑脚手架段的起吊能力。

(8)悬挑梁支托式挑脚手架立杆的底部应与挑梁可靠连接固定。一般可采用在挑梁上焊短钢管，将立杆套入顶紧后，使用U形销插入其销孔连接固定，亦可采用螺栓连接方式。

(9)脚手架上严禁堆放重物，悬挑脚手架的外侧立面一般均应采用密目网（或其他围护材料）全封闭围护，以确保架上人员操作安全和避免物件坠落。

(10)各层脚手架均应备齐护栏、扶手，必须设置可靠的供人员上下的安全通道（出入口）。

(11)使用中应经常检查脚手架段和悬挑设施的工作情况。当发现异常时，应及时停止作业，进行检查和处理。

二、悬吊式脚手架

悬吊式脚手架也称吊篮，分手动和电动两种，主要用于建筑外墙施工和装修。它是将架子的悬挂点固定在建筑物顶部的悬挑出来的结构上，通过设在每个架子上的简易提升机械和钢丝绳，使架子升降，以满足施工需要，具有节约钢管材料、节省劳力、操作灵活、技术经济性好等特点。

（一）手动吊篮

1.基本构造

手动吊篮由支承设施（建筑物顶部悬挑梁或桁架）、吊篮绳（钢丝绳或钢筋链杆）、安全钢丝绳、手扳葫芦（或倒链）和篮形架子（吊篮架体）组成（见图4-108）。

2.支设要求

(1)吊篮内侧距建筑物间隙为100~200 mm，两个吊篮之间的间隙不得大于200 mm。吊篮的最大长度不宜大于8 m，宽度为0.8~1.0 m，高度一般不宜超过两层。若有特殊需要应专门设计，每层高度不超过2 m。吊篮的立杆（或单元片）纵向间距不得大于2 m。吊篮外侧及两端栏杆高1.5 m，每道栏杆间距不大于500 mm，挡脚板不低于180 mm，并用安全网封严。

(2)支承脚手板的横向水平杆间距不大于1 m(50 mm厚脚手板)，脚手板必须与横向水平杆绑牢或卡牢固，不允许有松动或探头板。

(3)吊篮内侧两端应装有可伸缩的护墙轮等装置，使吊篮与建筑物在工作状态时能靠紧，以减少架体晃动；同时，超过一层架高的吊篮架要设爬梯，每层架的上下人孔要有盖板。

(4)吊篮架体的外侧大面和两端小面应加设剪刀撑或斜撑杆卡牢。

(5)吊篮若用钢筋链杆,其直径不小于 16 mm,每节链杆长 800 mm,每 5 ~ 10 根链杆应相互连成一组,使用时用卡环将各组连接成所需要的长度。安全绳均采用直径不小于 13 mm 的钢丝绳通长到底布置。

(6)悬挂吊篮的挑梁必须按设计规定与建筑结构固定牢靠,挑梁挑出长度应保证悬挂吊篮的钢丝绳(或钢筋链杆)垂直地面。挑梁之间应用纵向水平杆连接成整体,以保证挑梁结构的稳定。挑梁与吊篮吊绳连接端应有防止滑脱的保护装置。

3. 操作程序与使用方法

吊篮是用倒链先在地面上组装好吊篮架体,并在屋顶挑梁上挂好承重钢丝绳和安全绳,然后将承重钢丝绳穿过手扳葫芦的导绳孔向吊钩方向穿入、压紧,往复扳动前进手柄,即可使吊篮提升,往复扳动倒退手柄即可下落,但不可同时扳动上下手柄。如果采用钢筋链杆作承重吊杆,则先把安全绳与钢筋链杆挂在已固定好的屋顶挑梁上,然后把倒链挂在钢筋链杆的链环上,下部吊住吊篮,利用倒链升降。因为倒链行程有限,因此在升降过程中,要多次倒替倒链,人工将倒链升降,如此接力升降。

(二)电动吊篮

1. 构造

电动吊篮主要由工作吊篮、提升机构、绳轮系统、屋面支承系统及安全锁组成(见图 4-108)。

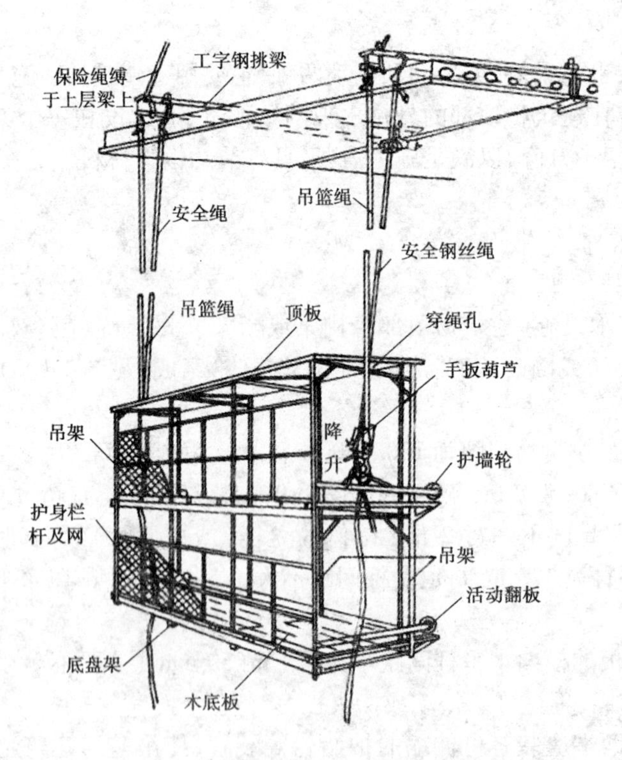

图 4-108 双层作业手动提升吊篮

1)提升机构

提升机构是电动吊篮的核心,由电动机、制动器、减速系统及压绳系统组成。

2)吊篮架体

电动吊篮的主体由底篮、栏杆、挂架和附件组成,由合金型材或薄钢板冲压制成。工作吊篮宽0.7 m,标准吊篮长度为2 m、2.5 m及3 m。吊篮四周设有高1.2 m的护栏。吊篮上还装有与建筑物拉结用的锚固器,以便于吊篮较长时间停置一处,完成复杂的外墙作业。

3)屋面支承系统

电动吊篮屋面支承系统可概括为四种(见图4-109):

(1)简单固定挑梁式。

(2)移动挑梁式。

(3)高女儿墙适用移动挑梁式。

(4)大悬臂移动桁架式。

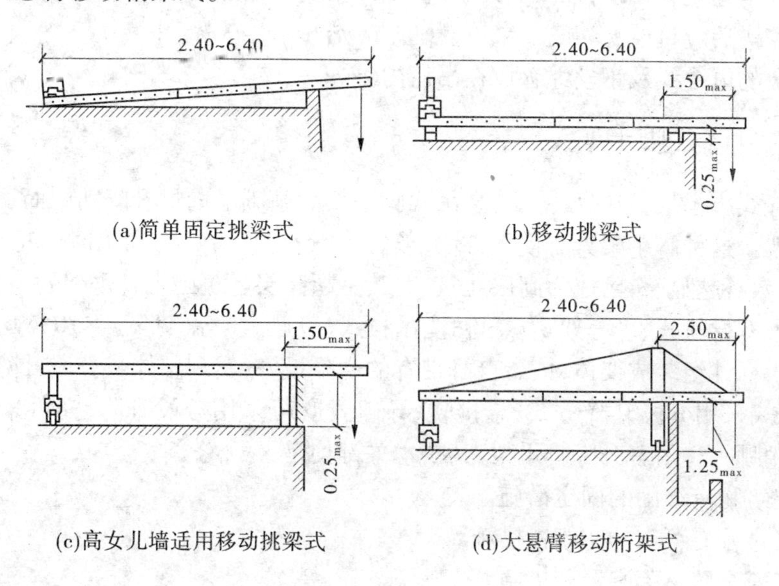

图4-109 电动吊篮屋面支撑系统示意 (单位:m)

4)安全锁

根据有关安全规程,载人作业的电动吊篮均应备有独立的安全绳和安全锁,以保护吊篮中操作人员不致因吊篮意外坠落而受到伤害。

2.安装及使用要点

(1)安装屋面支承系统时一定要仔细检查各处连接件及紧固件是否牢固,检查悬挑梁的悬挑长度是否符合要求,检查配重码放位置以及配重数量是否符合使用说明书中的有关规定。

(2)屋面支承系统安装完毕后,方可安装钢丝绳。安全钢丝绳在外侧,工作钢丝绳在里侧,两绳相距15 cm,钢丝绳应固定、卡紧。

(3)吊篮在现场附近组装完毕,经过检查后运至指定位置,然后接通电源试车。同时,由上部将工作钢丝绳和安全钢丝绳分别插入提升机构及安全锁中。工作钢丝绳一定要在提升机运行中插入。接通电源时,一定要注意相位,使吊篮能按正确方向升降。

(4)新购电动吊篮组装完毕后,应进行空运转试验6~8 h,待一切正常,即可开始负荷运行。

(5)当吊篮停置于空中工作时,应将安全锁锁紧,需要移动时,再将安全锁放松。安全锁累计使用1 000 h必须进行定期检验和重新标定,以保证其安全工作。

(6)吊篮上携带的材料和施工机具必须安置妥当,不得使吊篮倾斜和超载。

(7)电动吊篮在运行中如发生异常响声和故障,必须立即停机检查,故障未经彻底排除,不得继续使用。

(8)在吊篮下降着地之前,应在地面上垫好方木,以免损坏吊篮底部脚轮。

(9)每日作业班后应注意检查并做好下列收尾工作:

①将吊篮内的建筑垃圾杂物清扫干净。将吊篮悬挂于离地3 m处,撤去上下扶梯。

②使吊篮与建筑物拉结,以防大风骤起,刮坏吊篮和墙面。

③作业完毕后应将电源切断。

④将多余的电缆线及钢丝绳存放在吊篮内。

三、附着升降式脚手架

附着升降式脚手架是在悬挑式与悬吊式脚手架的基础上增加升降功能而形成和发展起来的脚手架。这种脚手架具有使用方便,节省大量材料、劳动力和工时的特点,建筑物越高,其经济效益越显著,已成为高层建筑,尤其是超高层建筑施工脚手架的主要形式。

具体形式有导轨式、主套架式、悬挑式、吊拉式(互爬式)等(见图4-110),均采用定型加工或用脚手杆件组装成架体,依靠自身带有的升降设备,实现整体或分段升降。其中主套架式、吊拉式采用分段升降方式;悬挑式、导轨式既可采用分段升降,亦可采用整体升降。无论采用哪一种附着升降脚手架,其技术关键均是:

(1)与建筑物有牢固的固定措施。

(2)升降过程有可靠的防倾覆措施。

(3)设有安全防坠落装置和措施。

(4)具有升降过程中的同步控制措施。

目前,用于剪力墙施工的附着式升降脚手架大多是导轨式或主套架式,而用于框架结构施工的则多是悬挑式或吊拉式附着升降脚手架。

(一)一般组成部件和构造要求

1.组成部件

1)架体

架体常用桁架作为底部的承力装置,桁架两端支承于横向刚架或托架上,横向刚架又通过与其连接的附墙支座固定于建筑物上。架体本身一般均采用扣件式钢管搭设,其高度不少于4个楼层的高度,架宽不宜超过1.2 m,分段单元脚手架长度不应超过8 m。主要构件有立杆、纵横向水平杆、斜杆、剪刀撑、脚手板、梯子、扶手等。脚手架的外侧设密目式安全网进行全封闭,每步架设防护栏杆及挡脚板,底部满铺一层固定脚手板。整个架体

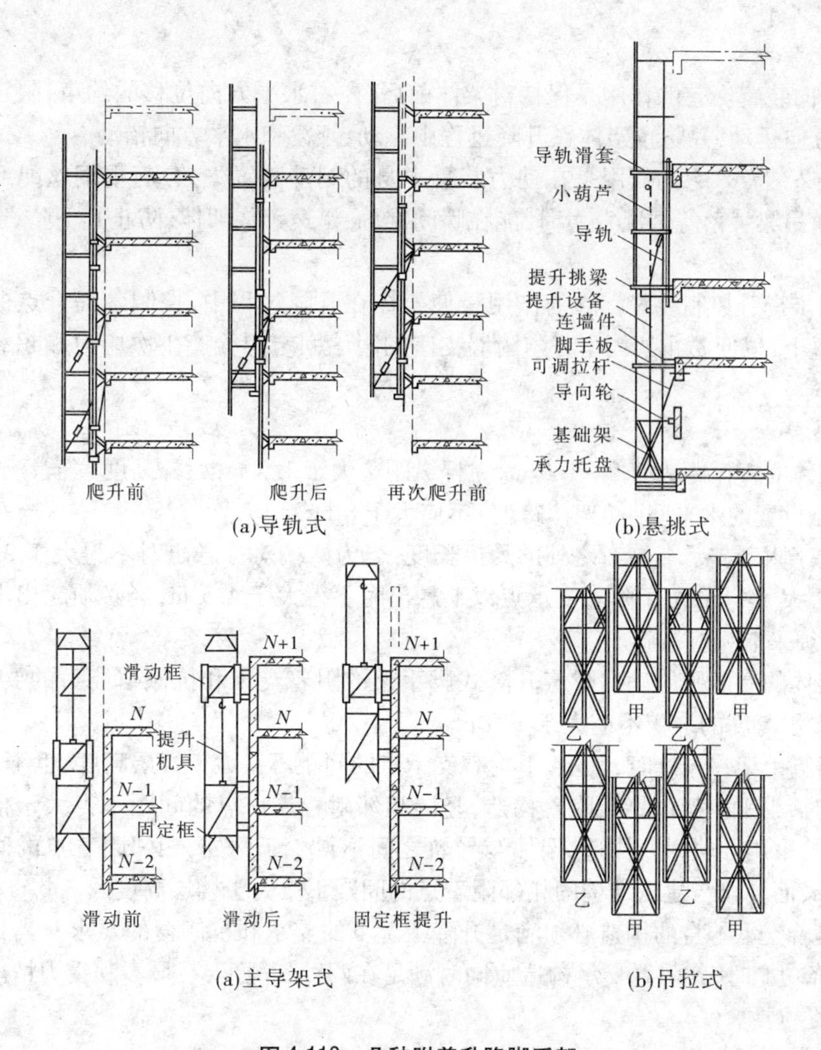

图 4-110　几种附着升降脚手架

的作用是提供操作平台、物料搬运、材料堆放、操作人员通行和安全防护等。

2)爬升机构

爬升机构是实现架体升降、导向、防坠、固定提升设备、连接吊点和架体通过横向刚架与附墙支座的连接等的装置,它的作用主要是进行可靠的附墙和保证将架体上的恒载与施工活荷载安全、迅速、准确地传递到建筑结构上。

3)动力及控制设备

提升用的动力设备主要有手拉葫芦、环链式电动葫芦、液压千斤顶、螺杆升降机、升板机、卷扬机等。目前采用电动葫芦者居多,原因是其使用方便、省力、易控。当动力设备采用电控系统时,一般采用电缆将动力设备与控制柜相连,并用控制柜进行动力设备控制。动力设备采用液压系统控制时,一般则采用液压管路与动力设备和液压控制台相连,然后液压控制台再与液压源相连,并通过液压控制台对动力设备进行控制。总之,动力设备的作用是为架体实现升降提供动力的。

4) 安全装置

(1) 导向装置。它的作用是保持对架体前后、左右水平方向位移的约束，限定架体只能沿垂直方向运动，并防止架体在升降过程中晃动、倾覆和水平方向错动。

(2) 防坠装置。它的作用是在动力装置本身的制动装置失效、起重钢丝绳或吊链突然断裂和横吊梁掉落等情况发生时，能在瞬间准确、迅速锁住架体，防止其下坠，造成伤亡事故。

(3) 同步提升控制装置。它的作用是使架体在升降过程中，控制各提升点保持在同一水平位置上，以便防止架体本身与附墙支座的附墙固定螺栓产生次应力和超载而发生伤亡事故。

2. 构造要点

(1) 架体立杆横距为 0.9 ~ 1.0 m，立杆纵距不大于 1.5 m，栏杆高度大于等于 1.5 m，架体支承点设置的水平间距（架体跨度）不应大于 8 m 。

(2) 位于附着支承点左右之外的悬挑长度：当为两端对称悬出时不得大于 2 m；单面悬出时不得大于 1 m；位于附着支承点以上悬出时不得大于 4.5 m，当必须超出上述悬出长度时，必须采取相应措施。

(3) 架体的高度则应满足附着升降式脚手架的附着支承和抗倾覆能力的要求，且架体全高与支承跨度的乘积不应大于 110 m^2。

(4) 当脚手架在升降时，其上、下附着支承点的间距不得大于楼层高度，也不小于 1.8 m；在使用时，当采用架体直接附着构造，竖向相邻附着支承点的间距不得大于楼层高度及 4.5 m；若采用导轨附着构造，架体与导轨之间不得少于两处，相邻附着点的间距不应大于 4.5 m，而导轨与建筑结构的相邻附着点的间距不得大于楼层高度及 3.6 m。

(5) 附着支承本身的构造必须满足升降工况下的支承和抗倾覆的要求。当具有整体和分段升降功能时，其附着支承构造应同时满足在两种工况下，在最不利受力情况下的支承和抗倾覆的要求。

(6) 架体的承力桁架应采用焊接或螺栓连接的轴向拼装桁架。

(7) 架体外侧和架体在升降状态下的开口端，要采用密目式安全网（每 1 cm^2 面积上不小于 20 目）围挡。架体与工程结构外表面之间和架体之间的间隙，要有防止材料坠落的措施。另外，当脚手架在升降时，由于要通过塔吊、电梯等的附着装置，必须拆卸脚手架架体的部分杆件，应采用相应的加固措施，来保证架体的整体稳定。

(8) 提升机具优先采用重心吊，即吊点应设在架体的重心。若采用偏心吊，提升座应与偏心吊点进行刚性连接，且必须具有足够的刚度和强度。设于架体的防倾、防坠装置和其他设备，必须固定在架体的靠墙一侧，其设置部位应具有加强的构造措施。

(9) 在多风地区或风季使用附着升降式脚手架时，除在架体下侧应设置抵抗风载上翻力的拉结装置外，并从架体底部每隔 3.6 m 在里外两纵向水平杆之间，于立杆节点处，沿纵向设置水平“之”字形斜杆，以抵抗水平风力。

(10) 架体外侧禁止设置用于吊物等增加倾覆力矩的装置。若需设置与作业层相连或有共用杆件的卸料平台，必须在构造上采用自成系统的悬挑、斜撑（拉）构造，严禁对架体产生倾覆力矩。

（二）附着升降式脚手架的基本要求

1. 一般要求

（1）应满足安全、适用、简便和经济的要求，并使其产品达到设备化、标准化和系列化。

（2）架体应构成整体，具有足够的强度、刚度和稳定性，还应具有足够的安全储备。

（3）升、降过程中不得有摇晃摆动和倾斜情况产生。

（4）附墙措施要考虑在结构施工时，混凝土未达设计强度之前的实际强度而进行附墙支承核算。

（5）动力设备要符合产品规定、使用规定和其他有关技术规定的要求。

（6）各类附着升降脚手架要按照各自的特点分别进行设计计算，且必须具备构造参数、计算书、试验检验报告、适用范围和使用规定等资料。

2. 功能要求

（1）满足结构施工中钢筋连接、支拆模、浇筑混凝土、砌筑墙体等操作的要求。

（2）满足装饰施工中进行抹灰、镶贴面砖和石材、喷涂、安装幕墙等各种要求。

（3）满足操作人员工作、通行，物料搬运及堆放的要求。

（4）附着升降式脚手架升降时，要考虑塔吊和室外电梯的附墙支撑与架体的相互影响。

（5）要能适应高层建筑平面和立面的变化等需要。

（6）满足特殊使用功能的要求，如附加模板系统组成爬模等。

3. 安全要求

（1）要在升降中保持垂直与水平位移的约束，防止架体摇晃、内外倾斜或倾覆。

（2）升降时，如因动力失效、起吊绳链断裂、横吊梁掉落，要有防止架体坠落和有迅速锁住架体防止滑移的措施。

（3）要设置自动同步控制装置，严格控制提升过程中的同步性和水平度。

（4）架体要做到各操作层封闭、外侧封闭、底层全封闭，同时架体还应超出施工面 1.2 m 以上。

（5）动力设备的控制系统要具有整体升降、分片升降及点控调整功能，还应具有过载保护、短路保护功能。另外，布线和接线要符合安全用电的技术要求。

（6）爬升机构与建筑结构的附墙连接要牢靠，且连接的方法、强度和位置一定要绝对牢固。

（三）主套架式附着升降脚手架构造及爬升原理

主套架式附着升降脚手架是由提升机具、操作平台、爬杆、套管（套筒或套架）、横梁、吊环和附墙支座等部件组成的，如图 4-111 所示。

提升机具采用起重量为 1.5～2 t 的手拉葫芦（倒链）。

操作平台是脚手架的主体，又分为上操作平台（亦称小爬架）和下操作平台（亦称大爬架）。下操作平台焊装有细而长的立杆起着爬杆的作用。上操作平台与套管或套筒联结成一体，可沿爬杆爬升或下降，套管或套筒在爬架升降过程中起着导向作用。在爬杆顶部横梁上，上、下操作平台顶部横梁以及上操作平台底部横梁上均焊装有安装手拉葫芦用的吊环。另外，各操作平台面向混凝土墙体的一侧均焊装有 4 个附墙支座，其中两个在上，两个在下，通过穿墙螺栓联结作用，使爬架牢固地附着在混凝土墙体上。

在这种爬升脚手架的上操作平台上，工人可进行钢筋绑扎，大模板安装与校正，在预留孔处安装穿墙钢管、浇灌混凝土以及拆除大模板等作业。

套筒式附着升降脚手架的爬升过程如下：①拔出爬架上操作平台的 4 个穿墙螺栓；②将手拉葫芦挂在爬杆顶端横梁吊环上；③启动手拉葫芦，提升上操作平台；④使上操作平台向上爬升到预留孔位置，插好穿墙螺栓，拧紧螺母，将上操作平台固定牢靠；⑤将手拉葫芦挂在上操作平台底横梁吊环上；⑥松动下操作平台附墙支座的穿墙螺栓；⑦启动手拉葫芦，将下操作平台提升到上操作平台原所在的预留孔位置处；⑧安装穿墙螺栓并加以紧固，使下操作平台牢固地附着在混凝土墙体上，爬升脚手架至此完成向上爬升一个楼层的全过程，如此反复进行，爬升到顶层，完成混凝土浇筑作业。如图 4-112 所示。

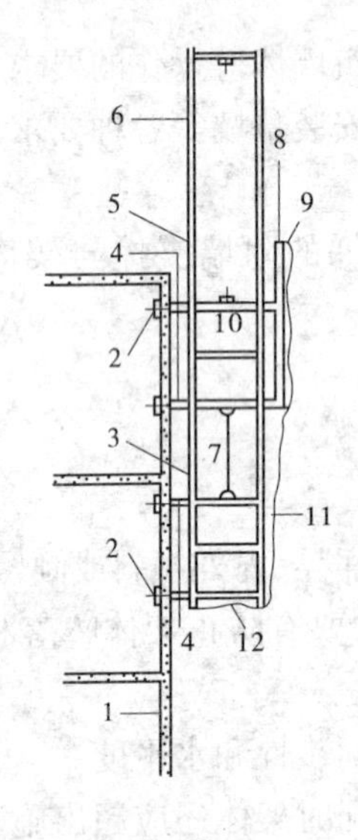

1—剪力墙；2—穿墙连固螺栓；3—下操作平台；
4—附墙支座；5—上操作平台；6—立柱（爬杆）；
7—吊环；8—上操作平台护栏；9—钢丝网；
10—套筒；11—细眼安全网；12—兜底安全网

图 4-111　主套架式附着升降脚手架示意图

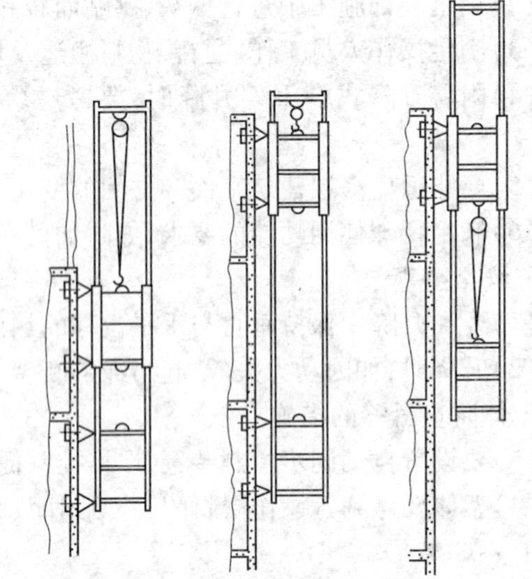

(a)爬升脚手架爬升　(b)用手拉葫芦提升上操作平台　(c)用手拉葫芦提升下操作平台

图 4-112　主套架式附着升降脚手架爬升示意图

套筒式附着升降脚手架的下降过程是爬升的逆过程。工人可登上操作平台进行外墙粉刷及其他装饰作业。

（四）使用注意事项

1. 防坠装置

升降式脚手架在升降过程中，也会发生坠落事故，究其原因主要有：设计、使用、维护不当；架体钢管强度不够；扣件断裂，加工粗糙，焊接不牢；葫芦失效，链条断裂；防倾、防坠装置失效；连墙拉结、拉杆或穿墙螺栓破坏等。

防坠落装置主要有夹片夹柔性或刚性吊杆式、带斜齿凸轮咬住吊杆式、带斜齿楔块楔紧吊杆式等装置，这些装置的防坠基本原理都是当葫芦失效时，其夹片或楔块能迅速咬住或楔紧吊杆,来防止架子坠落。防坠装置可直接或间接地可靠连接在结构上,同时将连接在脚手架上的钢杆或钢丝绳等穿过防坠器,一旦出现葫芦链条断裂、穿墙螺栓被拔出等意外情况,防坠装置就会立即拉住脚手架,避免架子坠落事故的发生,起到防坠作用。

2. 注意事项

在脚手架升降中必须有足够的安全可靠性,使用中必须注意以下事项:

(1)脚手架平面布置中提升机位布点必须均匀合理,以免某些布点超载。

(2)升降过程中需有专人统一指挥协调,并设有超载预警及防坠落装置。

(3)升降式脚手架必须由经培训、持证的专业化队伍施工。

(4)应定期检查、维修施工机具,制定设备定期检修制度。

(5)脚手架上施工人员、堆料应均布,并尽量避免交叉作业。

(6)穿墙螺栓预留孔位要准确,支座处墙面应平整,必须保证两个螺栓同时受力,其紧固扭矩应达 40 ~ 50 N·m。

复习思考题

1. 现浇高层建筑的横向模板体系有哪些种类模板?竖向模板体系有哪些种类模板?

2. 试述早拆模板的早拆原理和工艺过程。

3. 试述大模板施工工艺。

4. 滑模工艺的楼面有哪些施工方法?各有何特点?

5. 滑模与爬模在工艺上有哪些不同?

6. 高层建筑结构竖向钢筋有哪些连接工艺?其要点是什么?

7. 如何在高层建筑施工中应用混凝土输送技术?应当注意哪些问题?

8. 泵送混凝土对材料有何要求?

9. 何谓高强混凝土?高强混凝土的配制要注意哪些环节?

10. 现浇框架、框架-剪力墙结构一般有哪几种施工工艺方法?其工艺特点及要点是什么?

11. 现浇剪力墙结构一般有哪几种施工工艺方法?其工艺特点及要点是什么?

12. 装配预制框架与装配整体式框架在结构上有何不同?施工工艺有何不同?

13. 简述装配式大板结构的施工工艺过程。

14. 高层升板的现浇柱有哪些施工方法?

15. 钢结构高层建筑有哪些施工特点?

16. 钢结构高层建筑的现场连接有哪些方法?各应该注意什么?

17. 钢结构高层建筑的楼面施工有哪些方法?其工艺特点是什么?

18. 在高层钢结构中,常用哪些防火保护方法?比较各方法的优缺点。

19. 钢结构的防锈方法可划分为哪几类?工程中常用哪几种防锈方法?

20. 简述砌体施工工艺。为何要预排砌块施工图?

21. 悬挑脚手架结构有哪些特点?施工中应注意哪些问题?

22. 叙述附着升降式脚手架的结构和升降方法。

第五章　高层建筑防水工程施工

【学习要点】

了解高层建筑地下防水工程等级的划分及地下防水方案的选定，熟悉地下防水混凝土的种类、特点，重点掌握防水混凝土的配制、施工要点。了解水泥砂浆防水层施工，重点掌握地下工程卷材防水施工做法，了解地下工程涂膜防水施工要点。了解高层建筑外墙面渗漏水的原因，掌握高层建筑外墙体接缝密封防水材料、施工工艺；熟悉高层建筑外墙面防水砂浆抹灰、防水涂料施工；掌握高层建筑厕浴间防水施工工艺要求；掌握卷材防水屋面的概念、构造及各构造层的作用；了解卷材防水屋面各种原材料的特性、配比及使用要求；掌握卷材防水屋面各构造层的施工方法及技术要求。掌握涂料防水屋面的概念；了解防水涂料的分类及各类防水涂料的成膜原理；熟悉涂料防水屋面的构造及施工方法。掌握刚性防水屋面的概念；了解刚性防水屋面的材料要求；熟悉刚性防水屋面的构造及施工方法。

第一节　地下工程防水施工

地下工程是指全埋或半埋于地下或水下的构筑物，其特点是受地下水的影响。如果地下工程没有防水措施或防水措施不得当，那么地下水就会渗入结构内部，使混凝土腐蚀、钢筋生锈、地基下沉，甚至淹没构筑物，直接危及建筑物的安全，因此地下工程的防水，必须针对工程的具体情况，按照“防排结合、刚柔并用、多道设防、综合治理”的原则，确立防水设计方案。

地下工程防水一般可采用钢筋混凝土结构自防水、卷材防水、涂膜防水等技术措施。

一、地下工程防水等级及设防要求

为使建筑防水工程设计合理、经济，体现重要工程和一般工程在防水耐用年限、设防要求、防水层材料的选择等方面的不同，将建筑防水划分成不同的等级。地下工程的防水等级，根据防水工程的重要性、使用功能和建筑物类别、围护结构允许渗漏水的程度的不同，将其划分成四级，各级标准应符合表5-1的规定。

地下工程防水方案的确定：

(1)地下工程的防水方案，应全面考虑地形、地貌、水文地质、工程地质、地震烈度环境条件、结构形式、施工工艺、材料来源等因素，按围护结构允许渗漏水的程度确定，见表5-2。

(2)对于处在侵蚀性介质中的地下工程，应采用耐侵蚀的防水混凝土自防水结构，并设置耐侵蚀的卷材、涂料等附加防水层。

(3)对于受动力或发电设备振动的地下工程，应采用防水混凝土自防水结构并设置具有良好延伸性和柔韧性的合成高分子防水卷材或防水涂料等附加防水层。

表 5-1 地下工程防水等级标准

防水等级	标 准
一级	不允许渗水,结构表面无湿渍
二级	不允许漏水,结构表面可有少量湿渍; 工业与民用建筑:湿渍总面积不大于总防水面积的1‰,单个湿渍面积不大于0.1 m^2,任意100 m^2 防水面积不超过1处; 其他地下工程:湿渍总面积不大于总防水面积的6‰,单个湿渍面积不大于0.2 m^2,任意100 m^2 防水面积不超过4处
三级	有少量漏水点,不得有线流和漏泥砂; 单个湿渍面积不大于0.3 m^2,单个漏水点的漏水量不大于2.5 L/(m^2·d),任意100 m^2 防水面积不超过7处
四级	有漏水点,不得有线流和漏泥砂; 整个工程平均漏水量不大于2 L/(m^2·d),任意100 m^2 防水面积的平均漏水量不大于4 L/(m^2·d)

注:1. 地下工程的防水等级可按工程或组成单元划分;
2. 对防潮要求较高的工程,除应按一级进行设防外,还应采取相应的防潮措施;
3. 一、二、三级的地下工程,其主体结构必须具有自防水功能。

表 5-2 地下工程防水方案的确定

防水等级	一级	二级	三级	四级
防水方案	混凝土自防水结构,根据需要可设附加防水层	混凝土自防水结构,根据需要可设附加防水层	混凝土自防水结构,根据需要可采取其他防水措施	混凝土自防水结构或其他防水措施
选材要求	优先选用补偿收缩防水混凝土、厚质高聚物改性沥青卷材。也可用合成高分子卷材、合成高分子涂料、防水砂浆	优先选用补偿收缩防水混凝土、厚质高聚物改性沥青卷材。也可用合成高分子卷材、合成高分子涂料	宜选用结构自防水、高聚物改性沥青卷材、合成高分子卷材	结构自防水、防水砂浆或高聚物改性沥青卷材

(4)地下防水工程严禁采用石油沥青纸胎油毡作为防水层。

(5)附加防水层包括水泥砂浆防水层、卷材防水层和涂料防水层。

二、钢筋混凝土结构自防水施工

钢筋混凝土结构自防水是利用密实性好、抗渗性能高的防水混凝土,作为结构的承重体系,结构本身既承重又防水。结构自防水具有材料来源丰富,造价低廉,施工简单、方便等特点，是地下工程防水的有效措施。

结构自防水的防水材料主要是防水混凝土和防水砂浆。防水混凝土是地下结构的防水主体；防水砂浆是附加层，在防水混凝土结构的迎水面或背水面抹防水砂浆，能起到弥补大面积防水混凝土施工时留下的缺陷，具有补救作用。

（一）防水混凝土

防水混凝土是以调整混凝土配合比、掺加外加剂或使用特殊品种的水泥等方法，提高自身的密实性、憎水性和抗渗性，使其能够满足抗渗设计强度等级的不透水混凝土。

防水混凝土一般分为普通防水混凝土、外加剂（减水剂、氯化铁、引气剂、三乙醇胺等）防水混凝土和补偿收缩（微膨胀剂）防水混凝土三类。它们各自有不同的特点，可根据工程不同的防水需要进行选择。

1. 防水混凝土的抗渗等级及材料要求

防水混凝土不但要满足强度要求，还要满足抗渗等级的要求。防水混凝土的设计抗渗等级表示为 S6、S8、S12、S16、S20 等，表示防水混凝土的抗渗能力分别为 0.6 MPa、0.8 MPa、1.2 MPa、1.6 MPa、2.0 MPa。

防水混凝土的设计抗渗等级根据地下工程埋深、地下水压力和防水混凝土的厚度确定，见表 5-3。

表 5-3　防水混凝土抗渗等级的选用

最大水头（H）与防水混凝土壁厚（h）的比值（即 H/h）	设计抗渗等级（MPa）	最大水头（H）与防水混凝土壁厚（h）的比值（即 H/h）	设计抗渗等级（MPa）
<10	0.6	25～35	1.6
10～15	0.8	>35	2.0
15～25	1.2		

防水混凝土材料要求：

（1）水泥品种应按设计要求选用，其强度等级不应低于 42.5 级，不得使用过期或受潮结块水泥。

（2）碎石或卵石的粒径宜为 5～40 mm，含泥量不得大于 1.0%，泥块含量不得大于 0.5%。

（3）砂宜用中砂，含泥量不得大于 3.0%，泥块含量不得大于 1.0%，砂率为 35%～40%。

（4）水应采用不含有害物质的洁净水。

（5）粉煤灰的级别不应低于二级，掺量不宜大于 20%，硅粉掺量不应大于 3%，其他掺合料的掺量应通过试验确定。

（6）外加剂的技术性能，应符合国家或行业标准一等品及以上的质量要求。

（7）混凝土水灰比≤0.6，坍落度≤5 cm。

2. 防水混凝土施工

由于防水混凝土自防水结构处在地下这一复杂环境，长期承受地下水的侵蚀，所以对防水混凝土结构除精心设计、合理选材外,关键还要保证施工质量。施工过程中混凝土的搅拌、运输、浇筑、振捣及养护等都直接影响着工程质量。严把施工中每一环节的质量关,才能确保大面积防水混凝土及每一细部节点均不渗不漏。

防水混凝土所用模板,除满足一般要求外,应特别注意模板拼缝严密,支撑牢固。一般不宜用螺栓或铁丝贯穿混凝土墙固定模板,以防止螺栓或铁丝贯穿混凝土墙面而引起渗漏水,影响防水效果。但是,当墙较高、较厚需用螺栓贯穿混凝土墙固定模板时,应采取止水措施。一般可采用螺栓加焊止水环、套管加焊止水环、螺栓加堵头的方法,如图 5-1 所示进行处理。

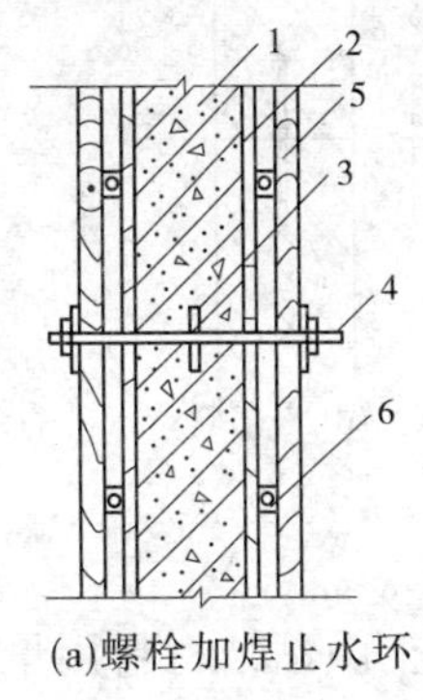

(a)螺栓加焊止水环

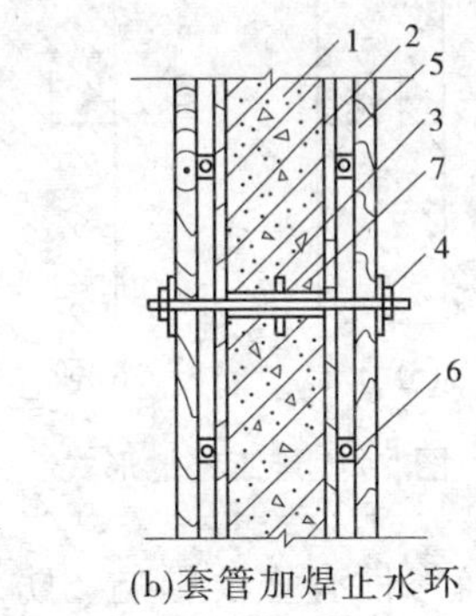

(b)套管加焊止水环

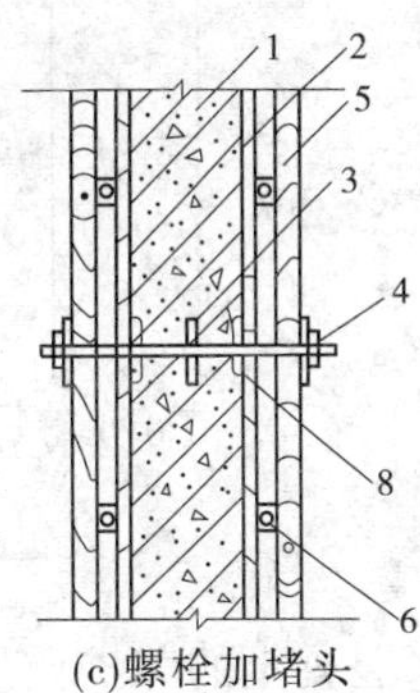

(c)螺栓加堵头

1—防水建筑;2—模板;3—止水环;4—螺栓;5—水平加劲肋;6—垂直加劲肋;
7—预埋套管(拆模后将螺栓拔出,套管内用膨胀水泥砂浆封堵);
8—堵头(拆模后将螺栓沿平凹坑底割去,再用膨胀水泥砂浆封堵)

图 5-1 止水措施

为了有效地保护钢筋混凝土和阻止钢筋的引水作用,迎水面防水混凝土的钢筋保护层厚度不得小于 35 mm,当直接处于侵蚀性介质时,保护层厚度不应小于 50 mm。底板钢筋均不能接触混凝土垫层,结构内部设置的各种钢筋以及绑扎铁丝均不得接触模板。

防水混凝土配料必须按质量配合比准确称量。水泥、水、外加剂掺合料计量允许偏差不应超过 ±1%,砂、石计量允许偏差不应超过 ±2%。为了增强混凝土的均匀性,应采用机械搅拌,搅拌时间不应少于 2 min。对掺外加剂的混凝土,应根据外加剂的技术要求确定搅拌时间,如引气型防水混凝土搅拌时间应为 2 ~ 3 min。防水混凝土在运输、浇筑过程中,应防止漏浆和离析及坍落度损失。浇筑时应严格做到分层连续进行,每层厚度不宜超过 300 ~ 400 mm,上下层浇筑的时间间隔一般不超过 2 h。混凝土应采用机械振捣密实,振捣时间宜为 10 ~ 30 s,以混凝土开始泛浆和不冒气泡为准,避免漏振、欠振和超损。掺引气剂或引气型减水剂时,应采用高频插入式震动器振捣。

施工缝是防水结构容易发生渗漏的薄弱部位,应连续浇筑,宜少留施工缝。顶板、底板不宜留施工缝,顶拱、底拱不宜留纵向施工缝。堵体需留水平施工缝时,不应留在剪力与弯矩最大处或底板与侧壁交接处,应留在底板表面以上不小于 200 mm 的墙体上。墙体设有孔洞时,施工缝距孔洞边缘不宜小于 300 mm。如果必须留设垂直施工缝,应留在结构的变形缝处。施工缝部位应认真做好防水处理,使两层之间黏结密实,延长渗水线路,阻隔地下水的渗透。施工缝的形式有凹缝、凸缝、阶梯缝、平直缝加钢板止水等(见

图 5-2)。施工缝上下两层混凝土浇筑时间间隔不能太长,以免接缝处新旧混凝土收缩值相差过大而产生裂缝。在继续浇筑混凝土之前,应将施工缝处原松散的混凝土凿除,清理浮粒和杂物,用水冲洗干净,保持湿润,再铺 20 ~ 25 mm 厚 1∶1水泥砂浆一层,所用材料和灰砂比应与混凝土中的砂浆相同。

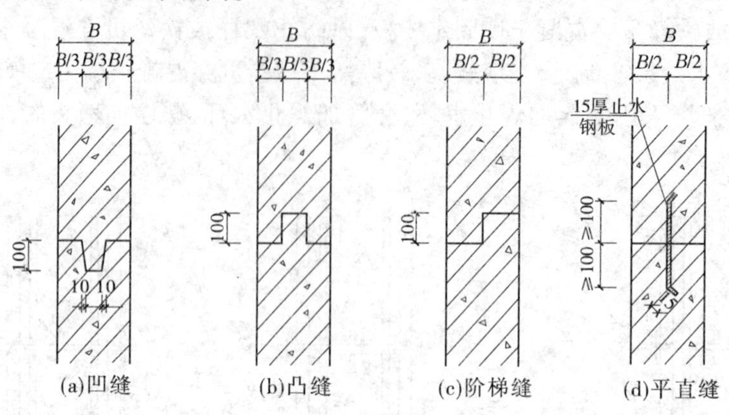

图 5-2　施工缝的形式

防水混凝土的养护质量对其抗渗性有重要影响。防水混凝土中黏结材料用量较多,收缩性大,如养护不良,混凝土表面易产生裂缝,导致抗渗能力降低。因此,在常温下,混凝土终凝后(一般浇后 4 ~ 6 h),就应在其表面覆盖草袋,并经常浇水养护,保持湿润,以防止混凝土表面水分急剧蒸发,造成水泥水化不充分,使混凝土产生干裂,失去防水能力。养护时间比普通混凝土要长,因为抗渗等级发展比较慢。试验表明,防水混凝土自然养护 7 d 时,抗压强度可达 70%,但抗渗等级则不到 S4,因此防水混凝土养护时间不少于 14 d。

防水混凝土结构拆模时,必须注意结构表面与周围气温的温差不应过大(一般不大于 15 ℃),否则会由于混凝土结构表面局部产生温度应力而出现裂缝,影响混凝土的抗渗性。拆模后应及时回填土,以避免混凝土因干缩和温度产生裂缝,回填土也有利于混凝土后期强度的增长和抗渗性提高。

防水混凝土浇筑后严禁打洞,因此所有的预留孔和预埋件在混凝土浇筑前必须埋设准确。

防水混凝土结构内的预埋铁件、穿墙管道等部位,均为可能导致渗漏水的薄弱之处,应采取措施,仔细施工。预埋铁件的防水做法如图 5-3 所示,穿墙管道防水处理如图 5-4 所示。

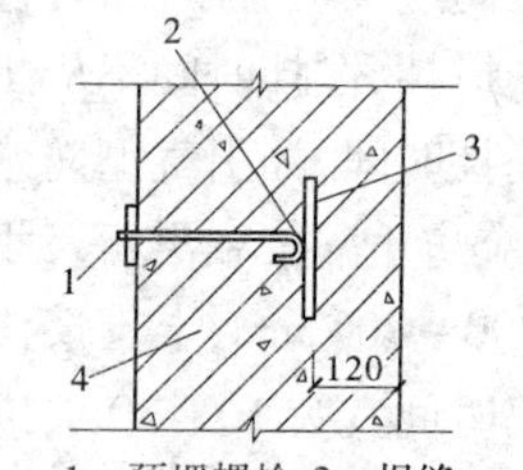

1—预埋螺栓;2—焊缝;
3—止水钢板;4—防水混凝土

图 5-3　预埋件防水处理

防水混凝土结构内的变形缝是防水的重点部位,应满足密封防水、适应变形、施工方便、检查容易等要求。变形缝的宽度宜为 20 ~ 30 mm。对于压力小于 0.03 MPa、变形量小于 10 mm 的变形缝,可用弹性密封防水材料嵌填或粘贴橡胶片,如图 5-5(a)所示;对于水压小于 0.03 MPa、变形量为 20 ~ 30 mm 的变形缝,宜用附贴式止水带,如图 5-5(b)所示;对于水压大于 0.03 MPa、变形量为 20 ~ 30 mm 的变形缝,应采用埋入式橡胶或塑料止水带,如图 5-5(c)所示；对环境温度高于 50 ℃处的变形缝，可采用1 ~2 mm厚中间呈圆弧形的金属止水带，如图 5-5(d)所示。

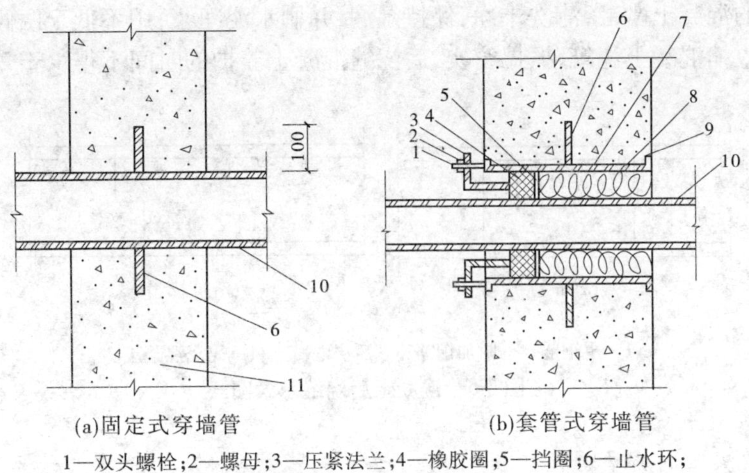

(a)固定式穿墙管　　(b)套管式穿墙管

1—双头螺栓；2—螺母；3—压紧法兰；4—橡胶圈；5—挡圈；6—止水环；
7—嵌填材料；8—套管；9—翼环；10—主管；11—围护结构

图 5-4　穿墙管道防水处理

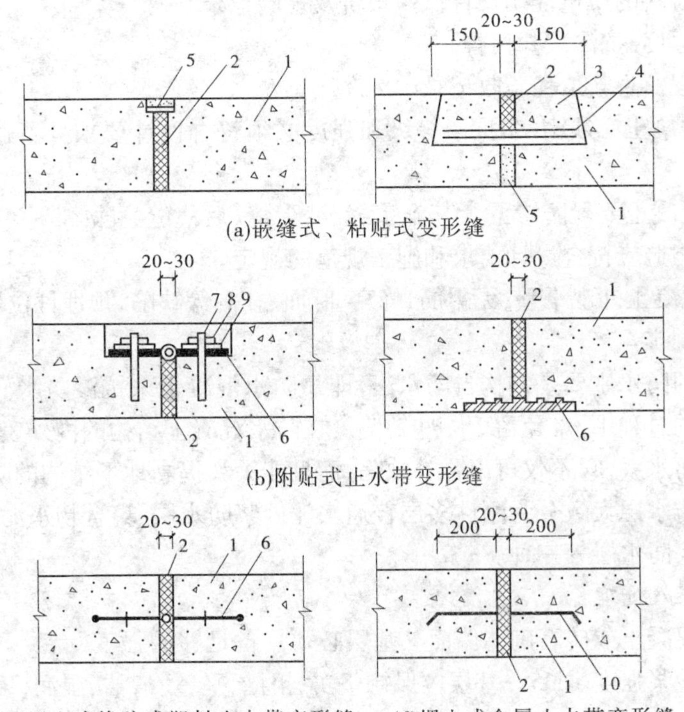

(a)嵌缝式、粘贴式变形缝

(b)附贴式止水带变形缝

(c)埋入式橡胶或塑料止水带变形缝　　(d)埋入式金属止水带变形缝

1—围护结构；2—填缝材料；3—细石混凝土；4—橡胶片；5—嵌缝材料；
6—止水带；7—螺栓；8—螺母；9—压铁；10—金属止水带

图 5-5　变形缝防水处理

防水混凝土自防水结构后浇缝应设置在受力较小的部位，宽度可为 1 m。后浇缝可做平直缝或阶梯缝（如图 5-6 所示）。后浇缝应在其两侧混凝土达 6 周后再施工。施工前应将接缝处的混凝土凿毛，清洗干净，保持湿润，并刷水泥净浆，用不低于两侧混凝土强度等级的补偿收缩混凝土浇筑，振捣密实，后浇缝混凝土养护的时间不得少于 28 d。

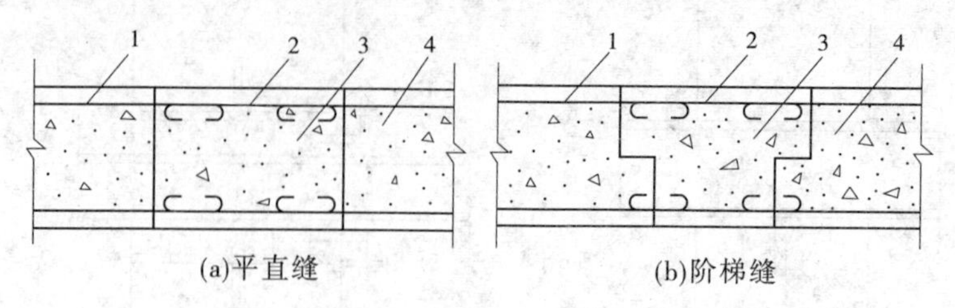

1—主钢筋；2—附加钢筋；3—后浇混凝土；4—先浇混凝土

图 5-6　混凝土后浇缝示意图

3. 防水混凝土的质量验收标准

（1）防水混凝土的原材料、外加剂及预埋件，必须符合设计要求和施工规范规定。在防水混凝土验收前应提供下列文件：

①各种原材料的质量证明文件试验报告及检验记录。

②混凝土强度、抗渗试验报告。

③分项工程及隐蔽工程验收记录。

（2）防水混凝土必须密实，抗渗等级和强度必须符合设计要求及普通混凝土施工规范的规定。

（3）防水混凝土要严防渗漏。其施工缝、变形缝、后浇缝、止水带、穿墙管件、支模铁件等的设置和构造应符合设计要求和施工规范的规定。

（4）防水混凝土外观平整，无露筋、蜂窝、麻面、孔洞等缺陷，预埋件位置准确。

（二）防水砂浆

地下工程的防水主要是结构自防水法，即靠防水混凝土来抗渗防水。但在大面积浇筑防水混凝土的过程中，难免留下一些缺陷。在防水混凝土结构的内外表面抹防水砂浆，等于多了一道防水线，它不仅可以弥补缺陷，而且能大大提高地下结构的防水抗渗能力。

水泥砂浆防水层大致分为刚性多层普通水泥砂浆防水层、聚合物水泥砂浆防水层、掺外加剂水泥砂浆防水层等三种。

1. 基层要求及处理

基层应为混凝土或砖石砌体墙面。基层必须具备足够的强度，混凝土强度≥C15；砖石结构的砌筑砂浆强度≥M5。基层应保持坚实、粗糙、平整、清洁、湿润，确保防水砂浆与基层黏结牢固。

1）混凝土基层的处理

（1）新浇混凝土拆模后，立即用钢丝刷将混凝土表面扫毛，并冲洗干净。

（2）旧混凝土工程，应凿毛，清理整平后冲水，用钢丝刷刷净。

（3）无论新旧工程，当遇有基层表面凹凸不平、蜂窝孔洞等缺陷时，要进行修补。若混凝土表面的蜂窝与露石等面积小、数目少时，可刷洗净基层后，用掺入膨胀剂的净浆打底，再抹掺入膨胀剂的水泥砂浆找平；若蜂窝、露石、露筋等面积大，应凿去薄弱处，刷洗干净后，填塞掺入膨胀剂或防水剂等的砂浆或细石混凝土，仔细振捣。

2）砖砌体基层处理

（1）对于新墙，先清扫干净墙表面残留的灰浆，再浇水冲洗干净；对于旧墙，先剔除表面疏松部位，直到露出坚硬的墙面，再用水冲洗干净。

（2）对旧砌体的勾缝砂浆，应全部剔除干净。

（3）处理基层后，必须浇水充分湿润。

2. 防水砂浆、防水净浆的制备

（1）防水砂浆的制备：将水泥、膨胀剂、砂按规定配合比投入搅拌机内，先干拌均匀，然后加入已溶有防水剂的定量用水，搅拌 1 ~2 min。

（2）防水净浆（简称素灰）的制备：将防水剂置于容器内，加水拌匀，然后加入水泥，搅拌均匀。

（3）聚合物砂浆的制备：先将水泥、砂干拌均匀，再加入定量的聚合物溶液，连续搅拌 2 ~3 min，拌和均匀。

（4）粉状膨胀剂砂浆的制备：先将水泥、砂、膨胀剂干拌均匀，再加入定量水，连续搅拌，直至拌和均匀。

3. 刚性多层普通水泥砂浆防水层施工

刚性多层抹面防水层的施工，采用不同配合比的水泥净浆和水泥砂浆（不掺入任何外加剂）分层交替抹压，以达到密实防水的目的。

防水层的施工操作顺序是：顶棚→立墙→地面（将墙面与地面的接槎留在地面上），地面由内向外退出，以避免施工人员踩踏防水层。

混凝土墙面及顶棚防水层的做法，常用四层抹面法和五层抹面法。当防水层设置在背水面时，采用四层抹面法；当防水层设置在迎水面时，采用五层抹面法。

1）四层抹面法

四层抹面法见表 5-4。

2）五层抹面法

按表 5-4 的要求，在第四层砂浆抹压两遍后，再用毛刷均匀涂刷水泥浆一道，随第四层压光。

表 5-4　四层抹面法

层次	水灰比	操作方法	作用
第一层素灰层（厚 2 mm）	0.4 ~0.5	1. 分两次抹压，先刮抹 1 mm 厚的素灰作为结合层，再在其上抹 1 mm 厚的素灰找平层； 2. 抹完后，用毛刷或排笔蘸水在素灰层表面依次均匀涂刷一次	防水层的第一道防线

续表 5-4

层次	水灰比	操作方法	作用
第二层水泥砂浆层(厚 4 ~ 5 mm)	0.4 ~ 0.45(水泥: 砂 = 1:2.5)	1. 在素灰初凝时,进行该项操作,用力以使水泥砂能压入素灰层 1/4 左右为宜; 2. 水泥砂浆在初凝前,用扫帚将表面扫毛	起骨架和保护素灰作用
第三层素灰层(厚 4 ~ 5 mm)	0.37 ~ 0.4	1. 待水泥砂浆层凝固后,在其表面适当浇水,便可进行第三层的操作,操作方法与第一层相同; 2. 施工时,若发现第二层表面有白色薄膜析出,应先用水冲净	防水作用
第四层水泥砂浆层(厚 4 ~ 5 mm)	0.4 ~ 0.45(水泥: 砂 = 1:2.5)	1. 配合比,操作方法与第二层相同,但抹完不扫毛,而是在该层终凝之前,再用铁抹子压 5 ~ 6 遍,最后压光; 2. 通常抹压时间为 1 ~ 2 h,最后收光	起保护第三层素灰和骨架作用,还有防水作用

4. 聚合物水泥砂浆防水层施工

聚合物防水砂浆由水泥、砂和一定量的橡胶胶乳或树脂乳液以及稳定剂、消泡剂等经搅拌而成。

聚合物防水砂浆通常包括有机硅砂浆、阳离子氯丁胶乳砂浆、丙烯酸酯砂浆三种。

聚合物防水砂浆的配合比为水泥: 砂: 聚合物 = 1:2 ~ 3:0.3 ~ 0.6。

1) 有机硅防水砂浆的施工

(1) 砂浆配制:按配合比加料,搅拌均匀。

(2) 施工顺序:基层处理→涂抹硅水→抹水泥素浆→抹第一层防水砂浆→抹第二层防水砂浆→养护。

(3) 施工操作方法:

①基层处理完毕后,先刷 1 ~ 2 遍硅水(有机硅: 水 = 1:7)。

②在硅水湿润状态下,抹 2 ~ 3 mm 的素水泥浆结合层,以加强有机硅砂浆与基层的黏结力。素水泥浆初凝后,抹压第一层防水砂浆,其厚度为 5 ~ 6 mm,待其初凝后,再抹面层防水砂浆。

③施工完毕后,立即进行湿润养护,以免防水砂浆中水分过早蒸发而引起干缩开裂,养护期 14 d。

(4) 施工注意事项:

①基层要干燥。不可在潮湿基层上施工。

②可冬季施工。冻结的有机硅融化后,不影响使用。

③施工中注意保护眼睛和皮肤,避免直接接触有机硅。

2）阳离子氯丁胶乳防水砂浆的施工

（1）砂浆配制：将阳离子氯丁胶乳、消泡剂、稳定剂等加适量水混合搅拌成乳液，同时将水泥和砂按规定比例干拌，然后将两者放在一起搅拌均匀，即可使用。

（2）施工顺序：基层处理→涂刷胶乳水泥素浆→抹第一层防水砂浆→抹第二层防水砂浆→抹水泥砂浆保护层→养护。

（3）施工操作方法：

①基层处理完毕后，均匀涂刷胶乳水泥素浆（水泥：阳离子氯丁胶乳：水 = 1：（0.3 ~ 0.4）：（0.1 ~ 0.15）结合层，以加强胶乳水泥砂浆与基层的黏结力。

②20 min 后，抹压第一层防水砂浆，其厚度为 8 ~ 10 mm，抹压时沿一个方向推进，不可反复揉搓。待第一层防水砂浆初凝后，再抹压第二层防水砂浆。

③防水砂浆初凝 4 h 后，再抹一道水泥砂浆作为保护。

④防水砂浆硬化后的前 7 d，采取湿养护，后期采取自然养护。

（4）施工注意事项：

①防水层硬化前，严防雨水冲淋或大风袭击。

②施工温度应为 5 ~ 35 ℃。

③施工时应采取通风措施。

3）丙烯酸酯防水砂浆施工

（1）砂浆配制：先将水泥和砂拌和成灰砂，再将乳液与灰砂均匀拌和。若砂浆太干，可加适量水。

（2）施工顺序：与普通水泥砂浆的施工顺序相同。

（3）施工操作方法：同普通水泥砂浆的操作，但其养护方法采用阳离子氯丁胶乳防水砂浆的养护方法。

5. 掺外加剂水泥砂浆防水层的施工

防水砂浆中的外加剂包括防水剂和微膨胀剂两类。

掺入的防水剂一般有无机盐类、金属皂类、氯化铁，掺入的微膨胀剂有 U 型膨胀剂、明矾石膨胀剂等。

1）无机盐类、金属皂类防水砂浆的施工

（1）砂浆配制：将水泥、砂、水按规定的质量比均匀拌和成水泥砂浆，在即将抹灰之时，把无机盐类或金属皂类防水剂放入水泥砂浆中，搅拌均匀。

（2）施工顺序：基层处理→抹第一层防水砂浆→刮防水素浆→抹第二层防水砂浆→养护。

（3）施工操作方法：

①基层清理干净后，抹压 10 mm 厚的第一层防水砂浆，自然养护 2 ~ 4 h 后，用刮板满刮一遍防水素浆（防水剂、水泥、水拌和成的糊状浆）。刮完素浆后 30 min 左右，抹压 5 ~ 10 mm 厚的第二层防水砂浆。

②施工完毕后，先自然养护 4 ~ 6 h，然后浇水养护 3 d，最后再自然养护。总养护时间≥14 d。

（4）施工注意事项：

①应在5～35 ℃条件下施工。

②拌好的防水砂浆应在1 h内用完。

2)氯化铁防水砂浆的施工

(1)砂浆配制:将水泥和砂干拌成均匀的灰砂,将氯化铁防水剂加入定量的水中,再将灰砂加入氯化铁防水剂的拌和水中,搅拌均匀。

(2)施工顺序:基层处理→抹水泥素浆→抹底层防水砂浆→抹面层防水砂浆→养护。

(3)施工操作方法:

①混凝土墙面和顶棚:基层清理完毕后,先抹压水泥素浆,其厚度以不露基层为宜。接着抹压底层防水砂浆,分2次完成,每次厚度5～6 mm。次日,再抹压面层防水砂浆,厚度同底层。

②混凝土地面:在刮抹水泥素浆后随抹10～12 mm厚的底层砂浆,次日,在刮抹水泥素浆后随抹10～12 mm厚的面层砂浆。

③养护时间≥14 d,在养护期内,应保持面层湿润。

3)明矾石膨胀剂防水砂浆的施工

(1)砂浆配制:将明矾石膨胀剂、水泥、砂干拌均匀,然后加入拌和水充分搅拌。

(2)施工顺序:基层处理→涂刷膨胀剂防水净浆→抹膨胀剂防水砂浆→养护。

(3)施工操作方法:基层扫净之后,涂刷一道膨胀剂防水净浆(膨胀剂:水泥:水＝10:100:65),再抹≥20 mm厚的防水砂浆。

在施工完一昼夜后,洒水养护,养护时间≥14 d。

6.防水砂浆的工程质量

防水砂浆的工程质量应符合下列要求:

(1)砂浆的面层不得有裂缝,且不得有脱层、空鼓等缺陷。

(2)表面应光滑、接槎平整,不得有起砂。

(3)防水砂浆层的厚度应均匀一致。

(4)砂浆层表面平整度用2 m直尺检查,中间凹入空隙尺寸≤5 mm。

(5)抹好的防水层按规定做24 h的泌水试验,不得出现渗漏现象。

三、合成高分子卷材防水施工

合成高分子防水卷材是以合成橡胶或合成树脂为主要原料,掺入适量的填料、增塑剂、润滑剂、软化剂、防老剂等辅助材料制成的新型防水材料。主要包括三元乙丙橡胶防水卷材、氯硫化聚乙烯防水卷材、橡胶型氯化聚乙烯防水卷材、氯化聚乙烯－橡胶共混防水卷材、TPO防水卷材、PVC防水卷材等品种。其厚度一般为1～2 mm。这些高分子卷材具有抗拉强度高、弹性好、延伸率大、耐老化、耐高温、耐低温、重量轻、防水性能优异以及施工简单、方便等特点,是地下结构工程防水的最佳卷材之一。

采用合成高分子防水卷材的地下防水工程,卷材防水层的铺贴一般可采用单层冷粘法。对于聚氯乙烯(PVC)防水卷材,不但可采用单层冷粘法,还可采用单层热风焊接法。

下面介绍三元乙丙橡胶防水卷材采用单层冷粘法做防水层的施工方法。

（一）施工所需材料及工具

1. 施工材料

1）主体材料

主体材料用三元乙丙橡胶防水卷材，每立方米用量为 1.15 ~ 1.2 m^2。

2）基层处理剂

基层处理剂采用聚氨酯底胶。它是一种用二甲苯溶剂稀释的低黏度聚氨酯煤焦油稀溶液。将其涂布于基层，能隔绝底层的渗透水并增强防水卷材与基层的黏结力。它的用量为 0.2 ~ 0.3 kg/m^2。

3）基层黏结剂

基层黏结剂采用氯丁系橡胶黏结剂（如 CX - 404 胶），主要用于防水卷材与找平层之间的黏结。其黏结剥离强度≥15 $N/10\ mm^2$，用量为 0.4 ~ 0.5 kg/m^2。

4）卷材搭接黏结剂

卷材搭接黏结剂是以丁基橡胶为主体的双组分型黏结剂，用于黏结卷材与卷材之间的搭接缝。其黏结剥离强度≥15 $N/10\ mm^2$，用量为 0.15 ~ 0.2 kg/m^2。

5）卷材搭接缠密封膏

卷材搭接缠密封膏一般选用单组分氯硫化聚乙烯密封膏或双组分聚氨酯密封膏，用于密封卷材与卷材之间的搭接缝或者密封卷材末端的收头。其用量为 0.05 ~ 0.1 kg/m^2。

6）防水层保护材料

一般采用 350 号石油沥青纸胎油毡做平面部位防水层的保护隔离。用 5 ~ 6 mm 厚的聚乙烯泡沫塑料片材做立墙外侧防水层的保护。

7）二甲苯

二甲苯用于稀释基层处理剂、黏结剂和清洗施工工具，其用量为 0.25 ~ 0.3 kg/m^2。

2. 基层要求及作业条件

1）基层要求

（1）基层必须牢固，没有松动、鼓包、凹坑、起砂、掉灰等缺陷。防水基层一般就是水泥砂浆找平层，控制水泥砂浆的配合比（水泥∶砂≥1∶3，水泥强度等级高于 42.5 号，砂浆稠度 70 ~ 80 mm）是提高基层坚固性、防止起砂的关键。

（2）基层表面应平整光滑，均匀一致，不得有突起物、砂浆疙瘩等异物。其平整度应用 2 m 直尺检查，要求基层与直尺之间的最大空隙≤5 mm，且每米长度内不得超过一处，空隙范围内的基层表面只允许平缓变化。

（3）基层必须干燥，一般要求含水率≤8%。测定含水率的简单方法是在基层表面覆盖 1 m×1 m 的二元乙丙橡胶防水卷材，静置 2 ~ 3 h，如基层和卷材表面均无水印，即说明基层含水率已≤8%，可以施工。

（4）基层应多次清洗，彻底除净尖土及其他杂质。

（5）平面与立面的转角处及阴阳角应做成圆弧或钝角。

2）施工作业的条件

（1）地下工程防水施工期间，应做好降水工作，将地下水位降至卷材防水层底部最低标高以下不少于 300 mm，以利于基层干燥和黏结剂凝固。用冷粘法施工的卷材防水层，施工完毕后还需留下排水装置，继续排水 7 d 以上，以保证黏结剂的充分固化，避免因过早撤掉排水装置而导致地下水上升到防水层，水压顶开卷材搭接部位的黏结剂和密封膏，造成渗漏或鼓水泡现象。

(2)卷材防水层的施工温度是 10 ~ 25 ℃。气温低于 5 ℃，不施工；下雨或将要下雨或雨后基层还未干透，不施工；四级风以上，不施工。

(3)应预留穿墙管道的孔洞。

3. 施工方法及步骤

地下工程卷材防水层的防水方法有两种，即外防水法和内防水法。

外防水法是将卷材防水层粘贴在地下工程结构的迎水面(即结构的外表面)，它能够有效地保护地下工程主体结构免受地下水的侵蚀和渗透，是地下防水工程中最常见的防水方法，其结构如图 5-7 所示。

内防水法是将卷材防水层粘贴在地下工程结构的背水面(即结构的内表面)。这种内防水层不能直接阻断地下水对主体结构的渗透和侵蚀，需要在卷材防水层内侧加设刚性内衬层，来压紧卷材防水层，以共同保护主体结构。内防水法一般在地下防水工程中用得较少，多用于人防工程、隧道及特种工业基坑工程，其结构如图 5-8 所示。

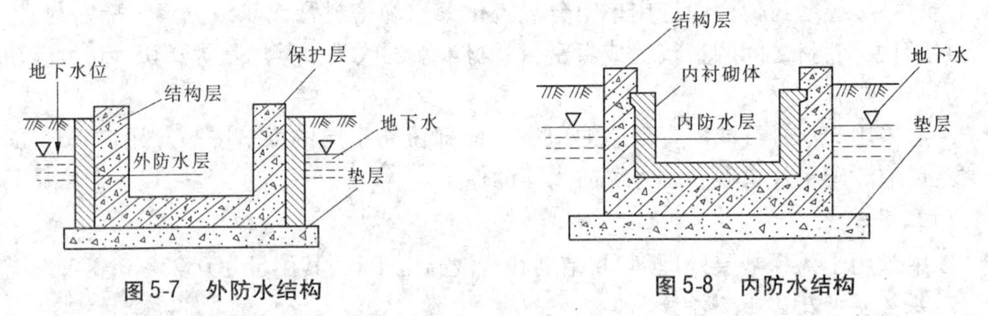

图 5-7 外防水结构　　图 5-8 内防水结构

下面介绍外防水法。

外防水法分为外防外贴法和外防内贴法两种施工方法，外贴法的防水效果优于内贴法，所以一般采用外贴法。

1)外防外贴法施工

外防外贴法是在浇筑混凝土底板和结构墙体之前，先在墙体外侧砌筑约 1 m 高的永久性保护墙，防水层从平面开始，铺贴在立面的保护墙上，待浇筑结构墙体后，继续铺贴结构墙外侧的卷材防水层，其构造如图 5-9 所示。

(1)铺设垫层。按设计要求施工。

(2)砌筑永久性保护墙。距结构墙体 42 ~ 44 mm(防水层与找平层的厚度之和)处，在垫层上用 M5 砂浆砌筑单砖保护墙，墙高为底板厚度 $B+160$ mm，其结构如图 5-10 所示。

(3)抹水泥砂浆找平层。在垫层和保护墙表面抹 1∶(2.5 ~ 3)的掺入膨胀剂的水泥砂浆找平层作为基层，基层要坚固、平整、清洁。

(4)涂布基层处理剂。将聚氨酯底胶按甲∶乙 = 1∶3的比例配合，搅拌均匀进行涂布。也可将聚氨酯涂膜防水材料按甲∶乙∶甲苯 = 1∶1.5∶1.5 的比例配合，搅拌均匀进行涂布。

基层上涂布聚氨酯底胶,要先涂阴角等复杂部位,涂布厚度要适中。底胶干燥 4 h 后,方可继续施工。

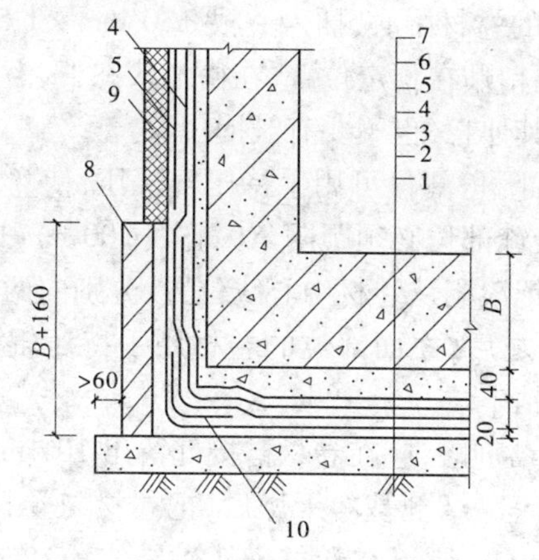

1—素土夯实;2—混凝土垫层;3—20 mm 1∶2.5 补偿收缩水泥砂浆找平层;4—卷材防水层;5—油毡保护层;6—40 mm C20 细石混凝土保护层;7—钢筋混凝土结构层;8—永久性保护墙抹 20 mm 1∶3防水砂浆找平层;9—5 ~6 mm 聚乙烯泡沫塑料片材或 40 mm 聚苯乙烯泡沫塑料保护层;10—附加防水层;*B*—底板厚度

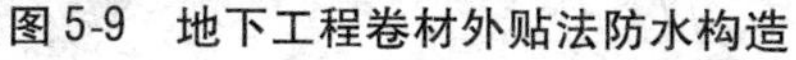

图 5-9　地下工程卷材外贴法防水构造

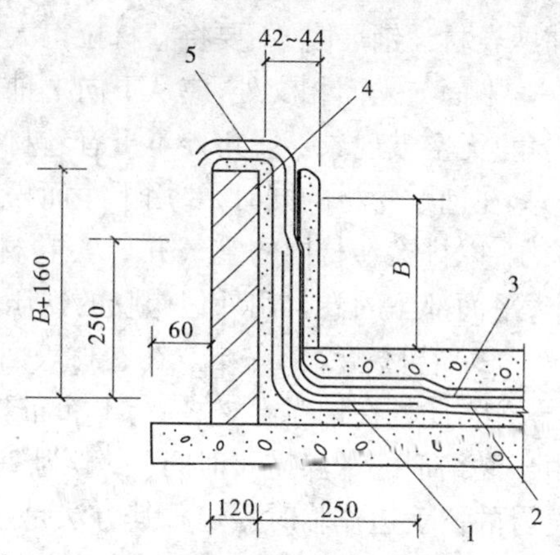

1—附加防水层;2—卷材防水层;3—油毡保护层;4—永久性保护墙体;5—甩槎卷材(200 ~300 mm);*B*—结构底板厚度

图 5-10　永久性保护墙体、卷材甩槎做法

(5)复杂部位增强处理。地下工程找平层的阴阳角、转角、变形缝等部位是易发生渗漏的地方,在铺贴卷材防水层之前,应增设附加防水层,以加强防水效果。

附加防水层材料有防水涂膜和合成高分子卷材两类。

①聚氨酯涂膜或其他涂膜。将聚氨酯(甲料和乙料按 1∶1.5 的比例配合,搅拌均匀)或其他延伸性好的合成高分子防水涂料,均匀涂布在阴阳角、转角、变形缝等部位,涂布宽度约 500 mm(中心线两侧各 250 mm),涂 3 ~4 遍,每遍涂层固化后再涂下一遍,涂膜固化后的总厚度应大于 2 mm。

②硅橡胶涂膜。底层和面层用 1 号硅橡胶涂料涂布,中间层用 2 号硅橡胶涂料涂布 3 ~4 遍,每遍涂层固化后,再涂下一遍,涂膜固化后的总厚度应大于 1 mm。

③合成高分子卷材。防水层为合成高分子卷材,可用同种卷材作防水附加层。附加层宽度为 500 mm(中心线两侧各 250 mm)。

(6)弹基准线。卷材防水层的铺贴应先平面,后立面。第一块卷材应铺贴在平面基层和立面保护墙相交的阴角处,卷材在平面和立面上各占 1/2。所以,第一块卷材的基准线应弹在四角部位,占 1/2 卷材宽度的平面基层上。待铺完第一块卷材后,以后的卷材按卷材搭接宽度要求(长边为 100 mm,短边为 150 mm),在已铺卷材的搭接边上弹出基准线。

(7)涂布基层黏结剂。将卷材平铺在平整清洁的基层上,用长把滚刷蘸满胶均匀涂刷卷材表面,为确保卷材与卷材之间的搭接质量,接头部位暂不涂胶,待胶膜基本干燥(不粘手)后,用原来的卷材纸筒芯再将卷材卷起来,打卷时要求两端平直,不得混入尘土和砂子等异物。然后用滚刷蘸满黏结剂迅速而均匀地涂布在底胶已基本干燥且清洁的基层表面上，涂胶后静置 20 min。不粘手，方可铺贴卷材。

(8)铺贴卷材。在已涂黏结剂的卷成圆筒的卷材中心，插入一根 $\phi 30$ mm × 1 500 mm 的铁管，由两人分别手持铁管两端，将卷材一端粘贴在预定位置，在松弛状态下，沿基准线铺展卷材。铺展时，不要将卷材拉得太紧而使其伸长，也不要有皱褶现象。

平面与立面相交处，应从下向上铺贴卷材，阴角部位可用手持压辊滚压，使卷材紧贴阴角，无空鼓现象。阴角处不可有卷材接缝，接缝部位必须距阴角中心线 200 mm 以上。

在铺贴卷材的同时，要用干净而松软的长把滚刷从卷材中心线位置，分别向两侧用力滚压，以排除卷材内的空气并压实卷材。排气之后，立面部位的卷材用手持压辊滚压粘牢，平面部位的卷材用外包橡胶的铁压辊滚压粘牢。

(9)卷材接头的黏结。在卷材表面涂刷黏结剂时，应在卷材搭接处留出 100 mm 宽的空白边，此处在铺完卷材之后，再涂布黏结剂，等黏结剂基本干燥后，把卷材与卷材粘牢。由于黏结剂的干燥需要时间(一般为 20 ~ 40 min)，所以在卷材搭接黏结之前，需将搭接卷材的覆盖边作临时固定。其方法是在搭接卷材覆盖边的一侧，每隔 500 ~ 1 000 mm 点涂胶，待胶干燥后，翻开搭接卷材的覆盖边，将其点粘，作临时固定，如图 5-11 所示。

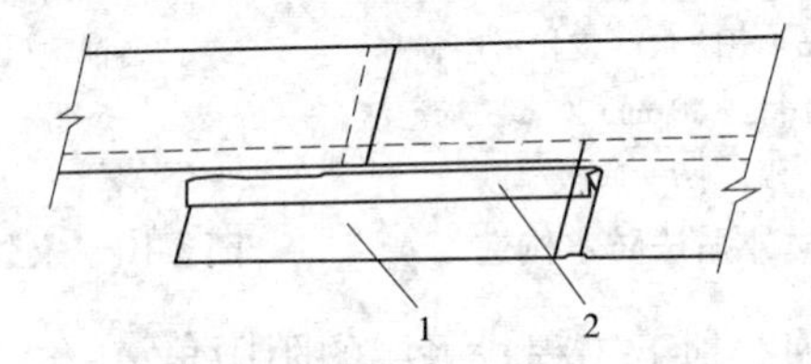

1—临时固定基层黏结剂；2—搭接卷材覆盖边

图 5-11　搭接卷材覆盖边临时粘贴固定

将专用黏结剂(按规定配合比配制)均匀地涂刷在要进行搭接的卷材的两个接触面上，涂胶量一般为 0.5 kg/m²，以保证涂层既不露底，也不堆积，均匀涂布。涂胶后干燥 20 min(基本不粘手)，即可用手一边压合卷材，一边用滚刷驱赶空气，确保卷材内不留气泡或皱褶等，黏合好卷材后，还要用手持压辊滚压一遍，保证卷材平整、密实，无翘边现象。当遇有三层卷材重叠在同一搭接部位时，必须填充建筑密封膏密封。

防水卷材之间的搭接缝是防水的关键部位，施工时，搭接缝要顺直，不可扭曲；搭接缝处必须干净，无灰尘、砂粒等异物；黏结剂应与卷材的材料性能相一致。

(10)卷材搭接缝处的嵌缝处理。铺贴完防水卷材之后，要用建筑密封膏对接缝边缘进行密封处理，以防止出现渗漏水现象。密封膏宽度应≥10 mm，如图 5-12 所示。

(11)卷材搭接缝处的加强处理。卷材搭接缝处是容易出现渗漏的薄弱环节，所以在搭接缝边缘不但要嵌填建筑密封膏，还要粘贴 120 mm 宽的封口条，并用手持压辊压牢，以作加强处理。最后，在封口条的两侧边缘，再用密封膏封牢，密封膏宽度应≥10 mm，如图 5-13 所示。

(12)铺设油毡保护隔离层。铺设完平面和立面的卷材防水层之后，对防水层进行质量验收。检查防水层表面有无皱褶、裂缝、孔洞、翘边等；卷材搭接缝处的封口条是否粘贴

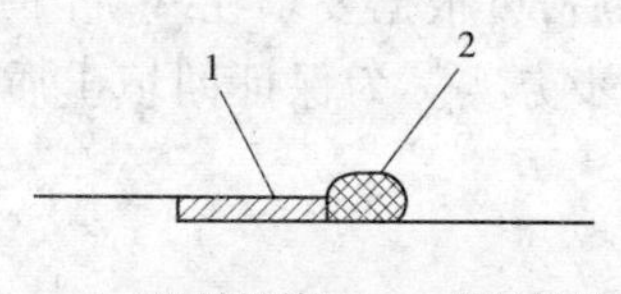

1—卷材搭接边;2—密封材料

图 5-12　嵌缝密封

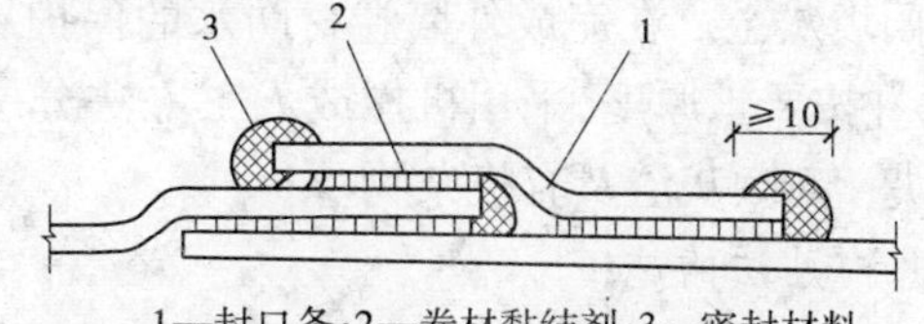

1—封口条;2—卷材黏结剂;3—密封材料

图 5-13　封口条密封处理

牢固,密封是否可靠等。如发现问题,要及时修补,消除隐患。

防水层经验收合格后,用黏结剂点粘固定一层石油沥青纸胎油毡保护隔离层,以避免在浇筑细石混凝土保护层时,破坏防水层。

(13)砌筑临时保护墙体。先摆放一条油毡保护条,再用四皮单砖砌筑临时保护墙。第一、四皮砖用石灰砂浆或黏土砌筑,第二、三皮砖用水泥砂浆砌筑。防水卷材高度与第三皮砖平齐,油毡保护条和甩头油毡都压在第四皮砖下面,防水卷材被保护在油毡保护条和甩头油毡之间,不会受到任何破坏。待浇筑结构墙体后,拆除临时保护墙,露出防水卷材,继续向上进行搭接,搭接缝处要用密封膏和封口条加强处理。保护墙体构造如图 5-14 所示。

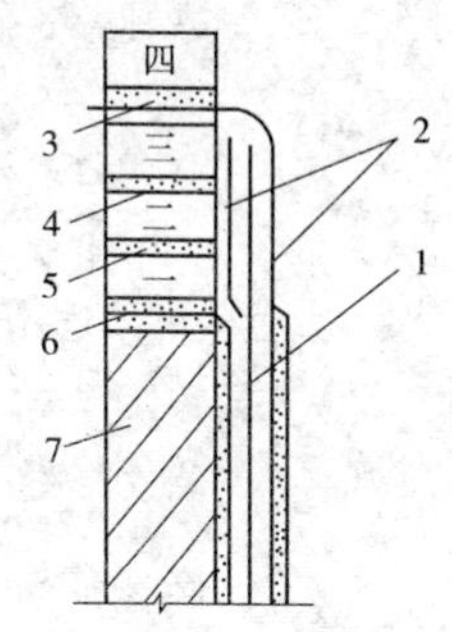

1—防水卷材;2—油毡保护层;
3、6—石灰砂浆;4、5—水泥砂浆;
7—永久性保护墙体

图 5-14　保护墙体构造

(14)平面部位浇筑细石混凝土保护层。铺设完油毡保护隔离层后,即可对平面部位浇筑 40 ~ 50 mm 厚的细石混凝土保护层。浇筑时,切记不能破坏油毡保护隔离层和卷材防水层,如发现损坏,及时用接缝专用黏结剂补一块卷材,并进行密封。

(15)立面部位抹水泥砂浆保护层。立面部位的防水层表面,抹 20 mm 厚 1:(2.5 ~ 3)掺入微膨胀剂的水泥砂浆,以保护防水层。

(16)绑扎钢筋和浇筑混凝土。平面部位的细石混凝土和立面部位的水泥砂浆养护凝固后,按要求绑扎钢筋、支设模板,浇筑混凝土底板和墙体。浇筑后,严禁再打眼、凿洞等。

(17)结构墙体外表面抹水泥砂浆找平。结构墙体外侧拆模后,表面可能会凹凸不平,需抹水泥砂浆进行找平,之后,才能铺贴防水卷材。

(18)铺贴外墙防水层。拆除临时保护墙后,清理油毡保护层上的砂浆、碎块等杂物,撕掉油毡保护层,检查防水卷材有无损坏,若有损坏,应进行修补。之后,向上搭接卷材防水层,搭接长度≥150 mm。搭接好防水卷材后,撤掉油毡保护条,搭接缝用密封膏密封,并用封口条盖缝。

(19)外墙防水层的保护。铺贴完外墙防水层,经验收合格后,先在卷材防水层外侧点粘石油沥青纸胎油毡保护层,然后用氯丁橡胶系胶粘剂或其他胶粘剂,点粘 5 ~ 6 mm 厚的聚乙烯泡沫塑料片材做保护层;或者用聚醋酸乙烯乳液点粘 40 mm 厚的聚苯乙烯泡沫塑料板做保护层;也可以在油毡保护层上抹水泥砂浆后,砌筑砖或混凝土薄保护墙,要求保护墙每隔 5 ~ 6 m 或在转角处断开,缝宽 20 ~ 30 mm,缝内塞入卷材条或沥青麻丝,以适应墙体的变形。

(20)回填灰土。在完成外墙卷材防水的保护层之后,可根据要求在基坑内分步回填二八灰土,并按要求厚度,采用机械或人工方法分层分步夯实。为保证回填土质量,土中不得有石块、碎砖、灰渣及有机杂物。

2)外防内贴法的施工

外防内贴法是先砌筑永久性保护墙(高度按设计要求),墙面找平后,将防水卷材铺贴在保护墙上,最后浇筑钢筋混凝土底板和结构墙体,其构造如图5-15所示。由于内贴法的防水效果不如外贴法,所以应尽量避免采用内贴法。

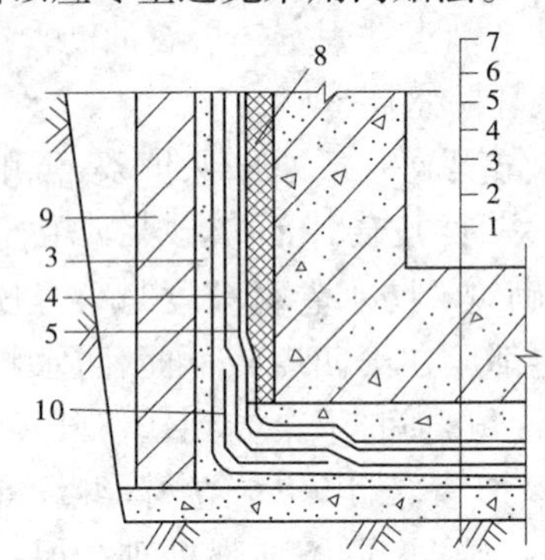

1—素土夯实;2—混凝土垫层;3—20 mm厚1:2.5补偿收缩水泥砂浆找平层;
4—卷材防水层;5—油毡保护层;6—40 mm厚C20细石混凝土保护层;7—钢筋混凝土结构层;
8—5~6 mm厚聚乙烯泡沫塑料保护层;9—永久性保护墙体;10—附加防水层

图5-15 地下工程卷材外防内贴法防水构造

内贴法施工的一些工艺做法及要求和外贴法相同,这里不再叙述。但内贴法在平面和立面上铺贴防水卷材的顺序与外贴法不同。内贴法是先铺贴立面后铺贴平面,这样能避免施工立面防水层时可能对平面防水层的破坏。

4.地下工程卷材防水层质量的检查及验收

(1)地下工程卷材防水层所使用的合成高分子防水卷材的材质证明必须齐全。进场的防水卷材经抽样复检,其各项技术性能指标应符合标准规定或设计要求。

(2)铺贴卷材防水层时应黏结牢固,不允许出现皱褶、孔洞、翘边、脱层、滑移、虚粘和渗漏水等现象。经确认无任何渗漏隐患后,才可覆盖隐蔽。

(3)卷材与卷材间的搭接宽度必须符合要求。搭接缝必须嵌缝处理并用封口条盖缝、密封。

(4)防水层的保护层应黏结牢固,紧密结合,厚度均匀一致。

(5)施工单位必须做好防水层隐蔽工程施工的检查验收记录。

5.施工注意事项

(1)防水施工所用的材料多属易燃物质,储藏、运输和施工现场必须严禁烟火、通风良好,同时要配备相应的消防器材。

(2)现场施工人员必须穿戴安全帽、口罩、手套、防火工作服等防护用品。施工现场要保持良好的通风。

(3)不允许穿硬底鞋或钉子鞋进入施工现场,以防破坏防水层。

(4)施工细石混凝土或水泥砂浆保护层时;运送材料的小车铁脚根部要用橡胶制品

垫好捆牢,以防铁脚损坏防水层。若发现防水层有损坏,必须先粘贴卷材修补密封,再继续施工。

(5)每次用过的施工工具,要及时用二甲苯等有机溶剂清洗干净,以备重复使用。

(二)高聚物改性沥青卷材防水施工

高聚物改性沥青防水卷材是采用改进后的沥青(在沥青中加入适量的改进剂)作卷材的涂盖材料,用薄毡(如聚酯毡、玻纤毡、黄麻布、聚乙烯膜等)做胎体增强材料,用片岩、细砂、彩色砂、矿物砂、合成膜等作隔离材料制成的防水材料。具有高温不流淌、低温不脆裂、抗拉强度高、延伸率高、耐久性能好、对防水基层的伸缩或开裂变形的适应性较强等特点,是地下防水工程防水层的材料之一。

高聚物改性沥青防水卷材主要包括 SBS 改性沥青防水卷材、APP 改性沥青防水卷材、再生胶改性沥青防水卷材等品种,其厚度一般在 2 ~5 mm。卷材的铺贴方法主要有冷粘法和热熔法。

1. 施工准备

1)基层的处理及要求

混凝土基层表面应用水泥砂浆找平,找平层要求平整、干燥、坚固、光滑,无空鼓、起灰掉砂、凹凸不平等缺陷。在铺贴防水卷材之前,要将基层表面的灰土杂物彻底清理干净。

2)施工作业的条件

高聚物改性沥青防水卷材严禁在雨天、雪天施工;≥5 级风不得施工;气温低于 0 ℃时不宜进行冷粘法施工,气温在 -10 ~0 ℃时,仍可进行热熔法施工;气温低于 -10 ℃时不宜再进行热熔施工;施工中途下雨、下雪应立即停止防水卷材的铺设,并在已铺卷材周边做好防护工作,及时用改性沥青密封材料对周边缝进行密封处理。

2. 施工方法

1)冷粘法

冷粘法包括冷黏结法和冷自黏结法两种施工方式。

(1)冷黏结法。

冷黏结法是将冷黏结剂(冷玛琋脂、聚合物改性沥青黏结剂等)均匀地涂布在基层表面和卷材搭接边上,使卷材与基层、卷材与卷材牢固地黏结在一起的施工方法。

具体有以下施工要求:

①涂刷黏结剂要均匀、不露底、不堆积。黏结剂涂布厚度一般为 1 ~2 mm,用量≥1 kg/m^2。

②涂刷黏结剂后,铺贴防水卷材,其间隔时间根据黏结剂的性能确定。

③铺贴卷材的同时,要用压辊滚压驱赶卷材下面的空气,使卷材粘牢。

④卷材的铺贴应平整顺直,不得有皱褶、翘边、扭曲等现象。卷材的搭接应牢固,接缝处溢出的冷黏结剂随即刮平,或者用热熔法接缝。

⑤卷材接缝口应用密封材料封严,密封材料宽度≥10 mm。

(2)冷自黏结法。

冷自黏结法是在生产防水卷材的时候,就在卷材底面涂上一层压敏胶(属于高性能黏结剂),压敏胶表面敷有一层隔离纸。施工时,撕掉隔离纸,直接铺贴卷材即可。很显然，压敏胶就是冷黏结剂，冷自黏结法靠压敏胶将基层与卷材、卷材与卷材紧密地黏结在一起。

冷自黏结法施工要求有：

①先在基层表面均匀涂布基层处理剂，处理剂干燥后再及时铺贴卷材。

②铺贴卷材时，要将隔离纸撕净。

③铺贴卷材时，用压辊滚压以驱赶卷材下面的空气，并使卷材粘牢。

④卷材的铺贴应平整顺直，不得有皱褶、翘边、扭曲等现象。卷材的搭接应牢固，接缝处宜采用热风焊枪加热，加热后随即粘牢卷材，溢出的压敏胶随即刮平。

⑤卷材接缝口应用密封材料封严，密封材料宽度≥10 mm。

2）热熔法

热熔法（如图5-16所示）是用火焰喷枪（或喷灯）喷出的火焰烘烤卷材表面和基层（已刷过基层处理剂），待卷材表面熔融至光亮黑色，基层得到预热，立即滚铺卷材。边熔融卷材表面边滚铺卷材，使卷材与基层、卷材与卷材之间紧密黏结。

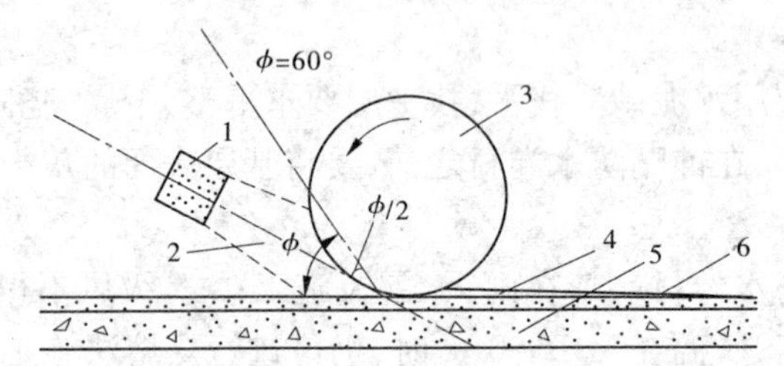

1—喷嘴；2—火焰；3—成卷的卷材；4—水泥砂浆找平层；5—混凝土垫层；6—卷材防水层

图5-16 热熔法施工

若防水层为双层卷材，第二层卷材的搭接缝与第一层的搭接缝应错开卷材幅宽的1/3~1/2，以保证卷材的防水效果。

热熔法铺贴卷材的规定：

（1）喷枪或喷灯等加热器喷出的火焰，距卷材面的距离应适中；幅宽内加热应均匀，不得过分加热或烧穿卷材，以卷材表面熔融至光亮黑色为宜。

（2）卷材表面热熔后，应立即滚铺卷材，并用压辊滚压卷材，排除卷材下面的空气，使卷材黏结牢固、平整，无皱褶、扭曲等现象。

（3）卷材接缝处，用溢出的热熔改性沥青随即刮平封口。

四、聚氨酯涂膜防水施工

由于地下最高水位一般高于防水层，防水层经常处于潮湿环境中，如果防水涂料选择不合理或施工不当，都可能造成防水层的渗漏。一旦地下工程竣工，防水层维修是非常困难的。因此，当选用涂膜做防水层时，应尽量采用中、高档防水涂料。

地下工程常用的防水涂料包括合成高分子防水涂料（如聚氨酯防水涂料、硅橡胶防水涂料、水乳型丙烯酸酯防水涂料等）和高聚物改性沥青防水涂料（如水乳型氯丁橡胶改性沥青防水涂料、SBS橡胶改性沥青防水涂料等），不得采用乳化沥青类防水涂料。

聚氨酯防水涂料是地下工程中防水效果较好的材料。它是双组分化学反应固化型的高弹性防水涂料。其中甲组分是内聚异氰酸酯、聚醚等原料在加热搅拌下,经过氰转移发生聚合反应制成的;乙组分是由固化剂、催化剂、增塑剂、填充剂等材料,经加热、均匀搅拌混合而成的。使用时,将甲、乙组分按一定比例均匀拌和,方可涂刷。

聚氨酯防水涂料施工前呈黏稠状液体,涂布固化后,形成完整的、无接缝的弹性防水层,该防水层不但具有自重轻、耐水、耐高低温、耐腐蚀等性能,而且它的延伸性能高,对基层的伸缩或变形有较强的适应性。

聚氨酯防水涂料施工是冷施工,操作简单,施工方便。对于结构复杂部位,如阴阳角、凸起物、管道等处,施工都较容易。但应注意,对这些易出现渗漏的薄弱部位,还需要采取其他材料密封或加固措施,配合聚氨酯防水涂料的防水,以取得更理想的防水效果。

(一)施工准备

1. 基层要求及处理

(1)为防止地下水的渗透,降低基层的透湿率,可在水泥砂浆找平层中掺入一定配合比的无机铝盐防水剂(水泥∶中砂∶无机铝盐防水剂∶水=1∶3∶0.1∶(0.3~0.35)),使基层含水率降至9%以下,确保基层干燥。

(2)基层应坚固、平整、干净。抹水泥砂浆找平层要随抹随压光,不得有空鼓、起砂、掉灰等缺陷;基层表面的平整度可用2 m长靠尺检查,要求靠尺与基层间的空隙≤5 mm,超出时应将表面凿毛,清水冲洗,填补水泥素浆后,用水泥砂浆抹平;对基层表面的灰尘、油污、铁锈等,应在涂布防水层之前彻底清除。

(3)阴阳角部位应做成$r=10$ mm的圆角或八字角。

2. 施工作业的条件

(1)在地下工程防水施工期间,应做好排水工作,使地下水位降低至涂膜防水层底部最低标高以下300 mm,以利于防水涂料的充分固化。施工完毕,须待涂层完全固化成膜后,才可撤掉排水装置,结束排水工作。

(2)聚氨酯防水涂料施工的适宜气温为-5~35 ℃。低于-5 ℃时,涂料变稠,不易涂抹;高于35 ℃时,防水层质量难以保证。施工中遇有下雨、下雪,应立刻停止施工;5级以上大风天气,不得施工。

(二)施工方法及步骤

聚氨酯防水涂料做地下工程防水层,一般采用外防外涂法,其主要施工过程是:砌保护墙→防水砂浆找平→聚氨酯涂膜→浇筑主体结构→结构外墙涂膜。其构造如图5-17所示。

(1)砌筑永久性保护墙。在混凝土垫层上用水泥砂浆砌筑约1 m高的二四砖墙,作为永久性保护墙。

(2)抹防水砂浆找平层。为保证基层干燥,可在水泥砂浆找平层中掺入适量的无机铝盐防水剂。

(3)涂布底胶(又称基层处理剂)。底胶的配制方法是:将聚氨酯甲料与专供底涂用的乙料按1∶3~1∶4(质量比)的比例均匀拌和,或用甲、乙组分和二甲苯按1∶1.5∶2(质量比)的比例均匀拌和。

涂布底胶应薄厚均匀,不堆积,不露底。涂布后需干燥4~24 h(具体时间视气候而

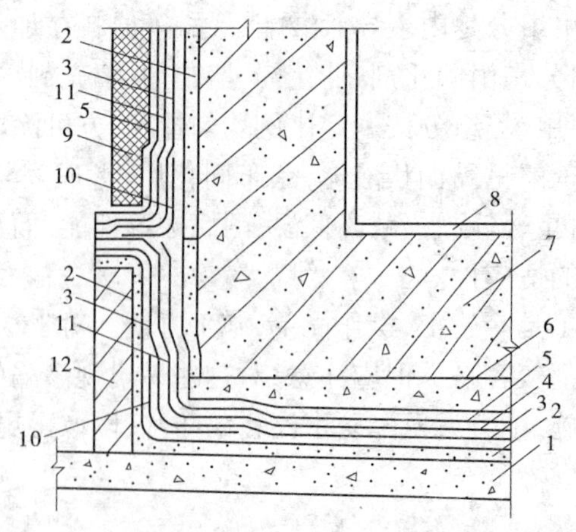

1—混凝土垫层；2—无机铝盐防水砂浆找平层；3—基层处理剂（聚氨酯底胶）；
4—平面涂布四遍聚氨酯防水涂料；5—油毡保护隔离层；6—细石混凝土保护层；
7—钢筋混凝土结构层；8—水泥砂浆面层；9—40 mm 厚聚苯乙烯泡沫塑料保护层；
10—胎体增强材料；11—立面涂布五遍聚氨酯防水涂料；12—永久性保护墙体

图 5-17　地下工程聚氨酯涂料防水层构造

定），才能进行下道工序的施工。

（4）配制聚氨酯防水涂料。聚氨酯防水涂料应现用现配，配好后，在 2 h 内用完，避免涂料搁置过久，固化成块。

涂料的配制方法是甲料：乙料 =1：1.5 或甲料：乙料：二甲苯 =1：1.5：0.3（或按厂家规定配比）的比例混合于搅拌桶中，用电动搅拌器搅拌 5 min 后，即可使用。

（5）复杂部位的增强处理。底胶固化后，在阴阳角、变形缝等复杂部位先涂布防水涂料，涂料固化后，铺贴聚氨酯无纺布、化纤无纺布或玻纤布等胎体增强材料。增强材料应紧贴基层，不得有空鼓、皱褶、曲叠等缺陷，其表面还要涂布一层涂料，自然固化。

（6）涂布聚氨酯防水层。涂布聚氨酯防水涂料时，若施工面积较小，可用橡胶或塑料刮板，将倒在基层表面的涂料均匀涂刮摊开；若施工面积较大，需用长把滚刷蘸满涂料，均匀滚涂在基层表面。

为确保防水层厚度达到规定要求，并保证薄厚均匀，应分层分遍涂刷，每遍涂层不宜太厚。在平面基层上，一般涂布 4 遍聚氨酯防水涂料，每遍涂层用量为 0.6 ~0.8 kg/m^2；在立面基层上，一般涂布 5 遍，为避免防水涂料流淌，每遍涂层的用量为 0.5 ~0.6 kg/m^2。

涂布第一遍涂料后，待涂层基本固化至不粘手时，再进行第二遍涂布。第三、四、五遍涂料的涂布都按此要求施工。每相邻两遍的涂层应垂直涂布，以保证涂膜薄厚均匀并封死基层任何部位的毛细孔，同层涂膜的先后搭槎应≥50 mm。

每遍聚氨酯涂层的固化时间，夏季约需 6 h 以上，冬季约需 72 h。也可根据施工需要，在配制涂料时，加入适量的缓凝剂或促凝剂，调节涂料的固化时间。

按设计要求在涂层间夹胎体增强材料，对平面部位，应边涂布第二遍涂膜边铺贴胎体材料；对立面部位，应边涂布第三遍涂膜边铺贴胎体材料。铺贴胎体时，应保证其完整，无气泡、空鼓、皱褶等现象。胎体上涂布涂料时，应使涂料完全覆盖胎体，不得有胎体外露现象。

(7)铺贴油毡保护层。最后一道涂层固化成膜，经检查验收合格后，在平面和立面部位铺贴一层石油沥青纸胎油毡，作为保护隔离层。铺贴油毡时，用少许涂料或氯丁橡胶系胶粘剂点粘固定，以防止在浇筑细石混凝土时发生位移。

(8)砌筑临时性保护墙。将永久性保护墙顶端平面的油毡保护层，用临时保护墙压住，用石灰砂浆（或黏土）砌筑2~3层二四砖墙作为临时保护墙。

(9)浇筑细石混凝土刚性保护层。在平面油毡保护层上，直接浇筑40~50 mm厚的细石混凝土刚性保护层。施工时必须防止施工机具（如手推车、铁锹等）损坏油毡保护隔离层和涂膜防水层，如发现有损坏现象，应立即把损坏的涂膜及周围部分剔除，用聚氯酯的混合材料修复。如损坏面积较大，还需夹胎体增强材料。修补后，需待涂层固化成膜，铺贴油毡保沪层后，再继续浇筑细石混凝土保护层。

(10)立墙抹水泥砂浆保护层。在立墙油毡保护层表面抹20~25 mm厚1:(2~2.5)水泥砂浆保护层（宜掺入微膨胀剂）。

(11)浇筑钢筋混凝土主体结构。平面部位的细石混凝土保护层和立面部位的水泥砂浆保护层的施工及养护完毕，按设计和施工要求绑扎钢筋、支模板、浇筑钢筋混凝土结构。

(12)结构外墙找平处理。钢筋混凝土结构外墙施工完毕，先拆除临时保护墙并清扫干净，再清理外墙表面灰砂并修理空洞，外墙表面达到平整、光洁、干净的要求后，再对其进行找平处理。找平处理方法一般有抹补偿收缩水泥砂浆和涂抹、嵌填密封材料两种。

(13)结构外墙涂膜防水层。先在结构外墙表面涂布基层处理剂，待其基本固化后，由上至下涂刷5遍聚氨酯防水涂料。每遍涂布应均匀，薄厚一致。

(14)铺贴油毡保护层。待结构外墙聚氨酯防水涂料完全固化成膜，经验收合格后，用氯丁橡胶系胶粘剂点粘油毡保护层。

(15)铺贴聚苯乙烯泡沫塑料软保护层。在油毡保护层表面用聚醋酸乙烯乳液粘贴40 mm厚聚苯乙烯泡沫塑料板做软保护层，或者用氯丁橡胶系胶粘剂等粘贴5~6 mm厚的聚乙烯泡沫塑料片材做软保护层。

(16)回填二八灰土。在软保护层外侧，按设计和施工要求，分步回填二八灰土。每填一遍，夯实一次。

（三）防水层的质量检查与验收

(1)进场聚氨酯防水涂料的技术性能指标，应符合设计要求或标准规定文件和现场取样进行检测的试验报告，以及其他有关质量的证明文件。

(2)聚氨酯涂膜防水层应形成一个封闭严密的完整防水体系。不允许有开裂、脱落、气泡、翘边、滑移、末端封闭不严等缺陷存在。

(3)聚氨酯涂膜防水层的涂膜厚度应均匀一致，固化后其总厚度≥1.5 mm。一般可用针刺法检查涂膜厚度，为防止针眼扩大，应将涂料覆盖在针眼处。必要时，也可选点割开进行实际测量，割开部位可用聚氨酯防水涂料添补刮平修复，涂料固化后再用胎体增强材料补强。

(4)聚氨酯涂膜防水层必须分遍涂布，待先涂的涂层干燥成膜后，方可涂布后一遍涂料。涂层不应有明显的凹坑、凸起等缺陷存在。

（四）施工注意事项

（1）防水涂料和辅助材料属易燃、易挥发品，必须用铁桶包装并密封存放，不得敞口储存。存放仓库和施工现场严禁烟火，并配备足够的消防器材。

（2）聚氨酯防水涂料有一定毒性，材料存放仓库和施工现场必须通风良好。如无自然通风条件，必须安装机械通风设备。

（3）严禁闲杂人员在未做保护层的涂膜防水层上随意走动。必须在防水层上行走的人员，应穿软底鞋，以防止损坏涂膜防水层。

（4）施工时，必须严格按操作步骤进行，严防施工材料污染不做防水涂膜的部位。

（5）每次施工用过的机具，应及时用二甲苯等有机溶剂清洗干净，以便重复使用。

第二节　外墙及卫生间防水施工

一、高层建筑外墙防水

目前，在我国高层建筑工程中除屋面、地下、卫生间存在着大量渗漏水现象外，外墙的渗漏水亦相当普遍。特别是新建工程尤为严重。

外墙渗漏水不但影响了建筑物的使用寿命和安全，而且直接损害了室内的装饰效果，造成壁纸变色、发霉、涂料起皮、粉层脱落，雨水浸湿了墙面，增大了室内的湿度，降低了保温隔热效果，给人们的工作、生活带来极大的不便，特别是高层建筑的墙面成片渗漏其危害更大，涉及的住户更多。

虽然我国目前对高层建筑外墙渗漏水的现状尚无权威性的统计资料，但社会各界要求解决外墙渗漏水的呼声很高，已经引起全国防水界的高度重视。

（一）外墙面渗漏水的原因

高层建筑外墙是建筑物的重要组成部分，其表面积要比屋面大得多。因此，当雨淋到外墙面时，外墙如有裂缝和大量毛孔，雨水即会渗入到内墙面。如果下雨时刮风，雨就会横扫，风越强，雨的方向就越接近于水平，雨水向墙内渗透的压力亦越大，墙面渗水就更加明显。

墙壁所受到的淋雨量不仅受到风速的影响，而且与建筑物外墙的形状、高度、部位及外墙面饰面材料的吸水率有密切的关系。

因此，分析判断高层建筑外墙渗漏的原因就应当从这几个方面加以考虑：室内墙面的潮湿状况是点漏、线漏还是成片渗漏？渗漏的具体位置如何？下雨时，现场察看是判断渗漏原因的关键。

根据经验，高层建筑外墙渗漏一般由下面几个方面造成：

（1）屋顶的挑檐和阳台的雨篷渗水。屋顶的挑檐和阳台的雨篷是雨水容易停留的部位，如果防水处理不好，往往形成进水通道。见图5-18。

（2）门窗的外框与墙体产生裂缝，雨水顺裂缝进入室内。见图5-19。

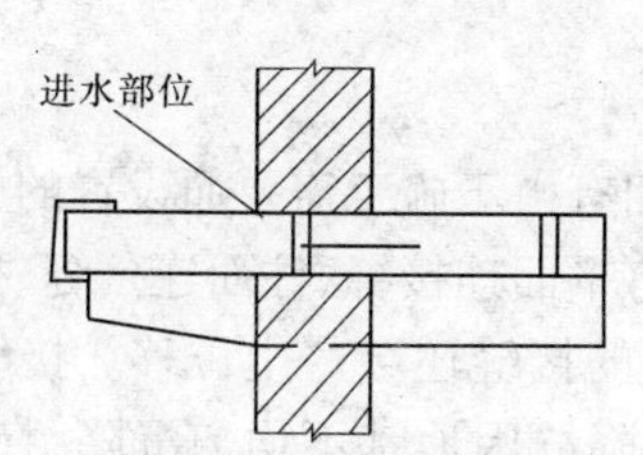

图 5-18　屋顶挑檐和阳台的雨篷渗水

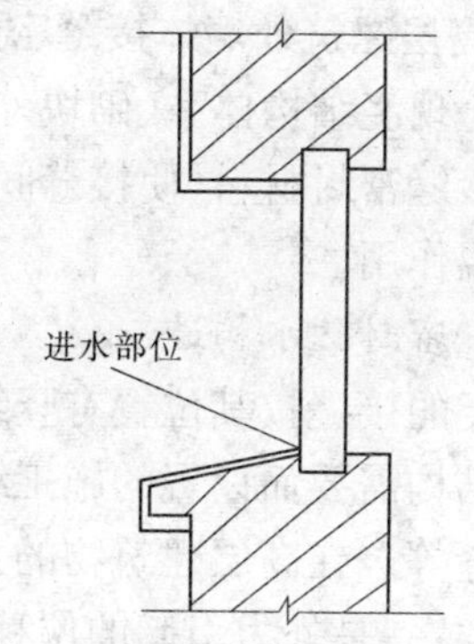

图 5-19　雨水沿窗框的缝隙进入室内

(3)高层框架中装配式外墙板接缝进水。高层框架结构的建筑物有不少采用装配式外墙板构造,这些外墙板的接缝处是渗漏的关键部位,特别是加气混凝土拼装板的外墙,由于其吸水率大,进水后后果十分严重。见图 5-20、图 5-21。

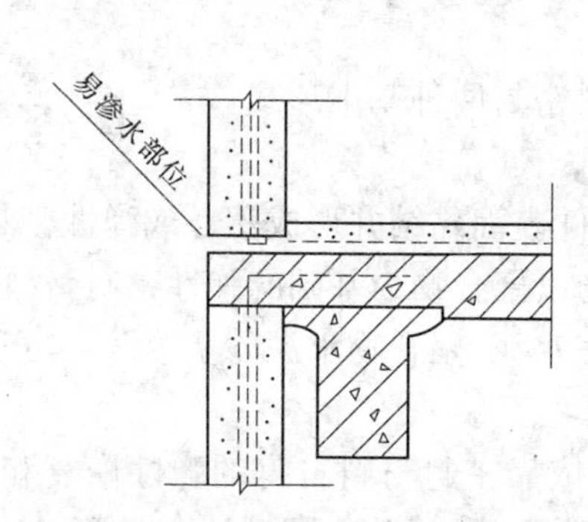

图 5-20　雨水沿高层框架中外墙板接缝进入室内

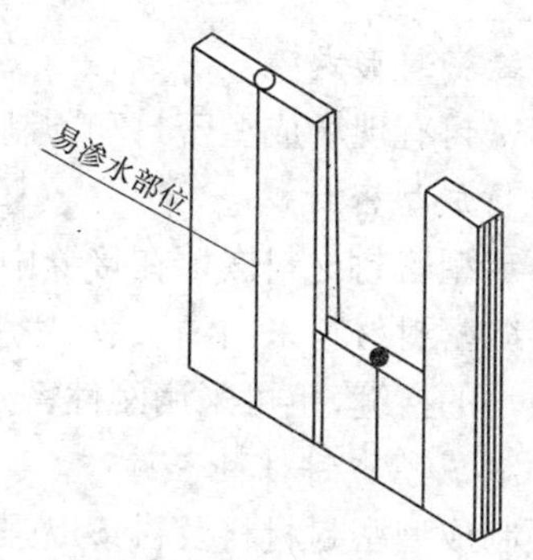

图 5-21　加气混凝土条板接缝处渗水

(4)基础不均匀沉降造成墙体开裂,雨水顺墙体不规则裂缝进入室内。

(5)外墙饰面采用水泥灰浆时其装饰线施工不当和外墙安装下水管时凿洞预埋件未能及时堵塞,均可能造成墙面渗水。

(6)墙体材料特别是饰面材料含水率过大,大雨淋湿后,水分往室内渗透,使得整个墙面潮湿。

(7)一楼墙面由于地面未做防潮处理,地下水位上升时,地下水顺着砖结构毛细孔上升而形成墙面潮湿。

(8)土建施工质量。砖砌体的外墙,砖缝砂浆不饱满、不密实,脚手洞处理不当,装配式外墙板的板缝未处理好是外墙渗水的直接原因。

(9)饰面材料的吸水率和透水性。饰面前的砂浆粉层应用防水砂浆,以保证饰面材料未施工前就做到不渗漏,但这一点往往是难以做到的。饰面加工完成后,墙面出现渗漏,维修是十分困难的,代价也很大。当然,饰面材料的性能和吸水率对外墙渗水来说仍然是十分重要的。

要想根除外墙渗漏,必须和屋面一样进行综合治理,但只有先从结构入手,重视每一条砖缝、每一条板缝和饰面前的砂浆粉层质量才能奏效。

(二)高层建筑外墙体接缝密封防水施工

对于全现浇结构体系、砌块外墙、未做构造防水处理的外墙板,本身不具备防水构造,可以借助接缝密封材料,使接缝间的墙板或砌块之间连接成整体,实现墙体的气密、水密和防水保温作用。

1. 接缝密封防水构造

建筑上的接缝按其位置有竖缝和平缝。按其作用有由于施工需要而设置的施工缝和适应建筑结构需要而设置的施工缝。按其连接形式有平面连接缝、柱面连接缝、搭接缝和榫形连接缝等。在高层建筑物的正常使用过程中,有的接缝还会产生位移。接缝位移的特征有两类:一是外力引起的位移,是不变的,比如沉降缝因地基不均匀沉降引起的上下剪切位移;二是温度和外力引起的周期性拉压或上下、左右的剪切位移,比如伸缩缝因温度变化会引起拉压位移,防震缝在地震波的作用下产生拉压及剪切位移。为保证接缝良好的密封防水性能,应采取适当的密封防水构造措施,选用与接缝位移特征相适应的密封材料。

2. 接缝密封形式

接缝密封有现场成型密封和预制成型密封材料密封两种基本形式。

1)现场成型密封

将不定型密封材料嵌填在接缝中,使结构或构件表面黏结并形成塑性或弹性密封体。

其接缝密封材料采用油灰、玛琋脂、热塑材料和以聚合物为基础的弹性密封膏。对于位移量微小的接缝,也可采用刚性密封材料,如膨胀水泥、聚合物水泥砂浆等。

2)预制成型密封材料密封

将预制成型密封材料及衬垫以强力嵌入接缝,依靠密封材料自身的弹性恢复和压紧力封闭接缝通道。预制成型密封材料主要有密封条、密封垫(片或圈)、止水带等。

3. 不定型密封材料的选择

1)对密封材料的性能要求

(1)密封材料与墙体黏结牢固,这是使墙体形成连续的防水层,使建筑物有良好的水密性和气密性所必需的基本特征,即要求黏结强度大于密封材料本身的内聚力,具备良好的黏结性能。

(2)由于温差的变化、干缩的原因和外力的作用,外墙体的接缝都会产生拉压和剪切位移,接缝密封材料必须具有良好的柔韧性和抗变形能力,以适应位移变化,不至于因外力的作用而破坏。

(3)外墙接缝密封材料直接承受室外日光、大气、雨雪等自然条件的作用,必须有良好的耐候性、耐热性、耐寒性、耐水性、耐腐蚀性和抗老化能力,确保密封材料不断裂、不剥落,确保防水能力。

(4)除上述性能要求外,还应具有储存稳定性好、使用时调制简单、容易嵌入、不下垂、不流坠等良好的施工性能。

2)密封材料选择

密封材料选择应从以下三个方面综合考虑:一是接缝的类型、缝宽和位移特征,密封材料适应的接缝宽度情况;二是当地的自然条件和常用的密封材料情况;三是密封材料的自身特点和施工性能。

4. 接缝密封防水施工

1) 施工准备

(1) 材料准备。

根据设计要求准备密封材料、衬垫材料和打底料等。常用密封材料主要有聚氨酯密封膏(双组分)、丙烯酸密封膏(单组分)、EVA 密封膏(单组分)等。

(2) 工具准备。

在表 5-5 中,根据施工需要选择相应的工具进行准备。

表 5-5　施工工具

名称	用途
钢丝刷	清理基层用
小平铲	清理基层或配制混合料用
小镏子	用于密封材料的表面修整
扫帚	清理基层用
皮老虎或空压机	清理基层用
油漆刷	涂刷打底料
挤压枪	嵌入密封膏
容器(铁桶或塑料桶)	盛溶剂及打底料用
嵌填工具	嵌填衬垫材料
电动搅拌器	搅拌双组分密封材料用

高空作业时,必须有可靠的脚手架或吊篮,施工质量和安全才能得到保证。一般可利用主体结构施工时搭设的脚手架。

2) 施工工艺与操作要点

(1) 接缝与基层处理。

检查接缝两侧墙体或构件的位置和尺才是否符合要求,如设计无要求,接缝宽度一般不超过 20 mm,缝隙过宽,容易使密封膏下垂,导致接缝不能完全密封而有孔洞,且材料用量过大;过窄则密封膏不易嵌填。缝隙过深,材料用量大;过浅,则不易黏结密封。

缝隙过宽、过窄或过浅均应进行修整。缝隙过宽:先将接缝两侧清洗干净,刷一层界面剂,然后分层抹聚合物水泥砂浆,直到缝宽合适,修补时要注意每层厚度控制在 7 mm 左右,竖缝上下垂直,水平缝要左右平行;修补完成后每 24 h 洒水一次,养护 7 d。缝隙过窄或过浅:按缝宽尺寸立缝弹好垂直墨线,水平缝弹好水平墨线(缝隙过浅可不弹);按线开凿剔缝,表面要平整,无毛茬。

嵌缝的两侧基层必须坚实、干燥、平整,无粉尘,如有油渍,应用丙酮等清洗剂清洗干净。

(2) 嵌填衬垫材料。

衬垫材料应选用弹性好的聚乙烯或聚苯乙烯泡沫板、棒、管,宽度或外径要大于缝宽约2 mm。用嵌填工具或腻子刀塞严,沿板缝全部贯通,不得凹陷或突出。通过嵌填衬垫材料,确定密封膏合理的宽厚比,厚度一般不小于10 mm。

(3)粘贴防污条。

防污条的作用是防止涂刷基层处理剂和嵌填密封膏时污染墙面,确保嵌填密封膏时边沿及宽度整齐美观。防污条一般采用自粘性纸带粘贴,也可采用牛皮纸用胶水粘贴,嵌填完密封膏后揭除。防污条应按图5-22(b)所示的位置粘贴,按图5-22(a)或图5-22(c)的位置均是错误的。

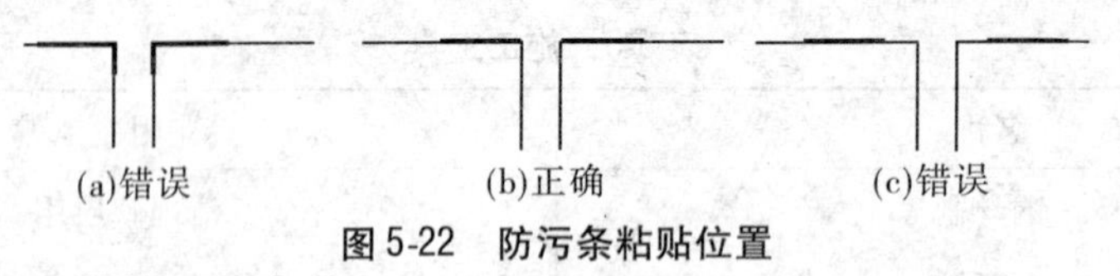

图5-22 防污条粘贴位置

(4)涂基层处理剂。

涂基层处理剂的目的在于提高密封膏与基层的黏结力,并渗透到混凝土或砂浆中,封闭基层中碱性成分和水分的渗透,防止影响防水质量。

基层处理剂一般采用密封膏和稀释剂调兑而成,也可采用密封膏生产商的配套产品。

处理剂的调兑应根据密封膏的类型选用相应的方法,丙烯酸类可用清水稀释;聚氨酯类和氯磺化聚乙烯用二甲苯稀释;丁基橡胶类用汽油稀释。将调兑好的基层处理剂用油漆刷沿接缝部位涂刷一遍,要均匀、盖底,不漏刷、不流淌,不得污染墙面。

(5)嵌填密封膏。

嵌填密封膏有挤入法和压入法两种施工方法。在确定嵌填走向时要沿一个方向走,尽量减少接头。

①挤入法:将密封膏体压入挤压枪内(挤压枪见图5-23),根据接缝宽度将筒口剪成斜口,将口接近嵌缝部位底部,扳动扳机,膏体徐徐注入接缝内,从缝底部慢慢注满整个接缝。

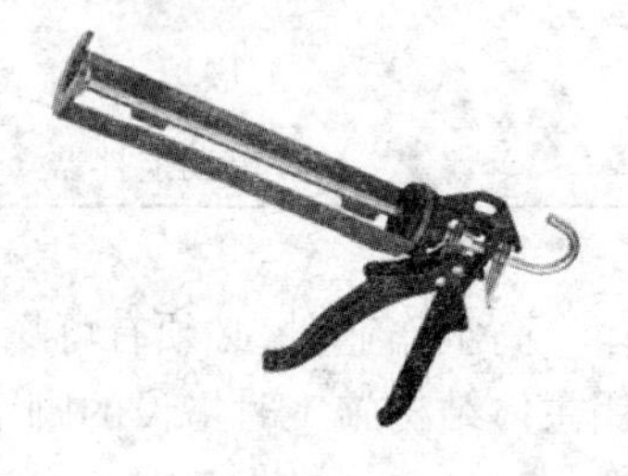

图5-23 挤压枪

②压入法:将密封膏事先压成片状,然后用腻子刀或小木条等工具将其压入接缝中。

(6)表面修整。

一条接缝嵌填好后,立即用特制的小镏子将密封膏表面压成半圆形,并仔细检查所嵌的部位,将其全部压实并镏平。

(7)揭除防污条。

密封膏修整完成后,要及时揭除防污条。如墙面粘上密封膏,可用与膏体相应的溶剂将其清理干净,所用工具也应及时清洗干净。

(8)养护。

密封膏施工完成后,应经过7~14 d自然养护,在此期间要防止触碰及污染。

为美化墙面,对于室外暴露的接缝,须在接缝表面安装金属材料、复合材料或有机材料罩面板。罩面板应一侧安装固定,另一侧活动,以适应接缝位移变形。

3)质量要求与安全技术

(1)质量要求。

①密封材料的质量必须符合设计要求。检查产品出厂合格证、配合比和现场抽样复检报告。

②密封材料必须密实、连续、饱满、粘贴牢固,无气泡、开裂、脱落等缺陷。观察检查。

③嵌填密封材料的基层应牢固、干净、干燥,表面应平整、密实。观察检查。

④密封防水接缝深度为宽度的0.5~0.7倍。尺量检查。

⑤嵌填的密封材料表面应平滑,缝边应顺直,无凹凸不平现象。观察检查。

(2)安全技术。

①密封材料及所用设备必须有专人保管,各类储存桶必须有封盖。

②库房内必须有消防设备,隔绝火源,与其他建筑物相距应有25~40 m。

③使用喷枪时,不得加满。

④使用溶剂时,应防护好眼睛、皮肤。

⑤操作时做好自身保护工作,坚持穿戴安全防护用具。

(三)高层建筑外墙面防水层施工

1.高层建筑外墙面防水砂浆抹灰施工

对于砌筑墙体,由于砖或砌块的透水性较强,同时砌筑缝多,难以保证缝隙完全密实,如要求对墙体表面全部进行防水处理,可以考虑防水砂浆抹灰防水。高层建筑外墙面防水砂浆抹灰属于特种抹灰,施工时还应遵守一般抹灰工程的施工要求,在抹灰前必须找好规矩,设置标筋。

1)施工准备

(1)材料。

水泥:普通硅酸盐、矿渣硅酸盐水泥,强度等级要求大于32.5级。

砂:中砂,含泥量小于3%,过3~5 mm孔径的筛子。

防水剂:按水泥用量的1.5%~5%掺加。

(2)机具与工具。

砂浆搅拌机、抹灰常用工具及脚手架。

2)施工工艺与操作要点

(1)基层处理。

砖石、混凝土墙面凡蜂窝及松散处全部剔掉,水冲刷干净后,用1:3水泥砂浆抹平,表面油渍等用10%的火碱水溶液刷洗,光滑表面应凿毛,并用水湿润。对墙体上因搭设脚手架或砌筑时留下的空头缝和孔洞应进行堵塞处理,堵塞前应用水冲刷干净,大洞口可采用1:3水泥砂浆和砖块堵塞,小洞口和缝隙用1:3水泥砂浆堵塞。混合砂浆砌筑砖墙要划缝,深度为10~20 mm,预埋件周围剔成20~30 mm宽、50~60 mm深的沟槽,用1:2水泥砂浆(干硬性)填实。

(2)刷防水素水泥浆。

水泥与油配合比为1∶0.03,加适量水拌和成粥状。或用水泥、防水剂和水的配合比为12.5∶0.31∶10的素水泥浆,拌匀后用毛刷刷在基层上。

(3)抹底层防水砂浆。

用1∶3水泥砂浆,掺3%~5%的防水粉,或用水泥、砂和防水剂配合比为1∶2.5∶0.03,均匀拌和成防水砂,用木抹子搓实、搓平,厚度控制在5 mm以下,尽可能封闭毛细孔通道,最后用铁抹子压实,压平养护1 d。

(4)刷第二道防水素水泥浆。

在上层防水砂浆表面硬化后,再用防水素水泥浆按(2)的方法再刷一遍,要求涂刷均匀,不得漏刷。

(5)抹面层防水砂浆。

待第二道素水泥浆收水发白后,抹面层防水砂浆,配合比同底层防水砂浆,厚度为5 mm左右,用木抹子搓平压实后,再用钢皮抹子压光。

(6)刷最后一道防水素水泥浆。

待面层防水砂浆初凝后,就可以刷最后一道防水素水泥浆,并压实、压光,使其面层防水砂浆紧密结合。防水素水泥浆中水泥与防水油配合比为1∶0.01,加适量水。当用防水粉时,其掺入量为水泥质量的3%~5%。防水素水泥浆要随拌随用,时间不得超过45 min。

(7)养护。

养护时间应在抹水泥砂浆层终凝后,在表面呈灰白色时进行。一开始要洒水养护,使水能被砂浆吸收。待砂浆达到一定强度后方可浇水养护。养护时间不少于7 d,如采用矿渣水泥,应不少于14 d。养护温度不低于15 ℃。

(8)细部要求。

窗台、窗楣、雨篷、阳台、压顶及突出腰线的上面应做流水坡度,下面应做滴水线或滴水槽。滴水槽的深度和宽度均不小于10 mm,并整齐划一。墙面阳角抹灰,先用靠尺在墙角的一面用线锤找直,然后在墙的另一面顺靠尺抹灰。

3)质量要求及检验方法

达到养护期,方能进行验收。

(1)砂浆防水层的原材料和配合比应符合设计要求。检查产品出厂合格证、质量检验报告、配合比和现场抽样复检报告。

(2)各层之间必须结合牢固,无空鼓现象。观察检查和用小锤轻击检查。

(3)防水层表面应密实、平整,不得有裂纹、起砂、麻面等缺陷。观察检查。

(4)防水层施工缝留槎位置应正确,接槎应按层次顺序操作,层层搭接密实。观察检查。

(5)防水层平均厚度应符合设计要求,最小厚度不得小于设计值的85%。观察与尺量检查。

(6)表面允许偏差和检验方法见表5-6。

表 5-6　允许偏差和检验方法

项次	项目	允许偏差(mm)		检验方法
		普通抹灰	高级抹灰	
1	立面垂直度	4	3	2 m 垂直检测尺检查
2	表面平整度	4	3	2 m 靠尺和塞尺检查
3	阴阳角方正	4	3	直角检验尺检查
4	分格条(缝)直线度	4	3	拉 5 m 线,不足 5 m 拉通线,用钢直尺检查
5	墙裙、勒脚上口直线度	4	3	拉 5 m 线,不足 5 m 拉通线,用钢直尺检查

2. 高层建筑外墙面防水涂料施工

外墙面涂料防水常用于普通抹灰墙面提高防水性能、建筑物在使用过程中外墙面出现裂缝而渗漏的修补等方面,也可应用于与装配式建筑构造防水组成复合防水。

1)施工准备

(1)材料准备。

外墙防水涂料的种类很多,可选用反应型或水乳型有机涂料,也可选用聚合物水泥防水涂料,一般为成品。

(2)工具准备。

准备钢丝刷、毛刷和常用涂刷工具。准备脚手架或吊篮,一般可利用主体结构施工时搭设的脚手架。

2)施工工艺与操作要点

(1)基层处理。

将基层用钢丝刷刷干净,再用毛刷除去浮土。基层要求平整、干燥、无松动、无浮土、无污染物。不符合要求的要整修,有裂缝的基层应先处理裂缝,根据缝宽分别用防水涂料或密封材料填缝。基层处理的好坏会直接影响到防水涂料层与基层间的黏结程度,处理不好,将导致防水层出现起皮、鼓泡、脱落等质量问题,影响防水效果。对于装饰性外墙防水涂料,还应在基层上刮腻子并磨平。

(2)刷第一遍防水涂料。

在清理干净的基层上,刷第一遍防水涂料,要求涂刷均匀、不漏刷、不流淌。厚度根据材料要求决定。常用施涂方法有刷涂、滚涂、喷涂、弹涂和抹涂等,可根据防水涂料的特点选择适当的施涂方法。

(3)刷第二遍防水涂料。

第一遍防水涂料干实后,再涂刷第二遍防水涂料。

(4)养护。

一般养护 2 ~3 d。

3)质量要求和安全技术

(1)质量要求。

达到养护期,涂层完全干燥后,方能进行验收。

①防水涂料的品种、型号和性能应符合设计要求。检查产品出厂合格证、配合比和现场抽样复检报告。

②均匀涂刷、黏结牢固,不得有漏刷、透底、起皮和掉粉。观察检查。

(2)安全技术。

①防水涂料和材料及所用设备必须有专人保管,各类储存桶必须有封盖。

②库房内必须有消防设备,隔绝火源,与其他建筑物相距应有 25 ~40 m。

③使用喷枪时,不得加满。

④使用溶剂时,应防护好眼睛、皮肤。

⑤熬胶、烧油应离开建筑物 10 m 以外。

⑥操作时做好自身保护工作,坚持穿戴安全防护用具。

3. 高层建筑外墙饰面防水处理

对于外墙各种抹灰、贴面砖和饰面板等饰面工程,为防止雨水通过外墙饰面层进入墙体,须在饰面层与外墙体间进行防水处理,以达到防水目的。外墙饰面防水处理应作为外墙饰面工程的一道基本工序,与外墙饰面工程一并进行施工。

1)外墙贴面砖防水处理

在基层上刷防水素水泥浆,或用防水砂浆抹底层灰,形成防水处理。

2)外墙饰面板防水处理

对于湿作施工的饰面板工程,一般采用在基层上涂刷防水素水泥浆或防水剂,或用防水砂浆灌浆。对于干挂施工的饰面板工程,一般采用在基层上涂刷一层防水剂。饰面板接缝间用接缝密封材料填缝。

二、高层建筑卫生间防水施工

随着我国城乡居民住宅条件的不断改善和宾馆等公共设施的日益增多,高层建筑卫生间的渗漏问题愈来愈引起人们的重视。目前卫生间的渗漏相当普遍,其中一个重要原因是卫生间基本上没有采取防水措施。设计部门一般对民用建筑的卫生间不作防水设计。土建施工时,排水坡度不尽合理,地面积水严重,积水通过墙根、管根往下一层渗漏,严重影响了使用功能。

(一)卫生间防水材料的选择

卫生间的防水最好采用涂膜防水,因为卫生间管道多,浴缸、坐便器形状复杂,用卷材防水十分困难,质量难以保证。

卫生间的防水宜采用中档以上的防水涂料,因卫生间的维修、返工十分麻烦,费工费时,特别是投入使用后再返修,势必要影响正常工作秩序和居民的日常生活。

就我国目前防水涂料的品种看,卫生间防水宜采用聚氨酯煤焦油涂料、SBS 改性沥青涂料、氯丁橡胶沥青涂料、硅橡胶涂料、聚氯乙烯胶泥等。其中双组分聚氨酯煤焦油涂料和 SBS 改性沥青涂料较为适合。下面以聚氨酯煤焦油涂料为例叙述施工情况。

(二)施工准备

(1)卫生间地面的排水坡度必须保证 2%,地面积水能迅速排入地漏,若有积水,容易产生渗漏。

（2）防水层必须做在面层以下，使水便于排入地漏，并且保护了防水层。

（3）地漏标高应低于地面 15 mm 左右，地漏处 300 mm 直径内排水坡度为 3% ~5%，使水能迅速地排入地漏。

（4）地面用 1∶2.5 水泥砂浆找平，压实收光，不能有起砂、麻面、孔洞等现象。

（5）阴阳角要找抹成小圆角，管根处要填实，抹成凹形，便于嵌缝处理。

（6）基层表面要求干燥，含水率不大于 8%。

（7）卫生间自然光线较差，施工时工人不便操作，应添置足够的照明设施，如果通风不良，应增加通风设施。

（三）节点施工

1. 立管防水施工

（1）立管定位后，楼板四周缝用 1∶3水泥砂浆堵严，缝大于 20 mm 时用 1∶2∶4细石混凝土堵严。

（2）管根四周形成凹槽，槽的尺寸以 15 mm × 15 mm 为宜。然后将管根清理干净，待嵌槽。

（3）用聚氨酯密封膏嵌槽，并用油灰刀向槽内挤压，使之饱满、密实、无气孔。密封膏与管根口四周混凝土必须黏结牢固。

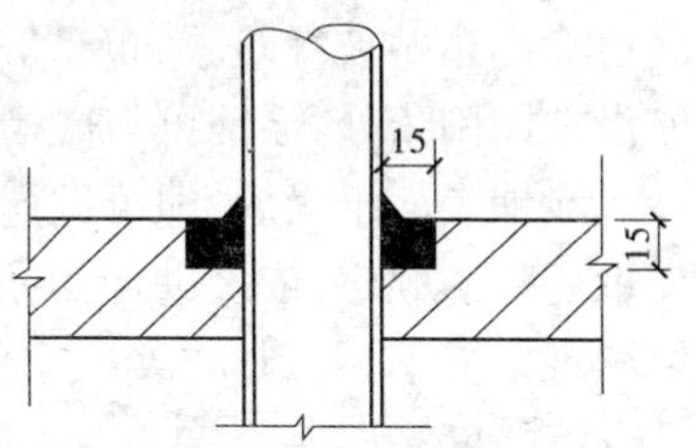

图 5-24　立管防水

立管防水节点见图 5-24。

2. 地漏防水施工

（1）地漏立管定位后，楼板四周缝用 1∶3水泥砂浆填实，缝大于 20 mm 时用 1∶2∶4细石混凝土填实。

（2）卫生间基层向地漏处找坡 2%，大于 2% 时应用 1∶6水泥焦渣垫层。

（3）地漏上口四周用密封膏嵌实并与防水涂层相连接。

地漏节点见图 5-25。

（4）大便蹲坑防水施工：大便蹲坑防水构造见图 5-26。

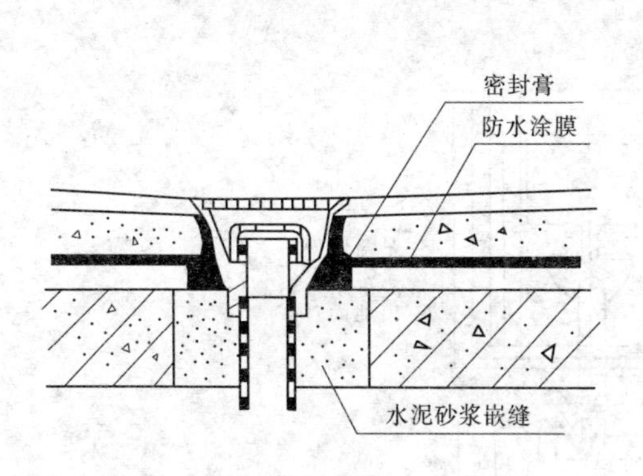

图 5-25　地漏节点

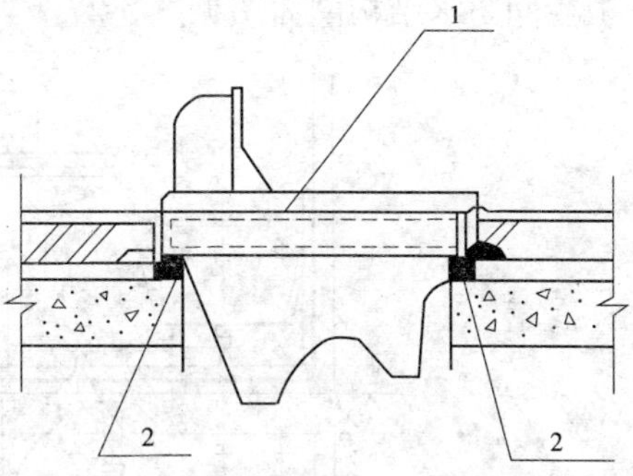

1
2
2

1—涂膜防水层；2—嵌缝油膏

图 5-26　大便蹲坑防水构造

（四）地面、墙面防水施工

1. 玻纤布的裁剪

玻纤布用在阴阳角处，裁剪成宽 30 cm 的长条。用在管周围时，裁剪成内径与管外径尺寸相同,外径比内径大 30 cm 的圆,内径与外径间剪一直口,利于铺贴,直径口处要留有不小于 30 cm 的叠边。

2. 双组分聚氨酯防水涂料

必须选购合格的双组分聚氨酯防水涂料,按出厂说明书试配涂料小样,涂膜合格后,方可应用在工程上。甲、乙料的配合比,称量要准确,每次配料量要由施工面积和施工速度来决定,甲、乙料混合搅拌要均匀,应随配随用,在 30 min 内用完。

3. 涂铺

在需要防水的阴阳角,沿角各延伸 15 cm,穿越楼板的管道,沿管外径向外延伸 15 cm 的圆周涂刮配制好的聚氨酯防水涂料,涂层厚度在 0.5 mm 左右,涂刮要均匀,无空白点,并边涂刮边贴玻纤布,贴布要平实,无起皱、无空鼓、无翘边,布的接头应用涂料贴牢且不能设在阴阳角处,涂铺可与嵌槽同时进行。

涂铺表面干燥后,即可进行防水层的涂刮,第一涂层厚约 0.6 mm,并按先墙后地面、先里后外的顺序,依次进行,涂层厚薄要均匀,无气孔、无空鼓、无伤痕、无浸水、无尘土,如果出现以上不足,则须在第二涂层涂刮前进行局部修补。

第一度涂层保养 24 h 后,即可进行第二度涂层的涂刮,其厚度约在 0.9 mm,相邻两度涂刮方向应互为垂直,其他要求与第一度施工相同。

4. 撒铺黏结层

在涂刷第二度涂层后,表面未固化前,即撒铺洁净且干燥的粒径在 1.5 mm 左右的砂子,使之牢固地嵌入涂料内,撒铺要均匀、密集且无局部空白现象,使保护层能紧紧地黏结在防水层的表面。涂层固化干燥后应立即对防水层进行铺盖保护,在此之前,禁止人员在防水层上行走或作业。

5. 面层铺贴

防水层施工结束后(包括砂黏结层),有必要时应进行蓄水试漏,检验合格后方可进行面层的铺贴(水泥砂浆或瓷砖等),要求铺贴平整,无空鼓。面层铺贴干燥后,应在浴缸、坐便器等与外沿边接触处用密封膏进行嵌缝。

卫生间防水结构剖面图见图 5-27。

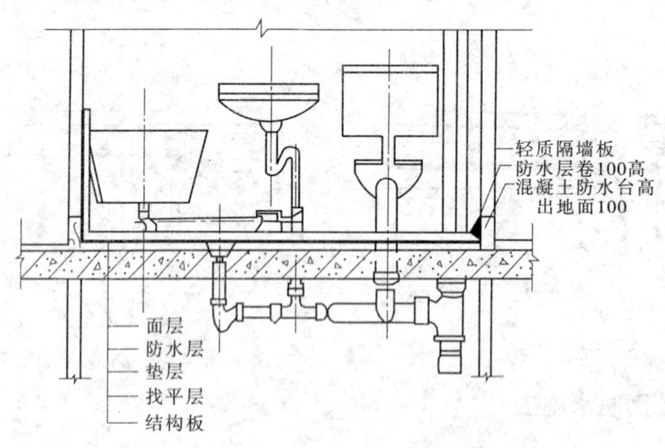

图 5-27　卫生间防水结构剖面图

6. 工程验收

(1)竣工后的防水工程不得有渗漏或积水现象。

(2)防水涂层应平整、均匀,不得有脱皮、起泡、起鼓等现象,封口要严密牢固。

(3)面层应粘贴牢固、平整,不得有空鼓现象。

(4)竣工验收时,应提供下列文件:

①原材料的质量证明文件和现场检查记录。

②防水层、面层完工后的现场检查记录。

③在施工过程中,重大技术问题的处理和工程变更记录。

④防水工程保修卡。

第三节　高层建筑屋面防水施工

一、卷材防水屋面施工

(一)沥青卷材防水施工

1. 材料及其质量标准

1)沥青防水卷材

沥青防水卷材是指以纸、纤维织物、纤维毡等为胎体,浸涂石油沥青或焦油沥青、煤沥青等防水基材,表面撒布粉状、粒状或片状保护材料制成的可卷曲的长条状防水材料。常用的有石油沥青纸胎油毡、石油沥青玻纤胎油毡、石油沥青麻布胎油毡等。这类卷材一般叠层铺设,低温柔性较差,防水耐用年限短。沥青防水卷材的外观质量及规格应符合规范要求。

2)冷底子油

冷底子油一般用作石油沥青卷材防水屋面基层处理剂,是用 10 号或 30 号石油沥青加挥发性溶剂配制而成的。石油沥青与轻柴油或煤油以 4∶6的配合比调制而成的冷底子油为慢挥发性冷底子油,涂喷后 12 ~ 48 h 干燥;石油沥青与汽油或苯以 3∶7的配合比调制而成的冷底子油为快挥发性冷底子油,涂喷后 5 ~ 10 h 干燥。调制时先将熬好的沥青倒入料桶中,再加入溶剂,并不停地搅拌至沥青全部熔化。

冷底子油具有较强的渗透性和憎水性,并使沥青胶结材料与找平层之间的黏结力增强。

喷涂冷底子油,一般应待找平层干燥后进行。若需在潮湿的找平层上涂喷冷底子油,则应待找平层水泥砂浆略具强度能够操作时,方可进行。冷底子油可喷涂或涂刷,涂刷应薄而均匀,不得有空白、麻点或气泡。待冷底子油油层干燥后,即可铺贴卷材。

3)沥青胶结材料

沥青胶结材料是用 1 种或 2 种标号的沥青按一定配合比熔合,经熬制脱水后形成的胶结材料。为了提高沥青的耐热度、韧性、黏结力和抗老化性能,可在熔融后的沥青中掺入适当品种和数量的填充材料。常用的填充材料有石棉粉、滑石粉、云母粉、粉煤灰。

熬制热沥青胶时要慢火升温,拿捏火候,如果熬制温度太高,时间过长,则容易使沥青老化变质，影响沥青胶结材料的质量。加热时间以3～4 h为宜。建筑石油沥青胶结材料加热时，温度不应高于240 ℃，使用温度不应低于190 ℃。

沥青玛琋脂的配制：先按配合比将沥青加热熔化冷却至130～140 ℃后，加入稀释剂，然后进一步冷却至70～80 ℃，再加入填充料搅拌而成玛琋脂。也可将填充料先与稀释剂拌和，然后将熔化且冷却至130～140 ℃的沥青加入拌和物中搅拌而成。

2. 油毡屋面防水工程施工工艺

油毡屋面防水工程施工工艺为：找平层施工→涂刷冷底子油→铺贴防水层→保护层施工。

1）找平层施工

找平层为基层（或保温层）与防水层之间的过渡层，一般用1∶3水泥砂浆或1∶8沥青砂浆。找平层厚度取决于找平层材料的种类，水泥砂浆一般为15～30 mm，沥青砂浆为15～25 mm。找平层质量的好坏直接影响到防水层的铺贴质量。要求找平层表面平整，无松动、起壳和开裂现象，与基层黏结牢固，坡度应符合设计要求。平屋面采用结构找坡不应小于3%，采用材料找坡宜为2%；一般天沟、檐沟纵向坡度不应小于1%，沟底水落差不得超过200 mm。

水落口周围直径500 mm范围内坡度不应小于5%。两个面相接处均应做成半径不小于100～150 mm的圆弧或斜面长度为100～150 mm的钝角。找平层宜设分格缝，缝宽为20 mm，分格缝宜留设在预制板支承边的拼缝处，缝间距为：采用水泥砂浆或细石混凝土时，不宜大于6 m；采用沥青砂浆时，不宜大于4 m。分格缝应嵌填密封材料。

2）涂刷冷底子油

涂刷冷底子油之前，先检查找平层表面。找平层表面应清扫干净且干燥，其含水率应满足卷材铺贴要求，以避免卷材起鼓、黏结不牢或被表面石屑砂粒刺破。检验找平层是否干燥的方法是：将1 m^2 左右油毡铺于找平层上，3 h后掀开看，若无水印即为铺贴防水卷材的合适干燥程度。冷底子油涂刷要薄而均匀，不得有空白、麻点、气泡。若基层表面粗糙，宜先刷一道慢挥发性冷底子油，待其初步干燥后，再刷一遍快挥发性冷底子油。涂刷时间宜在铺油毡前1～2 d进行，使油层干燥而又不沾染灰尘。冷底子油的品种应视卷材种类而定，不可错用。

3）铺贴防水层

油毡铺贴前应保持干燥，应先清除其表面的撒布物（如滑石粉等），并避免损伤油毡。油毡防水层的铺贴应在屋面其他工程完工后进行。铺贴油毡时，石油沥青油毡必须用石油沥青胶结材料粘贴，而焦油沥青油毡应用焦油沥青胶结材料粘贴，两者不能混用。铺贴时，粘贴油毡的每层厚度一般为1～1.5 mm，最厚不得超过2 mm，因为太厚易产生流淌现象，故粘贴时要严格控制每层沥青胶的厚度。

油毡的铺贴方向应根据屋面坡度或是否受振动确定，当坡度小于3%时，宜平行于屋脊方向铺贴；坡度在3%～15%时，卷材可根据情况按平行或垂直于屋脊方向铺贴；当屋面坡度大于15%或屋面受振动时，应垂直于屋脊铺贴。上下层油毡不得相互垂直铺贴。铺贴油毡应采用搭接方法，上下层及相邻两幅油毡的搭接缝均应错开，各层油毡长边的搭接宽度不应小于70 mm，短边不应小于100 mm。当第一层油毡采用空铺、条粘、点粘法时，其长边搭接宽度不应小于 100 mm，短边不应小于 150 mm。上下层搭接缝应错开 1/2 或 1/3 幅卷材宽。为保证卷材搭按宽度和铺贴顺直，铺贴卷材时应弹出标线。

平行于屋脊铺贴时，每层卷材自檐口或天沟开始向上铺至屋脊，搭接缝应顺流水方向；垂直于屋脊铺贴时，搭接缝应顺主导风向。铺贴多跨和高低跨房屋的卷材防水层时，应按先高后低、先远后近的顺序进行。在一个单跨铺贴时，应先铺贴排水较集中的部位（如水落口、檐口、斜沟、天沟等处）及油毡附加层。

油毡粘贴方法分为满粘法、空铺法、条粘法和点粘法。

(1) 满粘法。是指卷材与基层全部黏结的施工方法。适用于屋面面积小、屋面结构变形不大且基层较干燥的情况。

(2) 空铺法。是指卷材与基层只在周边一定宽度内黏结，其余部分不黏结的施工方法。铺贴时，在檐口、屋脊、屋面转角处及突出屋面的连接处，油毡与找平层应满涂玛琋脂黏结且黏结宽度不得小于 800 mm，油毡与油毡的搭接缝应满粘。叠层铺贴时，上下层油毡之间也应满粘。

这种铺贴方法可使卷材与基层之间不完全黏结，减少了基层变形对防水层的影响，有利于解决防水层开裂与起鼓等问题，但降低了防水功能，一旦渗漏，不容易准确确定渗漏部位。这种方法适用于基层湿度大、找平层的水汽难以由排气道排入大气的屋面，或用于埋压法施工的屋面。

(3) 条粘法。是指卷材与基层条状黏结的施工方法。要求每幅卷材与基层的黏结面不得少于 2 条，每条宽度不应小于 150 mm，每幅卷材与卷材的搭接缝应满粘。当采用叠层铺贴时，卷材与卷材之间也应满粘。这种方法有利于解决卷材屋面的开裂、起鼓问题，但施工操作比较复杂，也会降低防水功能，适用于采用留槽排气不能可靠地解决卷材防水层开裂和起鼓的无保温层的屋面，或者温差较大而基层又十分潮湿的排气屋面。

(4) 点粘法。是指基层与卷材之间采用点状黏结的施工方法。要求每平方米面积内至少有 5 个黏结点，每点面积不小于 100 mm × 100 mm，卷材之间的接缝应满粘，防水层周边一定范围内也应与基层满粘牢固。点粘法的特点及适用条件与条粘法相同。

油毡铺贴施工工艺主要有两类，即热粘法施工和冷粘法施工。热粘法是指先熬制沥青胶，然后趁热涂洒并立即铺贴油毡的一种方法。冷粘法是用冷沥青胶粘贴油毡，其粘贴方法与热沥青胶粘贴方法基本相同，但具有劳动条件好、工效高、工期短等优点，还可避免热作业熬制沥青胶对周围环境的污染。目前油毡仍以热粘法居多，常用的“三毡四油”做法施工程序如下：基层检验、清理→喷刷冷底子油→节点密封处理→浇刮热沥青胶→铺第一层油毡→浇刮热沥青胶→铺第二层油毡→浇刮热沥青胶→铺第三层油毡→油毡收头处理→浇刮面层热沥青胶→铺撒绿豆砂→清扫多余绿豆砂→检查、验收。

4) 保护层施工

当油毡屋面防水层铺贴完毕，经验收合格后，应尽快进行保护层施工。常用绿豆砂做油毡保护层。施工时应选用颜色浅、耐风化、颗粒均匀且清洁干燥的粒径为 3 ~ 5 mm 的小砂粒作为绿豆砂。铺设时，在油毡表面涂刷一层 2 ~ 3 mm 厚热沥青玛琋脂后，应立即将预先加热至 100 ℃左右的绿豆砂均匀地撒铺上去，并用小铁辊滚压一遍，使绿豆砂嵌入沥青玛琋脂，深度应为砂粒粒径的 1/2，对未黏结的绿豆砂应随时清扫干净。

绿豆砂保护层耐久性差，使用几年后，由于沥青玛瑞脂老化，黏结力降低，绿豆砂松动，易被雨水冲刷掉，造成卷材防水层龟裂、发脆、老化。因此，有时采用整体浇筑混凝土板或预制板作保护层。用这种保护层时，应采用防腐油毡，保护层与卷材防水层之间应设置隔离层，以减少保护层变形对防水层的影响。整体混凝土板或预制板都应留设分格缝，整体式保护层分格面积不大于9 m^2，预制板保护层的分格面积可适当大些。预制板拼缝用水泥砂浆填实，勾缝严密。分格缝应用油膏嵌缝。

有架空隔热层的屋面或倒置屋面防水层可不做保护层。

（二）高聚物改性沥青卷材防水施工

高聚物改性沥青卷材是以合成高分子聚合物改性沥青为涂盖层，纤维织物或纤维毡为胎体，同时以粉状、粒头、片状或薄膜材料为覆面材料而制成的可卷曲条状防水材料。它具有高温不流淌、低温不脆裂、抗拉强度高、延伸率大等特点，能较好地适应基层开裂及伸缩变形的情况。

1. 材料及其质量标准

1）高聚物改性沥青卷材

目前常用的有SBS（是由苯乙烯—丁烯—苯乙烯经过高温催化制得的热塑性弹性体，被世界推崇为“第三代橡胶”）改性沥青卷材、APP（无规聚丙烯）改性沥青卷材、再生胶改性沥青卷材等。按胎体材料不同，又可分为聚酯毡、麻布、聚乙烯膜、玻纤毡等4类胎体的高聚物改性沥青卷材。

2）基层处理剂及胶粘剂

高聚物改性沥青卷材的基层处理剂一般由卷材生产厂家配套供应，使用应按产品说明书的要求进行，主要有改性沥青溶液和冷底子油两类。

2. 高聚物改性沥青卷材防水工程施工工艺

高聚物改性沥青卷材具有低温柔性和延伸率，一般单层铺设，也可复合使用。改性沥青卷材施工时，基层处理剂的涂刷施工操作与冷底子油基本相同。改性沥青卷材依据其品种不同，可采用热熔法、冷粘法、自粘法施工。

1）高聚物改性沥青防水卷材冷粘法施工

冷粘法铺贴改性沥青卷材是采用冷胶粘剂或冷沥青胶，将卷材贴于涂有冷底子油的屋面基层上。冷粘法施工工艺为：基层检查、清扫→涂刷基层处理剂→节点密封处理→卷材反面涂胶→基层涂胶→卷材粘贴、辊压排气→搭接缝涂胶→接缝黏合、辊压→搭接缝口密封→收头固定密封→清理、检查、修整→保护层施工。

（1）基层检查、清扫。冷粘法铺贴时，要求基层必须干净、干燥，含水率符合设计要求，否则易造成粘贴不牢和起鼓。因此，进行施工前，应将基层表面的拱突物等铲除，并将尘土、杂物等彻底清除干净。

（2）涂刷基层处理剂。为增强卷材与基层的黏结，应在基层上涂刷基层处理剂（一般刷两道冷底子油），涂刷时要均匀一致，切勿反复涂刷。

（3）节点密封处理。待基层处理剂干燥后，可先对排水口、管子根部等容易发生渗漏的薄弱部位，在半径200 mm范围内，均匀涂刷一层胶粘剂，涂刷厚度以1 mm左右为宜。涂胶后随即粘贴一层聚酯纤维无纺布，并在无纺布上再涂刷一道厚1 mm左右的胶粘剂。

干燥后即可形成一层密封层。

(4)铺贴卷材防水层。冷粘法施工的搭接缝是薄弱部位,为确保接缝防水质量,每幅卷材铺贴时均必须弹标准线,即铺贴第一幅卷材前,在基层上弹好标准线,沿线铺贴。继续铺贴时,在已铺贴的卷材上量取要求的搭接宽度再弹好线,作为继续铺贴卷材的标准线。铺贴时要求冷胶粘剂或沥青胶涂刷均匀、不露底、不堆积,并需待溶剂部分挥发后才可辊压排气。搭接缝黏合后缝口溢出胶粘剂,应随即刮平封口。在低温时,宜采用热风加热措施。对油毡搭接缝的边缘以及末端收头部位,应刮抹浆膏状的胶粘剂进行黏合封闭处理,以保证防水质量。

(5)保护层施工。为了屏蔽或反射太阳的辐射,延长卷材防水层使用寿命,在防水层铺设完毕并检查合格后,应在卷材防水层的表面上边涂刷胶粘剂,边铺撒膨胀硅石粉保护层,或均匀涂刷银色或绿色涂料做保护层。

2)高聚物改性沥青防水卷材热熔法施工工艺

采用热熔法施工的改性沥青卷材,是一种在工厂生产时底面即涂上了一层软化点较高的改性沥青热熔胶的卷材,铺贴时不需涂刷胶粘剂,而用火焰烘烤后直接与基层粘贴。它可以节省胶粘剂,降低造价,施工时受气候影响小,尤其适用于气温较低时施工,对基层表面干燥程度要求较宽松,但要掌握好烘烤时的火候。热熔法施工工艺一般是:基层检查、清扫→涂刷基层处理剂→铺贴卷材→搭接封口密封→保护层施工。

(1)贴卷材。待涂刷的基层处理剂干燥后,方可开始铺贴卷材。用喷灯加热基层和卷材时,加热要均匀,喷灯距离卷材0.5 m左右,待卷材表面熔化后,缓慢地滚动卷材进行铺贴。热熔卷材可采用满粘法或条粘法铺贴。满粘法一般用滚铺施工,即不展开卷材而是边加热烘烤边滚动卷材铺贴。而条粘法常用展铺施工,即先将卷材平铺于基层,再沿边掀起卷材予以加热粘贴。

(2)搭接封口密封。热熔法施工的主要工具是加热器,国内最常用的是石油液化气火焰喷枪,有单头和多头两种。它由石油液化气瓶、橡胶煤气管、喷枪三部分组成,它的火焰温度高,使用方便,施工速度快。施工时,喷枪与卷材的距离要适当(一般为0.5 m左右),加热要均匀,趁油毡尚未冷却时,滚动油毡进行铺贴,以接缝边缘溢出热熔的改性沥青为度,并用铁抹子或其他工具刮抹一遍,再用喷枪均匀细致地封边。

(三)合成高分子防水卷材施工

合成高分子卷材是以合成橡胶、合成树脂为基料,加入适量的化学助剂和填充料等,经混炼、压延或挤出等工序加工而成的可卷曲的长条状防水材料。该卷材具有抗拉强度高、伸长率大、耐热性能好、低温柔性大、耐老化、耐腐蚀、适应变形能力强、有较长的防水耐用年限、可采用冷粘法或自粘法施工等优点。

1.材料及其质量标准

1)合成高分子卷材

目前使用的合成高分子卷材主要有三元乙丙、聚氯乙烯、氯化聚乙烯、氯磺化聚乙烯、氯化聚乙烯-橡胶共混防水卷材等。

(1)三元乙丙橡胶防水卷材。是以三元乙丙橡胶为主要成分,掺入适量的丁基橡胶、硫化剂、促进剂、软化剂和补强剂等,经过密炼、拉片过滤、挤出成型等工序加工而成的防水材料。

该卷材适用于一般工业与民用建筑的屋面、地下室的防水层,还可用于隧道、蓄水池、污水处理池及厨房、卫生间等防水。

(2)聚氯乙烯防水卷材。是以聚乙烯树脂为主要成分,以红泥(炼铝废渣)或经过特殊处理的黏土类矿物粉料为填充剂,掺入改性材料及增塑剂、抗氧剂等经捏合、塑化、压延、整形、冷却等主要工艺加工而成的防水材料。

(3)氯化聚乙烯防水卷材。是以氯化聚乙烯树脂和少量助剂、大量填料为原料,经密炼、混炼和压延而成的防水材料。

2)胶结材料

(1)基层处理剂。合成高分子防水卷材应根据卷材品种与材料性质选用相应的基层处理剂,也可将该品种卷材的胶粘剂稀释后使用。

(2)胶粘剂。可分为基层与卷材粘贴的胶粘剂及卷材与卷材搭接的胶粘剂两种。不同品种的合成高分子卷材应选用不同的专用胶粘剂,一般由卷材生产厂家配套供应。

2. 合成高分子防水卷材的施工工艺

合成高分子防水卷材屋面构造一般有单层外露防水和涂膜与卷材复合防水两种,合成高分子防水卷材铺贴方法有冷粘法、热风焊接法和自粘法等三种。合成高分子防水卷材的找平层、保护层等的做法与施工要求均同改性沥青防水卷材施工。

1)冷粘法施工工艺

冷粘法是最常用的一种,其施工工艺与改性沥青卷材的冷粘法相似,其施工工艺为:基层检查、清扫→涂刷基层处理剂→节点密封处理→卷材反面涂胶→基层涂胶→卷材粘贴、辊压排气→搭接缝涂胶→接缝黏合、辊压→搭接缝口密封→收头固定密封→清理、检查、修整→保护层施工。

冷粘法高分子卷材的基层应涂刷与胶粘剂材料性质相容的基层处理剂,主要作用是隔绝基层渗透来的水分和提高基层表面与合成高分子卷材之间的黏结力,它相当于石油沥青卷材施工时所涂刷的冷底子油,故又称底胶,其用量为0.2 kg/m^2 左右。

粘贴合成高分子卷材的黏结剂分为基层胶粘剂和卷材接缝胶粘剂两种,前者主要用于卷材与找平层之间的粘贴,用量0.4 kg/m^2 左右;后者为卷材与卷材接缝黏结的专用胶粘剂,一般用量为0.1 kg/m^2 左右。应注意的是,合成高分子卷材都有其专用的配套胶粘剂,不得错用或混用,否则会影响粘贴质量。冷粘施工时,双组分的胶粘剂要按比例配合搅拌均匀再用。应根据使用说明和要求控制胶粘剂涂刷与黏合的间隔时间,因为有些胶粘剂可以涂刷后随即黏合,而大部分胶粘剂须待溶剂挥发到一定程度后方可黏合,否则会黏合不牢。间隔时间的长短受胶粘剂本身性能、气候、温度影响,一般应根据试验确定。

合成高分子卷材搭接缝黏结要求高,施工时应将黏合面清扫干净,有些则要求用溶剂擦洗。均匀涂刷胶粘剂后,除控制好胶粘剂与黏合间隔时间外,黏合时要排净接缝之间空气后辊压粘牢,以确保接缝质量。此外,铺贴高分子卷材时切忌拉伸过度,因为压延生产的高分子卷材在使用后期都有不同程度的收缩,若施工时拉伸过度,往往会使卷材产生断裂而影响防水效果。合成高分子卷材施工时弹基准线、天沟铺贴及收头处理方法与改性沥青卷材的冷粘法施工相同。

2)热风焊接法施工

热风焊接高分子卷材工艺是指高分子卷材的搭接缝采取加热焊接的方法,主要用于塑料系高分子卷材(如聚氯乙烯防水卷材)。采用热空气焊枪进行防水卷材搭接黏合,其施工工艺为:施工准备→检查清理基层→涂刷基层处理剂→节点密封处理→定位及弹基准线→卷材反面涂胶(先撕去隔离纸)→基层涂胶→卷材粘贴、辊压排气→搭接面清理→搭接面处焊接→搭接缝口处密封(用密封胶)→收头固定处密封→检查、清理、修整。

施工中热风焊加热应以胶体发黏为度,焊时分单道焊缝和双道焊缝两种。高分子卷材之间黏结性差,卷材间接缝采用热风焊是为了增强胶粘剂的黏结能力,以确保防水层的卷材接缝可靠。施工时要注意以下几点:

(1)焊接前卷材的铺贴应平整顺直,不得有折皱现象。搭接尺寸准确,搭接宽度不小于50 mm。

(2)焊接时应无水滴、露珠、油污及附着物。

(3)焊接时应先焊长边搭接缝,后焊短边搭接缝。要保证焊接面受热均匀且有少量熔浆出现,不得有漏焊、跳焊或焊接不牢现象。焊接时还必须注意不得损害非焊接部位的卷材。

3)自粘法施工

自粘型高分子卷材是在工厂生产时,在卷材底面涂一层自粘胶,自粘胶表面敷一层隔离纸,施工时只要剥去隔离纸即可直接铺贴。自粘法铺贴高分子卷材与自粘法铺贴高聚物改性沥青卷材基本相同,但搭接缝不能采用热风焊接的方法。

(四)铝锡锑合金(PSS)防水卷材施工

铝锡锑合金(PSS)防水卷材是采用以铝、锡、锑为主的多种金属经浇铸、辊压而成的一种新型防水卷材。这种卷材之所以被广泛采用,是因为它具有不腐烂、不生锈、强度高、可焊性,且使用寿命长(几十年甚至可达100年)等优点。

1.规格及性能

(1)规格。厚度为0.5~1.0 mm,宽度为510 mm,每卷为10 m^2。

(2)性能。拉伸强度不小于20 MPa,断裂延伸率不小于30%,熔点不小于500 ℃,抗冲击,无裂缝,无穿孔。

2.卷材的施工

1)节点构造

在施工时,要特别注意对节点的处理。阴、阳角的防水构造如图5-28所示,檐口水落管的防水构造如图5-29所示,女儿墙外水落管的防水构造如图5-30所示,伸出屋面管道的防水构造如图5-31所示,屋面温度适应缝的防水构造如图5-32所示。

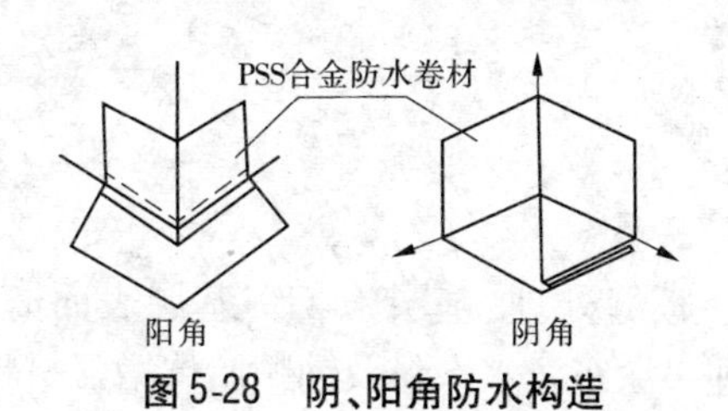

图5-28 阴、阳角防水构造

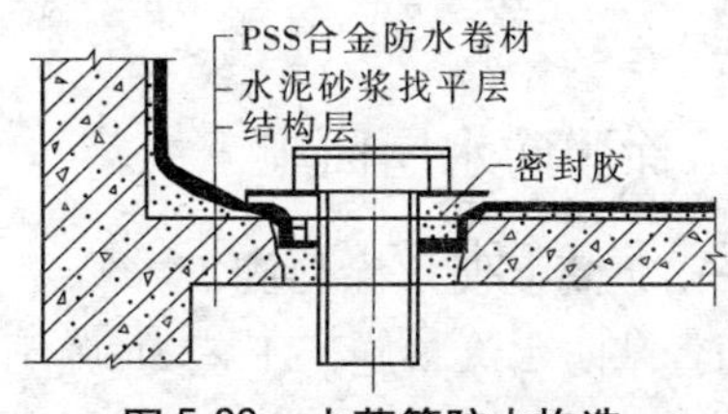

图5-29 水落管防水构造

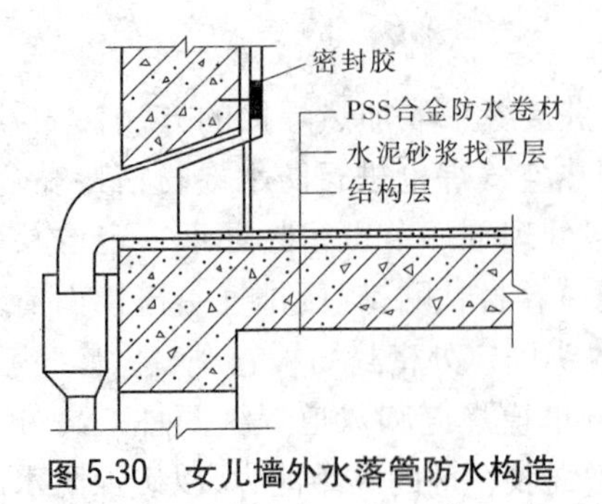

图 5-30　女儿墙外水落管防水构造

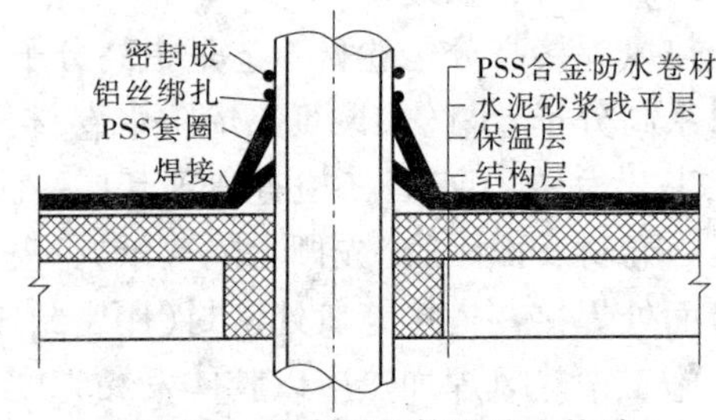

图 5-31　伸出屋面管道防水构造

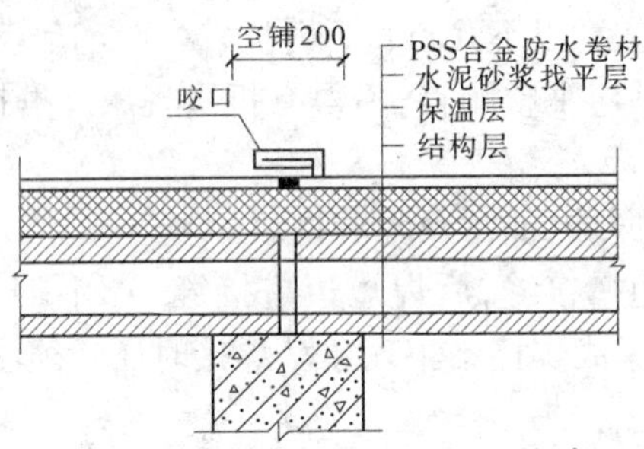

图 5-32　屋面温度适应缝防水构造

2）屋面卷材的铺设

（1）铺设前，先对檐口、转角、水落管等处进行节点密封处理，然后涂刷涂料，且待上道涂料干燥后再涂刷下道涂料。涂刷的厚度及涂刷遍数根据采用的涂料而定。

（2）当屋面坡度 $i \geqslant 15\%$ 时，宜采用垂直于屋脊方向铺贴；当屋面坡度 $i \geqslant 25\%$ 时，应采取机械固定，即与基层钉牢。

（3）为保证质量和便于施工，其搭接宽度不小于 500 mm。

3）焊接

搭接处先用钉子钉好，再用钢丝刷擦去氧化层，涂上饱和酒精松香焊剂。用橡皮榔头锤紧，再进行焊接。

3. 工程质量要求

（1）检查卷材的铺贴和焊接，以及在焊缝上加刷的涂料或密封胶，并进行试水，无渗漏现象即为合格。

（2）检查焊丝是否符合设计要求，是否有出厂合格证。

（3）防水层应平整，无穿刺，无顶突凹陷现象，无明显损坏。

（4）焊缝应均匀、饱满，无裂纹，无漏焊。

（5）做好防水层后，应严防在其上堆放重物，严防在其上拌和砂浆，严防穿钉鞋在其上行走。

二、涂膜防水屋面施工

（一）沥青基防水涂料施工

沥青基防水涂料施工工艺为：施工准备工作→板缝处理、基层施工→基层表面清理、修整→涂刷基层处理剂→节点及特殊部位增强处理→涂布防水涂料及铺贴胎体增强材料→

防水层清理、检查、修整→保护层施工。

1. 施工准备工作

施工前应做好材料、施工机具等的物质准备，同时熟悉图纸，了解节点处理及施工要求，做好技术交底。防水材料进场后应抽检验收。

涂料使用前应搅拌均匀，搅拌不均则不仅涂刷困难，还会因未拌匀的杂质颗粒残留在涂层中造成隐患。涂层厚度控制试验采用预先在刮板上固定铁丝或木条的办法，也可在屋面上做好标志进行控制。

2. 板缝处理及基层施工

预制板屋面的板缝要清理干净，细石混凝土要浇捣密实。基层（找平层）质量应符合要求，要确保平整度及有关规定的坡度，施工前应保持基层干净、干燥。找平层一般采用掺膨胀剂的细石混凝土，强度等级不低于 C15，厚度宜为 40 mm。找平层应设分格缝，缝宽宜为 20 mm，并应留在板的支承处，间距不宜大于 6 m，分格缝应嵌填密封材料。基层转角处应抹成圆弧形，圆弧半径不小于 50 mm。

3. 涂刷基层处理剂

基层处理剂一般用冷底子油，涂刷时应均匀一致、覆盖完全，同时应待其干燥后再涂布防水涂料。石灰乳化沥青防水涂料在夏季可用石灰乳化沥青稀释后作为基层处理剂涂刷一道；春秋季宜用汽油沥青冷底子油涂刷一道，膨润土、石棉乳化沥青防水涂料涂布前可不涂刷基层处理剂。

4. 涂布防水涂料

沥青基防水涂料一般采用抹压法涂布，即将涂料直接分散倒在屋面上，用刮板刮平，待其表面收水而尚未结膜时，再用铁抹子进行压实抹光。采用抹压法施工时应注意抹压时间，太早抹压起不到作用，太迟会使涂料粘住抹子，出现抹痕。为便于抹压，加快施工进度，常采用分条间隔抹压的方法，一般分条宽为 0.8 ~ 1.0 m，并与胎体增强材料幅宽一致。

涂布的施工顺序应按"先高后低，先远后近"的原则进行。遇高低跨屋面时，一般先高跨后低跨；相同高度屋面要合理划分施工段，先涂布距上料点远的部位，按由远到近的顺序进行；同一屋面上先涂布排水较集中的水落口、檐口等节点部位，再进行大面积涂布。

涂布应分层分遍进行，应待前一遍涂层干燥成膜后，检查表面是否有气泡、折皱不平、凹坑、刮痕等问题，合格后才能进行后一遍涂层的涂布，否则应进行修补。第二遍的刮涂方向应与前一遍相垂直。

立面部位涂层应在平面涂刮前进行，应视涂料流平性能好坏确定涂布次数。流平性好的涂料应薄而多次进行，否则会产生流坠现象，使上部涂层变薄，下部涂层变厚，影响防水质量。立面防水层和节点部位细部处理一般采用刷涂法施工，即采用棕刷、长柄刷、圆辊刷蘸防水涂料进行涂刷。

5. 胎体增强材料的铺设

需铺设胎体增强材料的，当屋面坡度小于或等于 15% 时可平行屋脊铺设；当坡度大于 15% 时，应垂直于屋脊铺设，并由屋面最低处向上施工。胎体增强材料长边搭接宽度不得小于 50 mm，短边搭接宽度不得小于 70 mm。采用两层胎体增强材料时，上下层不得互相垂直铺设,且上下层接缝应错开至少1/3的幅宽。

沥青基防水涂料防水层的胎体增强材料宜用湿铺法铺贴。湿铺法是在第一遍涂层表面刮平后,不待其干燥就铺贴胎体增强材料,即边涂边铺。铺贴应平整、不起皱,但也不能拉伸过紧。铺贴后用刮板或抹子轻轻刮压或抹压,使胎布网眼(或毡面上)充满涂料,待其干燥后再进行第二遍涂料施工。

6. 收头处理

收头部位胎体增强材料应裁齐,防水层应做在滴水下或压入凹槽内,并用密封材料封压,立面收头待墙面抹灰时用水泥砂浆压封严密。

7. 保护层施工

涂膜保护层用细砂、云母、蛭石、浅色涂料铺撒或涂刷而成,也可采用水泥砂浆、细石混凝土或板块作保护层。

采用细砂等粒料作保护层时,应在刮涂最后一遍涂料时,边涂边撒布粒料,使细砂等粒料与防水层黏结牢固,并要求撒布均匀,不露底,不堆积。采用浅色涂料作保护层时,应待防水层干燥固化后才能进行涂刷。采用水泥砂浆、细石混凝土等刚性保护层时,应在防水涂膜与保护层之间设置隔离层,以防止因保护层伸缩而引起防水涂膜破坏,造成渗漏。

施工时注意使用两种及两种以上不同防水材料时,应考虑不同材料之间的相容性,不相容则不得使用。沥青基防水涂膜在Ⅲ级防水屋面上单独使用时不应小于8 mm,Ⅳ级防水屋面或复合使用时不宜小于4 mm。由于防水涂料对气候的影响较敏感,因此要求涂料成膜过程中应为连续无雨雪、冰冻天气,否则会造成麻面、空鼓,甚至被溶解或被雨水冲刷掉。施工温度的要求也较严格,温度过低或过高都会影响质量,沥青基防水涂料适宜的施工温度是5~35 ℃。

(二)高聚物改性沥青涂料及合成高分子涂料施工

高聚物改性沥青防水涂料和合成高分子防水涂料在做屋面防水时,其设计涂膜总厚度在3 mm以下,一般称为薄质涂料。二者施工方法基本相同。其施工工艺如下:施工准备工作→板缝处理、基层施工→基层表面清理、修整→涂刷基层处理剂→节点及特殊部位增强处理→涂布防水涂料及铺贴胎体增强材料→防水层清理、检查、修整→保护层施工。

1. 施工准备工作

1)基层检查与清理

基层的检查、清理、修整应符合平整度及设计规定的坡度等质量要求,施工前应保持基层干净、干燥。

2)配料和搅拌

多组分防水涂料在施工现场要进行各组分的调配,各组分或各材料的配合比必须严格按照产品使用要求准确计量,严禁任意改变配合比。如配好的涂料太稠,造成涂布困难时,应按厂家提供的品种、数量掺加稀释剂,切忌任意使用稀释剂,否则会影响涂料性能。配料混合后应搅拌充分,以保证其均质性(尤其是水乳型涂料),一般采用小型电动搅拌器搅拌,也可用人工搅拌。对于单组分涂料,一般开盖后即可使用,但由于涂料桶装量大且防水涂料中含有填充料,容易产生沉淀,故使用前也应进行搅拌,使其均匀后再使用。

多组分涂料每次配制量应根据每次涂刷面积计算确定,混合后的涂料必须在规定时间内用完。因此,不应一次配制过多,使涂料发生凝聚或固化而不能使用。

3)涂层厚度控制试验

涂层厚度是影响涂膜防水质量的一个关键问题。因此,涂膜防水施工前必须根据设计要求的单位涂料用量、涂膜厚度及涂料材料性质,事先做试验,确定每道涂刷的厚度及每个涂层需要涂刷的遍数。

4)确定涂刷间隔时间

各种防水涂料都有不同的干燥时间,因此涂刷前必须根据气候条件经试验确定每遍涂刷的涂料用量和间隔时间。在做涂刷厚度及用量试验的同时,可测定每遍涂层的间隔时间。

2. 涂刷基层处理剂

基层处理剂的种类由防水涂料类型而定。若使用水乳型防水涂料,可用掺0.2%～0.5%乳化剂的水溶液或软水(不用天然水或自来水)将涂料稀释后,作为基层处理剂;若使用溶剂型防水涂料,可直接用涂料薄涂作为基层处理剂(若涂料较稠,可用相应稀释剂稀释后再用);高聚物改性沥青防水涂料可用冷底子油作基层处理剂。

基层处理剂应在基层干燥后进行涂刷。涂刷时应用刷子用力薄涂,使涂料尽量刷进基层表面的毛细孔中,并将基层可能留下的少量灰尘等无机杂质像填充料一样混入基层处理剂中,使之与基层牢固结合。涂刷要均匀、覆盖完全。

3. 涂刷防水涂料

涂刷防水涂料的方法有刷涂法、刮涂法和机械喷涂法等。应分条或按顺序进行涂布,一道涂层涂刷完毕应在其干燥结膜后,方可涂布后一遍涂料,最上层涂层至少涂刮两遍。

1)刷涂法

刷涂法是用刷子蘸防水涂料进行涂刷,也可边倒边用刷子刷匀,该法主要用于立面防水层或节点部位细部处理。

2)刮涂法

刮涂法是用胶皮刮板涂布的方法,一般是先将涂料分散倒在基层上用刮板来回刮涂,使其厚薄均匀,不露底,不存气泡,表面平整,然后待其干燥后再继续下遍涂层的涂刮。该法适用于大面积屋面的施工。

3)机械喷涂法

机械喷涂法是将防水涂料倒入喷涂设备中,通过喷枪将防水涂料均匀地喷涂于基层表面。该法适用于黏度较小的高聚物改性沥青防水涂料和合成高分子防水涂料的大面积施工。

4. 铺设胎体增强材料

胎体增强材料一般采用平行于屋脊铺贴的方法,以方便施工,提高工效。高聚物改性沥青防水涂料和合成高分子涂料在第二遍涂布时,或第三遍涂布前,即可加铺胎体增强材料,铺贴方法可以采用湿铺法或干铺法。湿铺法也是边倒涂料、边涂布、边铺贴的方法。干铺法则是在前一遍涂层干燥后,边干铺胎体增强材料,边在已展平的表面上用橡皮刮板均匀满刮一道涂料。当渗透性较差的涂料与比较密实的胎体增强材料配套使用时不宜采用干铺法,因为上层涂料不易从胎体增强材料的网眼中渗透到已固化的涂膜上,影响其整体性。

合成高分子防水涂料防水层的胎体增强材料应尽量设置在防水层的上部,位于胎体下面的涂层厚度不宜小于 1 mm,以提高涂层的耐穿刺性、耐磨性和充分发挥涂层的延伸性。

整个防水涂膜施工完后,应有一个自然养护时间。由于涂料防水层的厚度较薄,耐穿刺能力弱,为避免人为因素破坏防水涂膜的完整性,保证其防水效果,在涂膜实干前,不得在防水层上进行其他施工作业,涂膜防水层面上不得直接堆放物品。

5. 保护层施工

涂膜保护层可采用细砂、云母、蛭石、浅色涂料,也可采用水泥砂浆、细石混凝土或板块作保护层。

采用细砂等粒料作保护层时,应在刮涂最后一遍涂料时,边涂边撒布粒料,使细砂等粒料与防水层黏结牢固,并要求撒布均匀,不露底,不堆积。采用浅色涂料作保护层时,应待涂膜防水层干燥固化后才能进行涂刷。采用水泥砂浆、细石混凝上等刚性保护层时,应在防水涂膜与保护层之间设置隔离层,以防止因保护层伸缩而引起防水涂膜破坏造成渗漏。

三、刚性防水屋面施工工艺

细石混凝土防水屋面的施工工艺为:施工准备→隔离层施工→分格缝设置→细石混凝土防水层施工→分格缝处理。

(一)施工准备

施工前应做好材料、施工机具等的物质准备,并对基层进行检查,要确保基层的平整度或坡度符合要求,基层应清理干净。

(二)隔离层施工

在结构层与防水层之间增加一层低强度等级的砂浆、卷材、塑料薄膜等材料,以起隔离作用,使结构层和防水层变形互不影响,以减少防水混凝土产生拉应力而导致混凝土防水层开裂。

1. 黏土砂浆隔离层施工

预制板板缝嵌填细石混凝土后板面应清扫干净,洒水湿润,但不得积水。将石灰膏、砂、黏土按 1∶2.4∶3.6 配合比拌和均匀,并以干稠为宜,然后将其砂浆铺抹在预制板表面,铺抹时厚度为 10 ~ 20 mm,要求表面平整、压实、抹光。待砂浆基本干燥以后,方可进行下道工序施工。

2. 石灰砂浆隔离层施工

施工方法同上,砂浆配合比为石灰膏∶砂 =1∶40。

3. 水泥砂浆找平层铺卷材隔离层施工

用 1∶3 水泥砂浆将结构层找平,并压实抹光养护,再在干燥的找平层上铺一层 3 ~ 8 mm 干细砂滑动层,在其上铺一层卷材,搭接缝用热沥青玛瑞脂涂抹。也可以在找平层上直接铺一层塑料薄膜。

做好隔离层后,继续施工时要注意对隔离层加强保护,混凝土运输不能直接在隔离层表面进行，应采取垫板等措施，绑扎钢筋时不得扎破表面，浇捣混凝土时更不能振酥隔离层。

（三）分格缝设置

对于大面积的细石混凝土屋面防水层，为了避免受温度变化等影响而产生裂缝，防水层必须设置分格缝。分格缝的位置应按设计要求而定，一般应留在结构应力变化较大的部位。如设置在屋面板的支承端、屋面转折处、防水层与突出屋面的交接处，并应与板缝对齐，其纵横向间距不宜大于 6 m。一般情况下，屋面板的支承端每个开间应留横向缝，屋脊应留纵向缝，分格的面积以 20 m^2 左右为宜。

（四）细石混凝土防水层施工

1. 钢筋网施工

钢筋网铺设按设计要求，一般设置钢筋直径为 4 ~ 6 mm、间距为 100 ~ 200 mm 的双向钢筋网片。网片采用绑扎和焊接均可，其位置以居中偏上为宜，保护层不小于 10 mm。钢筋要调直，不得锈蚀、弯曲、油污。钢筋的绑扎搭接长度必须大于 250 mm，焊接搭接长度不小于 25 倍直径，在一个网片的同一断面内接头不超过断面面积的 1/4，但分格缝处的钢筋要断开。

2. 细石混凝土防水层施工

浇捣混凝土前，应将隔离层表面的浮渣、杂物清除干净，检查隔离层的平整度、排水坡度和完整性。支好分格缝模板，标出混凝土浇捣厚度，厚度不宜小于 40 mm。

混凝土搅拌应采用机械搅拌，搅拌时间不宜小于 2 min。混凝土在运输过程中，应防止漏浆和离析。混凝土的浇捣按“先远后近”的原则进行。一个分格缝范围内的混凝土必须一次浇捣完成，不得留施工缝。

混凝土宜采用机械振捣，如无振捣器，可先用木棍等插捣，再用小辊（30 ~ 40 kg，长 600 mm 左右）来回滚压，边插捣边滚压，直至密实和泛浆，泛浆后用铁抹子压实抹平，并要确保防水层的厚度和排水坡度。

混凝土吸水初凝后，及时取出分格缝隔板，用铁抹子第二次压实抹光，并及时修补分格缝的缺损部位，做到平直整齐。混凝土终凝前进行第三次压实抹光，要求做到表面平光，不起砂、起层，无抹板压痕，抹压时不得撒干水泥或干水泥砂浆。混凝土终凝后立即进行养护，应优先采用表面喷洒养护剂养护，养护时间不得小于 14 d。

（五）分格缝处理

分格缝可采用嵌填密封材料并加贴防水卷材的方法进行处理，以增加防水的可靠性。基本构造如图 5-33 所示。

分格缝的嵌缝工作应待混凝土养护完毕后用水冲洗干净且达到干燥（含水率不大于 10%）时进行。混凝土表面有冰冻或有霜露时不得施工。所有分格缝应纵横相互贯通，如有间隔应凿通，缝边如有缺边掉角须修补完整，达到平整、密实，不得有蜂窝、露筋、起皮、松动现象。

分格缝必须干净，缝壁和缝外侧 50 ~ 60 mm 内的水泥浮浆、残余砂浆和杂物，必须用刷缝机或钢丝刷刷除，并用吹尘工具吹净。

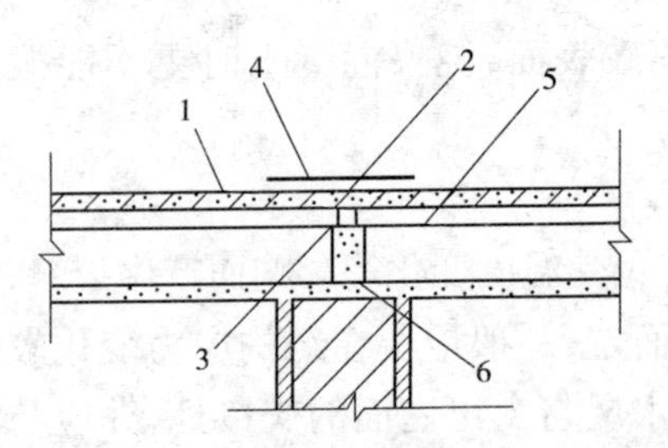

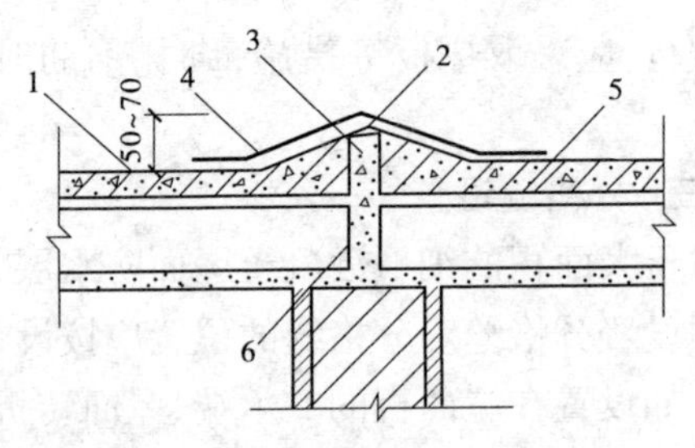

1—刚性防水层;2—密封材料;3—背衬材料;4—防水材料;5—隔离层;6—细石混凝土

图 5-33 分格缝构造

复习思考题

1. 为什么外墙要进行防水处理？有哪些防水形式？

2. 简述装配式建筑构造防水施工工艺。

3. 简述接缝密封施工工艺。比较其与屋面和地下防水工程中接缝密封施工工艺的异同。

4. 基层处理剂的作用是什么？

5. 简述防水涂料在外墙防水中的应用。

6. 根据所学的建筑构造知识,简述门窗防水重点部位及措施。

7. 石油沥青卷材屋面防水层施工包括哪些工序？

8. 如何进行屋面卷材铺贴？有哪些铺贴方法？

9. 试述高聚物改性沥青卷材的冷贴法和热熔法的施工工艺。

10. 合成高分子卷材与传统的石油沥青油毡相比,有哪些优点？

11. 试述细石混凝土防水屋面的施工要点。

12. 防水涂膜的施工方法有哪些？试述其施工要点。

第六章　高层建筑安全专项施工方案设计

【学习要点】

熟悉高层建筑安全专项施工方案编制的范围以及需专家论证、审查的安全专项施工方案编制范围；了解高层建筑安全专项施工方案编制的依据、原则、编制要求和编制内容；了解高层建筑安全专项施工方案的编制程序、编制审查程序与实施；会进行塔式起重机基础和附着装置的设计及施工；会进行脚手架的设计计算。

生产建设和安全息息相关，哪里有生产，哪里就有安全问题存在。建筑施工过程是各类安全隐患和事故的多发场所之一，又由于高层建筑施工具有以下特点：基础埋置深，建筑物的高度高，建筑工程量大，施工周期长，建造密集程度大，施工条件复杂等，因此高层建筑施工存在的安全隐患更多。保护职工在生产过程中的安全和健康，是我国的一项重要国策，是建筑施工企业不可缺少和忽视的重要工作，是各级领导不可推卸的神圣职责，也是广大职工的切身需要和要求。安全生产工作必须坚持“安全第一、预防为主”的方针政策，及时消除安全隐患和避免安全意外事故的发生。

如何在确保工程质量和工期，不增加施工造价的同时，加强施工安全的预防和管理，尽可能避免发生安全事故，是高层建筑施工从施工组织到施工技术诸方面都必须高度重视的问题。因此，对高层建筑施工中一些特别的施工环节，必须进行专项施工方案的设计。编写建筑安全专项施工方案是全面提高施工现场的安全生产管理水平，有效预防伤亡事故的发生，确保职工的安全和健康，实行检查评价工作标准化、规范化管理的需要，也是衡量企业现代化管理水平高低的一项重要标志。

第一节　高层建筑安全专项施工方案编制

为进一步规范和加强对危险性较大的分部分项工程安全管理，积极防范和遏制建筑施工生产安全事故的发生，根据《中华人民共和国建筑法》、《中华人民共和国安全生产法》、《建筑工程安全生产管理条例》和《建筑施工安全检查标准》(JGJ 59—99)、《危险性较大的分部分项工程安全管理办法》的相关规定，对达到一定规模的危险性较大的分部分项工程应当编制安全专项施工方案，并附具安全验算结果，经施工单位技术负责人、总监理工程师签字后实施，由专职安全生产管理人员进行现场监督，并且对特别重要的专项施工方案还必须组织专家进行论证、审查。

一、安全专项施工方案的编制概述

危险性较大的分部分项工程是指建筑工程在施工过程中存在的、可能导致作业人员群死群伤或造成重大不良社会影响的分部分项工程。

危险性较大的分部分项工程安全专项施工方案，是指施工单位在编制施工组织设计或总设计的基础上，针对危险性较大的分部分项工程单独编制的安全技术措施文件。

高层建筑施工中，施工单位应当在危险性较大的分部分项工程施工前编制专项方案，对于超过一定规模的危险性较大的分部分项工程，施工单位应当组织专家对专项方案进行论证。

（一）安全专项施工方案编制范围

1. 基坑支护、降水工程

开挖深度超过 3 m（含 3 m）或虽未超过 3 m，但地质条件和周边环境复杂的基坑基槽的支护、降水工程。

2. 土方开挖工程

开挖深度超过 3 m（含 3 m）的基坑基槽的土方开挖工程。

3. 模板工程及支撑体系

（1）各类工具式模板工程。包括大模板、滑模、爬模、飞模等工程。

（2）混凝土模板支撑工程。搭设高度 5 m 及以上，搭设跨度 10 m 及以上，施工总荷载 10 kN/m^2 及以上，集中线荷载 15 kN/m 及以上，高度大于支撑水平投影宽度且相对独立无联系构件的混凝土模板支撑工程。

（3）承重支撑体系。用于钢结构安装等满堂支撑体系。

4. 起重吊装及安装拆卸工程

（1）采用非常规起重设备、方法，且单件起吊重量在 10 kN 及以上的起重吊装工程。

（2）采用起重机械进行安装的工程。

（3）起重机械设备自身的安装、拆卸。

5. 脚手架工程

（1）搭设高度 24 m 及以上的落地式钢管脚手架工程。

（2）附着式整体和分片提升脚手架工程。

（3）悬挑式脚手架工程。

（4）吊篮脚手架工程。

（5）自制卸料平台、移动操作平台工程。

（6）新型及异型脚手架工程。

6. 拆除、爆破工程

（1）建筑物、构筑物拆除工程。

（2）采用爆破拆除的工程。

7. 其他

（1）建筑幕墙安装工程。

（2）钢结构、网架和索膜结构安装工程。

（3）人工挖扩孔桩工程。

（4）地下暗挖、顶管及水下作业工程。

（5）预应力工程。

（6）采用新技术、新工艺、新材料、新设备及尚无相关技术标准的危险性较大的分部分项工程。

(二)需专家论证、审查的安全专项施工方案编制范围

1. 深基坑工程

(1)开挖深度超过5 m(含5 m)的基坑(槽)的土方开挖、支护、降水工程。

(2)开挖深度虽未超过5 m,但地质条件、周围环境和地下管线复杂,或影响毗邻建(构)筑物安全的基坑(槽)的土方开挖、支护、降水工程。

2. 模板工程及支撑体系

(1)工具式模板工程。包括滑模、爬模、飞模工程。

(2)混凝土模板支撑工程。搭设高度8 m及以上,搭设跨度18 m及以上,施工总荷载15 kN/m^2及以上,集中线荷载20 kN/m及以上。

(3)承重支撑体系。用于钢结构安装等满堂支撑体系,承受单点集中荷载700 kg以上。

3. 起重吊装及安装拆卸工程

(1)采用非常规起重设备、方法,且单件起吊重量在100 kN及以上的起重吊装工程。

(2)起重量300 kN及以上的起重设备安装工程,高度200 m及以上内爬起重设备的拆除工程。

4. 脚手架工程

(1)搭设高度50 m及以上落地式钢管脚手架工程。

(2)提升高度150 m及以上附着式整体和分片提升脚手架工程。

(3)架体高度20 m及以上悬挑式脚手架工程。

5. 拆除、爆破工程

(1)采用爆破拆除的工程。

(2)码头、桥梁、高架、烟囱、水塔或拆除中容易引起有毒有害气(液)体或粉尘扩散、易燃易爆事故发生的特殊建(构)筑物的拆除工程。

(3)可能影响行人、交通、电力设施、通信设施或其他建(构)筑物安全的拆除工程。

(4)文物保护建筑、优秀历史建筑或历史文化风貌区控制范围的拆除工程。

6. 其他

(1)施工高度50 m及以上的建筑幕墙安装工程。

(2)跨度大于36 m及以上的钢结构安装工程,跨度大于60 m及以上的网架和索膜结构安装工程。

(3)开挖深度超过16 m的人工挖孔桩工程。

(4)地下暗挖工程、顶管工程、水下作业工程。

(5)采用新技术、新工艺、新材料、新设备及尚无相关技术标准的危险性较大的分部分项工程。

(三)编制依据和原则

安全专项施工方案的编制依据有:国家和政府有关安全生产的法律、法规和有关文件规定;安全技术标准、规范及图纸(国标图集)、安全技术规程;企业的安全管理规章制度、施工组织设计等。

安全专项施工方案的编制原则，必须考虑现场的实际情况、施工特点以及周围作业环境，措施要有针对性。凡施工过程中可能发生的危险因素及建筑物周围外部环境不利因素等，都必须从技术上采取具体有效的措施予以预防。除此之外，还应当包括组织保障、应急预案、监测监控以及紧急救护措施等内容。

（四）编制要求

1. 及时性

安全性措施在施工前必须编制好，并且经过审核批准后正式下达施工单位以指导施工；在施工过程中，工程或设计发生变更时，安全技术措施必须及时变更或做补充，否则不能施工；施工条件发生变化时，必须变更安全技术措施内容，并及时经原编制、审批人员办理变更手续，不得擅自变更。

2. 针对性

要根据施工工程的特点，从技术上采取措施，保证施工的安全和质量；要针对不同的施工方法和施工工艺制定相应的安全技术措施；施工使用新技术、新工艺、新设备、新材料时，必须研究应用相应的安全技术措施。

3. 具体性

安全专项施工方案必须明确具体，可操作性强，能指导具体施工；方案必须有设计、计算、详图、文字说明。

（五）编制内容

专项方案编制应当包括以下内容。

（1）工程概况。包括危险性较大的分部分项工程概况、施工平面布置、施工要求和技术保证条件。

（2）编制依据。包括相关法律、法规、规范性文件、标准、规范及图纸（国标图集）、施工组织设计等。

（3）施工计划。包括施工进度计划、材料与设备计划。

（4）施工工艺技术。包括技术参数、工艺流程、施工方法、检查验收等。

（5）施工安全保证措施。包括组织保障、技术措施、应急预案、监测监控等。

（6）劳动力计划。包括专职安全生产管理人员、特种作业人员等。

（7）计算书及相关图纸。

二、安全专项施工方案的编制程序

安全专项施工方案编制程序如图6-1所示。

三、安全专项施工方案的编制审查程序与实施

（一）编制审核

安全专项方案由建筑施工企业专业工程技术人员编制，由施工单位技术部门组织本单位施工技术、安全、质量等部门的专业技术人员进行审核。经审核合格的，由施工单位技术负责人签字。实行施工总承包的，专项方案应当由总承包单位技术负责人及相关专业承包单位技术负责人签字。然后提交监理单位审查，监理单位由专业监理工程师初审，

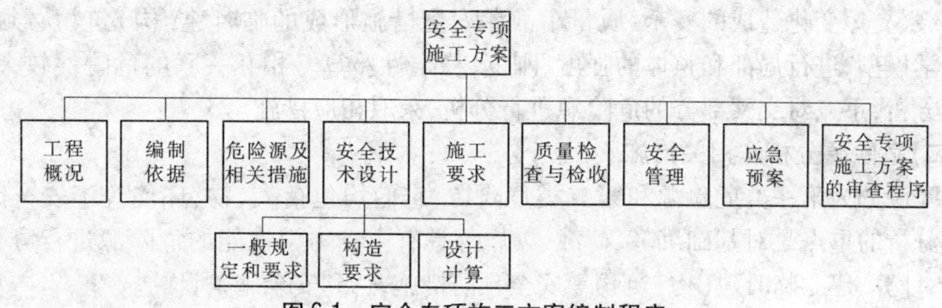

图 6-1　安全专项施工方案编制程序

监理单位总监理工程师审查签字。

需要专家论证的专项方案，经监理单位审查后，再经工程安全、质量监督部门认可的专家论证会论证，依据专家论证会论证提出的意见和建议，安全专项施工方案必须进行修改完善后方可实施。

(二)专家论证审查

超过一定规模的危险性较大的分部分项工程专项方案应当由施工单位组织召开专家论证会。实行施工总承包的，由施工总承包单位组织召开专家论证会。

(1)专家论证会由建筑施工企业组织，监理单位、业主、相关设计单位参加，工程安全、质量监督部门监督；建筑施工企业邀请的专家不少于5人，邀请的专家应经工程安全、质量监督部门认可。同一项目参建各方的人员不得以专家身份参加专家论证会。专家库的专家应当具备以下基本条件：诚实守信、作风正派、学术严谨；从事专业工作15年以上或具有丰富的专业经验；具有高级专业技术职称。

(2)专家论证的主要内容：专项方案内容是否完整、可行；专项方案计算书和验算依据是否符合有关标准规范；安全施工的基本条件是否满足现场实际情况。安全专项施工方案专家论证会通过对安全施工专项方案的审查，专家组应当提交论证报告，对论证的内容提出明确的意见，并在论证报告上签字。该报告作为专项方案修改完善的指导意见。施工企业应根据论证审查报告进行修改完善，经修改完善的安全专项施工方案按程序复审合格后，方可实施。

(3)专家组书面论证审查报告应作为安全专项施工方案的附件，在实施过程中，施工企业应严格按照安全专项方案组织施工。

(三)实施

施工单位应当严格按照专项方案组织施工，不得擅自修改、调整专项方案。施工前，应严格执行安全技术交底制度，进行分级交底，相应的施工设备设施搭建、安装完成后，要组织验收，合格后才能投入使用；施工中，对安全施工方案要求的检测项目，要落实检测，及时反馈信息，对危险性较大的作业，还应安排专业人员进行安全监控管理；施工完成后，应及时对安全专项施工方案进行总结。

四、安全专项施工方案编制应重点注意的事项

(一)将安全和质量相互联系、有机结合

对临时安全措施构建的建(构)筑物与永久结构交叉部分的相互影响进行统一分析，

防止荷载、支撑变化造成的安全、质量事故。安全措施形成的临时建(构)筑物必须建立相关力学模型,进行局部和整体的强度、刚度、稳定性验算。相互关联的危险性较大工程应系统分析,重点对交叉部分的危险源进行分析,采取相应措施。

(二)危险源分析及相关措施

危险源分为第一类危险源和第二类危险源,它们均包括人、物、环境等不安全因素。危险源分析的重点是对基础沉降、荷载、爆炸等具有主动力学性能的危险源进行分析,通过设计、计算、建立临时建(构)筑物等安全预防措施,达到安全施工目的。

(三)应急预案

应急预案一般包括预案使用范围、重特大事故应急处理指挥系统及组织构架等、指挥部系统职责及责任人、重特大事故报告和现场保护、应急处理预案、其他事项。

第二节　塔式起重机基础和附着装置的设计及施工

塔式起重机是高层建筑施工的基本设备,根据高层建筑的施工特点,一般高层建筑多使用固定式的附着式塔式起重机。根据《建筑施工安全检查标准》(JGJ 59—99)、《危险性较大的分部分项工程安全管理办法》的相关规定,塔式起重机的安装和拆卸是需要编制安全专项施工方案的。对于塔式起重机的安全专项施工方案,最重要的一项内容就是塔式起重机的基础和附着装置的设计及施工。

一、塔式起重机基础设计

塔式起重机基础一般是混凝土结构,用于安装固定塔机、保证塔机正常使用且传递其各种作用到地基的混凝土结构。由于每个建筑工程的结构形式、平面布置、地基基础情况等都不尽相同,所以塔式起重机的基础必须根据工程地质、荷载大小、塔机稳定要求、现场条件、技术经济指标,并结合塔机制造商提供的塔机使用说明书的要求设计和施工。

(一)基础形式

附着式塔式起重机的混凝土基础采用固定式钢筋混凝土基础,由C35混凝土和HPB235或HRB335钢筋浇筑而成,有整体式、分离式和灌注桩承台式钢筋混凝土基础等形式。

整体式可分为方块式和X形交叉式,分离式又可分为双条式和四个分块式。X形交叉式和双条式基础用于400~600 kN·m级塔吊。方块整体式和四个分离方块式常用做1 000 kN·m以上自升塔吊的基础,其构造如图6-2、图6-3所示。

采用方块整体式混凝土基础,塔式起重机通过专用塔身基础节和预埋地脚螺栓固定在混凝土基础上,混凝土用量大,对预埋件的位置及标高要求高;它将塔吊自重及由外荷载产生的作用力(倾覆力矩、水平力、垂直力)传给地基,能起压载和锚固作用,保证塔吊具有抵抗整体倾覆的稳定性。

采用四个分离方块式混凝土基础,起重机的塔身结构固定在底架上,塔机底架直接坐在混凝土基础上,无须复杂的预埋件,混凝土用量比较少,四块混凝土基础表面标高微有差异时,可通过设置垫片进行微调。它可承受塔吊自重以及由外荷载产生的作用力,并传至地基，起到一定的压载作用，可以增强塔吊的抗倾覆稳定性。

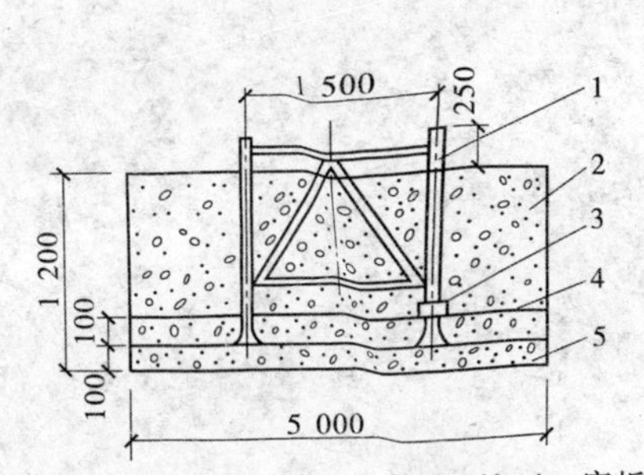

1—基础节；2、5—C10 混凝土；3—预埋件；4—底板配筋

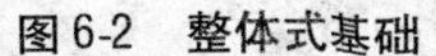
图 6-2　整体式基础

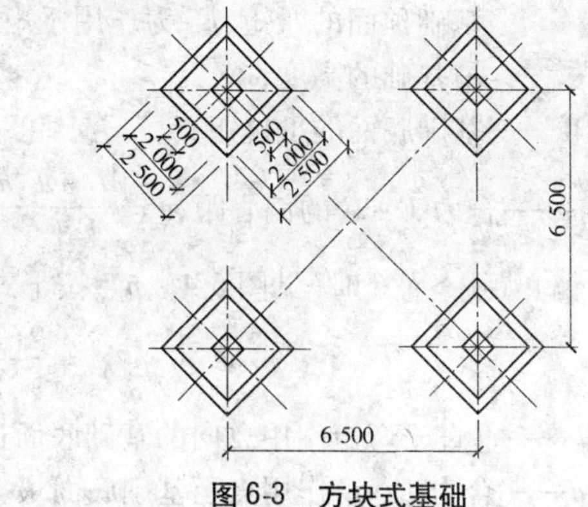

图 6-3　方块式基础

在高层建筑深基础施工阶段（例如浇筑钢筋混凝土底板），当确需在基坑近旁构筑附着式塔吊基础时，建议采用灌注桩承台式钢筋混凝土基础。灌柱桩的埋深可根据地质情况确定，桩的直径为 800 ~ 1 000 mm。桩的中心距应与塔身尺寸相对应，承台应露出地表 15 ~ 25 cm，承台尺寸既要满足塔吊稳定性的需要，又应符合施工现场条件。

（二）地基承载力计算

1. 基础底面的压力要求

当轴心荷载作用时，基础底面的压力应符合下式要求：

$$p \leqslant f_a \tag{6-1}$$

式中　p——基础底面的平均压力值；

f_a——修正后的地基承载力特征值。

当偏心荷载作用时，除符合式(6-1)要求外，尚应符合下式要求：

$$p_{max} \leqslant 1.2 f_a \tag{6-2}$$

式中　p_{max}——在偏心荷载作用下基础底面边缘的最大压力值。

地基承载力特征值可由载荷试验或其他原位测试等方法确定。

2. 基础底面的压力计算

1）受轴心荷载作用

受轴心荷载作用时，基础底面的压力计算公式为

$$p = \frac{F + G}{A} \tag{6-3}$$

式中　F——塔式起重机传至基础顶面的竖向力值；

G——基础自重和基础上的土重；

A——基础底面面积，$A = bl$，b 为矩形基础底面的短边长度，l 为矩形基础底面的长边长度。

2）受单向偏心荷载作用

当偏心距 $e \leqslant b/6$ 时，基础底面的压力计算公式为

$$p_{max} = \frac{F + G}{A} + \frac{M}{W} \tag{6-4}$$

式中　M——塔式起重机作用于基础底面的弯矩，$M = M_1 + F_v h$，M_1 为塔式起重机作用于基础顶面的弯矩，F_v 为作用于矩形基础顶面短边方向的水平荷载值，h 为塔吊基础的高度；

W——基础底面的抵抗矩；

e——合力 $F+G$ 的偏心距，$e = \dfrac{M_1 + F_v h}{F+G}$，且 $e \leqslant b/6$。

当偏心距 $e > b/6$ 时（见图 6-4），p_{max} 按下式计算：

$$p_{max} = \frac{2(F+G)}{3la} \tag{6-5}$$

式中　l——垂直于弯矩作用方向的基础底面边长；

a——合力 $F+G$ 作用点至基础底面最大压力边缘的距离。

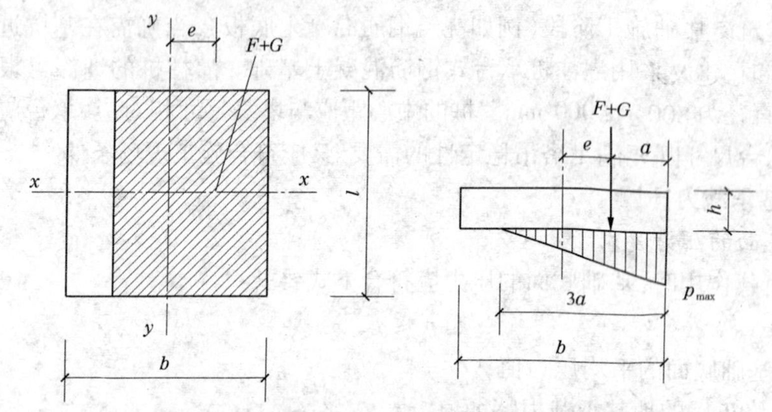

图 6-4　偏心荷载（$e > b/6$）下基础底压力计算

当塔机基础为十字形时，可采用简化计算方法，即倾覆力矩 M_1、水平荷载 F_v 仅为与其作用方向相同的条形基础承载，竖向荷载 F 和 G 应为全部基础荷载。

3）受双向偏心荷载作用

方形基础和底面边长比小于或等于 1.1 的矩形基础应按双向偏心受压作用验算地基承载力，塔机倾覆力矩的作用方向应取基础对角线方向。

（1）当偏心荷载合力作用点在核心区内时（$p_{min} \geqslant 0$），计算公式为

$$p_{max} = \frac{F+G}{A} + \frac{M_x}{W_x} + \frac{M_y}{W_y} \tag{6-6}$$

$$p_{min} = \frac{F+G}{A} - \frac{M_x}{W_x} - \frac{M_y}{W_y} \tag{6-7}$$

式中　p_{min}——在偏心荷载作用下基础底面边缘的最小压力值；

M_x、M_y——作用于基础底面对 x、y 轴的弯矩值；

W_x、W_y——基础底面对 x、y 轴的抵抗矩。

（2）当偏心荷载合力作用点在核心区外时（$p_{min} < 0$）：

$$p_{max} = \frac{F+G}{3b'l'} \tag{6-8}$$

$$b'l' \geqslant 0.125bl \tag{6-9}$$

$$b' = \frac{b}{2} - e_b \tag{6-10}$$

$$l' = \frac{l}{2} - e_l \tag{6-11}$$

式中 b'——偏心荷载合力作用点至 e_b 一侧 x 方向基础边缘的距离；

l'——偏心荷载合力作用点至 e_l 一侧 y 方向基础边缘的距离；

e_b——偏心距在 x 方向的投影长度；

e_l——偏心距在 y 方向的投影长度。

（三）分离式基础计算

塔机的分离式基础由几个独立的混凝土基础组成，如图 6-5所示。

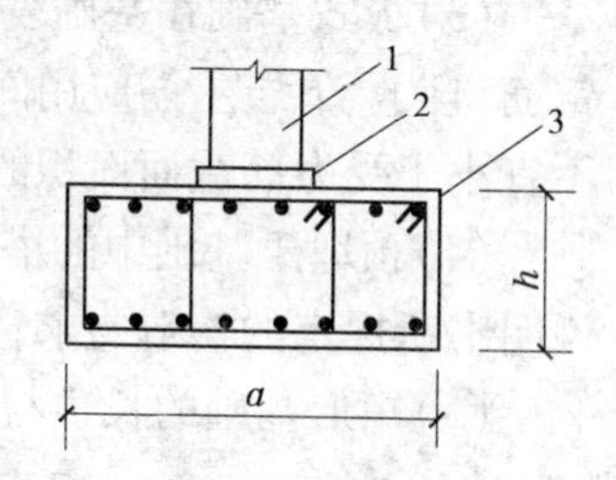

1—塔机支腿；2—支腿底座板；3—混凝土基础

图 6-5　独立式混凝土基础

具体计算按下列步骤进行。

1. 确定基础埋置深度

基础埋置深度的确定应综合考虑工程地质、塔机的荷载大小和相邻环境条件及地基土冻胀影响等因素。基础顶面标高不宜超过现场自然地面。在冻土地区的基础应采取构造措施避免基底及基础侧面的土受冻胀作用。一般塔机基础埋设深度为 1 ~1.5 m。

2. 计算基础底部所需面积 A

基础底部所需面积 A 的计算公式为

$$A = \frac{F + G}{f_a} \tag{6-12}$$

分离式基础承受轴心荷载，故基础底面可采用正方形，则其边长 $b = \sqrt{A}$。

3. 确定基础高度

基础高度需满足抗冲切要求，可近似按下式计算：

$$h \geqslant \frac{F}{0.6 f_t u_m} \tag{6-13}$$

式中 f_t——混凝土抗拉强度设计值；

u_m——基础顶面荷载作用面积的周长，即塔机支腿底座板周长。

（四）整体式基础计算

整体式基础计算除其自身强度需满足规范要求外，尚应满足防止塔式起重机倾覆和地基承载力的要求。

1. 防塔机倾覆计算

为防止塔机倾覆需满足下列条件：

$$e = \frac{M_1 + F_v h}{F + G} \leqslant \frac{1}{3} b \tag{6-14}$$

2. 地基承载力验算

整体式钢筋混凝土基础的地基承载力验算按本节式（6-1）、式（6-2）和式（6-4）或式（6-5）进行。

(五)板式塔吊基础的构造要求

方块整体式混凝土基础和四个分离方块式混凝土基础都属于板式塔吊基础，一般应满足以下构造要求：

(1)基础高度应满足塔机预埋件的抗拔要求，且不宜小于1 000 mm，不易采用坡形或台阶形截面的基础。

(2)基础的混凝土强度等级不应低于C25，垫层混凝土强度等级不应低于C10，混凝土垫层厚度不宜小于100 mm。

(3)板式基础在基础表层和底层配置直径不应小于12 mm、间距不应大于200 mm的钢筋，且上、下层主筋应用间距不大于500 mm的竖向构造钢筋连接。架立筋的截面面积不宜小于受力筋截面面积的一半。

(4)预埋于基础中的塔机基础节锚栓或预埋节，应符合塔机制造商提供的塔机使用说明书所规定的构造要求，并应有支盘式锚固措施。

(5)矩形基础的长边与短边长度之比不宜大于2，宜采用方形基础。

二、塔式起重机基础的施工

(一)塔式起重机基础的布置

1. 布置在基础边

当基坑开挖面积与上部建筑面积相近时，基础施工阶段的塔式起重机一般布置在基坑边，布置方式有以下三种。

1)布置在围护墙之外

当基坑维护墙位移较小时，可采用这种布置方式，基础可按常规方法施工。但在设计塔机基础部位的围护墙和支撑体系时，需要考虑塔机引起的附加荷载。对重力式或悬臂式支护结构，则不应采用这种布置方式，因为其位移较大，会引起塔机位移或倾斜。

2)布置在水泥土墙围护墙上

由于水泥土墙宽度较大，且格栅式布置的水泥土墙承载力也较高，可在其上浇筑塔机的整体式基础。由于重力式挡土墙的位移较大，对塔吊的稳定非常不利，因此要特别注意控制水泥土墙的位移，通常可加厚水泥土墙，加大其入土深度，还可以在塔机部位的坑底采取加固手段，以减小水泥土墙的位移。这种布置形式，不仅增加了围护墙的自重，也增加了围墙的下卧层荷载，应进行卧层地基强度的验算。在施工土方开挖时，要特别注意对开挖初期塔机的位移、沉降及垂直度的监测，保证其偏差在安全范围内。

3)布置在桩上

当基坑边水泥土墙计算位移较大时，为确保塔机的安全，应在塔机基础下设置桩基础。一般塔机基础桩为4根，主要承受水平力，桩径与桩长由计算确定。

对于排桩式支护墙或地下连续墙，如果直接在围护墙顶上设置塔机基础，由于墙体较薄，会因为基底承载力严重不均导致塔机基础不均与沉降，使塔机发生倾斜。可以在支护墙外侧增布桩基，一般布置2根即可。

2. 布置在基坑中央

高层建筑的地下室比上部建筑面积大得多，甚至是将几幢高层或多层建筑的地下室连成一片，这样的基坑面积很大，一般都在上万平方米。此时，塔机需设置在基坑中央。对于采用内爬式塔机的工程，塔机也需要设在基坑中央。

基坑内塔机的布置位置主要依据上部结构施工的需要及所选塔机类型确定，一般将塔机布置在地上结构外墙外侧的合适位置，并充分考虑附着装置的位置和具体尺寸。应避免布置在地下室墙、支护结构支撑，以及可能影响支护结构或主体结构施工的部位。内爬式塔机一般布置在电梯井位置。基坑中央设置的塔机需要采用桩基或用支撑立柱将其托起，支撑立柱顶部设置塔机承台，可用混凝土结构或钢结构。

（二）塔机与混凝土基础的连接形式

塔机与混凝土基础的连接可以通过预埋于基础的锚栓连接塔机基础节（见图 6-6），也可以直接将预埋节预埋于基础中（见图 6-7）。

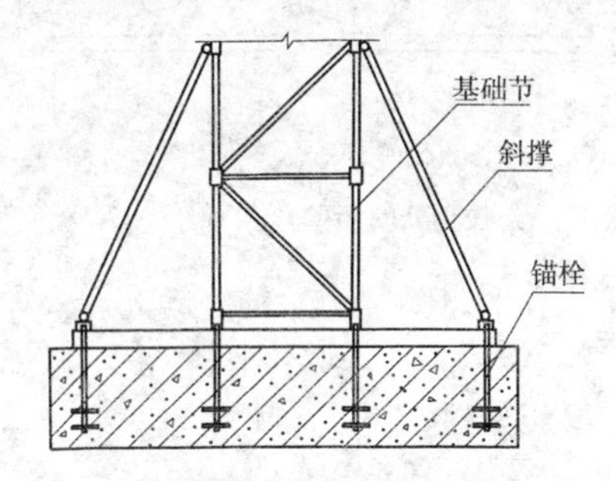

图 6-6　塔机基础节形式

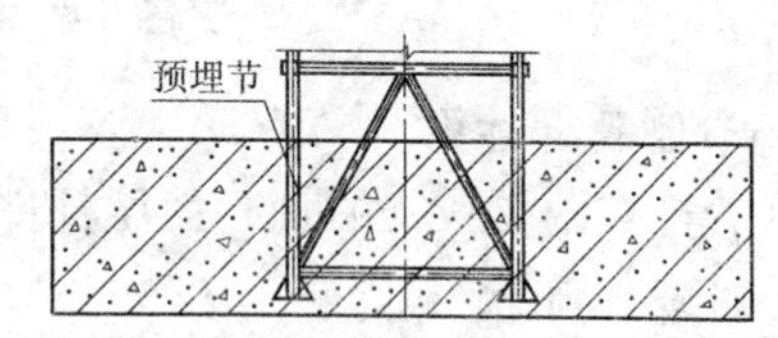

图 6-7　塔机预埋节形式

（三）塔式起重机基础的施工

（1）基础施工前应按塔机基础设计及施工方案做好准备工作，必要时塔机基础的基坑应采用支护及降排水措施。

（2）基础的钢筋绑扎和预埋件安装后，应按设计要求检查验收，合格后方可浇捣混凝土，浇捣中不得碰撞、移位钢筋或预埋件，混凝土浇筑后应及时保湿养护。基础四周应回填土方并夯实。

（3）基础混凝土施工中，在基础顶面四角应做好沉降及位移观测点，并做好原始记录，塔机安装后应定期观测并做记录，沉降量和倾斜率不应超过规范、规程的相关规定。

（4）安装塔机时基础混凝土应达到 80% 以上的设计强度，塔机运行使用时基础混凝土应达到 100% 设计强度。

（5）基础的防雷接地应按现行行业标准规定执行。

三、附着式塔式起重机的附着装置

附着式塔式起重机随施工进度向上接高到限定的自由高度后，需利用附着装置与建筑物拉结，以减小塔身长细比，改善塔身结构受力，同时可将塔身上部传来的力矩、水平力等通过附着装置传给已施工完成的建筑结构。塔式起重机附着装置的构造、内力和安装要求在使用说明书中均有叙述。因此，在塔机安装和使用中，使用单位按要求执行即可，不需再进行计算，只有当塔机安装位置至建筑物距离超过使用说明书规定，需增长附着杆，或附着杆与建筑物连接的两支座间距改变时，需进行附着计算。

塔式起重机的附着装置由附着杆、附着支座和附着框架组成。相应的附着计算为附着杆计算、附着支座连接计算和附着框架计算。附着杆由型钢、无缝钢管制成,应有调节螺母以调节长度,较长的附着杆一般用型钢焊成空间桁架。附着距离是指由塔身中心线至建筑物外墙皮之间的垂直距离,一般为4.1~6.5 m,有时大至10~15 m。附着距离小于10 m时可用三杆式或四杆式附着装置,超过10 m时,一般用空间桁架式。附着装置的布置方式如图6-8所示。

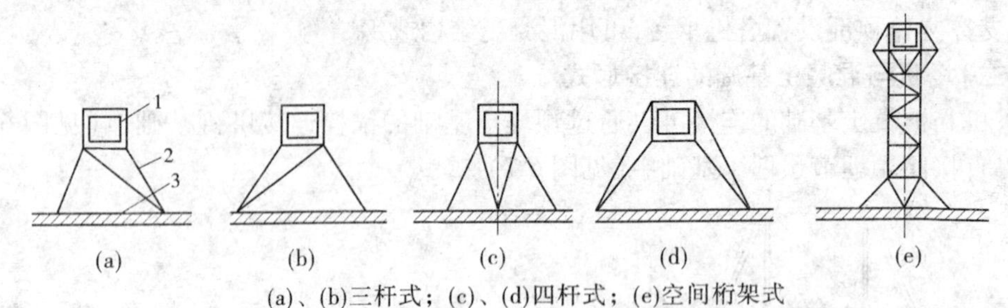

(a)、(b)三杆式;(c)、(d)四杆式;(e)空间桁架式

1—塔身;2—附着杆;3—已施工的结构(柱子、近楼板处的墙壁)

图6-8 附着装置的布置方式

(一)附着杆计算

附着杆按两端铰支的轴心受压杆件计算。

1. 附着杆内力

附着杆内力按说明书规定取用;如说明书无规定,或附着杆与建筑物连接的两支座间距改变时,则需进行计算。其计算要点如下:

(1)塔机按说明书规定与建筑物附着时,最上一道附着装置的负荷最大(见图6-9),因此应以此道附着杆的负荷作为设计或校核附着杆截面的依据。

(2)附着式塔机的塔身可视为一个带悬臂的刚性支承连续梁,其内力及支座反力计算简图如图6-10所示。

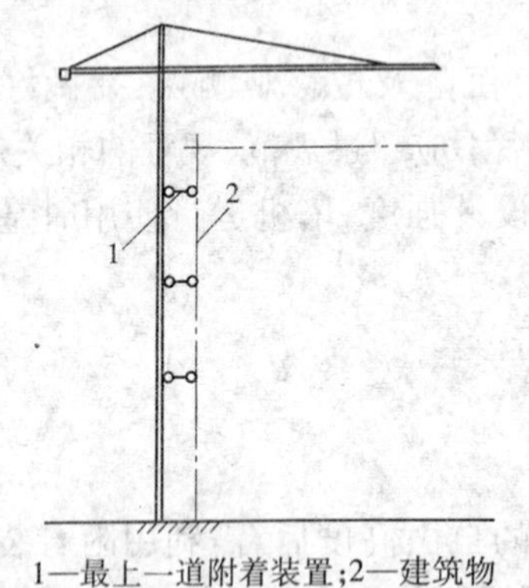

1—最上一道附着装置;2—建筑物

图6-9 塔式起重机与建筑物附着情况

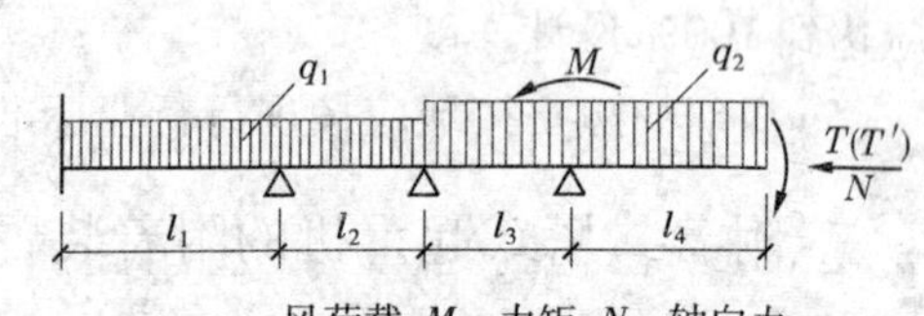

q_1、q_2—风荷载;M—力矩;N—轴向力;

$T(T')$—由回转惯性力及风力产生的扭矩

图6-10 塔身内力及支座反力计算

(3)附着杆的内力计算应考虑两种工况:

工况Ⅰ:塔机满载工作,起重臂顺塔身 $x—x$ 轴或 $y—y$ 轴,风向垂直于起重臂,如图6-11(a)所示。

工况Ⅱ:塔机不工作,起重臂处于塔身对角线方向,风由起重臂吹向平衡臂,如图6-11(b)所示。

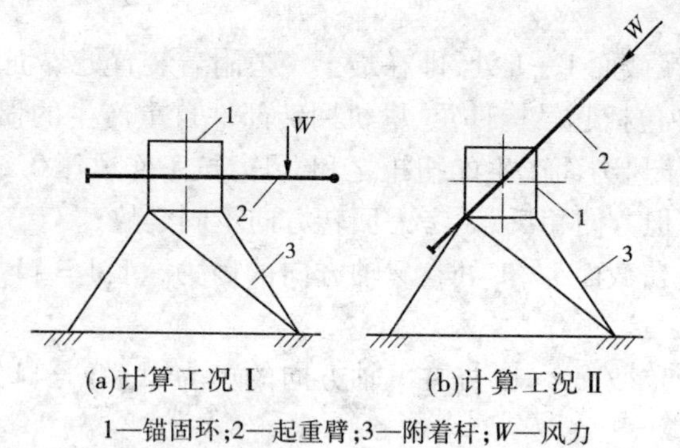

(a)计算工况Ⅰ (b)计算工况Ⅱ

1—锚固环;2—起重臂;3—附着杆;W—风力

图6-11 附着杆内力计算的两种工况

(4)附着杆内力计算方法。

附着杆内力按力矩平衡原理计算。

对于工况Ⅰ(见图6-12(a)):

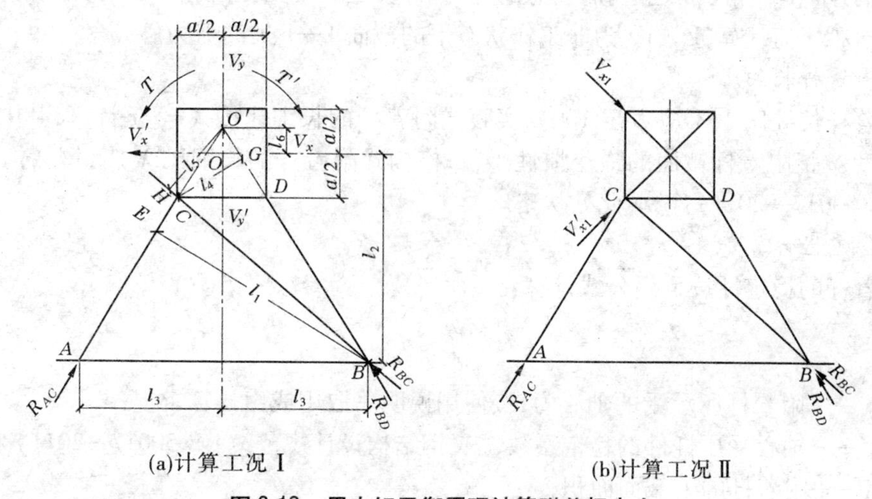

(a)计算工况Ⅰ (b)计算工况Ⅱ

图6-12 用力矩平衡原理计算附着杆内力

由 $\sum M_B = 0$,得

$$l_1 R_{AC} = T + l_2 V'_x + l_3 V'_y$$

$$R_{AC} = \frac{T + l_2 V'_x + l_3 V'_y}{l_1} \tag{6-15}$$

由 $\sum M_C = 0$,得

$$l_4 R_{BD} = T' + 0.5aV_x + 0.5aV'_y$$

$$R_{BD} = \frac{T' + 0.5aV_x + 0.5aV'_y}{l_4} \tag{6-16}$$

由 $\sum M'_O = 0$,得

$$l_5 R_{BC} = T + l_6 V_x$$

$$R_{BC} = \frac{T + l_6 V_x}{l_5} \tag{6-17}$$

式中 T、T'——塔身在截面1—1处，即在最上一道附着装置处界面所承受的由于回转惯性力(包括起吊构件重、塔机回转部件自重产生的惯性力)而产生的扭矩与由于风力而产生的扭矩之和，风力按工作风压0.25 kN/m² 取用，$|T| = |T'|$，但方向相反，系考虑回转方向不同之故；

V_x、V'_x——塔身在截面1—1处在x轴方向的剪力，$|V_x| = |V'_x|$，方向相反，原因同上；

V_y、V'_y——塔身在截面1—1处在y轴方向的剪力，$|V_y| = |V'_y|$，方向相反，原因同上；

a、$l_1 \sim l_5$——力臂，见图6-12(a)。

对于工况Ⅱ(见图6-12(b))：

同样用力矩平衡原理，由 $\sum M_B = 0$、$\sum M_C = 0$、$\sum M'_O = 0$，分别求得塔机在非工作状态下的R_{AC}、R_{BD}和R_{BC}之值。需注意的是，此计算工况下无扭矩作用，风力按塔机使用地区的基本风压值计算，V_{x1}、V'_{x1}为非工作状态下的截面1—1处的剪力。

2. 附着杆长细比计算

附着杆长细比λ不应大于100。实腹式附着杆的长细比按$\lambda = l/r$计算，其中l指附着杆长度，r指附着杆截面的最小惯性半径；格构式附着杆的长细比λ按《钢结构设计规范》(GB 50017—2011)计算，此处从略。

3. 稳定性计算

附着杆的稳定性按下列公式计算：

$$\frac{N}{\varphi A} \leqslant f \tag{6-18}$$

式中 N——附着杆所承受的轴心力，按使用说明书取用或由计算求得；

φ——轴心受压杆件的稳定系数，按《钢结构设计规范》(GB 50017—2011)采用；

A——附着杆的毛截面面积；

f——钢材的抗压强度设计值，按上述规范取用。

(二)附着支座连接计算

附着支座与建筑物的连接，目前多采用与预埋在建筑物构件上的螺栓相连接。对预埋螺栓的规格、材料、数量和施工要求，塔机使用说明书一般也有规定。如无规定，可按下列要求确定：

(1)预埋螺栓(以下简称螺栓)必须用Q235镇静钢制作。

(2)附着的建筑物构件的混凝土强度等级不应低于C20。

(3)螺栓的直径不宜小于24 mm。

(4)螺栓埋入长度和数量按下列公式计算：

$$0.75 n \pi d l f_\tau = N \tag{6-19}$$

式中 0.75——螺栓群不能同时发挥作用的降低系数；

n——螺栓数量；

d——螺栓直径；

l——螺栓埋入混凝土长度；

f_{τ}——螺栓与混凝土的黏结强度，对于C20混凝土取1.5 N/mm^2，对于C30混凝土取3.0 N/mm^2；

N——附着杆轴向力，按使用说明书取用或计算求得。

(5)上述计算结果，尚需符合下列要求：

①螺栓数量，单耳支座不得少于4只，双耳支座不得少于8只。

②螺栓埋入长度不应小于15d。

③螺栓埋入混凝土的一端应做弯钩并加焊横向锚固钢筋。

④螺栓的直径和数量尚应按《钢结构设计规范》(GB 50017—2011)验算其抗拉强度。

(6)附着点应设在建筑物楼面标高附近。

(三)附着框架计算

附着框架按方形钢架计算，其计算简图如图6-13所示；为便于计算，可将其分解，如图6-14所示。图中P为作用于附着框架的荷载，根据最大单根附着杆内力计算，作用点为顶紧螺栓(附着框架与塔身连接用)与附着框架的接触点。具体计算方法可参阅建筑结构力学有关内容，此处从略。

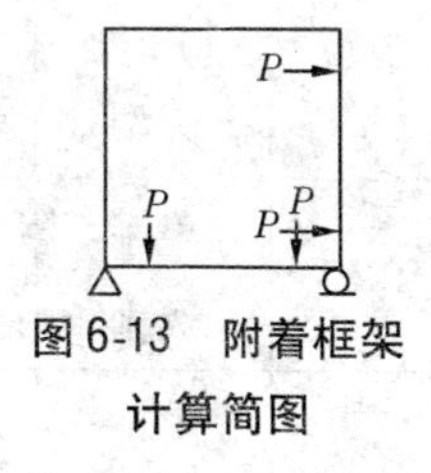

图6-13　附着框架计算简图

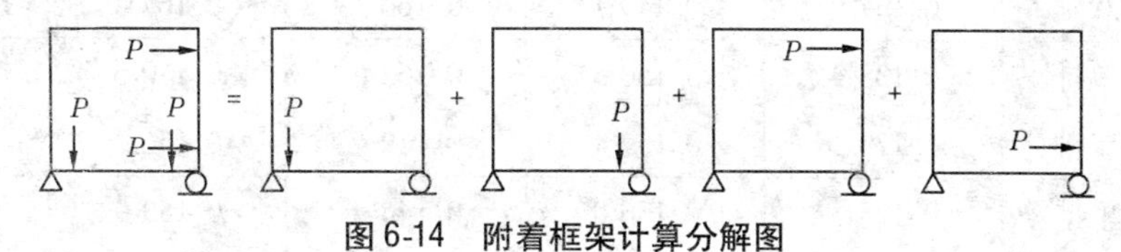

图6-14　附着框架计算分解图

塔式起重机加节后需进行附着的，应按照附着装置、后顶升加节的顺序进行，附着装置的位置和支撑点的强度应符合要求。在安装和固定附着杆时，必须用经纬仪检查塔身的垂直度，如塔身倾斜，可调节附着杆的长度进行调直。附着杆安装应牢固，倾角不得大于10%。一般情况下附着式塔式起重机设置2～3道附着装置即可满足施工需要。第一道附着装置设在距塔机基础表面30～50 m处，自第一道附着装置向上，每隔14～20 m设一道附着装置。对超高层建筑不必设置过多的附着装置，可将下部的附着装置拆换装到上部使用。

塔式起重机拆卸作业宜连续进行，当遇特殊情况拆卸作业不能继续时，应采取措施保证塔式起重机处于安全状态。附着式塔式起重机应明确附着装置的拆卸顺序和方法，拆卸时应先降节、后拆除附着装置。在降落塔身时，拆除附着装置要同步进行，严禁先拆除全部附着装置，然后拆除塔身。

第三节　脚手架计算

高层建筑施工中，脚手架使用量大、要求高、技术较复杂，对人员安全、施工质量、施工速度和工程成本有重大影响,应慎重对待,在特殊情况下需要专门的设计和计算,并绘制脚手架施工图。

一、荷载计算

(一)荷载分类

作用于脚手架的荷载可分为永久荷载(恒荷载)与可变荷载(活荷载)。

1. 永久荷载(恒荷载)

永久荷载(恒荷载)可分为脚手架结构自重和构配件自重。

1)脚手架结构自重

脚手架结构自重包括立杆、纵向水平杆、横向水平杆、剪刀撑、横向斜撑和扣件等的自重。每米立杆承受的结构自重标准值宜按表6-1采用。

表6-1　$\phi48\times3.5$ 扣件式钢管脚手架每米立杆承受的结构自重标准值(单位:kN/m)

步距(m)	脚手架类型	纵距(m)				
		1.2	1.5	1.8	2.0	2.1
1.20	单排	0.158 1	0.172 3	0.186 5	0.195 8	0.200 4
	双排	0.148 9	0.161 1	0.173 4	0.181 5	0.185 6
1.35	单排	0.147 3	0.160 1	0.173 2	0.181 8	0.186 1
	双排	0.137 9	0.149 1	0.160 1	0.167 4	0.171 1
1.50	单排	0.138 4	0.150 5	0.162 6	0.170 6	0.174 6
	双排	0.129 1	0.139 4	0.149 5	0.156 2	0.159 6
1.80	单排	0.125 3	0.136 0	0.146 7	0.153 9	0.157 5
	双排	0.116 1	0.124 8	0.133 7	0.139 5	0.142 4
2.00	单排	0.119 5	0.129 8	0.140 5	0.147 1	0.150 4
	双排	0.109 4	0.117 6	0.125 9	0.131 2	0.133 8

注:1. 双排脚手架每米立杆承受的结构自重标准值是指内外立杆的平均值,单脚手架每米立杆承受的结构自重标准值系按双排脚手架外立杆等值采用。
2. 当采用 $\phi51\times3$ 钢管时,每米立杆承受结构自重标准值可按表中数值乘以0.96采用。

2)构配件自重

构配件自重包括脚手板、栏杆、挡脚板、安全网等防护设施的自重。

(1)冲压钢脚手板、竹串片脚手板与木脚手板自重标准值,应按表6-2采用。

表6-2　脚手架自重标准值

类别	标准值(kN/m²)
冲压钢脚手板	0.30
竹串片脚手板	0.35
木脚手板	0.35

(2)栏杆、挡脚板自重标准值应按表 6-3 采用。

表 6-3　栏杆、挡脚板自重标准值

类别	标准值(kN/m^2)
栏杆、冲压钢脚手板挡板	0.11
栏杆、竹串片脚手板挡板	0.14
栏杆、木脚手板挡板	0.14

(3)脚手架上吊挂的安全设施(安全网、苇席、竹笆及帆布等)的荷载应按实际情况采用。

2. 可变荷载(活荷载)

可变荷载(活荷载)可分为施工荷载和风荷载。

1)施工荷载

施工荷载包括作业层上的人员、器具和材料的自重。

脚手架作业层上的施工均布活荷载标准值,对装修作业脚手架取 2 kN/m^2,对结构作业脚手架取 3 kN/m^2。其他用途脚手架的施工均布活荷载标准值,应根据实际情况确定。斜道均布活荷载标准值不应低于 2 kN/m^2。

2)风荷载

作用于脚手架上的水平风荷载标准值,应按下式计算:

$$\omega_k = 0.7\mu_z\mu_s\omega_0 \qquad (6\text{-}20)$$

式中 ω_k——风荷载标准值,kN/m^2;

μ_z——风压高度变化系数,按现行国家标准《建筑结构荷载规范》(GB 50009—2001)规定采用;

μ_s——脚手架风荷载体型系数,按表 6-4 的规定采用;

ω_0——基本风压,kN/m^2,按现行国家标准《建筑结构荷载规范》(GB 50009—2001)规定采用。

表 6-4　脚手架的风荷载体型系数

背靠建筑物的状况		全封闭墙	敞开、框架和开洞墙
脚手架状况	全封闭、半封闭	1.0φ	1.3φ
	敞开	μ_{stw}	

注:1. 对 μ_{stw} 值,可将脚手架视为桁架,按现行国家标准《建筑结构荷载规范》(GB 50009—2001)的规定计算。

2. φ 为挡风系数,$\varphi = 1.2A_n/A_w$,其中 A_n 为挡风面积,A_w 为迎风面积。

敞开式单、双排扣件式钢管脚手架的 φ 值宜按表 6-5 采用。

表 6-5　敞开式单、双排扣件式钢管($\phi 48 \times 3.5$)脚手架的挡风系数 φ 值

步距(m)	纵距(m)			
	1.2	1.5	1.8	2.0
1.2	0.115	0.105	0.099	0.097
1.35	0.110	0.100	0.093	0.091
1.5	0.105	0.095	0.089	0.087
1.8	0.099	0.089	0.083	0.080
2.0	0.096	0.086	0.080	0.077

注:当采用 $\phi 51 \times 3$ 钢管时,表中系数乘以 1.06。

3. 脚手架荷载类别的划分

当架面构造材料和围挡材料是设计明确规定的,且不能随意变更的构配件时,即归入构配件自重标准值产生的轴向力计算;当其会有变更时,则应归入施工荷载标准值产生的轴向力计算;当难以区分其荷载类别或为便于计算时,亦可将其纳入施工荷载标准值产生的轴向力中,因为这样计算是偏于安全的。

(二)荷载效应组合

设计脚手架的承重构件时,应根据使用过程中可能出现的荷载取其最不利组合进行计算。荷载效应组合宜按表 6-6 采用。

表 6-6　荷载效应组合

计算项目	荷载效应组合
纵向、横向水平杆强度与变形	永久荷载 + 施工均布活荷载
脚手架立杆稳定	①永久荷载 + 施工均布活荷载
	②永久荷载 + 0.85(施工均布活荷载 + 风荷载)
连墙件承载力	单排架,风荷载 + 3.0 kN 双排架,风荷载 + 5.0 kN

在基本风压等于或小于 0.35 kN/m^2 的地区,对于仅有栏杆和挡脚板的敞开式脚手架,当每个连墙点覆盖的面积不大于 30 m^2,构造符合《建筑施工扣件式钢管脚手架安全技术规范》(JGJ 130—2001)相应规定时,验算脚手架立杆的稳定性,可不考虑风荷载作用。

二、设计计算

(一)基本设计规定

脚手架的承载能力应按概率极限状态设计法的要求,采用分项系数设计表达式进行设计。

脚手架承载能力的设计计算项目:

(1)纵向、横向水平杆等受弯构件的强度和连接扣件的抗滑承载力计算。

(2)立杆的稳定性计算。

(3)连墙件的强度、稳定性和连接强度的计算。

(4)立杆地基承载力计算。

计算构件的强度、稳定性与连接强度时,应采用荷载效应基本组合的设计值。永久荷载分项系数应取 1.2,可变荷载分项系数应取 1.4。

脚手架中的受弯构件,尚应根据正常使用极限状态的要求验算变形。验算构件变形时,应采用荷载短期效应组合的设计值。

当纵向或横向水平杆的轴线对立杆轴线的偏心距不大于 55 mm 时,立杆稳定性计算中可不考虑此偏心距的影响。

50 m 以下的常用敞开式单、双排脚手架,当采用《建筑施工扣件式钢管脚手架安全技术规范》(JGJ 130—2001)规定的构造尺寸,且符合该规范的构造规定时,其相应杆件可不再进行设计计算,但连墙件、立杆地基承载力等仍应根据实际荷载进行设计计算。

钢材的强度设计值与弹性模量为:Q235 钢抗拉、抗压和抗弯强度设计值 $f = 205$ N/mm^2,弹性模量 $E = 2.06 \times 10^5$ N/mm^2。

扣件、底座的承载力设计值为:对接扣件(抗滑)3.2 kN;直角扣件、旋转扣件(抗滑)8.00 kN;底座(抗压)40.00 kN。其中,扣件螺栓拧紧扭力矩值不应小于 40 N·m,且不应大于 65 N·m。

受弯构件的挠度不应超过表 6-7 中规定的容许值,受压、受拉构件的长细比不应超过表 6-8 中规定的容许值。

表 6-7　受弯构件的容许挠度

构件类别	容许挠度[v]
脚手板及纵向、横向水平杆	l/150 与 10 mm
悬挑受弯构件	l/400

注:l 为受弯构件的跨度。

表 6-8　受压构件的容许长细比

构件类别		容许长细比[λ]
立杆	双排架	210
	单排架	230
横向斜撑、剪刀撑中的压杆		250
拉杆		350

注:计算 λ 时,立杆的计算长度按 $l_0 = k\mu h$ 计算,但 k 值取 1.00,本表中其他杆件的计算长度 l_0 按 $l_0 = \mu l = 1.27l$ 计算。

(二)计算方法

1. 荷载的传递路径与计算简图

脚手架计算首先要确定计算简图,即永久荷载和可变荷载具体如何分配到各杆件上,形成计算模型。确定计算简图的前提是搞清荷载的传递路径,而传递路径与脚手板的铺设方向相关。

1)脚手板纵向铺设

当采用冲压钢脚手板、木脚手板、竹串片脚手板时,脚手板一般纵向铺设,即铺在横向水平杆上,脚手架搭设应该横向水平杆在纵向水平杆之上,荷载的传递路径是:脚手板→横向水平杆→纵向水平杆→纵向水平杆与立柱连接的扣件→立柱→地基。对应这种传递路线的横向、纵向水平杆的计算如图 6-15 所示。

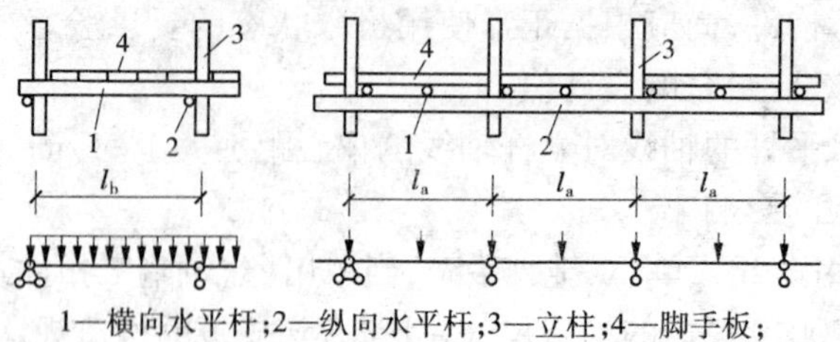

1—横向水平杆;2—纵向水平杆;3—立柱;4—脚手板;
l_a—立杆纵距(柱距);l_b—立杆横距(排距)

图 6-15　落地双排脚手架脚手板纵向铺设时横向、纵向水平杆的计算简图

2)脚手板横向铺设

当采用竹笆脚手板时,竹笆板一般横向铺设,即铺在纵向水平杆上。脚手架搭设应该纵向水平杆在横向水平杆之上,荷载的传递路线是:脚手板→纵向水平杆→横向水平杆→横向水平杆与立柱连接的扣件→立柱→地基。对应这种传递路线的横向、纵向水平杆的计算如图 6-16 所示。

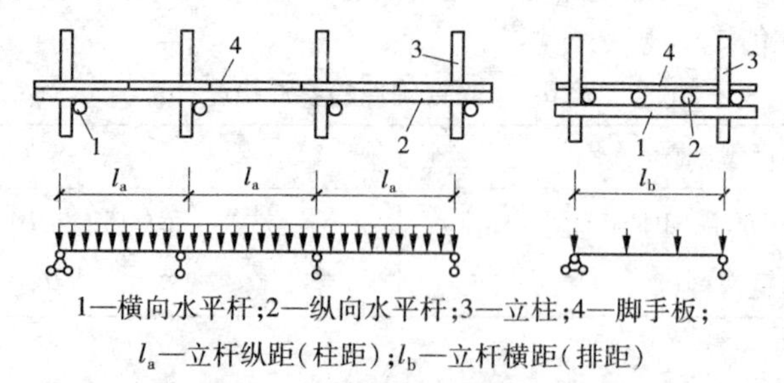

1—横向水平杆;2—纵向水平杆;3—立柱;4—脚手板;
l_a—立杆纵距(柱距);l_b—立杆横距(排距)

图 6-16　落地双排脚手架脚手板横向铺设时横向、纵向水平杆的计算简图

2. 纵向水平杆、横向水平杆及脚手板计算

(1)计算纵向、横向水平杆的内力与挠度时,纵向水平杆宜按三跨连续梁计算,计算跨度取纵距 l_0;横向水平杆宜按简支梁计算,计算跨度 l_0 可按图 6-17 采用;双排脚手架的横向水平杆的构造外伸长度 $a=500$ 时 其计算外伸长度 a_l 可取 300 mm。

脚手板按承受均布荷载的简支梁计算,冲压钢脚手板、木、竹串片脚手板的计算跨度,取两横向水平杆的间距。

按上述计算简图求得弯矩设计值后,按下式验算抗弯强度:

$$\sigma = \frac{M}{W} \leqslant f \tag{6-21}$$

$$M = 1.2M_{Gk} + 1.4\sum M_{Qk} \tag{6-22}$$

式中　M——弯矩设计值;

W——截面模量,按《建筑施工扣件式钢管脚手架安全技术规范》(JGJ 130—2001)

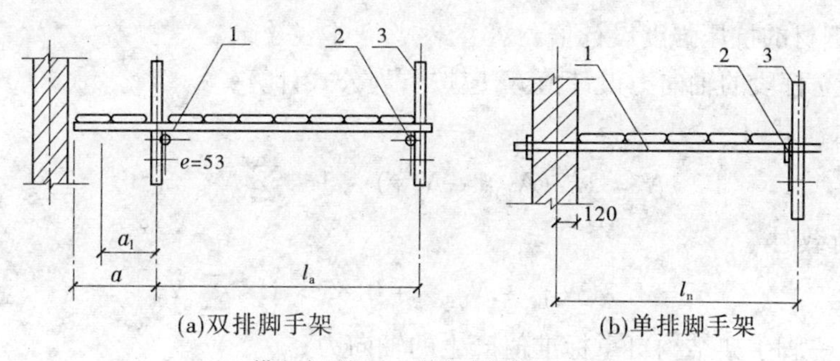

(a)双排脚手架 (b)单排脚手架

1—横向水平杆;2—纵向水平杆;3—立柱

图6-17 横向水平杆计算简图

附表采用;

f——钢材的抗弯强度设计值;

M_{Gk}——脚手板自重标准值产生的弯矩(纵向、横向水平杆自重与脚手板自重相比甚小,可忽略不计);

M_{Qk}——施工荷载标准值产生的弯矩。

(2)纵向、横向水平杆的挠度应符合下式规定:

$$v \leqslant [v] \tag{6-23}$$

式中 v——挠度;

$[v]$——容许挠度。

(3)纵向或横向水平杆与立杆连接时,其扣件的抗滑承载力应符合下式:

$$R \leqslant R_c \tag{6-24}$$

式中 R——纵向、横向水平杆传给立杆的竖向作用力设计值;

R_c——扣件抗滑承载力设计值。

3. 立杆计算

(1)立杆的稳定性应按下列公式计算:

不组合风荷载时

$$\frac{N}{\varphi A} \leqslant f \tag{6-25}$$

组合风荷载时

$$\frac{N}{\varphi A} + \frac{M_w}{W} \leqslant f \tag{6-26}$$

式中 N——计算立杆段的轴向力设计值;

φ——轴心受压构件的稳定系数,应根据长细比 $\lambda = \frac{l_0}{i}$,可查表6-9取值,l_0 为计算长度,i 为截面回转半径,可查《建筑施工扣件式钢管脚手架安全技术规范》(JGJ 130—2001)附表;

A——立杆的截面面积,可查《建筑施工扣件式钢管脚手架安全技术规范》(JGJ 130—2001)附表;

M_w——计算立杆段由风荷载设计值产生的弯矩;

f——钢材的抗压强度设计值。

(2)计算立杆段的轴向力设计值 N,应按下列公式计算:

不组合风荷载时

$$N = 1.2(N_{G1k} + N_{G2k}) + 1.4\sum N_{Qk} \tag{6-27}$$

组合风荷载时

$$N = 1.2(N_{G1k} + N_{G2k}) + 0.85 \times 1.4\sum N_{Qk} \tag{6-28}$$

式中 N_{G1k}——脚手架结构自重标准值产生的轴向力;

N_{G2k}——构配件自重标准值产生的轴向力;

$\sum N_{Qk}$——施工荷载标准值产生的轴向力总和,内、外立杆可按一纵距(跨)内施工荷载总和的1/2取值。

(3)立杆计算长度 l_0 应按下式计算:

$$l_0 = k\mu h \tag{6-29}$$

式中 k——计算长度附加系数,其值取1.155;

μ——考虑脚手架整体稳定因素的单杆计算长度系数,按表6-10采用;

h——立杆步距。

(4)由风荷载设计值产生的立杆段弯矩 M_w,可按下式计算:

$$M_w = 0.85 \times 1.4M_{wk} = \frac{0.85 \times 1.4\omega_k l_a h^2}{10} \tag{6-30}$$

式中 M_{wk}——风荷载标准值产生的弯矩;

ω_k——风荷载标准值;

l_a——立杆纵距;

h——立杆步距。

表6-9 Q235-A钢轴心受压构件的稳定系数 φ

λ	0	1	2	3	4	5	6	7	8	9
0	1.000	0.997	0.995	0.992	0.989	0.987	0.984	0.981	0.979	0.976
10	0.974	0.971	0.968	0.966	0.963	0.960	0.958	0.955	0.952	0.949
20	0.947	0.944	0.941	0.938	0.936	0.933	0.930	0.927	0.924	0.921
30	0.918	0.915	0.912	0.909	0.906	0.903	0.899	0.896	0.893	0.889
40	0.886	0.882	0.879	0.875	0.872	0.868	0.864	0.861	0.858	0.855
50	0.852	0.849	0.846	0.843	0.839	0.836	0.832	0.829	0.825	0.822
60	0.818	0.814	0.810	0.806	0.802	0.797	0.793	0.789	0.784	0.779
70	0.775	0.770	0.765	0.760	0.755	0.750	0.744	0.739	0.733	0.728
80	0.722	0.716	0.710	0.704	0.698	0.692	0.686	0.680	0.673	0.667
90	0.661	0.654	0.648	0.641	0.634	0.626	0.618	0.611	0.603	0.595

续表 6-9

λ	0	1	2	3	4	5	6	7	8	9
100	0.588	0.580	0.573	0.566	0.558	0.551	0.544	0.537	0.530	0.523
110	0.516	0.509	0.502	0.496	0.489	0.483	0.476	0.470	0.464	0.458
120	0.452	0.446	0.440	0.434	0.428	0.423	0.417	0.412	0.406	0.401
130	0.396	0.391	0.386	0.381	0.376	0.371	0.367	0.362	0.357	0.353
140	0.349	0.344	0.340	0.336	0.332	0.328	0.324	0.320	0.316	0.312
150	0.308	0.305	0.301	0.298	0.294	0.291	0.287	0.284	0.281	0.277
160	0.274	0.271	0.268	0.265	0.262	0.259	0.256	0.253	0.251	0.248
170	0.245	0.243	0.240	0.237	0.235	0.232	0.230	0.227	0.225	0.223
180	0.220	0.218	0.216	0.214	0.211	0.209	0.207	0.205	0.203	0.201
190	0.199	0.197	0.195	0.193	0.191	0.189	0.188	0.186	0.184	0.182
200	0.180	0.179	0.177	0.175	0.174	0.172	0.171	0.169	0.167	0.166
210	0.164	0.163	0.161	0.160	0.159	0.157	0.156	0.154	0.153	0.152
220	0.150	0.149	0.148	0.146	0.145	0.144	0.143	0.141	0.140	0.139
230	0.138	0.137	0.136	0.135	0.133	0.132	0.131	0.130	0.129	0.128
240	0.127	0.126	0.125	0.124	0.123	0.122	0.121	0.120	0.119	0.118
250	0.117									

注：当 $\lambda > 250$ 时，$\varphi = 7\,320/\lambda^2$。

表 6-10 脚手架立杆的计算长度系数 μ

类别	立杆横距（m）	连墙件布置	
		两步三跨	三步三跨
双排架	1.05	1.50	1.70
	1.30	1.55	1.75
	1.55	1.60	1.80
单排架	≤1.50	1.80	2.00

(5)立杆稳定性计算部位的确定应符合下列规定：

①当脚手架搭设尺寸采用相同的步距、立杆纵距、立杆横距和连墙件间距时，应计算底层立杆段。

②当脚手架搭设尺寸中的步距、立杆纵距、立杆横距和连墙件间距有变化时，除计算底层立杆段外，还必须对出现最大步距或最大立杆纵距、立杆横距、连墙件间距等部位的立杆段进行验算。

4. 连墙件计算

(1)连墙件的轴向力设计值应按下式计算：

$$N_l = N_{lw} + N_0 \tag{6-31}$$

式中 N_l——连墙件轴向力设计值,kN;

N_{lw}——风荷载产生的连墙件轴向力设计值,kN;

N_0——连墙件约束脚手架平面外变形所产生的轴向力,kN,单排架取3,双排架取5。扣件连墙件的连接扣件应按式(6-24)的规定验算抗滑承载力。

螺栓、焊接连墙件与预埋件的设计承载力应大于扣件抗滑承载力设计值 R_c。

(2)由风荷载产生的连墙件的轴向力设计值,应按下式计算:

$$N_{lw} = 1.4\omega_k A_w \tag{6-32}$$

式中 A_w——每个连墙件的覆盖面积内脚手架外侧面的迎风面积;

ω_k——风荷载标准值。

5. 立杆地基承载力计算

(1)立杆基础底面的平均压力应满足下式的要求:

$$p \leqslant f_g \tag{6-33}$$

式中 p——立杆基础底面的平均压力,$p = \dfrac{N}{A}$;

N——上部结构传至基础顶面的轴向力设计值;

A——基础底面面积;

f_g——地基承载力设计值。

(2)地基承载力设计值应按下式计算:

$$f_g = k_c f_{gk} \tag{6-34}$$

式中 k_c——脚手架地基承载力调整系数,对碎石土、砂土、回填土应取0.4,对黏土应取0.5,对岩石、混凝土应取1.0。

f_{gk}——地基承载力标准值,应按现行国家标准《建筑地基基础设计规范》(GB 50007—2002)的规定采用。

(3)对搭设在楼面上的脚手架,应对楼面承载力进行验算。

【例6-1】 某高层装饰工程拟搭设50 m高双排脚手架,采用 $\phi 48 \times 3.5$ 钢管、冲压钢脚手板(每块脚手板宽230 mm,自重0.3 kN/m²,作业层铺4块;挡脚板用冲压钢脚手板1块),脚手架排距1.05 m、步距1.8 m、柱距1.8 m,连墙件竖向间距3.6 m、水平间距5.4 m,双层同时作业,立网全封闭(立网网眼尺寸35 mm×35 mm,绳径3.2 mm,自重0.01 kN/m²)。工程位于市区,地面粗糙度C类,基本风压 $\omega_0 = 0.45$ kN/m²。验算底层立杆稳定承载力。

解:(1)脚手架结构自重标准值产生的轴向力 N_{G1k}。

一个柱距范围内每米高脚手架结构自重产生的轴向力标准值 $g_k = 0.133\,7$ kN/m(查表得到),则50 m高脚手架结构自重产生的轴向力标准值为

$$\sum N_{G1k} = 0.133\,7\ \text{kN/m} \times 50\ \text{m} = 6.685\ \text{kN}$$

(2)构配件自重标准值产生的轴向力 N_{G2k}。

两层脚手板自重标准值产生的轴向力为

$$0.3\ \text{kN/m}^2 \times 0.23\ \text{m} \times 4 \times 1.8\ \text{m} \times 2 = 0.993\,6\ \text{kN}$$

一块挡脚板自重标准值产生的轴向力为

$$0.3\ \text{kN/m}^2 \times 0.23\ \text{m} \times 1.8\ \text{m} = 0.124\ 2\ \text{kN}$$

两根护身栏杆自重标准值产生的轴向力(双作业层各一根)为

$$0.038\ 4\ \text{kN/m} \times 1.8\ \text{m} \times 2 = 0.138\ 2\ \text{kN}$$

安全网自重标准值产生的轴向力为

$$0.01\ \text{kN/m}^2 \times 1.8\ \text{m} \times 50\ \text{m} = 0.9\ \text{kN}$$

则构配件自重标准值产生的轴向力标准值为

$$\sum N_{\text{G2k}} = 0.993\ 6 + 0.124\ 2 + 0.138\ 2 + 0.9 = 2.156(\text{kN})$$

(3)施工荷载标准值产生的轴向力总和 $\sum N_{\text{Qk}}$ 为

$$\sum N_{\text{Qk}} = 2.0\ \text{kN/m}^2 \times 1.05\ \text{m} \times 1.8\ \text{m} \times 2 = 7.56\ \text{kN}$$

(4)风荷载设计值产生的弯矩 M_{w}。

5 m 高度处风压高度变化系数 $\mu_z = 0.54$。

全封闭立网挡风系数

$$\varphi = \frac{(3.5 + 3.5) \times 0.32}{3.5 \times 3.5} \times 1.05 = 0.192$$

其中 1.05 为考虑绳结的影响。

$\mu_s = 1.3\varphi = 1.3 \times 0.192 = 0.249\ 6$(认为背靠建筑物为开洞墙)

$\omega_k = 0.7\mu_z\mu_s\omega_0 = 0.7 \times 0.54 \times 0.249\ 6 \times 0.45 = 0.042\ 5\ \text{kN/m}^2$

风荷载标准值产生的弯矩

$$M_{\text{wk}} = \frac{\omega_k l_a h^2}{10} = \frac{0.042\ 5 \times 1.8 \times 1.8^2}{10} = 0.024\ 8(\text{kN} \cdot \text{m})$$

风荷载设计值产生的弯矩

$$M_{\text{w}} = 0.85 \times 1.4 M_{\text{wk}} = 0.85 \times 1.4 \times 0.024\ 8 = 0.029\ 5(\text{kN} \cdot \text{m})$$

(5)底层立杆稳定承载力验算。

底层立杆轴向力设计值 N 计算如下:

不组合风荷载时

$$\begin{aligned} N &= 1.2(N_{\text{G1k}} + N_{\text{G2k}}) + 1.4\sum N_{\text{Qk}} \\ &= 1.2 \times (6.685 + 2.156) + 1.4 \times 7.56 = 21.193(\text{kN}) \end{aligned}$$

组合风荷载时

$$\begin{aligned} N &= 1.2(N_{\text{G1k}} + N_{\text{G2k}}) + 0.85 \times 1.4\sum N_{\text{Qk}} \\ &= 1.2 \times (6.685 + 2.156) + 0.85 \times 1.4 \times 7.56 = 19.606(\text{kN}) \end{aligned}$$

立杆计算长度 $l_0 = k\mu h = 1.155 \times 1.50 \times 180 = 311.9(\text{cm})$。

长细比 $\lambda = l_0/i = 311.9/1.58 = 197.4$。

轴心受压构件的稳定系数 $\varphi = 0.185$。

不组合风荷载时

$$\frac{N}{\varphi A} = \frac{21\ 193}{0.185 \times 489} = 234.3\ (\text{N/mm}^2) > f = 205\ \text{N/mm}^2$$

(不满足)。

组合风荷载时

$$\frac{N}{\varphi A}+\frac{M_{w}}{W}=\frac{19\ 606}{0.185\times489}+\frac{29\ 500}{5\ 080}=222.5(N/mm^{2})>f=205\ N/mm^{2}$$

(不满足)。

复习思考题

1. 高层建筑施工中,哪些分部分项工程应当编制安全专项施工方案?
2. 高层建筑施工中,哪些分部分项工程的安全专项施工方案需要论证审查?
3. 高层建筑安全专项施工方案编制的依据和原则是什么?
4. 高层建筑安全专项施工方案的编制要求和编制主要内容是什么?
5. 塔式起重机基础的计算项目有哪些?
6. 分离式和整体式塔式起重机基础如何进行设计计算?
7. 板式塔吊基础的构造要求有哪些?
8. 高层建筑塔式起重机基础的布置方案有哪几种?
9. 常见的塔式起重机与混凝土基础的连接形式有哪些?
10. 附着式塔式起重机附着杆的内力计算有哪两种工况?
11. 附着式塔式起重机的附着支座应满足哪些要求?
12. 脚手架的荷载有哪些?荷载效应组合有哪几类?
13. 脚手架承载能力的设计计算项目有哪几项?
14. 扣件式钢管脚手架什么条件下可以不计算横杆?
15. 纵、横向水平杆按什么力学模型进行计算?

参 考 文 献

[1] 赵志缙,李继业,刘俊岩.高层建筑施工[M].上海:同济大学出版社,1999.

[2] 张厚先,陈德方.高层建筑施工[M].北京:北京大学出版社,2006.

[3] 朱勇年.高层建筑施工[M].北京:中国建筑工业出版社,2007.

[4] 杭有声.建筑施工技术[M].北京:高等教育出版社,2004.

[5] 赵志缙,赵帆.高层建筑基础工程施工[M].北京:中国建筑工业出版社,2005.

[6] 杨跃.现代高层建筑施工[M].武汉:华中科技大学出版社,2011.

[7]《建筑施工手册》编写组.建筑施工手册[M].4版.北京:中国建筑工业出版社,2003.

[8] 中华人民共和国住房和城乡建设部.JGJ 196—2010 建筑施工塔式起重机安装、使用、拆卸安全技术规程[S].北京:中国建筑工业出版社,2010.

[9] 中华人民共和国住房和城乡建设部.JGJ/T 187—2009 塔式起重机混凝土基础工程技术规程[S].北京:中国建筑工业出版社,2009.

[10] 中华人民共和国建设部.JGJ 130—2001 建筑施工扣件式钢管脚手架安全技术规范[S].北京:中国建筑工业出版社,2001.

[11] 杨嗣信.高层建筑施工手册[M].北京:中国建筑工业出版社,2001.

[12] 杨国立.高层建筑施工[M].北京:化学工业出版社,2010.